第四波

CLIMATE CHANGE &
CLIMATE-SMART VARIETIES

精品咖啡學

韓懷宗

———

著

韓懷宗老師一直是我很欣賞的前輩，對於咖啡品種與處理法具有極高的熱情，每每看到他挖掘出的故事，將許多瑣碎的資訊間連結出龐大脈絡，就覺得咖啡世界眞是太有趣了！

—— WBC 世界咖啡師大賽冠軍（興波咖啡共同創辦人）**吳則霖**

如果一定要選一本兼具「廣度」和「深度」，同時又能滿足「啟蒙」和「深造」目的的精品咖啡書，那一定會是這一本。書中除了對各品種咖啡和產地做出鉅細靡遺的介紹，內容更涵蓋了所有最前沿的知識。作者對咖啡學知識積累之深厚，實在讓人歎爲觀止。

—— 馬來西亞 德國 Coffee Consulate Coffeologist 咖啡教育認證講師 **李威霆**

自 2008 年咖啡學初版問世，韓懷宗老師的著作一向是台灣咖啡從業人員、愛好者的必讀經典和啟蒙，致力於精品咖啡生活化的我們，也在理解世界生豆的變化上受益良多。

本書詳解了大處理法時代來臨和品種系統的精緻化，爲咖啡人建構實用、並連結產地與餐桌的知識橋樑。

—— 路人咖啡 **李耕豪 & 王迪煥**

咖啡始於許多美麗的錯誤，韓老師學無止境專研求實的精神，將以往資訊不透明時代造成的傳遞誤區一一解說清楚，創作出又一本經典之作。文中許多的發展歷程我自己都曾親身參與，也勾起無數深刻的回憶與感動。我想許多不合時宜的框架應該打破，該是將經驗法則與科學理論相互結合運用的精品咖啡時代了！

—— 第一屆世界盃咖啡大師比賽台灣冠軍、GABEE. 創辦人 **林東源**

當我們放眼回第三波咖啡消費和精品咖啡文化的濫觴，那也才不過半個甲子的時間。如今，產地國和消費國的咖啡文化風貌，已成熟發展，和過去截然不同。

如同每個人對於未來有不同的想像，我們對於第三波之後的下個咖啡消費浪潮，也有不同的揣測：一百個人的腦海中有一萬種對於第四波的期待。

韓懷宗老師的這本《第四波精品咖啡學》，總結了過去向西方取經，系統性的將當時最時髦的精品概念輸入東方，並加上觀察近年在東方市場響應精品咖啡運動的獨特發展歷程，其中精采，豈能錯過？

—— 臺灣咖啡產業策略聯盟召集人 **林哲豪**

新銳的處理法、品種風味愈來愈讚，但再過幾年，卻有可能喝不到了？韓老師的《第四波精品咖啡學》，帶我們深入了解產區現況、以及氣候變遷對未來市場帶來的影響，身為咖啡從業人員或愛好者的你絕對不能錯過！

—— 世界咖啡聞香大賽冠軍 **咖啡行者**

我從第二波末開始經歷咖啡浪潮至今的第四波精品咖啡浪潮，拜讀過韓老師所有的書籍，每一次都有新的觀點和想法，偶爾還有一些驚喜，《第四波精品咖啡學》聊到過去、現在、以及未來即將發生的事，這是一本對於咖啡初學者，咖啡玩家及咖啡達人必讀的一本秘笈。

—— 卓武山咖啡農場負責人 **許定燁**

記得剛做咖啡的時候，最常翻的書除了拉花書之外就是《咖啡學》，在懵懂的時候好像了解了些什麼。現在，身在第四波浪潮裡游著，要繼續游過萬里路，知識系統要更新，我想，就靠這本了！

—— Coffee Stopover 主理人 **張書華**

這麼多年來，精品咖啡品飲之路上，韓懷宗老師的著作始終是我的良師良伴。特別置身讓我真正戀上咖啡、再無能自拔的第三波狂潮裡，更是我時刻跟隨的指路明燈。

此際，第三波洪流發展到極致、第四波浪潮蓄勢方興當口，理所當然，韓老師領頭再次跨步：不僅從品種、產地以至後製發酵處理、萃取與評測……等已然發展得無比細緻精微多樣多端、讓人眼花撩亂追之不及的環節，均娓娓細說完整道來；即連因氣候與產業變遷，對整體咖啡面貌所帶來的影響和位移景況也一一論較分曉。

帶領我們，在這越見精深浩瀚的知識之海中得能有所依有所循，同時，安步前邁，徜徉樂飲此中。

── 飲食生活作家 葉怡蘭

多年前能略知「精品咖啡」一二的人，也算是鳳毛麟角，但韓老師卻如數家珍，當時候收集大量珍貴資料出版的《咖啡學》，帶領當時的咖啡人解盲國際觀點，這次更挾帶大量的未來發展趨勢，更值得大家細品。

── WCE 世界烘豆大賽冠軍 賴昱權

身為一位生物科學領域出身的咖啡從業人員，研讀書中內容時倍感親切！
用精準的科學角度，剖析咖啡的各種面向，從歷史、品種、產區、處理法等，完整剖析，進而帶入第四波精品咖啡的浪潮，滿足新時代消費者對咖啡背景知識更深層面的渴求！

── MKCR 主理人 爆頭（廖國臨）

我和很多香港咖啡業界朋友也從韓老師的著作中了解世界咖啡產業的知識及潮流方向。
韓老師這本新作，涉及氣候暖化對咖啡種植及品種的影響，極具前瞻性。在咖啡處理法方面，老師也加入很多最新資訊及分析，絕對是咖啡採購、檢測及研發人員必讀之選。

── 香港 香記咖啡集團有限公司行政總裁 Clive Chan

韓懷宗先生大膽提出第四波的概念，是專業咖啡業者或業餘愛好者都值得收藏的好書。

── Fika Fika Cafe 創辦人 James 陳志煌

事隔多年，韓老師再度發揮資深記者探究議題的精神，從獨特的角度看咖啡。這次著墨在「品種」這個重要、但也極其複雜的課題上，從起源到未來，帶著我們思考，精品咖啡應該如何在氣候變遷的環境下，保有風味的獨特性與產業的永續性。

—— Mojocoffee 主理人 Scott Chen

早於 10 多年前，大部分關於咖啡學問的書籍都是從外語翻譯成中文。韓懷宗老師算華語第一人編寫有關精品咖啡的科學系統研究。從 10 多年前，咖啡業界一直推動第三波浪潮，當今世界變化太快，一眨眼已到第四浪。

韓老師新作由品種新浪潮、咖啡新處理法，再到萃取率之迷思，為咖啡業界及愛好者提供了豐富的資訊及新的看法。現代精品咖啡學，沒有正宗傳統枷鎖，只有科學系統研究。學海無涯，每一位咖啡朋友都是咖啡學府的終生學生。

見字讀書，見字飲啡。

—— 香港 sensory ZERO 聯合創辦人 Alvin Hui

第一次閱讀韓老師的作品已經是 2008 年的《咖啡學》，當年它就是咖啡知識的字典，從咖啡歷史的演變到咖啡原產地的背景資料，令我獲益良多。 這本《第四波精品咖啡學》除了詳細解說咖啡不同產地的變動，更敘述了一些第四波精品咖啡才出現的科技咖啡，讓讀者更了解精品咖啡學最新的趨勢。

這是一本值得推薦給每個喜歡咖啡的人、一定要閱讀的「咖啡字典」。

—— 香港 Ideaology 主理人 Chester Tam

有幸拜讀韓老師新作，欣喜若狂！ 韓老師帶我們回顧咖啡在農業上的發展，溯本尋源，專精於第四波咖啡品種的探求，不愧為傳道、授業、解惑之典範。

—— 香港 Cafe Corridor 主理人 Felix Wong

在咖啡界引頸期盼下，韓老師的新書終於問世。咖啡產業發展至今，人們都在問下一步將何去何從。韓老師精闢分析咖啡產業演進，提出未來的發展方向，言論之精準，眼光之犀利，堪稱咖啡界的趨勢大師，是喜歡咖啡的朋友必讀的好書。

—— 維堤咖啡學院執行長 Frank Yang

作者序

席捲咖啡產業上下游的時代巨浪

———

2009 年動筆 2012 年出版的前作精品咖啡學上下冊，忽忽已逾十餘載。邁入 2020 年代，全球咖啡態勢醞釀新動能、新內容與新亮點，第四波精品咖啡浪潮正在發生。氣候變遷雖摧殘三大洲經典產區卻也禍中藏福，咖啡處女地因全球升溫而有新機遇，造出新產區，全球產地正面臨調適與洗牌。世界咖啡研究機構重用阿拉比卡母本 *C. eugenioides*、父本 *C. canephora*、衣索匹亞地方種、野生咖啡的抗病耐旱美味基因，打造「雜交第一代」（F1 Hybrid）明日咖啡，期使世人喝咖啡的閒情逸致能延續到下一世紀。

咖啡的造香工藝從烘焙廠轉進更上游的莊園，各派後製技法盡出；厭氧發酵、冷發酵、熱發酵、接菌、添加物等奇門煉香術爭香鬥豔，咖啡農的光環首度凌駕咖啡師、杯測師、烘豆師與尋豆師。老朽的金杯理論正面臨擴充與修正，一批玩家打破金杯框架與陳規，亦能沖出美味咖啡。這些亮點都是第三波難以想像的新發展。

義大利西西里島百年歷史的老牌咖啡 Morettino，1990 年代在該島西

北部緯度高達 38 度的巴勒摩試種咖啡，努力了 30 年，拜暖化升溫之賜 2021 年終於有較好的產量 30 公斤咖啡豆，西西里島成為全球最高緯咖啡產地之一[註1]。另外，北緯 34 度美國南加州的文圖拉縣（Ventura）2014 年以來種了 2 萬株阿拉比卡，近年將增加到 10 萬株，千百年來的咖啡帶近年已突破南北回歸線的天險，向更高緯度涼爽地帶擴展延伸。

西西里島雖是無足輕重的奈米產地，然而，觀微知著，近十多年的科學報告均警告，非洲、拉美和亞洲的傳統咖啡產地，在 2050 年以前將減產 20-60％不等，其中以最大產國巴西減產六成最嚴重，並建議巴西產區往南方更高緯的咖啡處女地挪移。阿拉比卡故鄉衣索匹亞為了減災與增產，已在 3,000 米以上涼爽地「練功」試種咖啡，並大力開發西北部不產咖啡的處女地，數十年後衣國產地將有新貌。

搬遷產地還不夠，全球育種專家總動員，選育數十支抗病耐旱又美味的明日咖啡，正在各產地試種評估中。在這波打造新世代阿拉比卡行動中，衣國地方種、*C. eugenioides*、*C. canephora* 的特異基因尤受重視。衣國地方種流落到新世界如魚得水，吃香喝辣頻頻打進 CoE 優勝榜，並被冠上奇名怪姓，諸如 Bourbon Rosado、Aji、Typica Mejorado、Sidra、Chiroso、SL09、Bernardina⋯⋯吾等樂見 Geisha 終於有了可敬接班人！

咖啡農大玩微生物造味術，挺進厭氧發酵、二氧化碳浸漬、低溫發酵、高溫發酵、接菌發酵，成功擴展咖啡新味域，為世界盃咖啡賽事、消費市場添香助興。新品種的試栽、極端氣候的減災與煉香術的研發，全由咖啡農執行與實踐，數百年來咖農首度成為引領風潮的馬首，躍為第四波咖啡浪潮推濤手。

咖啡玩家不再拘泥金杯理論教條，以高濃度低萃取率手法亦能泡出萃取率低於 16％的美味咖啡，甚至在濾紙或金屬濾網助力下談笑泡出萃取率逾 22％的美味 Espresso。無獨有偶，加州大學戴維斯分校咖啡研究中心的咖啡學者已著手擴充金杯理想萃取率的上下限，並重新制定咖啡沖泡管控表的理想區間與風味屬性，盼有朝一日能為年久失修的金杯理論注入回春活泉。台灣也沒閒著，率先起義揚棄不符實需的杯測焙度值教條 Agtron58-63，改採更有利高低海拔一展咖啡風華的 Agtron72-78，廣獲好評。

註 1：葡萄牙所屬、位於北大西洋亞速群島（Azroes，葡語 Açores）的聖喬治島（São Jorge），緯度 38.6 度，稍高於西西里島巴勒摩的 38.1 度。聖喬治島早在 18 世紀末葉從巴西引進咖啡，島上的努內斯家族（Nunes）經營的咖啡園種了 800 株阿拉比卡，年產 770 磅咖啡豆專供島上觀光客鑑賞。聖喬治島與西西里島應該是全球緯度最高的袖珍產區。

即溶咖啡、油滋滋重焙、香精調味咖啡、義式咖啡當道、濾泡式復興、烈火輕焙、日曬、水洗、去皮日曬、蜜處理、厭氧發酵、冷發酵、熱發酵、接菌發酵、鐵比卡、波旁、姆咖啡、衣索匹亞地方種、野生咖啡、雜交第一代、明日咖啡、金杯理論與杯測焙度修正……這都是咖啡產業從上世紀進化到 2020 年代，歷經四大浪潮波波淬鍊的產物。當朝清算前朝並非壞事，沒有最好只有更好，時時檢討，及時修正，乃產業進步的最大動能。

咖啡之學博大精深，仰之彌高，鑽之彌堅。由衷感謝正瀚生技董事長夫人 Cindy Wu、研究員李銓；臺南護理專科學校邵長平博士；臺灣咖啡研究室林哲豪、林仁安；咖啡匙鍾文軒；聯傑咖啡黃崇適；哥倫比亞 Caravela Coffee；秘魯 Vela Ethan；卓武山咖啡園許定燁；百勝村咖啡休閒農場蘇春賢；森悅高峰咖啡園吳振宏；自在山林涂家豪；大鋤花間林俊吉；雲林古坑嵩岳咖啡園郭章盛；維堤咖啡楊明勳；冠軍咖啡師簡嘉程、林東源，以及學生江承哲大力協助與寶貴意見，本書始能順利完稿。

謹誌於台北內湖
2022 年 4 月 20 日

01

明日咖啡：品種新浪潮

O2

變動中的咖啡產地

03

咖啡的後製與發酵新紀元

04

修正金杯理論與杯測焙度值之淺見

第四波咖啡浪潮：
暖化危機與產業未來

　　較之酒與茶，咖啡算是晚近盛行的飲品，直到 15 世紀以後，咖啡飲料才有文獻記載，進入有史時代。二次大戰結束迄今，全球咖啡產業邁入七十多載黃金歲月，2019 年世界咖啡生豆交易量為 300 億美元，排名全球第 122 大商品[註1]，2020 年咖啡上下游產業鏈總收入估計超過 4,400 億美元[註2]，而 2018 年精品咖啡的總營收達 359 億美元，預估 2025 年全球精品咖啡市場總收入可逾 835 億美元[註3]。二戰至今，咖啡從牛飲進化到品鑑，已衍生三大浪潮，1960 年前出生的咖啡玩家，都體驗過三大浪潮的市況與流行；然而，演化未歇，咖啡巨輪揚塵奔騰，新品種、新處理法、衣索匹亞新解、全球暖化、豆價波動與永續議題，建構出第四波浪潮的龍骨。

　　第四波咖啡浪潮的深廣度與影響力遠勝前三波，各國產官學界聯手究極「前朝」未探索的全球暖化與精品咖啡永續議題，期使咖啡的黃金歲月延續到下一世紀。咖啡產業鏈上游的咖農，在前三波被忽視消音，然而，改變正在發生，新一代咖農勤奮博學，身兼後製師、咖啡師、烘豆師、尋豆師和杯測師的技能於一身，各產國的咖啡園成為職人或咖啡族爭相參訪、充電的學堂。三大洲咖啡產地面臨氣候變遷，如何調適、減災或遷移他處，諸多轉折與應變，成為第四波焦點。

　　新品種、新處理法與氣候變遷的永續議題都發生在產地，因此站在第四波浪頭上的不是咖啡師、烘豆師、杯測師、尋豆師或咖啡館，而是咖啡

農，以及埋首為產國培育新品種的頂尖科研機構，諸如世界咖啡研究組織（World Coffee Research，簡稱 WCR）等。

衣索匹亞原生阿拉比卡獨有的抗炭疽、抗葉鏽、抗枯萎、抗旱以及美味的基因，可協助中南美和亞洲產國，培育風味好又能因應全球暖化與病蟲害的新銳品種。衣索匹亞古優品種的最新詮釋，以及衣國產區因暖化危機而面臨的遷徙問題，值得重新發現，重新論述。

第三波強調的地域之味，到了 2014 年以後，多元發酵盡出爭寵，發酵造味逐漸掩蓋地域之味，是好是壞，見仁見智。近年，厭氧發酵、菌種發酵、酒桶發酵，以及添加果汁、果皮、酵素、肉桂等加料發酵奇招盡出，迎合市場對強烈、非傳統、更勁爆味譜的新需求，亞洲國家尤然。咖啡的造香技藝已從烘焙廠回燒到更上游的咖啡農。而新品種、新處理法的相乘效果，將第三波烈火輕焙的水果炸彈，升級到第四波的花果核彈；味譜從第三波晶瑩剔透的酸甜震，演進到第四波龐雜、嬌豔、俗麗、渾厚與繽紛的發酵造味，此一演變軌跡極為明顯。

註 1：MIT's Observatory of Economic Complexity

註 2：Statista. com

註 3：Androit Market Research 2019 年 出 版《Global Specialty Coffee Market Size by Grade (80-84.99, 85-89.99, 90-100) by Application (Home, Commercial) by Region and Forecast 2019 to 2025》

小而美的第三波菁英告終

第三波浪潮起於千禧年前後，美國與北歐皆有獨立經營的咖啡館和年輕咖啡師，不屑第二波重焙的焦苦味以及大量複製的星巴克同質性咖啡館充斥街頭。這些小資咖啡館困知勉行，專攻星巴克不擅長的領域，主推酸香花果韻的烈火輕焙、拉花、彰顯地域之味的手沖與賽風濾泡式黑咖啡、單一產地或單一莊園濃縮咖啡（Single Origin Espresso）、杯測鑑味儀式、咖啡教學，以及每家門店不同的設計風情，創造差異化，力抗星巴克，果然殺出一條活路，點燃第三波淺中焙浪潮。第三波的領頭羊包括 Intelligentsia、Stumptown、Counter Culture 和 Blue Bottle，每家連鎖的門市不多，約十來家，恰巧迎合 1990 年前後出生的千禧世代求新求變求好，以及豆源可溯性的需求。

過去，星巴克是咖啡館業者爭相學習或模仿的對象，然而，標榜地域之味的第三波淺焙狂潮，來得又急又猛，逼得第二波重焙巨擘星巴克、Peet's Coffee，打破只賣重焙的家規，相繼推出淺中焙咖啡迎合市場需求，星巴克甚至學習第三波的手沖與賽風多元萃取元素，並斥巨資打造升級版的典藏門市（Starbucks Reserve）以及高端大氣的臻選烘焙工坊（Starbucks Reserve Roastery），投好千禧世代，成功轉型，安然度過第三波風暴。

Intelligentsia、Stumptown 和 Blue Bottle 等小蝦米力抗巨鯨的事蹟，風光一時，也輕易募得擴大營運的資金，但就在第三波小資咖啡館形勢大好之際，2015 年第二波教父級的 Peet's Coffee 一口氣購併第三波的兩大明星Stumptown、Intelligentsia，震驚世人。其實，早在 2012 年總部設於盧森堡的 JAB 控股集團斥資 9 億多美元購併 Peet's Coffee，展現制霸全球咖啡產業的雄心，2013 年 JAB 以 98 億美元購併歐洲老牌咖啡 Jacobs Douwe Egberts。2015 年 Peet's Coffee 在 JAB 集團撐腰下鯨吞 Intelligentsia、Stumptown 後，世人才驚覺全球精品咖啡產業進入整併狂潮。

2017 年，食品巨擘同時也是全球即溶咖啡龍頭的雀巢，以 5 億美元吃下第三波棟樑 Blue Bottle 六成股份，第三波浪頭精英全被財大氣粗的第一波或第二波巨擘收編，小而美的第三波王朝壽終正寢。這幾齣終結第三波的購併大戲，猶如哥雅所繪希臘神話故事「農神吞噬其子」（Saturn Devouring His Son）：農神薩坦擔心骨肉長大後篡位奪權，把自己剛出生的小孩生吞入肚，以免後患。

精品咖啡大者恆大

雖然第三波浪頭明星 Intelligentsia、Stumptown 和 Blue Bottle 相繼被購併，但被併者的門市仍維持獨立運作，產品與店格不變，店內也不賣 JAB、Peet's 或雀巢相關產品。Blue Bottle 有了雀巢當靠山，截至 2020 年 1 月，在美日韓的門店總數增加到 90 家，有趣的是 Intelligentsia、Stumptown 並未大肆展店，維持在 20 家左右。

擅長全球通路的雀巢與 JAB 如何協力囊中的第三波人氣咖啡館和烘焙廠，將精品咖啡的產量規模化，開發更多優質產品，從咖啡館、販賣機，到「包裝大宗消費品」（Packaged Mass Consumption Goods，簡稱 PMCG）行銷全球？量少質精的第三波水果炸彈，如何極大化？這將是第四波要務之一。

全球咖啡市占率最高的四巨頭依序為雀巢、JAB、Starbucks、Lavazza。而義大利老牌咖啡 Lavazza 證實雀巢與 JAB 曾多次敲門，試圖以巨資購併，已遭拒絕。不「重」則不威，Lavazza 近年也大肆購併歐美咖啡品牌，壯大自己，免得被併。飲料巨擘可口可樂也加入咖啡戰局，2018 年斥資 39 億歐元購併歐洲最大咖啡連鎖 Costa Coffee，可預見的未來，咖啡市場將是巨人的樂園，舉凡業績亮眼，潛力雄厚，來不及長大的小資咖啡連鎖，終將淪為巨獸的俎上肉。

　　第三波雖獻出了「肉體」，但精神不死。豆源透明性與可溯性、烈火輕焙、Single Origin、手沖、水果味譜、酸甜震、冷萃、冰釀、拉花、杯測儀式、金杯理論等第三波重要元素，將融入第四波，但其中的金杯理論與杯測儀式面臨修正補強，才能繼續發揚光大。而氣候變遷、永續議題、豆價波動問題、新品種與處理法將在第四波有更積極的應對，本書對此有更詳細的剖析。

　　第三波魅力無遠弗屆，就連堅持傳統，鐵板一塊的義大利也受影響。改變已然發生，米蘭、佛羅倫斯、波隆納……相繼開出不少第三波的小資咖啡館，他們除了販售在地化一杯 1 歐元的傳統 Espresso，更打破傳統賣起 2 歐元起跳的酸香花果韻 Single Origin Espresso，V60、Chemex 手沖、賽風，以及愛樂壓咖啡。2013 年在佛羅倫斯開幕，傳播第三波咖啡文化的 Ditta Artigianale 至今已有兩家店和一座烘焙廠，是義大利第三波的點火者，另外，Gardelli Specialty Coffee、His Majesty The Coffee、Cafezal、Cofficina、Orso Nero 等，都是義大利的第三波人氣咖啡館。而 2018 年星巴克霸氣的臻選烘焙工坊在米蘭盛大開幕，將為義大利咖啡文化注入新的催化劑。

　　這些明知山有虎偏向虎山行的第三波傳道者，起初被視為「褻瀆」義大利咖啡，本地人不屑入內，觀光客高占九成，但經過多年教育與推廣，愈來愈多義大利咖啡族成為常客，又以千禧世代最多。

　　在千禧世代求新求變求好，以及全球化的驅動下，不論日式、北歐式、義大利式、紐澳式或西雅圖式，終將在第四波大浪沖刷洗禮下，差異化漸微，融合為一，不分彼此，成為無國界風格，如同遺傳距離較遠的品種相互混血，造出適應力更佳，體質更強，風味更迷人的雜交優勢新品種，第四波的火花與遠景更令人期待。

咖啡時尚的四大浪潮簡表

浪潮名稱	第 一 波	第 二 波	第 三 波	第 四 波
時　　間	1945-1960 年	1966-1990 年	2000-2015 年	2016 迄今
產品特色	❶ 量大低質熟豆與即溶咖啡盛行。	❶ 店內新鮮重焙高海拔優質阿拉比卡。 ❷ 批判前朝罐頭咖啡。 ❸ 義式咖啡連鎖面世。 ❹ 拿鐵、卡布大流行。	❶ 淺中焙取代重焙。 ❷ 批判「前朝」深焙焦苦味。 ❸ 濾泡式手沖、賽風復興。 ❹ 酸甜震、水果韻單品濃縮取代甘苦巧克力韻。 ❺ 杯測與咖啡教學盛行。	❶ 繼承前朝淺中焙遺緒。 ❷ 培育新品種因應暖化危機。 ❸ 發酵奇招盡出，釀造花果核彈。 ❹ 衣索匹亞地方種與產區新解。 ❺ 檢討金杯理論、杯測儀式，以及前朝陋規。 ❻ 精品咖啡規模化。
主　導　者	Nestlé Maxwell Hill Brothers Folgers	Peet's Starbucks Tim Hortons Jacobs Douwe Egberts	Intelligentsia Stumptown Blue bottle	Nestlé JAB Starbucks 咖啡農與產地 WCR UC Davis Coffee Center

第一部

明日咖啡：品種新浪潮

阿拉比卡的千香萬味令人癡迷，本章從她的身世解密開始，

帶入品種的四大浪潮，以及現今面臨氣候變遷、森林濫伐等

生存壓力，明日咖啡如何進行體質大改造。

第一章

阿拉比卡的前世今生

　　遲至 15 世紀，中東文獻首次記載一種可提神醒腦、製造快樂的飲料咖瓦（Qahwa），此乃咖啡飲品的前身。17 至 18 世紀，咖啡風靡歐洲；荷蘭、法國、英國、葡萄牙等歐洲列強移植阿拉比卡到亞洲和拉丁美洲屬地，大規模栽植謀利，造就今日勃發的咖啡產業鏈。

　　數百年間，阿拉比卡因病蟲害防治、產量與風味優化、氣候變遷與永續，經歷四大浪潮的大改造，已然今非昔比，為世人繁忙的生活添香助興。要認識這個咖啡屬的奇蹟物種，一切得先從阿拉比卡創世紀的「一夜情」談起。

｜阿拉比卡：誕生於創世紀的不倫戀｜

阿拉比卡是造物的奇蹟，經上帝寵幸之吻，才有今日盛容！

生物分類學上的咖啡屬（*Coffea*），至今已獲確認的有 130 個咖啡物種[註1]，包括阿拉比卡（*C. arabica*）、坎尼佛拉（*C. canephora*，俗稱羅布斯塔）、剛果咖啡（*C. congensis*，近似羅豆）、賴比瑞卡（*C. liberica*，西班牙發音「利比利卡」）、尤金諾伊狄絲（*C. eugenioides*）、蕾絲摩莎（*C. racemosa*）、史坦諾菲雅（*C. stenophylla*）、薩瓦崔克斯（*C. salvatrix*）……等等。

各咖啡物種底下又衍生許多亞種、變種、品種、栽培品種。「阿拉比卡」其實是個集合名詞，旗下有成千上萬個變種、品種或栽培品種。咖啡屬的 130 個物種中唯獨阿拉比卡是異源 4 倍體，其中的 2 倍染色體來自父本羅布斯塔，另一 2 倍染色體來自母本尤金諾伊狄絲，染色體基數 11，四倍體共 44 條染色體（2n=4x=44）。阿拉比卡以自花授粉為主[註2]，這是異源 4 倍體的特色。咖啡屬其餘 129 個物種皆為 2 倍體，即 2 倍染色體，染色體基數 11，兩倍體共 22 條染色體（2n=2x=22），採異花授粉，具自花不親合性。阿拉比卡可說是咖啡屬底下 130 個物種中最特立獨行、味譜最優雅、最具商業價值的奇葩。

然而，阿拉比卡卻是較晚近出現的物種，是咖啡屬裡的後生晚輩。30 年前，植物學家已發現阿拉比卡是由兩個不同種的 2 倍體咖啡雜交，而造出的異源 4 倍體物種，親本可能是剛果咖啡、羅布斯塔或尤金諾伊狄絲，而近年基因鑑定，確認了阿拉比卡的父本為羅布斯塔，母本為尤金諾伊狄絲。

2014 年義大利咖啡巨擘 illycaffè、Lavazza 資助，由世界咖啡研究組織（WCR）、法國農業國際研究發展中心（CIRAD）、義大利應用基因組學研究所（Istituto di Genomica Applicata）、義大利崔雅斯特大學（The University of Trieste）、葉門沙納大學（Sana'a University）和 CATIE 等單位一同參與對阿拉比卡的身世、基因、遺傳進行深入研究，並於 2020 年 3 月聯署發表

《阿拉比卡 4 倍體基因組發源地的單次多倍體事件導致野生和栽培品種的遺傳歧異度極低》（A single polyploidization event at the origin of the tetraploid genome of Coffea arabica is responsible for the extremely low genetic variation in wild and cultivated germplasm，以下簡稱《阿拉比卡遺傳歧異度極低》）。

該研究報告再度確認阿拉比卡的父本是 2 倍體羅布斯塔，母本是 2 倍體尤金諾伊狄絲，這兩個不同物種在自然情況下，發生一次跨物種的「不倫戀」，混血造出 4 倍體阿拉比卡，其中兩套染色體來自羅布斯塔，另兩套得自尤金諾伊狄絲。

在此之前，2011 年發表的另一篇研究報告[註3]，科學家分析 8 個同源基因組，推估 4 倍體阿拉比卡誕生時間距今 4 萬 6 千至 66 萬 5 千年前，是很年輕的物種。但上述的《阿拉比卡遺傳歧異度極低》報告，又將阿拉比卡的生辰往更近代修正，經進一步基因分析，推算這件創世紀「一夜情」距今約 1 萬至 2 萬年前，而且是只發生一次的「種間混血」，而非多次混血所形成的物種，其演化時間也較短，基因多樣性注定較貧乏，對環境的調適能力與病蟲害抵抗力較弱。此乃今日阿拉比卡對高溫與低溫極為敏感而且體弱多病的前因與後果。

註 1：據 2021 年 8 月英國皇家植物園（Royal Botanic Gardens, Kew，亦稱邱園）發表的研究報告《馬達加斯加北部發現咖啡屬麾下 6 個新物種 》（Six new species of coffee (Coffea) from northern Madagascar），讓全球咖啡物種總數增加到 130 個。這 6 個新咖啡物種為：*Coffea callmanderi, C. darainensis, C. kalobinonensis,C. microdubardii, C. pustulata* 以及 *C. rupicola*。有關新咖啡物種的特性與商業潛能，仍待進一步研究。植物學家指出這項發現對基因多樣性不足的咖啡屬而言，是大利多。

註 2：目前已知咖啡屬底下自交親合的物種除了阿拉比卡外，還有 *C. anthonyi* 和 *C. heterocalyx* 以自花授粉為主，但兩物種為 2 倍體。

註 3：研究報告的名稱為《Micro－collinearity and genome evolution in the vicinity of an ethylene receptor gene of cultivated diploid and allotetraploid coffee species（Coffea）》。

　　兩個 2 倍體異種在天時地利配合下的自然交合，孕育出能夠穩定繁衍後代的 4 倍體物種，是造物者的恩賜，其成功機率極低，截至目前，三大洲的咖啡產地尚未發現第二起尤金諾伊狄絲與羅布斯塔在自然環境下混血成功，孕育出新版阿拉比卡的造物事件。

　　1990 年代科學家推估數萬年前阿拉比卡形成的模式，始於一株父本羅布斯塔的配子減數分裂異常，未產生正常的單倍配子，而是反常的 2 倍體配子，因緣際會再與一株母本尤金諾伊狄絲的單倍體配子交合，產出 3 倍體，其配子就可能有單倍與 2 倍，如果再自交，2 倍體的配子就有機會配對成功，進而誕生 4 倍體的阿拉比卡，此模式獲得學界高度共識，延用至今，可參見下頁圖表 [1-1]。

阿拉比卡的母親 —— 尤金諾伊狄絲；果粒較小，豆粒較尖瘦。（刁迺昆提供）

左側是黃波旁（阿拉比卡旗下品種之一），右側雄壯威武的正是羅布斯塔（阿拉比卡的父本）。

〔1-1〕阿拉比卡物種形成的可能模式

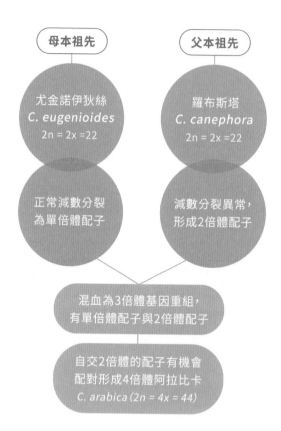

阿拉比卡可溯源至烏干達？

　　換言之，目前全球栽種的上百億株阿拉比卡，都是一至兩萬年前一株尤金諾伊狄絲與一株羅布斯塔，露水姻緣「一夜情」所生的一株4倍體咖啡的後裔。目前所知，衣索匹亞是阿拉比卡基因多樣性的演化中心，但有趣的是這起創世紀不倫戀的香閨可能不在衣索匹亞！

　　跨物種的種間雜交，其成功機率遠遠低於同種間的種內雜交。羅布斯塔與尤金諾伊狄絲不倫戀，育出有繁殖力的4倍體阿拉比卡，至少要有：1.共存一地；2.溫暖氣候；3.花期一致；4.自交不親合系統關閉等四大事件同時發生才可能竟功。

1. 共存一地。羅布斯塔是非洲分布最廣的咖啡，常見於於西非與中非 1,000 米以下的低海拔潮濕且溫暖的森林中心地帶；而尤金諾伊狄絲分布於中非與東非海拔較高約 1,000 至 2,000 米較乾燥的涼爽森林邊陲地帶，諸如烏干達西部艾伯特湖周邊、肯亞、坦桑尼亞和蘇丹。兩物種共存的地域不多，目前只有在烏干達艾伯特湖（Lake Albert）一帶仍看得到兩物種共存。

然而，衣索匹亞境內只生長兩種咖啡，除了阿拉比卡外，還有另一個鮮為人知、瀕臨絕種的 2 倍體妞蕾洛伊咖啡（C. neoleroyi）。衣國全境至今不曾發現阿拉比卡的父本與母本共存的蹤跡，因此不少科學家推論衣索匹亞並非跨物種「一夜情」的現場。更有趣的是，研究員鑑定非洲各地羅布斯塔的基因，發現烏干達羅布斯塔的核苷酸多態性（nucleotide ploymorphisms）最接近阿拉比卡，因此推斷烏干達艾伯特湖附近的山林，尤其是布東苟森林（Budongo forest），自古以來常見羅布斯塔與尤金諾伊狄絲共存，極可能是兩異種創世紀不倫戀的現場！

2. 溫暖氣候。跨物種不倫戀距今 1 至 2 萬年，約莫是最近代的末次冰河期（Würm glaciation）。羅布斯塔與尤金諾伊狄絲的配子必須在溫暖的氣候才能成功交合，因此冰河時期的不倫戀不可能在衣索匹亞西南部 1,500 米高海拔的霜雪地進行。烏干達艾伯特湖海拔 600 米，離赤道更近，較可能具備阿拉比卡繁殖所需的溫暖氣候。

3. 花期一致。羅布斯塔與尤金諾伊狄絲即使共存於一地域，花期也必須相同，才可能經由昆蟲或風力完成授粉。然而，實際上兩物種的花期並不相同，咖啡物種的花期具高度特異性，是由基因控制，以免發生異種基因的交流事件。

4. 自交不親合系統關閉。這不太可能發生，但並非絕不可能。兩個親本自交不親合的系統必須關閉，才能讓新物種順利自交繁衍，不需再與親本回交，徒增不確定性。物種在特殊環境與逆境下會為自己找到出口。環境變遷確實會改變植物的繁殖機制，以法國位於澳洲東部的新喀里多尼亞島

（Nouvelle-Calédonie）為例，島上栽種阿拉比卡、羅布斯塔、賴比瑞卡過去不曾成功混血，但近年因雨季型態改變，使得三異種的花期漸趨一致，導致自然混血的出現。

綜合以上，可以這麼推論：1 至 2 萬年前，羅布斯塔與尤金諾伊狄絲，情定溫暖的烏干達，造出 4 倍體的阿拉比卡，並往東北部繁衍，擴散到今日的衣索匹亞西南部低地森林，隨著氣溫回升，阿拉比卡逐漸往更高海拔遷移，衣索匹亞西南部山林成為阿拉比卡基因演化中心，進而成為阿拉比卡性狀與遺傳歧異度最高的原產地。

｜阿拉比卡應正名為「衣索匹卡」？｜

阿拉比卡的誕生是造物的奇蹟，阿拉比卡的命名更是美麗的誤會！

17 至 18 世紀是歐洲發現咖啡的大時代，阿拉比卡原生於衣索匹亞西南部卡法森林，但當時這片茂密山林仍被卡法王國（Kindom of Kafa）控制，極為封閉排外，被喻為「難以穿越的鐵牆」，外人很難進入，更不可能知道這裡是咖啡基因的寶庫。反觀阿拉伯半島南部的葉門是歐洲海權國家到亞洲必經之地，地理位置優於深處內陸不瀕海的衣索匹亞。17 至 18 世紀的歐洲商人、植物學家或旅行家在葉門喝到提神助興的咖瓦，並在此發現神奇的咖啡樹，誤以為葉門是咖啡原產地。當時歐洲人以拉丁語「快樂幸福的阿拉伯」（Arabia Felix）來歌頌葉門是個芬芳寶地。

在 1600 年代至 1700 年代這長達 200 年裡，咖啡原產地在阿拉伯（今日葉門）是當時歐洲人的主流看法。瑞典知名植物學家卡爾·林奈（1707-1778）於 1738 年出版的植物學文獻《克利福特園》（Hortus Cliffortianus）就引用法國人對咖啡的描述：

「阿拉伯的茉莉，月桂樹的葉片，所產的豆子稱為咖啡。」

林奈還特別加了一個註解：「咖啡只產於快樂的阿拉伯！」（即今日葉門）

此外，林奈大師亦駁斥法國人認為「咖啡是月桂樹的一種」這個說法，他特地為咖啡物種創立了咖啡屬，以茲區別。

1753 年林奈發表《植物種誌》（Species Plantarum），是全世界最早為植物進行系統化分類、命名的鉅著。他以二名法的拉丁文為原產於葉門的咖啡樹定出學名——*Coffea arabica* L.；此一學名的白話文為：「咖啡屬底下，阿拉伯的種，林奈命名」。植物的學名通常以其性狀、特徵或原產地來命名，但是林奈大師犯了美麗的錯誤，誤認阿拉伯半島南部的葉門是阿拉比卡原產地。如果大師地下有知，咖啡的學名想必會更正為 *Coffea ethiopica* L.，將阿拉比卡正名為「衣索匹卡」應該更接近事實。雖然阿拉比卡已眾口鑠金將錯就錯數百年，但追求真理的咖啡玩家有必要了解其中的是非曲折。

1761 年林奈出版 18 頁的手冊《咖啡飲料》（Potus Coffeae）寫道：「咖啡樹原產於阿拉伯與衣索匹亞。」大師雖然刻意補入衣索匹亞，但為時已晚，美麗的錯誤阿拉比卡已深植人心。

誤打誤撞找到阿拉比卡源頭

其實，有少數與林奈同輩的專業人士，當時已提出咖啡原產於衣索匹亞的觀察，但卻未受到重視甚至遭到譏笑。1687 年移居開羅執業的法國醫師龐塞特（Charles-Jacques Poncet），於 1699 至 1700 年應衣索匹亞皇帝伊雅蘇一世（Iyasu I，1654-1706）之邀為皇族治病，返國後他寫了《衣索匹亞遊記》（Voyage to Aethiopia），對咖啡樹有入木三分的描述：

「咖啡樹很像桃金鑲，但葉片稍大且綠，果子像開心果，果內有兩粒豆子，就是大家說的咖啡。果皮起初是綠色，果熟後轉成暗紅色……衣索匹亞隨處可見咖啡樹，應該是咖啡原產地，阿拉伯的咖啡樹可能從這裡移植過去。」

17 至 18 世紀之交的法國醫生龐塞特，是世界上第一位發現衣索匹亞是咖啡原產地的人，但卻未被當時的主流意見接受。90 年後，另一位挑戰

葉門是阿拉比卡原鄉的是蘇格蘭探險家詹姆士·布魯斯（James Bruce, 1730-1794），他為了探索尼羅河源頭，深入衣索匹亞探險，1790 年出版多達 3,000 頁的鉅作《尼羅河源頭發現之旅》（Travels to Discover the Source of the Nile, In the Years 1768, 1769, 1770, 1771, 1772 and 1773）。其中有一段話深受咖啡史學家重視：

「咖啡樹原生於卡法（Caffa），在此自然而生，數量龐大，從卡法到尼羅河畔，遍地可見。」這是卡法首次出現在歐洲文獻，但拼法不同於今日慣用的 Kaffa。龐塞特與布魯斯是當時少數獲准深入衣索匹亞探秘的專業人士，他倆提出的觀察太過前衛，遭到歧視，一直到 1897 年衣索匹亞皇帝孟尼克二世（Menelek II，1844-1913）征服排外的卡法王國，才有更多的歐洲植物學家入內探索，揭開卡法森林的神秘面紗。1960 年代科學家證實阿拉比卡源自衣索匹亞的卡法森林，龐塞特與布魯斯的觀察遲了一兩百年才獲得認同！

先天不良的阿拉比卡，難禦氣候變遷

從史料來看卡法森林遲至 1897 年後外界才得入內一窺堂奧。而衣索匹亞咖啡種子早在 15 世紀已傳入葉門，這應該是偶發性的少量引入，可能透過戰俘或以物易物的商人之手，而不是長期有計畫的大量引進衣索匹亞咖啡種子。15 至 18 世紀中期，葉門首開世界之先，利用少量的阿拉比卡種原，即基因多樣性有限的基礎下大規模商業栽種咖啡，供應回教世界與歐洲市場。

更糟的是，亞洲和拉丁美洲阿拉比卡全來自葉門，而不是向阿拉比卡基因演化中心的衣索匹亞求經取種，加上阿拉比卡進化時程太短以及自花授粉的特性，造成今日全球的鐵比卡或波旁基因多樣性或遺傳變異度極低，抗病力差，無力應付氣候變遷的挑戰。半個多世紀以來，植物學家為了強化阿拉比卡體質，進行幾波品種改良，尤其進入 21 世紀全球暖化加劇，更啟動了阿拉比卡大改造計畫（請參見第二章），期使黑金危機不致發生，喝咖啡的閒情逸致能夠延續到下一世紀。

第二章

阿拉比卡的四大浪潮：
品種體質大改造

第一章提及阿拉比卡因造物奇蹟與美麗誤會而誕生，但她從衣索匹亞涓滴流入葉門的精確年代已不可考，姑且以西元 1400 年代（即 15 世紀）咖啡文獻開始大量出現中東地區為起點，700 年來，阿拉比卡因防治病蟲害、提高產量、優化風味、因應氣候變遷的時代需求，經歷了四大時期的洗禮與淬鍊，本章依序演繹、闡述阿拉比卡各浪潮的時程與要義。

1400-1926	1927-2003	2004-迄今	2012-迄今
第一波浪潮	**第二波浪潮**	**第三波浪潮**	**第四波浪潮**

鐵比卡與波旁時代：　　　大發現時代：　　　水果炸彈時代：　　　大改造時代：
　　老品種當道　　　　　抗病、高產掛帥　　　美味品種崛起　　強化體質抵禦氣候變遷

|鐵比卡與波旁時代：老品種當道|

在漫長的 526 年間，全球咖啡市場主要仰賴阿拉比卡麾下的兩大主幹老品種：鐵比卡與波旁。此二品種可從外觀粗略辨識，鐵比卡頂端嫩葉為深褐色，側枝與主幹幾乎成水平狀，葉片較狹長，長身豆較多；波旁的頂端嫩葉為綠色，側枝與主幹夾角較小，側枝較上揚，葉片較寬闊且邊緣波浪狀，圓身豆較多。這兩大老品種雖然味美但對葉鏽病、炭疽病、根腐線蟲幾無抵抗力，對高低溫與乾旱的耐受度低，產果量也比今日的改良品種低了 30% 以上。

1927 年葡萄牙發現東帝汶混血（Timor Hybrid）以前，全球阿拉比卡的基因與族譜皆不出鐵比卡與波旁兩大族群，若說鐵比卡與波旁二品種獨霸咖啡產業 600 年並不為過；光靠兩個品種即可吃定天下數百年，咖啡是世界絕無僅有的奇葩作物。

歷史資料與近年基因檢測結果，證實這兩大阿拉比卡主幹品種是從衣索匹亞西南部山林傳入葉門，經過葉門馴化成為地方種，再擴散到印度、印尼、留尼旺島、中南美洲，成為 1400 至 1926 年間，世界唯二的咖啡栽培品種。有趣的是，這兩大古老品種的傳播路徑並不相同，前後有別，鐵比卡先行，波旁後至。

鐵比卡傳播路徑

15 至 18 世紀，葉門壟斷全球咖啡貿易，咖啡豆出口前先經過烘焙或水煮，以免活生生的咖啡種子流入他國。1670 年備受印度教與回教蘇菲教派景仰的僧侶巴巴布丹（Baba Budan）從麥加朝聖返回印度途中，在葉門摩卡港盜走 7 粒咖啡種子，藏在鬍子內避人耳目，帶回印度種在西南部卡納塔克邦、奇

克馬加盧爾區的錢達吉里山（Chandragiri Hills），開啟印度咖啡栽培業。卡納塔克邦的邁索地區（Mysore）當時稱為馬拉巴（Malabra）成為印度最古老的咖啡產區。這7顆阿拉比卡種子包括鐵比卡與波旁，印度繼葉門之後成為世界第二個商業咖啡產地，接下來印尼、中南美洲和東非的咖啡品種均與這7顆種子有關，後人為了緬懷他的貢獻，將這座山更名為巴巴布丹山。

鐵比卡的傳播編年紀事

1690年：荷蘭人從葉門引入咖啡到印尼屬地爪哇島栽種，但幾年後遇到地震夭折告終。

1696-1699年：荷蘭人占領印度西南部馬拉巴，並從馬拉巴運送咖啡種子到爪哇島栽種成功，開啟印尼咖啡產業。由於印尼早期的阿拉比卡皆為褐頂，一般認為荷蘭人引入的品種為鐵比卡，此一歷史淵源造成亞洲產地包括台灣咖啡早年均以鐵比卡為主，波旁極為罕見。

1706年：荷蘭東印度公司將一株爪哇的鐵比卡樹苗運抵阿姆斯特丹並蓋座暖房由植物學家照料。這株鐵比卡竟然成為數年後擴散到中南美洲鐵比卡的母樹，也造成基因窄化問題。

1714年：阿姆斯特丹市長贈送一株鐵比卡苗給法王路易十四，法王在凡爾賽宮的植物園蓋一座溫室專門伺候鐵比卡，順利開花結果。

1719-1722年：1719年荷蘭移植鐵比卡至南美洲屬地蘇利南。1722年法國移植鐵比卡到法屬蓋亞納，兩國展開咖啡栽植競賽。

1723年：法國海軍軍官狄克魯（Gabriel Mathieu de Clieu）移植凡爾賽宮的鐵比卡苗到加勒比海的法屬馬丁尼克島，並將種子和樹苗分贈牙買加、多明尼加、古巴、海地。

1727 年：荷蘭屬地蘇利南與法國屬地蓋亞納爆發領土糾紛，巴西外交官帕西塔前往調停有功，獲法國蓋亞納總督夫人贈送鐵比卡苗，帕西塔返國辭官，將咖啡苗種在北部帕拉省，開啟巴西咖啡產業。巴西又將鐵比卡開枝散葉到巴拉圭、秘魯。

1750 年以前哥倫比亞、墨西哥、瓜地馬拉、薩爾瓦多、哥斯大黎加等拉丁美洲產國都種下了鐵比卡，皆一脈相承自印度僧侶巴巴布丹盜自葉門的褐頂鐵比卡。但綠頂波旁並未流出而遺留在印度。

波旁的傳播路徑

遲至 1860 年巴西才從東非的留尼旺島（波旁島）移植波旁到拉丁美洲；1900 年以後，法國傳教士團體將留尼旺島的咖啡引進肯亞、坦桑尼亞，1920 年後肯亞和坦尼亞又從印度引入波旁系統的肯特（Kent）。波旁擴散全球的時程明顯晚於鐵比卡。

另外，1930 年代英國人在肯亞設立史考特農業實驗室（Scott Agricultural Laboratories）協助選拔優質咖啡品種，並以史考特實驗室的簡稱 SL 為品種編號，諸如 SL17、SL28、SL34 等而且種原多半來自波旁島，因此今日業界慣稱 SL 編號或法國傳教士選拔的品種為波旁系統，但近年基因鑑定證實其中有少數例外，竟然不是波旁，而是鐵比卡。譬如 SL34 經 WCR 鑑定基因，發現不是波旁，反而更接近鐵比卡。

褐頂不等於鐵比卡，SL 未必是波旁

雖說過去各產國習慣以咖啡的頂端嫩葉顏色來判定是鐵比卡或波旁，綠頂為波旁，褐頂為鐵比卡，但其實此法不夠精準，Kent、K7、K423 的頂葉為淡褐色，但 WCR 鑑定基因卻更接近波旁系統。因此光靠外觀不易精確判定品種，必須以基因鑑定為準。

SL34 因為冠上 SL 編碼，屬於傳教士咖啡，向來被歸類為波旁系統，但其頂葉為深褐色似乎又像鐵比卡，近年 WCR 檢測 SL34 的 DNA，結果並非波旁，而是鐵比卡的近親，但與鐵比卡仍有些歧異，如同表兄弟一般。另外，SL28、Coorg、SL09 雖為綠頂，但與波旁不完全相同，可稱為親戚，或波旁系統。

波旁的傳播路徑編年紀事

1708-1727 年：法國至少有 3 次從葉門盜取咖啡苗，移植到馬達加斯加島以東 550 公里的波旁島（今稱留尼旺島），1708 年移植失敗，1715 年與 1718 年移植來的咖啡苗，少數順利成長，由於咖啡豆較渾圓，不同於荷蘭人栽種的長身豆，故取名為圓身波旁（Bourbon rond），史料記載 1727 年收穫 45 公噸，但波旁咖啡一直到 1860 年後才離開波旁島，向外擴散。

1723 年：英國趕搭咖啡栽植熱潮，英國東印度公司 1723 年從葉門取得咖啡苗運到非洲西岸，大西洋上的英國屬地聖海倫娜島栽種，咖啡樹為綠頂且豆身較圓，神似波旁咖啡，島民至今仍稱之為綠頂波旁。1815-1821 年拿破崙被英國軟禁於聖海倫娜島，美味的綠頂波旁咖啡成為拿破崙唯一的精神慰藉。

1810 年：波旁島的圓身波旁出現變種，樹株與葉片更小且豆粒更尖細瘦小，咖啡因也較低，取名為尖身波旁（Bourbon pointu），1860 年法國人移植到澳洲東部的法屬小島新喀利多尼亞（New Cledonia）。

1841-1930 年：波旁咖啡傳進肯亞、坦桑尼亞、烏干達等東非地區，法國天主教聖靈教會（Congregation of the Holy Ghost）的傳教士扮演要角色。1841 年該教團在留尼旺島成立教會，接著 1862 在坦桑尼亞、1893 在肯亞設立教會，波旁咖啡隨著教會的福音傳入東非諸國。1930 年代肯亞以法國傳教士從留尼旺島引進的波

旁，選拔出知名美味品種 SL28、SL34。

1860 年：巴西從留尼旺島引進波旁咖啡，取代產量與抗病力較低的鐵比卡，這是拉丁美洲首度引進波旁。

1911 年：印度邁索地區鐸登古達咖啡園（Doddengooda Estate）的英國園主肯特（L.P. Kent），從栽種的咖啡樹中選拔出對葉鏽病有耐受度的品種，取名為肯特（Kent），這是最早發現對鏽病有部分抗力的阿拉比卡。其頂葉為淡褐色，一直被誤認為鐵比卡的突變品種，但近年 WCR 鑑定其基因，並非鐵比卡，反而更接近波旁系統。1920 年後坦桑尼亞和肯亞從印度引進 Kent 並以之為本，1930 年代又選拔出耐旱且對鏽病有耐受度的 K7、KP423，過去都以為是鐵比卡系統，但近年已更正為波旁系統。

阿拉比卡第二波浪潮 1927-2003

|大發現時代：抗病、高產量掛帥|

我將 1927-2003 年界定為阿拉比卡的大發現時代。1927 年以前，亞洲和拉丁美洲的阿拉比卡栽培品種不是鐵比卡就是波旁，人類所栽植的各種作物中，唯獨阿拉比卡光靠旗下兩個品種吃定天下數百年，這並不正常。儘管咖啡具有全球經濟價值，卻是世上研究與創新最不足的作物。草莓有 6,640 個品種在國際植物新品種保護聯盟（UPOV）註冊；咖啡至今只有 111 個品種註冊。換言之，草莓育種的創新能力是咖啡育種的 60 倍，即便草莓產量的價值遠低於咖啡。然而數百年來阿拉比卡卻只仰賴 2 個品種打天下，加上自花授粉的天性，因而陷入基因瓶頸危機，無力抵抗病蟲害與極端氣候。

所幸 1927 年以後，相繼發現東帝汶混血（Hibrido de Timor）、印度賴比瑞卡與阿拉比卡天然混血的 S26、衣索匹亞抗鏽野生藝伎移植東非，以及歐美科學家獲准深入舊世界衣索匹亞採集珍貴的野生咖啡。在這短短 76 年的

「大發現時代」，上天恩賜的種間混血新品種、衣索匹亞野生咖啡抗病基因，聯手為新世界貧瘠的阿拉比卡基因注入更豐富的多樣性，稍稍紓解基因瓶頸的燃眉之急。然而，大發現時代的咖啡育種以抗鏽病、抗炭疽病、提高產量為先，風味好壞不是重點。

上天恩賜東帝汶混血，帶動「姆咖啡」時代

1860 年代斯里蘭卡咖啡園爆發鏽病，阿拉比卡毫無抗力幾乎全軍夭折，因此棄咖啡改種茶葉，而距離不遠的印度與印尼，則改種對鏽病有抗力的另一物種羅布斯塔。葡萄牙屬地東帝汶有座創立於 1917 年的咖啡園，在 1927 年發現園內有一株對鏽病有抵抗力的「怪胎」咖啡樹，經植物學家鑑定為 2 倍體的羅布斯塔與 4 倍體的鐵比卡在自然環境下極罕見的混血，造出阿拉比卡新品種，取名為東帝汶混血。

這件成功機率極低的造物事件，可能路徑為：羅布斯塔減數分裂的 1 倍體配子與阿拉比卡減數分裂的 2 倍體配子結合，形成 3 倍體的混血母株，由於缺少同源染色體無法產生種子而不育，但在偶然情況下產生 2 倍體配子，天時地利配合下又和另一株阿拉比卡（鐵比卡）回交，即 3 倍體的 2 倍配子和鐵比卡正常減數分裂的 2 倍配子交合，從而造出 4 倍體且帶有羅豆抗鏽基因的阿拉比卡新品種。

跨物種的種間混血，其成功機率極低，但在老天的恩准下發生了，猶如及時雨為 20 世紀阿拉比卡注入新血。由於東帝汶混血有 4 套染色體，可以跟阿拉比卡混血，並引入羅豆的抗病基因和高產能，被譽為咖啡育種的一大革命。這也是 15 世紀以來，新世界的阿拉比卡基因首度超出鐵比卡與波旁的狹窄格局。

東帝汶混血首株 3 倍體母株的克隆苗，於 1950 年代送到葡萄牙鏽病研究中心（Centro de das Ferrugens Investigação do Cafeeiro，以下簡稱 CIFC）進行研究，並以編碼 CIFC4106 命名。

1957 年 CIFC 開始為東帝汶混血的植株進行長達 10 多年選拔，篩出抗鏽強且高產量的 3 個品系 CIFC832/1、CIFC832/2、CIFC1343，這三大「種馬」於 1970 年後釋出供各產國品種改良；其中的 CIFC832/1 再與波旁的矮株變種卡杜拉（Caturra）混血，成為日後的卡蒂姆系統（Catimors）；而 CIFC832/2 則與波旁另一個矮株變種薇拉莎奇（Villa Sarchi）混血，成為日後的莎奇姆系統（Sarhimors）；至於 CIFC1343 主要給哥倫比亞培育卡蒂姆品系。

這些混血改良品種的特色是枝條短小精幹、節間短、高產量、抗鏽病，適合高密度、全日照種植，每公頃可種 3,000 至 6,000 株，高出鐵比卡與波旁數倍。 1970 至 1990 年代，東帝汶混血與卡杜拉或薇拉莎奇雜交育出的卡蒂姆或莎奇姆大量出籠，諸如 Catimor T129、Catimor T8867、Catimor T7963、Sarchmor T5296……不勝枚舉，咖啡進入「姆時代」，全球咖農紛紛搶種，蔚為時尚。

然而，這類「姆咖啡」的產量雖然高於卡杜拉 30 ％，但因為產量過大，需要更多的肥料補元氣，且植株壽命較短，不到 15 年就需更新植株，不像傳統品種鐵比卡與波旁可生產數十年不衰。更糟的是，帶「姆」字眼的改良品種，無一倖免皆帶有不討好的魔鬼尾韻，如草腥味、木質調、苦味重、澀感咬喉，不易賣得好價錢，遭到精品咖啡界和重視品質的咖農唾棄。這是以東帝汶混血為親本的改良品種始料未及的負面發展。

解決之道是將「姆咖啡」再與阿拉比卡多代回交，增香提醇，逐漸洗去魔鬼尾韻，一直到 2000 年前後，才稍見起色。諸如中美洲的 CR95、Lempira、Marsallesa；巴西的 Obata、Catiguá、哥倫比亞的 Castillo、Cenicafé 1。這些被譽為洗心革面的新生代「姆咖啡」已重新命名，看不到惡名昭彰的「-mor」字眼，風味與抗鏽能力也比老一代卡蒂姆或莎奇姆改善不少，目前已是巴西、哥倫比亞與中美洲的主力品種之一。

另外，在 1940 年代印度發現阿拉比卡與賴比瑞卡「不倫戀」的混血咖啡，

取名 S26，由於豆粒小、風味不佳，植物學家再以 S26 與阿拉比卡 Kent 混血，第一代命名為 S795，抗鏽與風味均優，印度和印尼很普及，拉美則很少見。

「豆」紅是非多：藝伎命名之亂

在阿拉比卡大發現年代，佳音頻傳，繼 1927 年發現東帝汶混血之後，1931 年 Geisha 首度出現在英國東非屬地肯亞與坦桑尼亞的咖啡品種選拔文獻中。養在深閨人未識的 Geisha 在大發現時代默默無名，然而 73 年後的 2004 年，巴拿馬翡翠莊園的 Geisha 初吐驚世奇香，贏得 BOP 冠軍後，國色天香的藝伎聲名大噪，成為各大生豆賽或咖啡師競賽必備的奪冠利器。「豆」紅是非多，全球的咖啡玩家開始質疑 Geisha 拼錯字，多了一個字母「i」，因為 Google 地圖只查得到 Gesha 或 Gecha。

有趣的是，Geisha 恰好和「藝伎」的英文同字，台灣早在 2005 年後慣稱 Geisha 為藝伎咖啡，但近年此譯名常遭批評，因為衣索匹亞 Geisha（Gesha）的語音與藝伎無關。大陸的咖友對「藝伎」譯名極為反感，堅持「瑰夏」最適切。究竟孰是孰非？不妨先從歷史來考證到底有沒有 Geisha 或 Geisha（Gesha）Mountains 這些字眼，即可水落石出。

在衣索匹亞歷史上，Geisha（Gesha）這個拼音字具有雙重含義，代表衣索匹亞西南部的一個特定獵象區域，同時也代表在這特定區域內的咖啡族群。然而，今日咖啡玩家甚至專業人士不了解歷史，卻將之曲解或窄化為單一的美味咖啡品種或某一個村落名稱，以訛傳訛徒增不必要的困擾。

Gesha 或 Geisha 是指衣索匹亞卡法森林的邦加（Bonga）西南方向的山林，也就是馬吉（Maji）北方 50 公里處的山林區 Gesha Forest，今日 Google 地圖在馬吉以北的山林地標出 Gesha。19 世紀史瓦希里族（Swahili）的象牙商人和獵人在這片高原區獵捕大象，並以鄰近基比希河（Kibish River）的馬吉做為歇息整補地點，史瓦希里語的馬吉是「水源」的意思。但近年很多國內外咖友誤以為 Gesha 或 Geisha 只是一處發現藝伎咖啡的村落名稱，這就大大

曲解它在衣索匹亞歷史上的意義了。

再來談談 Geisha 與 Gesha 之亂，早在 1930 年代英國在東非培育抗鏽咖啡品種的學術文獻已統一使用 Geisha，但有趣的是 1881 年 3 月英國皇家地理學會（Royal Geographical Society）在倫敦出版的「東部赤道非洲地圖」（A map of eastern equatorial Africa），以及 1893 年英國愛丁堡出版的「尼羅河沿岸與阿比西尼亞地圖」（Upper Nubia and Abyssinia）[註1] 卻在邦加的附近標出了瑰夏山（Gesha Mountain）的位置，這兩部英國人編的古地圖皆採用沒有「i」的 Gesha，但不知何故 1930 年以後的學術文獻犯了美麗錯誤，多打了「i」字母，將單母音 e 變成雙母音 ei，一個無心之過，釀成今日的 Geisha vs Gesha 亂局。

我不認為是什麼天大錯誤，因為衣國至少有七十多種語言，南腔北調的拼音之亂不足為奇，以卡法森林為例，就有 Kafa、Kaffa、Kefa、Keffa、Kaficho、Kefficho 等多種拼法，而瑰夏山在衣國的拼音包括 Geiscia、Geisha、Gesha、Gēsha、Ghiscia、Ghescia 等，要統一拼音或譯名，在這個語音複雜的國度比登天還難，不必為了一個「i」爭得面紅耳赤傷和氣。

衣索匹亞確實有座瑰夏山（Gesha Mountain），不但上述兩部古地圖均標出位置，就連目前任職 CIRAD、曾於 2004-2006 年在衣索匹亞吉馬農業研究中心（JARC）工作的法國植物學家尚‧皮耶‧拉布伊斯（Jean Pierre Labouisse）花了多年研究心血，將巴拿馬藝伎（Geisha in Panama）溯源到衣索匹亞的瑰夏山，就位於馬吉北方 50 至 60 公里，海拔 1,830 米的山林，經緯度為 6°38' N., 35°30'，也就是昔日卡法省的馬吉區，但今日改制後，可能橫跨卡法區與班奇馬吉區（Bench Maji Zone）。衣國不只語系、發音複雜，

註 1： 貓 先 生 aY 的 咖 啡 之 旅 網 頁 文 章《Geisha or Gesha, explore this famous variety from a different direction,19th century old Ethiopia/Abessinia map》，提到幾幅古地圖均可找到 Gesha Mountains 的位置。這是旅美學人貓先生在美國國會圖書館查到的珍貴資料，特此感謝分享。

行政區也變來變去，為研究衣國咖啡增加很大困擾。

更有趣的是，衣國現行的行政區劃分地圖中竟然有一個瑰夏縣（Gesha Woreda），隸屬於南方國族部落與人民州的卡法區（Keffa Zone）；而這個瑰夏縣就在瑰夏山附近，也在 Gesha 的歷史範圍內。今日衣國官方文件皆用 Gesha，如果 Gesha Woreda 再譯為藝伎縣就很離譜，相信衣國人民也不會同意。

根據拉布伊斯的研究，英國文獻誤植 Geisha，可能與衣國西南部共有 3 處發音近似的村落有關，一個位於卡法區的 Gesha，另一個位於班奇馬吉區的 Gesha，第三個位於伊魯巴柏區的 Gecha。衣國官方的 Gesha 都是單母音而非雙母音，孰是孰非應該很清楚了。

在此不得不坦承台灣慣稱的藝伎確實不妥，因為英國人編的 19 世紀古地圖是用 Gesha Mountain 而非 Geisha Mountain，如果譯為藝伎山會很奇怪，而且此字在衣索匹亞諸多語言中也無藝伎之意，建議改用「瑰夏山」或「給夏山」，譯音字總比有語意的字眼更安全。但礙於台灣已慣用藝伎譯名 10 多年，本書不做更譯，心底有譜即可，以免添亂。

藝伎前傳：踏出錯誤第一步

接下來我們追一追誰是筆誤 Geisha 的始作俑者。早在西元 1840-1860 年間已有歐洲人從衣索匹亞北部採回咖啡果樣本，但沒人敢進入西南部凶險的卡法森林，直到 1897 年、排外的卡法王國被衣索匹亞皇帝孟尼克二世征服後，歐洲人開始湧入森林區探秘；20 世紀初，法德英已有植物學家入卡法森林採集奇花異草的樣本，但並未帶回咖啡豆或咖啡葉樣本，因此他們的口述：「卡法森林隨處可見野生咖啡！」其實仍無科學證據。

1922 年咖啡史學家威廉・烏克斯（William Ukers，1873-1945）[註2] 的經典巨作《咖啡大觀》（All About Coffee）寫道：

據說阿比西尼亞的西南部有一大片人跡罕至的森林，熟透咖啡果落滿地，原住民俯拾可得。林間的咖啡樹多到數不清，不費吹灰之力即可拾得無盡的供給量！

遲至 1929 年後歐人才踏入卡法森林和瑰夏山採集咖啡種子。英國為取締盜獵大象和買賣黑奴，在馬吉設立領事館，李察‧瓦利上校（Richard Whalley）出任公使，而瑰夏地區恰好是瓦利上校的管區，從此開啟藝伎咖啡的前傳。

當時英國已在肯亞屬地種咖啡，1929 年起英國位於衣索匹亞哈拉、馬吉的領事館開始採集當地咖啡種子，1931 年馬吉領事館寄出首批藝伎種子給肯亞的英國栽植場，以進一步選拔抗鏽品種，但究竟是誰採的種子已不可考，有可能是從馬吉的市場購買栽培品種。幾年後肯亞栽植場的咖啡育種工作初具成效，瓦利上校又接獲肯亞的英國農業總監指令，要他再採集 10 磅的野生咖啡種子。

1936 年 2 月瓦利上校完成任務，並寫信給阿迪斯阿貝巴的英國公使：「我原先以為本地區最棒的咖啡 Geisha 是栽培品種，但萬萬沒想到它竟然是野生咖啡，就長在古老雨林的樹蔭下。但我們跋涉入林時已接近咖啡的尾季，在林區採集 3 天只採收 2 至 3 磅咖啡種子，離 10 磅目標還有段差距，於是找來當地的提尚納族（Tishana），給他們些禮物和錢，兩天後族人為我採得更多咖啡果，才得以完成任務。」

瓦利上校在信中已用 Geisha 字眼，而不是古地圖上的 Gesha，此後所有的育種文獻均沿用此字，他應該是美麗錯誤的始作俑者。

衣索匹亞咖啡農都知道瑰夏山出好咖啡，但瓦利上校並不是農藝專業人士，竟然將瑰夏山採集的咖啡種子全部置入一袋，並標上「Geisha」，寄回肯

註 2：1901 年創辦知名的《茶與咖啡貿易雜誌》（Tea & Coffee Trade Journal）發行至今逾百年。

亞的英國大使館。最要命的是他並未對種子分門別類，採自不同株的種子理應分開入袋，並註明咖啡樹的性狀與採集地點，以免弄混品種；衣索匹亞咖啡品種繁浩，瓦利上校將種子悉數混在一起，裡面可能包括數個甚至數十個品種，卻全部標上 Geisha，而肯亞栽植場又將這些 Geisha 進行育苗、選拔甚至混血，因此 Geisha 從一開始即踏出錯誤第一步，已非單一品種了。70 多年後 Geisha 聲名大噪，再回頭追溯她的血緣，已千頭萬緒難梳理。

巴拿馬藝伎源自 VC496

1931 與 1936 年肯亞的英國農藝單位收到瓦利上校等人寄來的藝伎種子，先種在艾貢山東側的基塔爾農業中心（Kitale），進一步選拔出 Geisha1、Geisha9 Geisha10、Geisha11、Geisha12 等品系，並分贈種子給坦桑尼亞位於吉力馬札羅山的萊安穆古研究中心（Lyamungu Research Station）進一步選拔與混血。二次大戰爆發後英國在東非的咖啡育種工作幾乎停擺，直到戰後才恢復。藝伎對某些鏽病有抗力，但產果量、豆型與風味不佳，有必要與其他品種混血，育出更佳的品種。英國保存至今詳載當年育種情況的文獻《東非栽種、輸入與選拔的咖啡品種清單》（Inventory of the Coffee Varieties and Selections Imported Into and Growing Withing East-Africa），有位駐肯亞的英國植物學家布洛（T.W.D Blore）寫道：

約莫 1931 年從衣索匹亞西南部輸入首批種子，該地區年雨量 1,270-1,778 毫米，海拔 1,524-1,966 米。藝伎的主側枝長而下垂，分枝很多，葉片小而窄，頂葉銅褐色。

在該文獻中，另一位植物學家米勒（F. Millor）發表至關重要的評語：

藝伎不是高產量品種，豆子（長且薄）也不是理想的型態，咖啡的風味不佳，但對鏽病有抗力，可用來混血改良品種。

這兩段評語很重要，尤其是「頂葉銅褐色」、「咖啡的風味不佳」，這兩句描述對照 2004 年後紅透半邊天的巴拿馬藝伎特徵：「綠頂尖身、橘香蜜

味花韻濃」，判若兩個不同品種，耐人玩味！

坦桑尼亞的萊安穆古研究中心從培育的藝伎植株中，選拔出 VC496 至 VC500 共 5 個藝伎品系，其中以編號 VC496 的抗鏽表現最佳，成為該中心的首席種馬，並分贈其他品系給烏干達、馬拉威、印度、印尼和葡萄牙鏽病研究中心（CFIC）。馬拉威又從一棵不同於 VC496 的藝伎母株，選拔出對枯萎鐮刀菌以及炭疽病有抗力的藝伎，取名為 Geisha 56（亦稱馬拉威藝伎），恰好用來防治馬拉威當時最嚴重的枯萎病，但此品種對鏽病幾無抗力。

1953 年哥斯大黎加知名的咖啡種原中心 CATIE 收到萊安穆古寄來的 VC496，供中美洲培育抗鏽品種。然而 CATIE 又將 VC496 重新編碼為 Geisha T2722，這就是半世紀以後巴拿馬綠頂藝伎打遍天下無敵手的美味品系最後編號。

接下來幾年 CATIE 陸續收到剛果、坦桑尼亞、波多黎各、葡萄牙、巴西和哥倫比亞寄來的不同品系藝伎，成為拉丁美洲最大的藝伎種原中心。1963 年任職巴拿馬農業部的唐‧巴契‧法蘭西斯哥‧塞拉欽（Don Pachi Francisco Serracin）從 CATIE 引進 Geisha T2722，並分贈給巴拿馬波瑰蝶（Boquete）咖啡產區的咖農，但因產量只有波旁變種卡杜拉的 1/3 至 2/3，甚至只有 1970 年代盛行「姆咖啡」的一半，而且 Geisha T2722 枝條遇強風易折斷，遭到咖農棄種，打入冷宮韜光養晦，直到 2004 年藝伎制霸「巴拿馬最佳咖啡」，才鹹魚大翻身打遍天下無敵手，成為歷來戰功與身價最高的咖啡。

早在半世紀前，已有專家認為藝伎性狀多變，還不夠格成稱為一個品種。1965 年英國植物學家布洛在《肯亞的阿拉比卡選拔與基因改良》（Arabica Coffee Selection and Genetic Improvement in Kenya）文獻中寫道：

藝伎是一個遺傳實體而不是一個品種；有很多性狀不同的咖啡樹都叫藝伎，唯一共通點是全部源自衣索匹亞的藝伎山（Geisha Mountain，或瑰夏山）。

　　凡事先求有再求好，當年瓦利上校外行人幹內行事的無心之過，還好並未持續下去，否則衣索匹亞是阿拉比卡原鄉的事實，恐無大白之日。深入野生咖啡林採集咖啡種子的專業工作很快轉由植物學家接手。

咖啡原鄉大探險

　　儘管 1950 年代有愈來愈多報告指出衣索匹亞才是阿拉比卡真正的原產地，然而，「『快樂的阿拉伯（葉門）』是阿拉比卡原生地」，此一說法早已深植人心，甚至許多研究員仍深信不疑。1954 至 1956 年法國裔的海地植物學家皮耶·席凡（Pierre Sylvain）在聯合國糧農組織（FAO）資助下，前往衣索匹亞和葉門研究咖啡生態並採集咖啡樣本和種子。冒著疾病和猛獸的威脅，採集數百個咖啡種子的席凡對衣國野生咖啡果實、葉片、種子的形狀、顏色、大小，以及樹體高矮等豐富性狀，驚豔不已，衣索匹亞西南山林的野生咖啡多樣性遠遠超越鐵比卡與波旁格局。

　　他在 1958 年出版的《衣索匹亞咖啡——它對世界咖啡問題的重要性》（Ethiopian coffee-its significance to world coffee problems）寫道：

　　最近的研究似乎證實，衣索匹亞絕對應該被視為阿拉比卡咖啡的故鄉。良好的自然條件使該國成為非洲這類咖啡的主要出口國，並可能成為世界重要產地之一。「野生」咖啡彼此有如此巨大的遺傳變異，是目前改良阿拉比卡的最佳種質來源。我們已發現一些野生咖啡樹對鏽病真菌具有抗性或免疫性。

　　當時的席凡雖無法提出衣國是阿拉比卡原鄉的科學證據，但他反過來細數葉門絕非阿拉比卡原產地的原因：

　　葉門的年雨量不足以支撐阿拉比卡以及咖啡森林的生態環境；野生咖啡需要森林的庇護與遮蔭，但葉門卻不見森林，甚至歷史上亦不曾有森林存在的紀錄；葉門的土質也不對，這裡的咖啡型態遠不如衣索匹亞豐盛多元；葉門至今仍無野生咖啡存在的可信證據！

　　席凡的論述對咖啡產業產生重大影響，科學界開始接受衣索匹亞是阿拉比卡原鄉的看法。1961 年美國植物病理學家費德列・邁爾（Frederick Meyer）奉 USAID 之命，前往衣索匹亞花了 4 個月時間在西南部的卡法和伊魯巴柏採集野生咖啡種子和樣本。而 1960 年代歐美咖啡消費量大增，咖啡生豆躍為世界最重要的農作物，當時咖啡豆的交易量甚至高於大豆和小麥，但產官學界卻對咖啡不甚了解，連原產地在哪都爭論不休。

　　1960 年聯合國 FAO 首次舉辦「咖啡生產與保護會議」（Conference on Coffee Production and Protection），巴西咖啡遺傳學家卡洛斯・阿納多・庫魯（Carlos Arnaldo Krug）提議成立一個國際機制探索阿拉比卡原鄉衣索匹亞的野生咖啡，並進行全球範圍的咖啡種原採集行動，增進科學界對咖啡的了解以造福全球咖啡產業。FAO 通過此提議，並指派邁爾為領隊，在衣國政府同意協助下，1964 年 11 月他率領英美法葡、巴西和衣國的植物學家、昆蟲學家、育種專家、基因學家，花了 92 天探索並採集卡法與伊魯巴柏約 40 個不同地點的咖啡種原，包括野生咖啡林、半森林咖啡園、田園咖啡和栽植場，共採集 621 份咖啡種原。1964-1965 年 FAO 採集的衣國西南部野生咖啡種原皆以 E-xxx 的編碼區別之，譬如 E-300、E-089 等。這是近代規模最大、影響最深遠的野生咖啡探索行動。

　　另外，1966 年法國的海外科學技術研究室（ORSTOM，今為 Institut de Recherche pour le Développement，簡稱 IRD，發展研究所）也組織一支專家小組，深入衣國西南部調研，共採集 70 份野生咖啡種原，並以 ET-xx 編碼命名，譬如 ET-1、ET-47 等。FAO 與 ORSTOM 將所採集的珍貴野生咖啡種原，以及無性繁殖複製的克隆苗，分贈衣索匹亞、喀麥隆、肯亞、坦桑尼亞、象牙海岸、馬達加斯加、哥斯大黎加、巴西、哥倫比亞、印度和印尼等 11 個咖啡產國的研究機構[註3]，進行境外保育，影響往後數十年甚至到 21 世紀的今日，對各產國改良咖啡品種皆有重大貢獻。

　　然而，1967 年衣索匹亞的吉馬農業研究中心（JARC）成立後，改採肥水

不落外人田政策。1970 年以後，衣索匹亞為了保護本國咖啡農權益，不再准許其他國家的研究員入境採集種原，並嚴禁挾帶或盜取咖啡種子出境。JARC 踵武 FAO 與 ORSTOM 的做法，培養自己的專業人員深入衣索匹亞大裂谷東西兩側的產地或野生咖啡林，採集抗鏽、抗炭疽病品種，知名的 74110、74158、 74112 等數十個抗病品種都是 1970 年代由後 JARC 發現的，經選拔擇其優，釋出給衣國咖啡農栽植，但這些優異種原一直留在衣國不准輸出，咖啡產國的競爭關係不難理解。

註 3：1964 至 1966 年 FAO 與 ORSTOM 深入衣索匹亞西南部山林，合計採集 691 份野生阿拉比種原分贈以下 11 個植物研究機構：

1. 衣索匹亞吉馬農業研究中心（Jimma Agricultural Research Centre，簡稱 JARC）

2. 哥斯大黎加熱帶農藝研究與教育中心（Centro Agronómico Tropical de Investigación y Ensenanza，簡稱 CATIE）

3. 哥倫比亞國家咖啡研究中心（Centro Nacional de Investigaciones de Café，簡稱 CENICAFE）

4. 巴西坎皮納斯農業研究所（Instituto Agronômico de Campinas，簡稱 lAC）

5. 象牙海岸國家農業研究中心（Centre National de Recherche Agronomique，簡稱 CNRA）

6. 喀麥隆農學研究與發展研究所（Institut de Recherche Agronomique et de Développement，簡稱 IRAD）

7. 肯亞咖啡研究基金會（Coffee Research Foundation，簡稱 CRF）

8. 坦桑尼亞農業研究組織（Tanzanian Agricultural Research Organization，簡稱 TARO）

9. 馬達加斯加國家應用研究發展中心（Centre National de Recherche Appliquée au Développement，簡稱 FOFIFA）

10. 印度中央咖啡研究所（Central Coffee Research Institute，簡稱 CCRI）

11. 印尼咖啡與可可研究所（Indonesian Coffee and Cocoa Research Institute，簡稱 ICCRI）

咖啡物種的探索沒有終點

世人對咖啡物種的認知遲至 1960 年代以後，植物學家上山入林採集種原，才有顯著進展。根據《茜草科咖啡屬註釋分類譜》（An annotated taxonomic conspectus of the genus Coffea, Rubiaceae），1830 年代以前學界發現並定出學名的咖啡只有區區 6 個物種，包括阿拉比卡（1753）、茅利提安娜（*Coffea mauritiana*，1785）、桑蓋巴利亞（*Coffea Zanguebariae*，1790）、蕾絲摩莎（*Coffea racemosa*，1790）、馬可卡帕（*Coffea macrocarpa*，1834）、史坦諾菲雅（*Coffea Stenophylla*，1834）。玩家耳熟能詳的賴比瑞卡與羅布斯塔，分別遲至 1876 年與 1897 年才定出學名。

直到 1901 年定出學名的咖啡才不過 36 種，1929 定出學名的咖啡有 50 種，但 2005 年劇增到 103 種，2021 年學界確定的咖啡物種有 130 種，其中有些是無咖啡因的特異物種，全球究竟有多少咖啡物種？沒人知道，每隔幾年就會有新發現。這要歸功於 1960 年代後植物學家不遺餘力的探索，這些種原目前仍在研究分析中。

譬如 1983 在喀麥隆採集到的種原，直到 2008 年才證實是無咖啡因的 2 倍體新物種，學名為察理耶里安納咖啡（*Coffea charrieriana*），可用來培育天然的低咖啡因物種。另外，1980s 在喀麥隆和剛果採集到的物種，2009 年植物學家證實是咖啡屬罕見的自交親合的 2 倍體咖啡，學名安東奈伊咖啡（*Coffea anthonyi*），她和 2 倍體的尤金諾伊狄絲，以及 4 倍體阿拉比卡是近親，相關育種與研究仍進行中。

以下圖表是 1960 至 1989 年專家赴衣索匹亞、肯亞、坦桑尼亞、馬達加斯加、中非、剛果、喀麥隆、象牙海岸、幾內亞共合國、葉門採集咖啡種的收穫。

〔2-2〕阿拉比卡第二波浪潮主要種原採集行動

年代	國家	機構	採集種原份數
1964-1965	衣索匹亞	FAO	621
1966	衣索匹亞	ORSTOM	70
1960-1974	馬達加斯加	MNHN	超出 3,000
		CIRAD;ORSTOM	
1975	中非共和國	ORSTOM	超出 1,200
1975-1987	象牙海岸	ORSTOM	超出 2,000
1977	肯亞	ORSTOM	1511
1982	坦桑尼亞	ORSTOM	817
1983	喀麥隆	ORSTOM; IBPGR	1,359
1985	剛果	ORSTOM; IBPGR	1,080
1987	幾內亞共和國	CIRAD;ORSTOM	74
1989	葉門	IBPGR	22

（＊資料來源：《Coffee genetic resources》）
註：法國國立自然史博館（MNHN），國際植物遺傳咨詢委員會（IBPGR）。

　　近年氣候變遷加劇、非洲產國濫伐森林已危及野生咖啡族群生機，因此採集野生咖啡種原，以及境內與境外保育工作尤顯重要。根據巴西與衣索匹亞專家聯合執筆，於 2020 年發表的《阿拉比卡遺傳多樣性》（Genetic Diversity of Coffea arabica）指出，目前全球各大研究機構收集的咖啡種原以阿拉比卡最多，高達 11,415 份，其次依序為羅布斯塔 625 份，賴比瑞卡 94 份，尤金諾伊狄絲 81 份，另有其他上百個咖啡物種共 7,756 份。而這前四大咖啡物種已在 2012 年以後阿拉比卡第四波浪潮的大改造工程中，扮演要角，提高阿拉比卡的基因多樣性，體質強化了，才有本錢面對極端氣候的挑戰。

　　然而，阿拉比卡邁入第四波浪潮之前，還有一段為期 9 年，雖短暫卻極重要的第三波阿拉比卡浪潮，巧妙銜接第二與第四波浪潮。

阿拉比卡第三波浪潮 2004- 迄今

|水果炸彈時代：美味品種崛起 |

　　阿拉比卡第二波浪潮始於 1927 年東帝汶混血的發現，止於 2004 年巴拿馬藝伎初吐驚世奇香，在這長達 70 多年的第二波歲月，阿拉比卡產業獨尊高產量與高抗病品種，尤其是 1970 年代後，以帶有羅豆抗病基因的東帝汶混血為種馬，再與阿拉比卡交染的卡帝姆與莎奇姆抗病高產品種大量出籠，咖啡產業進入重量不重質的「姆時代」。有趣的是，「姆時代」適逢咖啡時尚最不重視品質的第一波即溶咖啡時代（1945-1960s）與第二波重度烘焙時代（1966-1990s），草腥、木質與澀口的「姆咖啡」，宜以深焙去除礙口的惡味。此時期不論是鐵比卡、波旁或姆咖啡，一律烘到二爆甚至二爆尾，豆表油滋滋才出爐，甘苦渾厚的巧克力韻蔚為時尚，酸口的淺焙咖啡幾無市場。

姆咖啡退燒，酸甜花果韻引領新美學

　　雖然藝伎早在 1931-1936 年已被發現，但生不逢時，在即溶與重焙大行其道的「亂世」，難吐芬芳。直到 1990 年代至千禧年前後，美國一群小資咖啡館為了抗衡星巴克，轉攻強敵星巴克不擅長的淺中焙、拉花、杯測、手沖、賽風等濾泡式咖啡，以區隔市場。果然歪打正著，酸香水果調的咖啡一炮而紅，掀起第三波淺焙咖啡時尚。

　　巴拿馬藝伎的千香萬味就在淺焙盛行的第三波，得以發抒。因此第三波咖啡時尚恰好與阿拉比卡第三波浪潮重疊，雙雙邁入水果炸彈的第三波；特色是花韻、橘香、檸檬、水蜜桃、鳳梨、蘋果、荔枝、芒果、百香果等繽紛水果的酸甜震，取代第二波甘苦、煙燻、堅果、低酸的巧克力調，成

為鑑賞精品咖啡的新美學。

就第三波咖啡時尚而言，淺焙取代第二波的重焙，但就第三波阿拉比卡浪潮來說，酸甜花果韻的「水果炸彈」品種，取代第二波「魔鬼尾韻」的姆咖啡！

在阿拉比卡第一波與第二波浪潮期間，咖啡品種的風味辨識度極低，喝不出鐵比卡與波旁品系的差異，直到 2004 年巴拿馬藝伎初吐奇香，世人首次喝到不像咖啡卻似水果茶的咖啡，即使門外漢也能輕易辨識出水果炸彈藝伎與鐵比卡、波旁或姆咖啡的雲泥之別。

巴拿馬藝伎是數百年來第一個讓咖啡族清晰體驗到水果炸彈在口腔開花噴香的奇異品種，身價屢創新高，從 2004 年 BOP 奪冠的翡翠莊園藝伎每磅生豆 21 美元（當年第 2 名的非藝伎品種每磅 2.53 美元），飆升到 2020 年 BOP 冠軍索菲亞藝伎每磅 1,300 美元，16 年來升幅超過 60 倍，再貴也有人買。牙買加的鐵比卡藍山，人氣頓失，若和巴馬巴拿藝伎相比，藍山猶如失勢的跛腳鴨。

為何藝伎大器晚成？

藝伎是咖啡史上最具傳奇色彩的基因族群，衣索匹亞西南部卡法森林的邦加至馬吉以北 50 公里處的野生咖啡，都有可能被稱為衣索匹亞藝伎（瑰夏）族群，她絕非單一品種。1930 年代因身懷抗鏽基因，在衣索匹亞瑰夏山被發掘，並移植到英國屬地肯亞和坦桑尼亞進一步選拔與混血，這些只是藝伎族群之中的一部分而已。當時文獻指出藝伎的飲品風味不佳，產量低未獲咖農青睞，那為何沉潛 70 多年後，竟躍為全球公認最美味、身價最高的咖啡？我認為至少有以下三大要因：

（一）基因不盡相同：1930 年代發現的藝伎，其基因與 2004 年聲名大噪的巴拿馬藝伎已不盡相同。從文獻中可知 1930 年代採集的藝伎種子經過肯亞、

坦桑尼亞育種中心的「改造」，1953 年飄洋過海到哥斯大黎加的 CATIE，1963 年引入巴拿馬，又過了 40 年才一吐驚世奇香，在這漫長的 70 多年裡，藝伎族群之間或與其他非藝伎品種發生基因交流的機率遠高於守身如玉的可能。

　　有趣的是，近年台灣從巴拿馬引進的藝伎，性狀不一，品種純度頻遭質疑，於是寄藝伎檢體到 WCR 鑑定品種，至少被鑑定出以下 7 個不同品系：

（1）衣索匹亞地方種（Landrace）；

（2）非常近似巴拿馬 Geisha T2722（但不完全吻合）；

（3）藝伎與波旁雜交（高株）；

（4）藝伎與中美洲品種雜交（矮株）；

（5）馬拉威藝伎（Geisha 56）；

（6）非藝伎；

（7）東非 KP 與 SL 系列老品種混血。

　　目前杯測結果，以綠頂高株長節間的性狀，諸如 1、2、3 的風味較佳，喝得出藝伎韻，其餘風味不佳，最差的是矮侏藝伎。

　　為何台灣的藝伎栽植場除了有近似巴拿馬美味的 Geisha T2722 外，還有衣索匹亞地方品種，更充斥多種混血藝伎，甚至東非老品種都現身其中？經與熟悉基因領域的專家討論，有以下幾個原因：

（1）種子來源已混到其他品種；

（2）台灣的藝伎栽植場未做好品種區隔；

（3）藝伎是未純化的衣索匹亞地方種（Landrace），有可能發生「返祖」（Regression）的自然分化現象。

（二）伯樂識千里馬：出自瑰夏山的野生咖啡，儘管遺傳、性狀與風味上不盡相同，但歷史上皆稱 Geisha。在藝伎發現的 70 年後，巴拿馬翡翠莊園的少莊主丹尼爾‧彼得森（Daniel Peterson）是首位辨識出美味藝伎的伯樂。

　　1996 年翡翠莊園聽說附近的哈拉蜜幽（Jaramillo）有座莊園的咖啡帶有淡淡的橘韻，於是買下它併入翡翠莊園。丹尼爾很喜歡哈拉蜜幽咖啡迷人的柑橘檸檬味，這與中美洲咖啡大不同，但園內有許多咖啡品種，究竟是哪個品種如此迷人？他便杯測各區域不同性狀的咖啡，結果發覺種在 1,500 至 1,800 米最高海拔充當防風樹、瘦高葉稀長節間，且產果稀少的不知名咖啡樹是橘香蜜味與花韻的來源，有趣的是 1,400 米以下的低海拔區也有此品種，但風味平淡無奇、苦味重。丹尼爾因而發見此品種必須種在 1,400 米以上的秘密。但他不知道饒富酸香花果韻的咖啡在市場上有無競爭力，於是報名參加 2004 年 BOP 大賽，結果出乎意料的豔驚全球精品咖啡界。

　　當時無人知曉這是什麼品種，彼得森家族多方查訪專家與調閱檔案，才揭露這就是 1963 年唐巴契從 CATIE 引進的抗鏽品種 Geisha T2722，由於每個開花芽結相距 7 公分以上，屬於長節間的低產品種，被前任莊主貶到防風林為其他短節間的高產品種擋強風。

　　世有伯樂，然後有千里馬，試想如果沒有丹尼爾知香辨味，鍥而不捨的探索精神，藝伎恐怕還養在深山無人識，全球精品咖啡將無今日風華。

　　（三）瓜熟蒂落，時尚造英雄：哥斯大黎加的 CATIE 是中美洲最大的咖啡種原研究中心，為何 1953 年引進藝伎之一的 VC496，該中心那麼多專家竟然無人辨識出這是個美味品種？我常思考此問題，後來查了一下 CATIE 位於圖里艾巴（Turrialba）栽植場的海拔只有 600 米左右，這麼低的海拔是無法孕育出迷人的藝伎韻，難怪久遭 CATIE 忽視。移入圖里艾巴保育的咖啡均冠上該地第一個字母 T 再加上編碼，這就是 Geisha T2722 的由來。

　　另外，如果今日咖啡時尚仍滯留在第二波重焙低酸渾厚的甘苦韻，藝伎恐無出頭天。巧合的是，千禧年後掀起酸香花果韻的第三波淺焙革命，崇尚咖啡的酸甜水果調性，橘香蜜味花韻濃的巴拿馬藝伎順勢而起，成為第三波咖啡美學的標竿。藝伎從 1930 年代的風味不佳，1950 年代移至 CATIE 保育，到 1960 年代被棄置防風林，遲至 2004 年才被追捧上天。她的傳奇故

事告訴我們：人間美事，需時醞釀，機遇未到，強求不得。

藝伎爆紅效應：點燃品種履歷革命

Geisha T2722 史詩級大爆紅，對精品咖啡的影響既深且廣。記得藝伎成名之前的 1980-1990 年代，即使是高檔精品咖啡，其履歷頂多只交代產地與莊園名稱，譬如當時最火紅的牙買加藍山、夏威夷柯納或肯亞，包裝袋上能標明產地和莊園名稱就不錯了，遑論冷門的品種名，當時很多老咖啡人還不知道藍山和柯納是鐵比卡品種，也不知肯亞主力品種為 SL28 和 SL34。因為當時精品界不認為品種與風味會有關連性，只要不是姆咖啡或羅豆，所有的阿拉比卡喝來都一樣，尤其是重焙的年代更難彰顯咖啡品種細膩的地域之味。

直到 2004 年 Geisha T2722 風靡全球後，精品界才開始重視品種與風味的關係，以及對行銷的加分價值，從而掀起精品咖啡履歷革命，包裝袋上除了寫明品種、產地、莊園名稱、海拔、烘焙程度，甚至連烘焙師的名字也出現，大幅提升鑑賞的樂趣。短短幾年內，玩家對 Geisha、Catuai、Catucai、Caturra、 Pacamara、Yellow Bourbon、SL28、SL34、Chiroso 等品種琅琅上口，品種成了玩家必修的學分。

甚至連品種繁浩的衣索匹亞，近年也不再以「古優品種」的籠統字眼一筆帶過，而是以更精確的品種名稱 74110、74158、754、Kurume、Wush Wush……等，彰顯品種的價值。

結合精品豆競賽與線上標售活動於一役的 CoE，1999 年創立至今，在業界享有崇高聲譽，但這麼大規模的賽事，卻沒有一個基因鑑定機構為賽豆品種的真偽驗明正身，這 20 年來出過不少紕漏，最近的一次發生在 2019 年秘魯 CoE 冠軍豆的品種欄，最初標示為 Marshell，但世上壓根沒有此一品種，莊主只好加註「波旁變種」，引起議論。事後主辦單位為了公信力，寄樣本給基因檢測機構驗明正身，結果竟然是姆咖啡 CR95，跌破大家眼鏡。

　　經多次品種爭議後，2021 年 2 月 CoE 宣布與兩家國際知名的農作物基因鑑定公司奧利坦（Oritain）與 RD2 Vision 簽約，為每年打入決賽的莊園咖啡鑑定血緣與品種族譜，保障買家權益以昭大信。品種魅力已成為阿拉比卡第三波浪潮必要的行銷元素，也為玩家增添不少品啜樂趣。這一切要歸功於藝伎史詩級的爆紅效應。

阿拉比卡第四波浪潮 2012 － 迄今

｜重造阿拉比卡時代：抵禦氣候變遷｜

　　視咖啡如水果，酸甜花果韻漸層愈清晰愈是好咖啡，這樣的第三波咖啡美學持續影響 2020 年間的咖啡時尚。然而，邁入千禧年，產官學界更重視全球暖化對咖啡產業的影響，2010 年以來，氣候變遷將威脅阿拉比卡命脈的研究報告愈來愈多。2012 年非營利的世界咖啡研究組織（WCR）應運而生，以「培育、種植、保護並增加新銳品種供應量，改善咖啡農生計」為宗旨，已協力 CIRAD、CATIE、ICAFE、GENICAFÉ、IHCAFE、PROCAFE、ANACAFE 等知名咖啡研究機構和產國，聯手改造阿拉比卡體質以因應氣候變遷的挑戰。2012 年以後，咖啡育種的難度與格局更大，除了善用雜交第一代 F1 優勢，還要以 2 倍體種間混血造出新世代的 4 倍體咖啡物種，對氣候變遷更有耐受度並兼具第二波高產量高抗病與第三波水果炸彈的新品種，以降低極端氣候的威脅。

改造孤兒作物，化解雙重危機

　　根據國際咖啡組織（ICO）2017 年氣候變遷的研究指出，如果暖化持續下去，到了 2050 年中美洲適合種咖啡的地區將減少 48%，巴西將銳減 60%，東南亞將劇減 70%，勢必重創全球咖啡市場。另外，WCR 的研究更指出，隨著世界人口增長與咖啡年均消費量 2% 的增幅，到了 2050 年全球咖啡產量必須再增加一倍才足夠供應世界所需。換言之，本世紀結束前，咖啡產

業將面臨產地減少一半，而產量必須比現在至少再增一倍的雙危機夾擊！

早在 10 多年前提摩西·席林博士（Dr. Timothy Schilling）[註4] 已預見氣候變遷將危及咖啡產業，在他大聲奔走疾呼下，2012 年創立了整合全球咖啡育種工作的劃時代機構 WCR，並擔任執行長，未雨綢繆為咖啡產業培育抗逆境、高產量、抗病力與好風味，更有競爭力的阿拉比卡。「咖啡是孤兒作物，在窮困國家種植卻在富有國家消費。窮國沒有資源培育更強的新品種，而富國也沒必要研究咖啡。目前全世界只有 40 位咖啡育種專家，人數少得可憐，相較於玉米、小麥和稻米有上萬名育種學家。長此以往，咖啡產業將熬不過氣候變遷的威脅。」席林這句話驚醒各大咖啡產國。

玉米、大豆等作物是由富裕的美國進行企業化生產，早年即投入龐大資源培育耐旱抗病高產量的超級品種，今日更有能力因應極端氣候的挑戰；然而，全球有 80%以上的咖啡生產者是經濟弱勢的小農，買不起昂貴新品種，為他們開發品種並無立即的市場回饋，咖啡向來是育種科技的冷門作物，進度嚴重落後。

更糟的是各自為政的舊思維。歷史上，咖啡產國為了自己的競爭力，對於基因與新品種的研究無不諱莫如深，關起門來搞，然而，阿拉比卡進化時間很短，基因多樣性極低。巴西咖啡產量占全球 40%，但咖啡基因專家估計巴西的栽培品種中有高達 97.55%源自鐵比卡或波旁系統。

紐約的自然資源遺傳學公司（Nature Source Genetics）與 WCR 合作，對 CATIE 保育的種原、1964-1965 年 FAO 從衣索匹亞卡法森林採集的 600 多份

註4：席林博士是位農藝兼基因學家，1980 年代在內布拉斯加大學執行高粱與小米專案研究，無意間在賣場喝到 Peet's Coffee 濃而不苦的重焙咖啡，結下精品咖啡良緣，2009 年擔任美國精品咖啡協會（SCAA）12 位理監事之一。他在美國政府資助下，遠赴盧安達協助咖啡產業的復興與扶貧計畫，是他畢生重大功績之一。2020 年他在 WCR 退休，轉任顧問。

份野生咖啡種原，以及 ORSTOM 採集的葉門種原和各產國的栽培品種，共分析 781 份阿拉比卡種原的基因多樣性，2014 年發表的報告指出，阿拉比卡的遺傳相似高達 98.8％，相較於大豆、玉米、小麥等農作物各自的遺傳相似度 70-80％，阿拉比卡的基因多樣性遠低於科學家的預料。換言之，一般農作有高達 20-30％的遺傳多樣性，而阿拉比卡只有 1.2％，其中 95％集中在衣國的野生咖啡。因此，野生咖啡是未來改造阿拉比卡體質的重要資源。WCR 從上述 1960 年代採集的野生阿拉比卡種原篩選出 100 份基因多樣性最高的優勢種原，做為本世紀打造新品種的核心種原庫。

21 世紀面臨更嚴峻的暖化與病蟲害，獨善其身的舊模式已行不通，唯有攜手合作資源共享，才可能事半功倍。在國際各大農業研究機構、咖啡貿易商與各產國贊助下，2012 年催生了 WCR。目前 WCR 已結合 CIRAD 等 67 個研究機構、27 國、咖啡貿易巨擘 ECOM Agroindustrial，以及星巴克、Dunkin' Donuts、UCC、Key Coffee、Peet's Coffee、Keurig Green Mountain、Lavazza、illycafe、Smuckers 等國際咖企的力量，為本世紀培育更能適應逆境的美味高產抗病新品種。

WCR 點燃阿拉比卡第四波進化熱潮

雖然衣索匹亞至今仍不肯開放境內的野生咖啡資源供歐美研究機構使用，但 WCR 整合各機構善用 1960 年代 FAO 與 ORSTOM 在衣索匹亞採集的種原來培育優勢品種，已初見成效。

全球精品咖啡市場年營收邁向 800 多億美元的今日，為咖農開發買得起的超強品種，時機已成熟。因此，我界定 2012 年 WCR 的誕生是阿拉比卡第四波浪潮之始。WCR 的格局、挑戰與貢獻，未來將遠遠超過國際精品咖啡協會（SCA）、咖啡品質學會（CQI）等推廣咖啡教育並制定評鑑標準的機構。

協助咖啡產業抵禦氣候變遷，必須從源頭也就是先從咖啡樹的優化做起，唯有咖農都種下強健、高產、美味、更能適應逆境的咖啡樹，生計獲得保障，才可能帶動整個產業鏈的繁榮。阿拉比卡先天上多樣性不足，已無力面對極端氣候的威脅，需借助人類科技力量強化體質。

「重造阿拉比卡」（Recreating Arabica Coffee）是席林博士 2012 年以來大力推動的育種計畫，我歸納出三大主軸：1. 打造雜交第一代 F1 戰隊；2. 擴大 2 倍體混血造出新世代阿拉比卡；3.培育 21 世紀新銳阿拉布斯塔（Arabusta）。依序詳述如下。

明日咖啡之一

｜第一代 F1 戰隊（種內雜交）：4 倍體×4 倍體｜

中南美和亞洲的阿拉比卡多半是鐵比卡或波旁近親繁殖的後代，數百年來陷入基因瓶頸困境。植物的育種，同一物種內兩個親本的遺傳距離愈遠，其子嗣會更有活力，這表現在產量、抗病力、高溫低溫與乾旱的調適能力，甚至風味上都明顯優於兩個親本，這就是雜交優勢。但最大缺點是雜交優勢僅限於雜交第一代 F1（filial one hybrid），如以 F1 的種子繁衍第二代 F2，基因重組後將現出親本顯性與隱性的不同性狀；換言之，第二代會出現雜牌軍，包括高株、矮株、綠頂、褐頂、長節間、短節間、低產、體弱、調適力差……等親本原有不佳性狀都會表現出來，只有少數仍保有第一代 F1 的優勢性狀。如果要保持 F1 的優勢就必須在實驗室以無性繁殖大量複製 F1 克隆苗來達成，不能用種子繁殖，因此克隆苗的價格比種子貴一至兩倍。

數十年前 F1 已大量運用在大豆、玉米、小麥、水果等作物的育種上，但咖啡遲至近 10 年才開始風行。親本主要來自：1. 1960s FAO、ORSTOM 在卡法森林採集的野生阿拉比卡；2. 姆咖啡；3. 中南美栽培品種 Caturra、Villasarchi 三大遺傳甚遠的族群。最有名的 F1 當屬 2010 年釋出給少數咖

農試種，2017 年即以 90.5 高分奪下尼加拉瓜 CoE 大賽亞軍而聲名大噪的 Centroamericano（亦稱 H1）。

H1 早在 1991 年即開始育種選拔，經過多產地、不同環境的試種，通過嚴格考評績優，是目前能夠供應克隆苗的新銳 F1，由兩個遺傳距離甚遠的品種雜交，親本為：

汝媚蘇丹（Rume Sudan）× Sarchimor T5296

雜交第一代 F1
=Centroamericano=H1=2017、2018 尼加拉瓜 CoE 亞軍

汝媚蘇丹是大發現時代 1941 年英國植物學家在衣索匹亞與蘇丹交界的波馬高原採集到的野生咖啡，對鏽病有抗力，對炭疽病有耐受度，更重要的是風味極佳，但缺點是產果量低。而 Sarchimor T5296 是 CATIE 於 1980 年代從姆咖啡族群中選拔出來的品系，對鏽病有抗力，對炭疽病有耐受度，產果量高，但缺點是風味不佳。

1990 年代法國 CIRAD 與哥斯大黎加 CATIE 合作，著手培育 F1，選定遺傳距離甚遠的 Rume Sudan 與 Sarchimor T5296 為親本，當時的育種目標是抗病、高產和美味，經多年試種與競賽，均已達到預定目的。H1 的產量比兩個親本以及中美洲最常見的波旁變種 Caturra 還高出 20-50％，是典型的高產高抗病又美味的三好 F1。未料還多了一個抗低溫的「紅利」，2017 年 2 月寮國試種 H1，遇到寒流降霜，其他傳統品種的葉片和果實凍傷發黑，損失慘重，只有 H1 和另外兩個評估中的 F1 熬過霜害毫髮無傷。

培育 F1 的流程極為繁瑣費時，先由育種人員耐心的以人工授粉完成雜交，開花結果產出的 F1，還需經過多年觀察與淘汰，選拔出 F1 最具優勢的植株，再取其一小塊葉片，置入膠狀的營養液進行體細胞胚胎培養，10 多個月即可生成胚胎並長出根莖葉的幼苗，這就是保有 F1 優勢性狀的克隆苗，是耗時費工的傳統育種方法，絕非基改咖啡。CIRAD 從 1990 年代開始培育

H1，遲至 2010 年才釋出克隆苗，應急供咖農栽種，抵禦極端氣候。但 H1 後代的基因型會分離，如用其種子繁衍將出現雜牌軍，因此育種機構目前一方面供應克隆苗，另方面仍持續為 H1 的後代進行純化，至少要選拔到 F7 或 F8，或有可能育出純種的 H1，選拔一代要花 4 年，因此至少要 30 年左右，才可能育出純種的 H1，但也未必和無性繁殖的 F1 同樣出色，因此雜交優勢的 F1，仍以克隆苗為主流，避免使用種子。

除了 H1 外，WCR 整合 CIRAD、ECOM、CATIE 等機構目前已釋出 6 支衣索匹亞野生咖啡與姆咖啡，或 Caturra、Villasarchi 混血的 F1，分別命名為 Starmaya、Nayarita、Mundo Maya、Milenio、Evaluna，還有 Ruiru11（1980s 肯亞培育的老 F1），其中最特殊的是 Starmaya，運用雄不稔傳統育種技術，是目前唯一可用種子繁殖的 F1，其餘皆為克隆苗。另外還有 2 支 F1 是以野生咖啡與中南美傳統品種混血，雖美味但抗病力較差，取名為 Casiopea、H3。以上 8 支 F1，可向 WCR 洽購克隆苗，每株 0.75 美元，比一般品種貴 0.5 美元，Starmaya 則以種子供應。

去年 H1 又傳出佳音，2020 年出版的《基因與環境對阿拉比卡產量與品質的交互作用：新世代 F1 混血的表現優於美洲栽培品種》（G x E interactions on yield and quality in _Coffea arabica_: new F1 hybrids outperform American cultivars）該研究報告指出，F1 中的 H1、Starmaya，其生豆所含的檸檬烯（D-limonene）與三甲基丁酸（3-methylbutanoic acid）明顯高於中美洲栽種最廣的 Caturra，此二揮發性成份是目前公認高品質生豆必備的芳香物。而 Caturra 所含的 2- 異丁基 -3- 甲氧基吡嗪（2-isobutyl-3-methoxypyrazine）卻又比 F1 高出 2 倍，此成份有馬鈴薯土腥味，是公認的缺陷風味。

2015-2020 年間，WCR 為野生阿拉比卡、姆咖啡、Caturra（或 Villasarchi）三大遺傳甚遠的族群完成 75 件雜交混血，從中選出 46 支 F1 分別在中美洲、亞洲和非洲不同環境和海拔試種，第一次收穫表現佳的 F1 還不能算數，必須持續追蹤 4 個產季，連續 4 年在風味、產量、抗病、抗逆境、花期與成熟

期的一致性上，年年續優才能通過嚴格考評。

其中有幾支 F1，採用破天荒的三面向「配方」，令人口水直流。母本為抗逆境、抗病、高產與美味的 Centroamerica，即 H1（Rume Sudan x Sarchimaor T5296）以及風味不輸藝伎的 H3（Caturra x E531），父本為知名的美味品種 Geisha 與 ET-47，配對成以下 4 組：

Centroamerica x Geisha
H3 x Geisha
Centromerica x ET47
H3 x ET47

WCR 預計 2025 將釋出首波在拉美、亞洲和非洲異地試種績優的各款 F1 供咖農選擇。未來 20 年內 WCR 將持續開發更多特異功能的 F1。這幾年 F1 及進化版的混血咖啡頻頻挺進 CoE 優勝榜內，普及性已見成效，預料 F1 在往後數十年的咖啡市場將有吃重角色，亦可能掀起風雲，玩家們準備好了嗎？

明日咖啡之二

| 多樣性高的 2 倍體混血（種間雜交）：2 倍體 × 2 倍體 |

（一）新世代阿拉比卡：尤金諾伊狄絲群 x 羅布斯塔群

New *C. Arabicas* = *C. Eugenioides* groups x *C. Robusta* groups

F1 的多樣性雖然高於一般阿拉比卡，但阿拉比卡的遺傳相似度高達 98.2%，基因多樣性只有 1.2%，遠不如咖啡屬內的上百個 2 倍體物種。換言之，種內雜交造出的 F1 遺傳多樣性，仍遠低於異種間的 2 倍體雜交造出的 4 倍體咖啡物種。

如前文所述，阿拉比卡是 1 至 2 萬年前，由尤金諾伊狄絲與羅布斯塔兩個 2 倍體咖啡，單次的基因交流事件而誕生的 4 倍體咖啡，進化時間極短，

先天注定多樣性不足，人類不必期待自然界會發生第二次尤金諾伊狄絲與羅布斯塔混血成功，造出有生育力的 4 倍體新世代阿拉比卡。2015 年以來席林博士的團隊利用科技力量，篩選尤金諾伊狄絲與羅布斯塔旗下多樣性最豐的數個品種，進行多次混血再選拔其中表現最優的品系，即可重建一支遺傳多樣性豐富的新阿拉比卡戰隊。這有別於 1 萬年前兩物種僅止一次的自然混血，而造出多樣性極低的阿拉比卡。今日分子生物學的科技可協助造出多樣性更豐的 4 倍體新世代阿拉比卡，席林博士雄心勃勃的造物計畫可能要費時數十年才可能竟功。

這項造物工程並非侵入性植入其他物種基因的基改咖啡，而是以科技與傳統育種相互為用。不同種雜交的後代通常不能生育，因為欠缺可配對的同源染色體，但在實驗室可用秋水仙素增加親本的同源染色體一倍，減數分裂就可能繼續進行並產生可育的配子。2 倍體尤金諾伊狄絲與 2 倍體羅布斯塔可利用此方式，相互雜交，即可造出新世代 4 倍體阿拉比卡，且其多樣性遠高於今日的老阿拉比卡，更有本錢因應本世紀惡化中的極端氣候，但重造阿拉比卡急不得，育種與選拔工程至少耗時 20 年，值得期待。

(二) 賴金諾伊狄絲＝賴比瑞卡 × 尤金諾伊狄絲

至今自然界只發生一次尤金諾伊狄絲與羅布斯塔混血造出阿拉比卡的奇蹟，可見若無人為干預，2 倍體的種間（跨種）混血，成功造出 4 倍體新物種的機率有多低。可喜的是 1960 年間印度已發現尤金諾伊狄絲與另一個 2 倍體賴比瑞卡成功混血造出可生育的 4 倍體賴金諾伊狄絲（*C. Ligenioides*）：

C. Ligenioides（4n=4x=44）= *C. Liberica*（2n=2x=22）x *C. Eugenioides*（2n=2x=22）

這是一大發現，如何善用天賜的 4 倍體新咖啡物種，各機構至今仍在研究其可能的大用。據 2004 年印度中央咖啡研究院（CCRI）的文獻《賴金諾伊狄絲：阿拉比卡咖啡育種的新基因來源》（Ligenioides: A Source of New

Genes For Arabica Coffee Breeding），以及 2018 年的《阿拉比卡的耐久抗鏽力》（Durable Rust Resistance in Arabica Coffee）報告指出，1960 年代的印度發現 2 倍體賴比瑞卡（AA）與 2 倍體尤金諾伊狄絲（BB），正常形成的配子 A 與 B，混血為不育的 2 倍體咖啡（AB），但在極罕見的偶然情況下，此 2 倍體 AB 的枝條發生多倍體化芽條變異，即某一個枝條突變成 4 倍體 AABB，並且順利開花結出種子，而產生許多有生育力的 AABB 的新個體，取名為賴金諾伊狄絲（*C. Ligenioides*），這是繼阿拉比卡之後，另一個為自己找出口的造物奇蹟！

據資料顯示，賴金諾伊狄絲具有耐旱、抗鏽、抗炭疽、抗咖啡滅字虎天牛（*White Stem Borer*），更厲害是風味近似阿拉比卡，但缺點是豆粒較小，此缺憾已透過與姆咖啡混血得到改善。近年全球咖啡鏽病的真菌不斷進化，造成原本對鏽病有耐受度的某些姆咖啡、藝伎，甚至若干羅布斯塔也失去抗鏽力，而賴金諾伊狄絲的抗鏽力尚未被真菌攻陷，又是 4 倍體咖啡，能夠輕易和阿拉比卡混血，並將其耐旱抗鏽的超能力導入阿拉比卡，是本世紀絕佳的種馬。

（三）蕾絲布斯塔＝蕾絲摩莎 x 羅布斯塔

另外，1989 年印度育出 4 倍體的蕾絲布斯塔（Racemusta），親本為 2 倍體蕾絲摩莎（Racemosa）和 2 倍體羅布斯塔：

C. Racemusta (4n=4x=44) = *C. Racemosa* (2n=2x=22) x *C. Robusta* (2n=2x=22)

據 2005 年印度發表的《關於蕾絲摩莎與羅布斯塔混血物種某些關鍵特徵的研究》（A Study of *Coffea racemosa* x *Coffea canephora* var. robusta Hybrids in Relation to Certain Critically Important Characters）指出蕾絲布斯塔優點如下：

（1）羅布斯塔開花至果熟長達 301-315 天，而混血的蕾絲布斯塔只需 160-170 天。

（2）羅豆咖啡因高達 1.5-3.8％，蕾絲摩莎只有 0.38％，混血蕾絲布斯塔為 1.47％，低於羅豆咖啡因，符合近年對較低咖啡因的需求。

（3）羅豆的鏽病率為 30％，蕾絲摩莎為 0％，混血蕾絲布斯塔的鏽病率 9％，

亦低於羅豆。

（4）蕾絲摩莎每株產豆量 0.05-0.5 公斤，羅豆 7.43-15.31 公斤，混血蕾絲布斯塔 0.05-1.8 公斤，產果量低是最大缺點。

整體而言，蕾絲布斯塔對鏽病的抗力高，咖啡因低於羅豆是最大優點。蕾絲布斯塔和阿拉比卡同為 4 倍體，可相互混血，提高阿拉比卡的多樣性。

明日咖啡之三

| 新銳阿拉布斯塔（種間雜交）：4 倍體 x 4 倍體 |

1920 年代，東帝汶發現的阿拉比卡與羅豆天然混血，造出 4 倍體的帝汶混血，這是早期的稱呼，其實這就是阿拉布斯塔（Arabusta）。西非的象牙海岸最先創造此用語；1960 年代，象牙海岸總統菲利克斯（Felix Houphouet-Boigny）嫌羅豆太苦澀，要求研究員另外培育較溫和又可種在較低海拔的咖啡，以取代羅布斯塔。育種人員於是以阿拉比卡和羅布斯塔混血，並取名為阿拉布斯塔，風味雖優於羅豆，但直到今日阿拉布斯塔仍無法取代象牙海岸的羅豆，因為產量低，枝條易折斷，咖農接受度不高。

引發咖啡鏽病的真菌不斷進化，近年已發現用帝汶混血為親本的若干姆咖啡、阿拉布斯塔，甚至有些羅豆也染上鏽病，但 WCR 仍看好阿拉布斯塔的潛力，已和法國 CIRAD、CATIE 合作培育抗病力、耐旱力與風味更優的新世代阿拉布斯塔。

做法是先誘使一株羅布斯塔增加兩套染色體形成特殊的 4 倍體羅布斯塔，取名為 *C. canephora*T3751，並以之為母本，再和一株雄不稔且風味佳的衣索匹亞／蘇丹野生咖啡混血，選拔其中表現優秀的植株，再和阿拉比卡回交，再選拔 2 至 3 代，即可造出本世紀新銳阿拉布斯塔。

C. Arabusta (4n=4x=44) = *C. Arabica* (4n=4x=44) x *C. canephora*T3751 (4n=4x=44)

另外還有一支不同「配方」的新銳阿拉布斯塔仍在田間測試選拔中。父本為進化版的純種美味姆咖啡瑪塞耶薩（Marsellesa），母本 *C. canephora*T3751，WCR 預計 5 年後可釋出一至兩支抗鏽、高產又美味的新世代阿拉布斯塔。

C. Arabusta（4n=4x=44）= *C. Marsellesa*（4n=4x=44）x *C. canephora*T3751（4n=4x=44）

21 世紀為了抵禦氣候變遷與病蟲害，善用咖啡屬多樣性更豐富的 2 倍體咖啡，將是不可逆的新趨勢，我們不必期望造出的新 4 倍體咖啡物種的風味媲美藝伎。藝伎雖美味，但體質嬌弱，不耐高溫、枝條脆弱且近年已失去對鏽病的耐受度。如何強化阿拉比卡因應極端氣候的體質乃當務之急，凡事先求有再求好，循序漸近，才是王道。

F1、新世代阿拉比卡、賴金諾伊狄絲、阿拉布斯塔等玩家不熟悉的明日咖啡，不久將來可望延續老阿拉比卡的香火，成為咖啡館的新寵！

｜2 倍體咖啡大翻身｜

喝慣了阿拉比卡的玩家，多半不屑風味較粗糙的 2 倍體咖啡，諸如羅豆、賴比瑞卡，但切莫少喝多怪，快快收起鄙視的眼神。阿拉比卡的母本尤金諾伊狄絲，2015 年至今已多次登上國際咖啡師大賽舞台並贏得大獎。

尤金諾伊狄絲打敗藝伎，笑傲大獎！

2015 年美國沖煮好手莎拉‧珍‧安德森（Sara Jean Anderson）破天荒捨棄藝伎，改用 2 倍體的尤金諾伊狄絲出戰，竟然打進高手如雲、藝伎滿天飛的世界盃沖煮賽總決賽，並贏得第四名，締造 2 倍體咖啡登上國際咖啡大賽揚眉吐氣的元年。接著，2020 年澳洲知名咖啡師修‧凱利（Hugh Kelly）也以 2 倍體的尤金諾伊狄絲以及賴比瑞卡為賽豆，贏得澳洲精品咖啡協會主辦的

咖啡師大賽（ASCA Australian Vitasoy Barista）冠軍。可惜的是，2020 年世界盃咖啡師大賽因疫情嚴峻而停辦，凱利無緣乘勝追擊，為 2 倍體咖啡再下一城。

凱利表示，他在哥倫比亞完美莊園（Inmacaluda）的杯測台上首次喝到尤金諾伊狄絲，覺得味譜奇特，近似甜菊，但略帶堅果調且無酸，喝來不像一般咖啡，同台杯測師的評分差異頗大，有人給 80 分，也有人給 94 高分。他看好尤金諾伊狄絲的味譜潛力，調整後製發酵與烘焙參數，將水果韻與甜感極大化，並以降溫方式萃取濃縮咖啡，增加此品種的酸質。卡布奇諾則以賴比瑞卡獨有的榴槤與乳酪香氣來應戰，果然出奇制勝，這兩支非阿拉比卡的 2 倍體咖啡為他贏得澳洲咖啡師桂冠，又為 2 倍體咖啡爭口氣。

賴比瑞卡的普及性不高，僅盛行於西非和東南亞的菲律賓、馬來西亞、印尼。我喝過好幾次，風味奇特，好壞味譜兼而有之，有不差的水果韻也有不討好的騷味，好惡由人。至於尤金諾伊狄絲我已朝思暮想多年，卻無緣一親芳澤。

令人味界大開的尤金諾伊狄絲

機會來了，2019 年 12 月我應邀出席西安國際咖啡文化節，有幸認識一位遠嫁美國的西安杯測師雲飛，和她聊到尤金諾伊狄絲。她不久前參訪哥倫比亞的完美莊園，杯測尤金諾伊狄絲大為驚豔，於是買下當季所有的產量，在上海美國學校附近她經營的咖啡館販售。我回台灣後，收到雲飛寄來的尤金諾伊狄絲生豆與熟豆各 100 克，一圓宿夢。

獨樂樂不如眾樂樂，我聯絡正瀚生技咖啡研究中心的杯測師與研究員一起杯測與手沖尤金諾伊狄絲。甜感是主韻，甜味比阿拉比卡豐富細緻，不僅止焦糖香氣，甜味譜近似棉花軟糖、甜菊、紅棗、黑糖、微甜玄米茶、荔枝、布丁；另外還有蘿勒、茶香、薄荷、陳皮梅、餅乾，且黏稠與滑順感佳；降溫後浮現輕柔酸，幾乎無苦味。尤金諾伊狄絲是喝來不像咖啡的咖啡，酸質輕柔，不像阿拉比卡的醋酸或檸檬酸那麼帶勁，很適合不愛酸

味的咖啡族。

我也將尤金諾伊狄絲的生豆送交正瀚生技的實驗室檢測相關化學成份。她的咖啡因約占乾物的 0.44-0.6％，均質 0.5％，只有阿拉比卡的一半，稱得上半低因咖啡。近年發現尤金諾伊狄絲與其他 2 倍體咖啡混血的 4 倍體後代，風味均有顯著改善，尤金諾伊狄絲似乎成為改進其他 2 倍體粗糙味譜的種馬。2021 年 WBC 前三名好手均以尤金諾伊狄絲出戰而贏得大獎，震撼了咖啡江湖。

〔2-3〕阿拉比卡與其他 2 倍體野生咖啡成份比較

%表示占乾物重的平均質

地區	種名	咖啡因	蔗糖	葫蘆芭鹼	果熟期長達(月)
NEA	*C. arabica*	1.2%	9.32%	1.13%	7-8
CE&EA	*C. eugenioides*	0.5%	7.70%	1.33%	9
WC&EA	*C. canephora*	2.5%	6.10%	0.82%	8-11
WA&CA	*C. liberica*	1.5%	8.28%	0.67%	12-13
EA	*C. racemose*	1%	6.44%	1.02%	2
SCA	*C. kapakata*	1%	7.51%	1.77%	9
CA	*C. congensis*	2.06%	6.06%	1.06%	10-12
WA	*C. stenophylla*	2%	7.5%	1.09%	9-10
EA	*C. pocsii*	1.27%	10.1%	1.45%	不詳
MAD	*C. leroyi*	0.02%	不詳	不詳	2-3
MAD	*C. perrieri*	0%	不詳	不詳	2-3
IND	*C. bengalensis*	0%	不詳	不詳	不詳

（＊資料來源：
1. Trigonelline and sucrose diversity in wild Coffea species
2. Caffeine-free Species in the Genus Coffea
NEA: 東北非／ CE&EA: 中非與東非／ WC&EA: 西非中非與東非／ WA&CA: 西非與中非／
EA: 東非／ SCA: 中南非／ CA: 中非／ WA: 西非／ MAD: 馬達加斯加／ IND: 印度）

上表是阿拉比卡與其他 2 倍體咖啡所含蔗糖、咖啡因與葫蘆芭鹼的比較。

過去半世紀以來，咸信蔗糖與葫蘆芭鹼的含量與咖啡的香氣成正相關，但近年發現沒那麼簡單，目前已知第三波水果炸彈的主要成份為檸檬烯、草莓酮、三甲基丁酸、酯、醛類。表〔2-3〕東非 *C. pocsii* 所含的蔗糖與葫蘆芭鹼最高，但至今仍無商業用途，足見光憑蔗糖與葫蘆芭鹼的高低是不夠的。

未來有市場性的 2 倍體咖啡並不多，包括 *C. eugenioides*、*C. canephora*、*C. congensis*、*C. liberica*、*C. stenophylla*、*C. racemose*，其中除了羅豆與賴比瑞卡產果量高於阿拉比卡外，其餘產量皆低，尤金諾伊狄絲風味潛力最大，但每株產豆量只有 200 至 300 公克，只有阿拉比卡主幹品種鐵比卡的三分之一，是推廣上最大障礙。至於咖啡物種的咖啡因含量，由東非往西非方向逐漸增加，這是挺有趣的現象。東非外海的馬達加斯加的咖啡物種幾乎零咖啡因，但苦味很重，尚無市場性。這 20 年來歐美日專家試圖以馬達加斯加的咖啡物種與阿拉比卡混血，打造低咖啡因阿拉比卡，卻失敗了，至今尚未傳出好消息。

尤金諾伊狄絲抗果小蠹，後勢看俏

近十年來果小蠹隨著全球暖化的腳步開始侵襲高海拔地區，本世紀有可能取代鏽病成為阿拉比卡最大天敵。以台灣而言，鏽病並非主要病蟲害，只要植株營養夠、田園管理得當，抵抗力強的植株往往會不藥而癒，因此寶島罕見抗鏽病的姆咖啡，這是產國中很奇特的現象。為禍台灣咖啡園最烈的是鑽進果子產卵，防不勝防的果小蠹，各產國至今仍束手無策。

可喜的是，近年傳出初步好消息。巴西帕拉納農業研究所（Instituto Agronômico do Paraná，簡稱 IAPAR）2004 年著手研究各咖啡物種對果小蠹的抗性，於 2010 年發表的論文《咖啡基因型對果小蠹的抗性》（Coffee Berry Borer Resistance in Coffee Genotypes）指出，中南部非洲的 *C. kapakata*、印度的

C. bengalensis、東非的 *C. eugenioides*，以及與 *C. eugenioides* 混血的基因型，遭到果小蠹侵襲的比率很低，在 0-4％之間，遠低賴比瑞卡的 25.33％，以及阿拉比卡與羅豆的 55.83％，就統計學來看有重大意義；*C. kapakata* 與尤金諾伊狄絲的果皮蠟質含有某種化學成份，阻卻果小蠹靠近，但是如果取出其種子，果小蠹就會鑽入食之。至於 *C. bengalensis*，果小蠹不侵入也不食其種子，可能與零咖啡因有關，但目前還不能確定其防蟲機制。

該報告建議尤金諾伊狄絲、*C. kapakata*、*C. bengalensis* 可以和阿拉比卡、羅豆等具有商業價值的物種混血，引入抵抗果小蠹的基因，今日的分子生物學技術能夠辨識這類基因，而 *C. bengalensis* 抗果小蠹的基因可能不同於尤金諾伊狄絲與 *C. kapakata*。

另外，衣索匹亞西南山林近年趨暖升溫，也傳出果小蠹災情，尤其是海拔較低的貝貝卡地區最嚴重，中高海拔較輕微。衣國已開始研究是否有些野生或地方品種對果小蠹有抗性，結果發現有些品種尤其是對炭疽病有抗性的品種，遭果小蠹侵襲的機率相對較低些，相關研究還在進行中。

2015 年以來，尤金諾伊狄絲數度登上國際咖啡大賽舞台並贏得大獎，而且身懷抵抗果小蠹的基因，阿拉比卡的母親後勢看好，未來將有大用。

｜野生咖啡的滅絕危機｜

全球 130 個咖啡物種，至今只有阿拉比卡、羅布斯塔和賴比瑞卡有商業規模的栽種，但其他 127 個物種仍有許多具有抗旱抗病、低咖啡因以及好風味的奇異基因，有助品種改良並強化阿拉比卡體質因應惡化中的極端氣候。然而，各咖啡產國為了增產不惜開墾森林為咖啡田，這就是為何衣索匹亞、巴西面臨氣候變遷的天災，但年產量仍不減反增的主因。森林濫伐對非洲咖啡產國的後果尤為嚴重，不但砍掉珍貴林木，更伐掉野生咖啡的基因和命脈。

森林濫伐：衣國林地銳減，只占 15.7%

16 世紀衣索匹亞全境覆蓋茂密森林的面積高達 40 ％，但到了 19 世紀未葉，降到 30 ％。據 FAO《2020 年全球森林資源評估報告》（Global Forest Resources Assessment 2020），衣國目前的森林面積只占全國的 15.7 ％。這半世紀究竟有多少珍稀的野生阿拉比卡基因隨著濫伐而殞減，實難以估計。

目前任職英國皇家植物園（Royal Botanic Gardens）的科學家艾隆·戴維斯（Aaron P. Davis）領導的專家小組，根據國際自然保護聯盟瀕危物種紅色名錄（IUCN Red List Of Threatened Species）的評定標準，對分布於非洲大陸，印度洋上的馬達加斯加島、葛摩群島（Comoros）、馬斯卡林群島（Mascarenes），以及印度、東南亞和澳洲已知的 124 個野生咖啡物種進行田野調查與分析，於 2019 年發表《野生咖啡物種高度滅絕危機及其對咖啡產業永續性的影響》（High Extinction Risk For Wild Coffee Species And Implications for Coffee Sector Sustainability）。結論是：124 個野生咖啡物種，其中高達 60 ％，即 75 個咖啡物種有絕種危機，35 個物種尚無絕種之虞，14 個物種資料不足，無法判斷。

該報告指出人類濫墾森林，加上氣候變遷的雙重壓力，面臨絕種威脅的咖啡包括 C. arabica（阿拉比卡）、C. stenophylla、C. anthonyi、C. charrieriana、C. kivuensis、C. neoleroyi 等 75 個物種。尚無絕種危機的物種有 C. canephora（羅布斯塔）、C. liberica（賴比瑞卡）、C. congensis、C. eugenioides（尤金諾伊狄絲）等 35 個物種。資料不全的物種包括 C. affinis, C. carrissoi 等 14 個野生咖啡物種。

其中，西非有 11 個咖啡物種瀕臨絕種、東非有 14 個、南非有 1 個、馬達加斯加和印度洋島嶼有 46 個，亞洲有 3 個。（請參圖表 2-4）

完成阿拉比卡改造大業，咖啡永續飄香

在西非、中非、印度與馬達加斯加的瀕危咖啡物種中，有些是半低因、

零咖啡因、耐旱或抗病的物種，可用來與三大商業咖啡混血、改善基因表現，如果任由野生的多元基因滅絕，咖啡界抵抗氣候變遷並培育雜交優勢新品種的武器就愈來愈少，將嚴重影響咖啡產業健全發展與預後。

目前全球有 18 個植物種原銀行，其中只有哥斯大黎加的 CATIE 簽下《糧食和農業植物遺傳資源國際條約》（International Treaty on Plant Genetics Resources For Food and Agriculture），有義務提供咖啡種原給育種學家使用，其餘 17 座種原銀行蒐集許多 CATIE 沒有的珍貴咖啡種原，但至今尚未簽署此條約，因此有許多種原無法開放，殊為可惜。

如何保育並擴大野生咖啡種原的使用，完成本世紀阿拉比卡改造大業，期能降低極端氣候對咖啡產業的威脅，咖啡族玩香弄味的閒情逸致才有可能延續到下世紀，這將是第四波咖啡浪潮最重大課題！

〔2-4〕各地區瀕臨滅絕的咖啡物種數

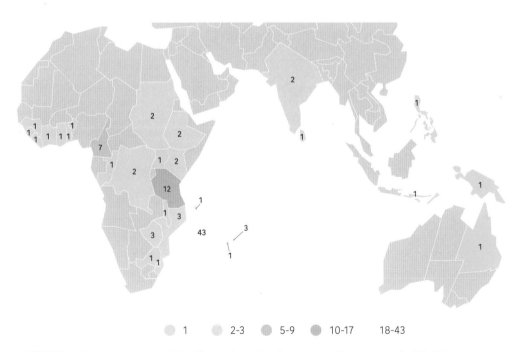

●1　●2-3　●5-9　●10-17　18-43

＊資料來源：High Extinction Risk For Wild Coffee Species And Implications for Coffee Sector Sustainability/Science Advances

第三章

誰是老大：
葉門 vs. 衣索匹亞

　　葉門是全球唯一在國徽上綴以咖啡紅果的國家，圖中可見老鷹胸前的咖啡紅果子和綠葉，下方還有個西元前 8 世紀馬里柏大壩（Marib Dam）遺址和藍色水紋圖案。就我所知這是全世界絕無僅有，高調以咖啡裝飾國徽的國家，足以彰顯咖啡國粹的重要性。葉門也曾經和衣索匹亞爭逐咖啡原產地威名，多年來宣稱咖啡品種的繁浩度不亞於衣索匹亞。然而，2020 年 3 月發表的重要科研報告《阿拉比卡遺傳歧異度極低》卻推翻葉門說法。

|科學證據說話，基因龐雜度排名|

近半世紀來，咖啡界與學術界的共識：衣索匹亞是阿拉比卡基因多樣性的演化中心，而葉門則因地理位置優越，躍為阿拉比卡旗下兩大主幹品種鐵比卡與波旁開枝散葉到全世界的橋頭堡。上述研究報告從基因多樣性與遺傳距離的科學角度，再度印證阿拉比卡是從衣索匹亞西南部山林擴散到衣國東部哈拉古城，再越過紅海抵葉門的史實，葉門只是阿拉比卡向全球擴散的「供貨」中心。

該基因研究始於 2014 年，由 WCR 偕同法國 CIRAD 和葉門沙納大學科學家以基因分型測序（GBS）[註1]，分析沙納大學蒐集自葉門各產區的 88 份種原，以及哥斯大黎加 CATIE 保存的 648 份阿拉比卡種原，其中大部分是 1960 與 1970 年代採集自衣索匹亞的野生咖啡。這兩個舊世界有合計 736 份阿拉比卡種原，由國際專家進行基因圖譜研究。

結論是衣索匹亞咖啡的多樣性遠遠超過以下四大阿拉比卡群：1. 葉門族群、2. 中南美洲鐵比卡與波旁族群、3. 東非鐵比卡與波旁老族群、4. 印度鐵比卡與波旁老族群；而且葉門咖啡的多樣性卻與東非、印度、中南美鐵比卡、波旁以及衣索匹亞若干地方品種重疊。這是因為 15 世紀衣索匹亞傳進葉門的咖啡多樣性，只占衣索匹亞總體多樣性的一小部分，而葉門咖啡再擴散到印度、印尼和中南美，因阿拉比卡的自交，使得基因多樣性不斷狹窄化。

這表示以上族群的基因龐雜度依序為：**衣國野生咖啡＞衣國地方種＞葉門＞印度、東非與中南美鐵比卡與波旁族群**。過去認為傳統阿拉比卡有兩大族群：衣索匹亞野生阿拉比卡，以及從衣索匹亞傳到葉門、再擴散全世界廣泛栽種的鐵比卡與波旁。然而，上述最新研究報告根據基因型態異同，

註1：基因分型測序（GBS）可分析鑑定單核苷酸多態性（SNP）標記。GBS 生成的 SNP 比許多其他類型的標記（例如 SSR）更密集，從某種意義上講，包含更多信息。因此，GBS 通常是遺傳多樣性研究和種群結構研究的金標準。

又將此兩大族群進一步細分為三大族群：

1. 葉門－哈拉族群（Yemen-Harar），這包括全球絕大多數栽培品種以及數百年前在葉門馴化，適合全日照無遮蔭的品種。

2. 源自衣索匹亞西南部卡法森林的吉馬－邦加（Jimma-Bonga）一帶野生咖啡和田園栽培系統的族群。

3. 源自衣索匹亞卡法森林以西，鮮為人知的歇卡森林（Sheka Forest 請參見第九章圖表［9-2］）野生咖啡分離族群，其基因型態不同於卡法森林的吉馬－邦加族群。

但該報告的科學家指出，可能還存在第四個族群，即位於衣國大裂谷東側的哈倫納森林（Harenna Forest，請參見第九章圖表 [9-2]），但因族群寥落、樣本太少，尚不足以驗證此論點。

葉門的咖啡品種獨特嗎？

參與這項研究案的 WCR 也在其官網發表專文〈葉門咖啡：它的遺傳多樣性如何？〉（Yemeni Coffee：How Genetically Diverse Is It ？），並以三大要義總結之：

1. 根據本研究的遺傳分析，證實葉門是個二級擴散中心的歷史認知。換言之，阿拉比卡源自衣索匹亞並透過葉門傳播到全球。用科學術語來說，葉門咖啡是衣索匹亞阿拉比卡的次群體。

2. 本研究的葉門咖啡樣品與全球主要栽培品種比對後，並未發現獨特的、未開發的遺傳多樣性。這證實了本研究的葉門咖啡，其多樣性與全世界栽培品種重疊。

3. 我們發現葉門咖啡族群的遺傳多樣性仍遠低於研究中的衣索匹亞咖啡。

迄今為止，衣索匹亞種質的多樣性與獨特性都是最高的，這是葉門和世界主要栽培品種欠缺的。儘管如此，本研究的作者們發現阿拉比卡的基因多樣性，整體而言是所有主要農作物最低的。這肇因於阿拉比卡是一萬年前由兩個不同的 2 倍體咖啡只經一次混血而誕生，是較晚演化的物種。

可以這麼說，當今全世界栽種的阿拉比卡，除了 20 世紀中期以後培育，染有羅布斯塔或賴比瑞卡基因的抗鏽病混血系列，諸如卡蒂姆（Catimor）、莎奇姆（Sarchimor）、S288、S795 或雜交第一代 F1 系列外，其餘阿拉比卡的遺傳多樣性皆源自上述大三族群：1. 葉門－哈拉族群、2. 衣索匹亞卡法森林的吉馬－邦加野生咖啡、3. 衣索匹亞歇卡森林野生咖啡。

衣索匹亞野生咖啡族群的抗鏽病、抗炭疽與美味基因尚未被衣國以外的產地充份利用，被視為各國未來培育 F1 雜交第一代的基因寶庫，但前提是必須先獲得衣國出口許可才行。近半世紀衣索匹亞為了保護珍稀的野生咖啡基因以及維護衣國咖啡農權益，已嚴禁野生咖啡種原出口，更不准他國研究人員入境採集咖啡種原。目前國際各機構所需的基因研究樣本只能向哥斯大黎加的 CATIE 調用 1950 至 1970 年代在衣索匹亞採集到的數百份野生咖啡種原，但樣本有限，仍不足以反映衣國咖啡基因多樣性的全貌。

創新高價，「葉門之母」驚動萬教

有趣的是，國際咖啡基因專家聯手執筆、2020 年的研究報告《阿拉比卡遺傳歧異度極低》發表 11 個月後，竟遭到另一份葉門咖啡基因研究報告挑戰。

專營葉門精品咖啡貿易，總部設在倫敦的基瑪公司（Qima）於 2020 年 8 月隆重宣布：「我們與國際知名咖啡基因學家克里斯托夫・蒙塔南（Christophe Montagnon）的農業顧問公司 RD2 Vision 合作多年的研究，在葉門發現全新的阿拉比卡基因族群，這是過去未知的咖啡遺傳族群，也是葉門獨有的品種，故取名為葉門之母（Yemenia）。這項重大發現不但為全球咖啡基因增

加了多樣性，而且新族群在風味上也有超凡表現。這是繼 1700-1900 年代咖啡界發現鐵比卡、波旁族群以及 SL 系列以來最重大發現，將顛覆咖啡界對咖啡遺傳學的認知。這項研究資料已提交國際科學刊物《遺傳資源與作物進化》（Genetic Resources and Crop Evolution）審核，靜待發表中。」（作者按：已於 2021 年 2 月發表）

基瑪在聲明中指出，700 年前阿拉比卡從衣索匹亞的茂密森林傳入乾燥、多山的葉門後，透過馴化、物競天擇與基因漂變，逐漸適應高溫與乾燥的新環境，並進化出不同於衣索匹亞原祖的基因。數百年後的今日，基瑪和 RD2 Vision 以決心和資源進行多年研究，得以發現因為多年動亂與地理險阻而深藏不露的葉門之母。

基瑪甚至在官網宣告：「這是葉門歷來規模最大的咖啡基因研究，涵蓋葉門 25,000 平方公里的咖啡面積，並分析來自衣索匹亞種原、世界栽培品種以及基瑪培育的葉門族群，總共 137 份種原，發現阿拉比卡除了衣索匹亞野生族群、鐵比卡與波旁、SL34、SL17 這四大母體群外，還有第五大母群，那就是葉門獨有的 Yemenia。葉門之母是個未經探索的基因資源，將來有可能為阿拉比卡注入新血，打造新品種！」

成立於 2016 年的基瑪，於 2019、2020、2021 年透過 CoE 平台辦了 3 次葉門精品豆線上拍賣會，2019 年的葉門冠軍豆杯測分數 92.5 分以 199.5 美元／磅成交，競標的 33 批精品豆平均成交價 33.16 美元／磅，成績斐然。2020 年 9 月基瑪辦理第二場別開生面的葉門精品豆線上拍賣會，主打新發現的葉門之母，20 批競標豆杯測分數前 10 名全是葉門之母！而杯測分數第 11 至 20 名的拍賣豆除了葉門之母外，還包括 2 支 SL28、2 支 SL34 和 1 支鐵比卡。冠軍的葉門之母以 207.15 美元／磅成交，創下葉門豆歷來最高身價。本次拍賣會突顯了葉門之母、SL28、SL34 和鐵比卡都是葉門的品種，引起全球玩家側目。

另外，2021 年拍賣會，杯測前二十二名的賽豆中，第八名基因鑑定竟然

是肯特（Kent），原來印度知名的抗鏽品種來自葉門。

大論戰：特異種？還是更名上市？

　　由於基瑪對阿拉比卡族群的解析不同於業界多年來的理解，因此引發一些爭議。在巴拿馬與衣索匹亞投資藝伎栽植場的荷蘭裔美國咖啡專家威廉‧布特（Willem Boot）同年 9 月中旬率先發難，在 YouTube 視頻對基瑪的「葉門之母論」，發表為時 3 分鐘的質疑，並懷疑 Yemenia 只是葉門常見的美味品種烏戴尼（Udaini）重新命名的把戲，而不是什麼飛天鑽地的特異品種！

　　幾天後基瑪的創辦人法里斯‧歇巴尼（Faris Sheibani）不甘示弱，也透過視頻回應布特的質疑，做出 16 分鐘的辯護，這是多年難得一見的葉門品種論戰。

　　隨後，WCR 在官網就此爭議發表較為持平中肯的意見。WCR 指出，《阿拉比卡遺傳歧異度極低》的研究結果並不表示葉門咖啡「不可能」比目前大多數的栽培品種保有更多的特殊性或新的多樣性，因為所有樣品不論是葉門或衣索匹亞，其基因組的亞區域都有可能被遺漏或未探索到；另外任何研究案不可能包山包海涵蓋所有產區的每一株咖啡樹。本研究的樣品是沙納大學從葉門廣泛產區採集而來的 88 份種原，自有其侷限性並不能代表整體，因此葉門咖啡的多樣性有可能超出本研究的樣本。

　　至於葉門咖啡是否有衣索匹亞種原未發現的變異？WCR 的回覆是：從基因多樣性與遺傳距離來看，葉門咖啡雖然很接近衣索匹亞，但已經明顯和衣索匹亞分離，屬於衣索匹亞咖啡的次群體。因為這 700 年來葉門咖啡種植在溫度更高、更乾旱且無遮蔭的惡劣環境，迥異於有茂密森林、較潮濕涼爽又有喬木擋太陽的衣索匹亞西南部山林，離鄉背景的阿拉比卡為了生存，有可能在葉門的逆境中，隨機突變，演化出更能調適乾旱與全日照的基因。

　　然而，葉門咖啡的基因是否更適合乾旱高溫環境，而衣索匹亞咖啡是否

更適應農林間作的環境？這有待進一步研究來證實，如果答案是肯定的，這對氣候變遷日亟的今日，就有重大的意義。

2020 年新冠肺炎肆虐全球，世界盃咖啡賽事因而停擺，但葉門之母大論戰卻為咖啡界添增不少話題。阿拉比卡是以葉門為踏板向全球擴散出去，目前衣索匹亞除外，全球 98％栽培品種皆可溯源自葉門，因此知名的 SL34、SL28、Kent、K7、Coorg、鐵比卡與波旁全來自葉門，這並不令人意外。較不理解的是，為何基瑪的基因研究將阿拉比卡分為：衣索匹亞、葉門之母、SL34、SL17、鐵比卡與波旁等五大母群？這恐怕要等到國際科學刊物《遺傳資源與作物進化》核實基瑪與 RD2 Vision 的研究報告後，將之公諸於世，我們才可進一步了解。

應該會有人好奇的問為何布特要搶先對葉門之母論提出質疑？這不難理解，因為布特與摩卡塔·阿肯夏利（Mokhtar Alkhanshali）同為摩卡學院（Mokha Institute）創辦人，2018 至 2020 年已辦了 3 次摩卡港精品豆線上拍賣會（Port of Mokha），但品種欄皆為葉門知名的地方品種烏戴尼，因此布特質疑基瑪拍賣會的明星品種葉門之母可能是烏戴尼改個名稱而已。這兩大葉門精品豆拍賣會，存有同業競爭關係。而葉門裔的美國尋豆師阿肯夏利出生入死、潛入葉門的獵豆傳奇中譯本《摩卡僧侶的咖啡煉金之旅》（The Monk of Mokha），台灣已於 2020 年 9 月出版。

|歷來規模最大！葉門品種報告|

布特與歐巴尼為葉門之母大論戰的 4 個月後，即 2021 年 2 月 15 日，基瑪聲稱歷來規模最大的葉門品種研究報告《揭開栽培阿拉比卡在主要馴化中心葉門的獨特遺傳多樣性》（Unveiling a unique genetic diversity of cultivated *Coffea arabica* L. in its main domestication center: Yemen）[註2]，經機構審核過關終於公諸於世，讓世人進一步了解葉門、衣索匹亞，以及散播全球的咖啡栽培品種三者間的關係。（請見圖表 [3-1]）

　　我細讀後，發現本篇報告並不因為是基瑪資助而有偏頗之處，立論還算公允中肯有見地，摘錄精要整理如下。

〔3-1〕阿拉比卡樣本的主要遺傳族群重新劃分

本研究中鑑定出以下三大類別，五大遺傳族群

樣品三大類別 份數	（一） 衣索匹亞獨有	（二） SL17	（三） 葉門鐵比卡 與波旁	（四） 葉門 SL34	（五） 新葉門	合計
衣索匹亞種原	68	4				72
世界栽培品種	5	4	9	2		20
基瑪培育群體			13	8	24	45
合計	73	8	22	10	24	137

(＊資料來源：《Unveiling a unique genetic diversity of cultivated *Coffea arabica* L. in its main domestication center: Yemen》)

　　本研究以單核苷酸多態性（SNPs）分析 137 份阿拉比卡種原的基因，這些種原來自以下三大類：

1. 衣索匹亞種原（Ethiopia accessions）：

　　共有 72 份，是 1966 年聯合國農糧組織（FAO）、1968 年法國海外科學技術研究辦公室（ORSTOM）的研究員在衣索匹亞人員陪同下深入衣國西部及西南部野生咖啡林採集而來（但未採集衣索匹亞裂谷以東較乾燥的哈拉吉產區）。

註 2：本研究報告作者群：C. Montagnon・A. Mahyoub . W. Solano . F. Sheibani

2. 世界主要栽培品種（Worldwide Cultivated Cultivars）：

共 20 份，代表衣索匹亞以外，全世界主要的栽培品種，包括鐵比卡、波旁，還有東非、印度的老品種，這些品種經過證明，是從衣索匹亞傳進葉門，然後散播到各咖啡產國。（但不包括基因滲染的 Catimor 和 Sarchimor）

3. 葉門基瑪近年培育的族群（Yemen Qima Breeding Populations）：

來自基瑪育種群的 45 個樣本，由代表葉門主要咖啡種植區的 45 棵咖啡樹組成。

以上三大來源的 137 份種原經基因圖譜鑑定後，其遺傳又可歸類為以下五大族群：

(一) 衣索匹亞獨有族群（Ethiopia Only）：

這是一個主要族群，72 份衣索匹亞種原除了以下 5 個美味品種出現在世界栽培品種類別中，其餘 68 個品種僅見於由衣索匹亞。上世紀這 5 個衣國品種因緣際會由科學家或由商人直接帶離衣索匹亞，是少數未透過葉門傳播出去的優質品種。

(1) Geisha T2722：這是巴拿馬藝伎的品種編碼，雖然可溯源自衣索匹亞藝伎群（Gesha），但巴拿馬 Geisha T2722 與衣索匹亞西南部野生森林的 Gesha 群，兩者基因遺傳距離不算近，因此我習慣上稱巴拿馬藝伎為 Geisha（巴伎）或用其品種編碼，但衣索匹亞藝伎群則改以 Gesha（衣伎）來稱呼，這樣就不易混淆。近年有些不明就裡的玩家，為了 Geisha 要不要更正為 Gesha 而起爭執，我覺得這個爭論意義不大，原因很簡單，兩者的基因與風味強度都明顯有別，因此在寫法上或命名上有必要做出區別。

(2)Java：最初是從阿比西尼亞（Abyssinian）即衣索匹亞品種選拔而出，先傳到印尼，接著再傳入喀麥隆和中美洲。

(3) Chiroso：這是衣索匹亞的地方種，但不知何故流落到哥倫比亞，以美味

著稱，植株短小結實，短節間，長身豆。2014 年與 2020 年贏得哥倫比亞 CoE 冠軍，風味媲美藝伎。當地咖農亦稱 Caturra Chiroso。

(4) SL06：過去被誤認為是上世紀初在東非選拔出來的品種，其血緣近似耐旱的 Kent。但本研究發現 SL06 的基因不同於葉門系統或 Kent，但極近似衣索匹亞，故歸入衣索匹亞獨有，不知何故流落異域。

(5) Mibirizi T2702：這是盧安達的美味品種，也是從衣索匹亞流出的美味品種，時間與路徑至今不明。

以上 5 個流落他國的衣索匹亞品種，加上其餘 68 個衣索匹亞獨有品種，諸如 E-300、E-322、E-060、E-47、E-552、E-Geisha Congo……等共 73 個全歸入衣索匹亞獨有類別。

(二) 衣索匹亞種原和世界栽培品種：

第二大族群是由衣索匹亞種原和世界栽培品種組成，本類組以 SL17 為首，其下遺傳距離接近的還包括 SL14、K7、Mibirizi T3622，這些品種是上世紀前半葉東非選拔出來的抗旱品種。本組還包括遺傳距離相近的 4 支衣索匹亞品種，諸如衣索匹亞 Gesha、E-03、E-22、E-148，也類歸在 SL17 麾下。但本研究中的葉門族群並未發現上述 8 個品種，這違背了過去認為肯亞、坦桑尼亞或印度選拔出來的 SL 系列和 K 系列品種，都是以葉門引進的品種為本。科學家認為本研究的葉門族群竟然找不到以上品種，這可能有兩個原因：一、上述 SL 系列和 K 系列的母本確實存在葉門，但未被基瑪蒐集入庫，要不然就是已在葉門自然消失；二、這些品種並未透過葉門而是直接從衣索匹亞傳到東非各國。

(三) 葉門 SL34 族群：

本組以葉門 SL34 為首，包括遺傳距離接近的 SL09，但 SL34 在各產國栽種的普及度遠高於 SL09。本組還包括基瑪蒐集的 8 支基因近似的葉門品種，加起來共 10 支。SL34 在台灣很普及，和巴拿馬藝伎並列為台灣精品豆大賽的常勝軍，風味與產量優於鐵比卡與波旁。SL09 來源至今仍不清楚，只知道是葉門傳到東非後選拔出來的品種，但目前在各產國並不多見。有趣的是 2020 年秘魯 CoE 大賽，SL09 與 Geisha T2722 混合豆奪下冠軍，另一支 SL09 拿下第十三名，一口氣為 SL09 爭到很高的曝光率。然而，基瑪的研究報告將 SL09 歸入葉門的品種，這失之武斷。有足夠理由挑戰它，此品種很可能更早期已從衣索匹亞傳入葉門！

2019 年台灣卓武山咖啡園送一批樣本到 WCR 鑑定品種，其中有一支被鑑定為 SL09。這是台灣首次出現的新品種，我很好奇，進一步追蹤其來源，原來是嵐山咖啡游啟明總經理，幾年前請駐在衣索匹亞的大陸友人赴衣國西南部 Gesha Village 附近咖啡園涉險採集而來，過程有點緊張，所以量並不多。游總將取自衣索匹亞原產地的咖啡種子送給卓武山栽種。這支身份不詳的咖啡成長後，卓武山將咖啡葉片寄往 WCR 驗明正身，基因鑑定結果竟然是 SL09，這表示 SL09 並非葉門獨有，衣國也有此品種，這我不覺得意外，萬本歸宗乃理所當然。同理，若武斷的說 SL28 與 SL34 是源自葉門的品種，也將面臨很大挑戰。

（四）葉門鐵比卡與波旁族群：

這組包括鐵比卡、波旁、SL28、Kent、KP-363、KP532、Bronz 009、Coorg、Moka 等 9 個流通世界的栽培品種，以及 13 個基瑪培育的品種，總共 22 個遺傳近似的品種。鐵比卡與波旁是 18 世紀最先從葉門開枝散葉到亞洲和拉丁美洲的兩大主幹品種；鐵比卡經由葉門與印度擴散出去，而波旁經由葉門和波旁島（今稱留尼旺島 La Reunion Island）傳播各地。

有趣的是，肯亞知名的美味品種 SL28，其基因指紋竟然和印度老品種

Coorg 相同。17 世紀印度僧侶巴巴布丹從葉門摩卡港盜走 7 顆咖啡種子，並種在印度西南部卡納塔克邦（Karnataka）的奇克馬加盧爾（Chikmagalur），從而開啟印度咖啡栽植業，而 Coorg 和 Kent 二品種都是從這批俗稱「老奇克」（Old Chick）的古老品種選拔出來。因此肯亞的 SL28 可溯源自葉門與印度。而 KP-363、KP532 都是印度與東非選拔的抗旱品種，也與葉門、印度有關。

最特殊的是小摩卡（Moka），豆粒圓而袖珍酷似胡椒粒，是豆粒最小的阿拉比卡，小摩卡起源於突變，而不是發生於一般的遺傳背景，豆貌比葉門摩卡更圓且小。

（五）新葉門（葉門之母）族群：

最後一個類組是葉門獨有的族群，本研究蒐集的 45 份葉門種原中，有 24 份的基因圖譜並未出現在衣索匹亞與世界栽培品種類組中，故歸類為新葉門，即基瑪宣稱的葉門之母，研究人員認為這可能是葉門獨有的咖啡基因。

不過，本研究的科學家很客觀指出，這不表示 24 份新葉門的基因肯定不存在衣索匹亞和世界栽培的品種中，有以下幾個原因造就了新葉門：一、這 24 份種原根本沒離開葉門，未曾傳播到世界各地；二、也有可能在傳播路徑上消失了；三、這 24 份種原的祖先早已存在衣索匹亞，但因森林濫伐而絕跡了；四、遠祖可能仍存在衣索匹亞，但種原未被本研究或衣索匹亞蒐集到。因為本研究分析的衣索匹亞種原以西南部與西部為主，並未包括裂谷以東的哈拉吉地區，如果進一步與衣索匹亞裂谷以東的咖啡基因悉數比對過，還找不到近似的遺傳，那麼葉門因高溫乾旱而進化出獨有新品種的假設才能成立！

葉門咖啡基因的最新研究報告，我歸納出以下結論：

咖啡基因的龐雜度依序為衣索匹亞 > 葉門 > 世界栽培品種。衣索匹亞野

生咖啡的一小部分基因傳入葉門，經過物競天擇與人擇的馴化，此過程稱為「作物的起源」（the origin of crop）；經馴化篩選出更能適應高溫乾燥少雨的葉門極端環境，形成地方種（landraces），此過程稱為「地方種起源」（origin of landraces），但地方種仍有性狀不一的純度問題；但葉門地方種傳播到世界各地，再經過精明咖農的選拔，培育出性狀穩定的純種栽培品種（cultivars），此過程稱為「栽培品種的起源」（origin of cultivars）。

葉門恰好位於野生咖啡與栽培品種的「對口」，經基因分析葉門的咖啡基因已經和衣索匹亞野生咖啡、世界栽培品種有所不同。

數百年來葉門咖啡經過全球最極端的咖啡生長環境淬鍊，有可能進化出比衣索匹亞更抗旱、耐高溫的特殊基因，有助未來於培育新品種抵禦氣候變遷。然而，葉門咖啡是否比衣索匹亞裂谷以東乾旱的哈拉咖啡更耐旱，尚需進一步研究，因為哈拉一帶的咖啡種原並不在本研究樣本內。

本研究只分析衣索匹亞裂谷以西的 72 份種原，未包括裂谷以東的種原，因此 24 支葉門之母是否為獨有的基因，以及 SL28、SL34、SL09、Kent、Coorg 等是否為葉門進化出來的獨有品種而且與衣索匹亞無關呢？目前尚難定論，有待日後擴大衣索匹亞全境種原分析，才能確定。

萬本歸宗，早在 15 世紀衣索匹亞咖啡已傳入葉門，葉門只是阿拉比卡傳播到全球的中繼站，若要武斷說某品種源自葉門，是有風險的。同理，該報告說 SL28、SL34、SL09、Kent、Coorg 也是葉門品種，這失之武斷，未來會面臨很大挑戰。

衣索匹亞的咖啡基因多樣性雖然比葉門寬廣多元，但兩者的基因特徵已明顯分離。15 世紀衣索匹亞傳入葉門的咖啡多樣性只占衣索匹亞總體多樣性的一小部分。然而，衣索匹亞咖啡移植到葉門更乾燥高溫的新環境，在物競天擇或人為選拔的淘汰下，發生基因重組或變異，為全日照葉門族群的基因注入新內容。因此葉門咖啡在抗旱與耐高溫的表現有可能優於習於遮蔭環境的衣索匹亞野生咖啡，但這需進一步科學研究來驗證！

第四章

精銳品種面面觀（上）：
舊世界——衣索匹亞

　　就咖啡基因龐雜度、產量和品種開發能力而言，衣索匹亞、巴西、哥倫比亞和印度是最重要的四國。全球咖啡品種可分為舊世界的衣索匹亞與非衣索匹亞的新世界兩大陣營；衣索匹亞是阿拉比卡演化中心，基因龐雜度居冠，風華獨具，從林內的野生咖啡或當地馴化的地方種即可選拔出抗病、耐旱、高產又美味品種，無需浸染咖啡屬其他 2 倍體的抗病基因。

　　反觀拉美和亞洲的新世界產國，1970 年以前所種植的不是鐵比卡就是波旁，陷入基因瓶頸，必須引進 2 倍體的抗病基因提高抵抗力。巴西、哥倫比亞遲至 1970 至 1980 年始與葡萄牙鏽病研究中心（CIFC）合作，以東帝汶混血培育出一系列不同於一般阿拉比卡遺傳的姆咖啡；而印度稍早於 1940 年代即培育出浸染賴比瑞卡抗鏽基因的阿拉比卡 S795。

　　衣索匹亞與非衣索匹亞兩大陣營的咖啡品種壁壘分明，味譜各殊。基本上衣索匹亞品種的豆粒玲瓏尖瘦，咖啡因較低，且柑橘韻、花果調優於豆粒肥厚的非衣陣營。

| 無價瑰寶：地方種 Landraces |

　　地方種是上帝恩賜衣索匹亞獨有的咖啡資源。衣國目前栽種的咖啡全是千百年來從西部或西南部森林卡法、雅鬱、樹科、傑拉、歇卡、馬吉，以及東南部哈倫納、巴雷、巴達馬咖達森林移植出來（請參第九章圖表 [9-2]）。山林間的野生咖啡，其基因龐雜度極高且彼此的性狀、遺傳都不同，咖啡農將之移植到各地栽種，經過歲月的馴化與選拔，已適應當地水土，有一定程度的一致性，稱為地方種，但這些地方種並非純系，多半不符品種定義，因此不宜稱為「地方品種」。除非特定的植株繼續純化，至少經過七至八世代的選拔、純化，而成為性狀與遺傳穩定、可供辨識的族群，即可稱為栽培品種。

　　衣國地方種的基因座充斥著未純化的異質結合（基因座的基因不同型），但因經過長時間馴化，其一致性已高於林內的野生咖啡。整體而言，Landraces 充斥著遺傳各異的族群，切勿理解為單一的品種（Variety）。

　　就性狀一致性與純度而言，栽培品種＞地方種＞野生咖啡；就遺傳多樣性而言，恰好相反，栽培品種＜地方種＜野生咖啡。

　　而衣國這些世世代代傳承的地方種，性狀與遺傳極為龐雜，難以分類辨識，近百年來歐美咖啡界一言以概之，稱為古優族群（Heirlooms），此語暗指衣國咖啡渾然天成，世代傳承無需嚴謹的選拔與改良。

兩大咖啡族群：古優 vs 摩登

　　野生咖啡、地方種、栽培品種三者的關係，可以這麼理解：野生咖啡經咖農取種移植到各地不同水土栽種，成為地方種（業界俗稱「古優群」），但遺傳與性狀龐雜，不符品種義。地方種再經數十至數百年在地馴化與選拔，成為性狀與遺傳穩定的栽培品種，即純系咖啡，也就是現代品種。

諸如衣國西南部的 Bedessa 與藝伎族群（Gesha Groups），以及東南部有名的 Kurume、Wolishao、Dega 因性狀與遺傳不一致，是地方種，而非純系的栽培品種。地方種的遺傳多樣性甚豐，以美味見稱，但產量低於栽培品種，抗病力則強弱有別。地方種主要指衣索匹亞與葉門，因為兩個舊世界的演化時間較久，族群的遺傳龐雜。而拉美和亞洲新世界產國的咖啡遺傳多樣性太低，演化時間太短，不宜冠上地方種稱謂，新世界以栽培品種或現代品種為主。

然而對今日的衣國而言，「古優族群」的說法已落伍，無法體現今日衣國咖啡品種現代化的實況。曾任職吉馬農業研究中心（JARC）、《衣索匹亞咖啡品種指南》（A Reference Guide to Ethiopian Coffee Varieties）的作者蓋圖・貝克雷（Getu Bekele）2019 年訪台，並在正瀚咖啡研究中心辦了一場講習，我有幸向他請益，進一步理解衣國咖啡品種現況。

1960 年代，FAO 與 ORSTOM 獲准進入衣國西南部的卡法與伊魯巴柏的咖啡森林採集珍貴種原，並分贈全球 11 個研究機構，協助改進新世界咖啡的體質。1967 年 JARC 成立後，衣國才開始深入研究上天恩賜的野生咖啡，此後不再准許他國研究員入境採集咖啡種原，以保障衣國咖農權益。1990 年代至今，巴西從 1960 年代 FAO、ORSTOM 採集的衣國種原培育出 3 支半低因咖啡品種；另外，移植到巴拿馬的藝伎身價近年迭創新高；還有流落拉美的衣國品種 Chiroso 近年頻頻打進 CoE 優勝榜，吃香喝辣……但衣國咖農並未從中獲得任何好處，除非各產國能和衣國談妥「分紅」，否則衣國不可能再開放「國寶」出境成就他國。

衣國咖啡的現代之星

也是自 1967 年 JARC 成立後，衣國咖啡不再守舊，也不再古優，致力品種現代化，免得被他國培育的明日咖啡超車。今日衣國咖啡品種可區分為兩大類別：(A) 地方種（即傳統的古優族群）；(B) JARC 與其附屬的阿瓦達

農業研究中心（Awada Agricultural Research Center，簡稱 AARC）協力開發的現代純系栽培品種，這批現代品種共有 40 支分為五大群體。

衣國咖啡從古優邁向摩登，過程有點複雜，架構圖剖析如圖表 [4-1]：

〔4-1〕

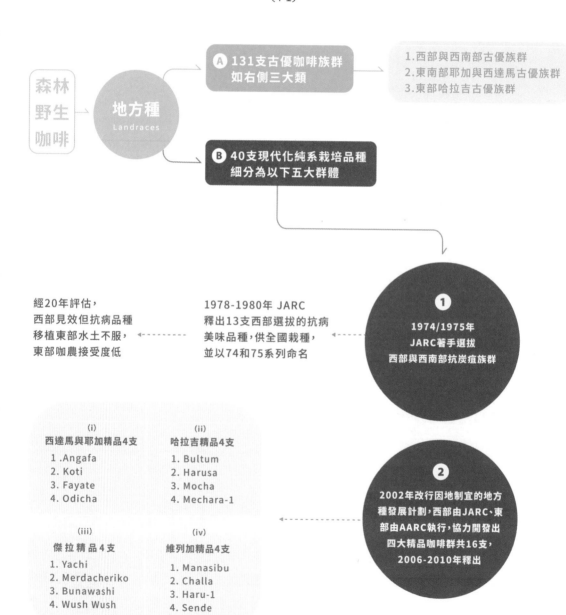

森林
野生
咖啡

地方種
Landraces

Ⓐ 131支古優咖啡族群
如右側三大類

1.西部與西南部古優族群
2.東南部耶加與西達馬古優族群
3.東部哈拉吉古優族群

Ⓑ 40支現代化純系栽培品種
細分為以下五大群體

經20年評估，
西部見效但抗病品種
移植東部水土不服，
東部咖農接受度低

1978-1980年 JARC
釋出13支西部選拔的抗病
美味品種，供全國栽種，
並以74和75系列命名

❶
1974/1975年
JARC著手選拔
西部與西南部抗炭疽族群

(i)
西達馬與耶加精品4支

1 .Angafa
2. Koti
3. Fayate
4. Odicha

(ii)
哈拉吉精品4支

1. Bultum
2. Harusa
3. Mocha
4. Mechara-1

(iii)
傑拉精品4支

1. Yachi
2. Merdacheriko
3. Bunawashi
4. Wush Wush

(iv)
維列加精品4支

1. Manasibu
2. Challa
3. Haru-1
4. Sende

❷
2002年改行因地制宜的地方
種發展計劃，西部由JARC、東
部由AARC執行，協力開發出
四大精品咖啡群共16支，
2006-2010年釋出

　　圖表 [4-1] 的上半（A）為傳統的古優族群，至少有 131 支，也就是未純化的地方種，分布在：1. 西部與西南部山林的古優族群；2. 東南部耶加與西達馬古優族群；3. 東部哈拉吉耐旱的古優族群。但地方種繁浩，本表無法一一列出。

　　下半（B）是衣國從 1978 至今，已釋出五大群體共 40 支現代化的純系品種，也就是地方種經過純化，成為性狀一致的現代化品種。本表依釋出年代順序一一列出。

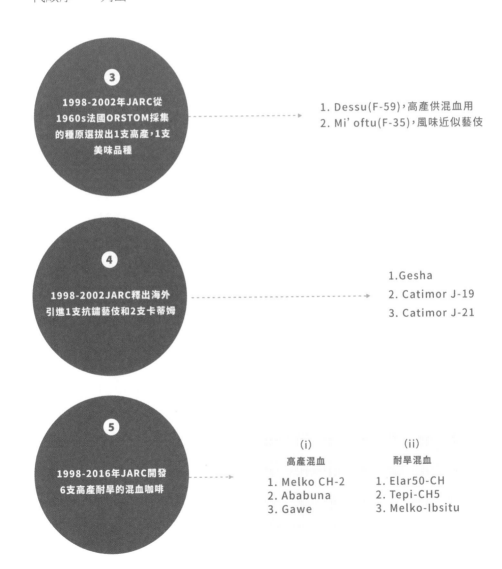

❸
1998-2002年JARC從1960s法國ORSTOM採集的種原選拔出1支高產，1支美味品種

1. Dessu(F-59)，高產供混血用
2. Mi' oftu(F-35)，風味近似藝伎

❹
1998-2002JARC釋出海外引進1支抗鏽藝伎和2支卡蒂姆

1.Gesha
2. Catimor J-19
3. Catimor J-21

❺
1998-2016年JARC開發6支高產耐旱的混血咖啡

(i)
高產混血
1. Melko CH-2
2. Ababuna
3. Gawe

(ii)
耐旱混血
1. Elar50-CH
2. Tepi-CH5
3. Melko-Ibsitu

(A) 古優族群：獨特又感性的命名法

1967 年 JARC 創立前，衣國咖啡品種主要由咖農從咖啡森林取種，土法煉鋼、汰弱留強，馴化成適合當地水土的地方種，再依照該咖啡樹的形態神似當地某些植物，或咖啡的氣味、果實的顏色、發現地或人名來歸類命名，政府對此並未干涉或介入，也未經過基因鑑定，因此同名的地方種，充其量只是性狀相似，遺傳未必相同，這在苦無科技協助的時代，無可厚非。

衣國農政當局 1989 至 1994 年對地方種展開普查，發現全國至少有 131 個喊得出名號的地方種，其中 76 個在裂谷以西的吉馬、伊魯巴柏、維列加、坎貝拉、阿索薩產區（請參第九章圖表 [9-3]）；另外 33 個在裂谷東南部的耶加雪菲、西達馬、谷吉產區；還有 22 個在東部哈拉吉產區。

衣國的地方種可分為：東南部地方種、西部與西南部地方種、東部地方種，至少有 131 個地方種。

1. 東南部：耶加雪菲、西達馬和谷吉產區的地方種

本區地方種主要來自裂谷以東的哈倫納、巴雷森林，以及谷吉西部的巴達馬咖達森林。數百年來西達馬、谷吉和耶加雪菲產區的品種名多半借用其他樹種的名稱來命名，本區最有名的三大地方種：庫魯美（Kurume）、沃麗秀（Wolishao）、狄加（Dega）均仿自當地樹種的名字。

・庫魯美

庫魯美是本區一種樹的名稱，果粒、葉片小但產量豐，因此本地區咖農約定俗成將類似的性狀諸如樹體精實，果粒玲瓏、葉片窄小，頂葉綠色的咖啡樹取名為庫魯美，饒富柑橘與花果韻，對炭疽病有抗力。

・沃麗秀

這是本區一種大果粒，年產量不一致的樹種名，咖農於是將樹體高大開放、果粒肥大、頂葉銅褐色的咖啡樹歸類為沃麗秀。

‧狄加

本區有一種名為狄加的升火柴木，燃燒時散發焦糖甜香，咖農就將樹高一般、果粒中等且咖啡豆烘焙時會飄出甜香的較高海拔咖啡歸類為狄加。

以上 3 類咖啡在東南部西達馬、蓋狄奧（耶加）和谷吉區最盛行。然而，歸類為同名的地方種不表示遺傳或基因相同，此乃衣國民間數百年來「感性超過理性」的獨有命名法。

2. 西部與西南部：吉馬、伊魯巴柏、維列加、坎貝拉、阿索薩有 76 個地方種命名更為複雜，除了模擬植物名稱外，還依據咖啡果實的色澤、氣味、發現地、人名以及農藝特性來取名，譬如：

‧喬歇（Choche）

喬歇是吉馬區、戈瑪縣（Gomma）的一個村名，據稱是發現咖啡提神妙用的牧羊童卡狄出生地，出自本地的咖啡群皆稱喬歇。

‧薩鐸（Sardo Buna）

衣國稱咖啡為 Buna，而薩鐸是本區俗稱的一種草名，學名為 *Cynodon dactylon L.*，生長快，對乾旱和貧瘠土地的耐受度極高，因此具有此特性的咖啡族群亦以薩鐸命名。

‧貝蝶莎（Bedessa）

本區有一種健壯果樹，果子暗紅色可食用，名為貝蝶莎，因此暗紅色咖啡果子的咖啡族群都可能被稱為貝蝶莎。

3. 東部：哈拉吉產區的地方種

東部乾燥的哈拉吉過去稱為哈拉吉省，後來改為東哈拉吉區與西哈拉吉區，後者產量大於前者，幾乎全為日曬處理法，業界慣稱本區為哈拉咖啡。哈拉吉是衣索匹亞最早有人工咖啡田的地區，葉門咖啡是由哈拉吉傳入，兩地咖啡的基因型可能較為接近。哈拉吉近年因氣候變遷，更為乾旱少雨，

咖農紛紛改種更耐旱又可提神的咖特樹，因此咖啡產量愈來愈少，台灣年輕一代咖啡人對哈拉咖啡較為陌生。本區地方種的命名也很感性、有趣。

・卡拉阿咖啡（Buna Qalaa）

衣國奧羅莫族每逢嬰兒誕生、婚禮或慶典都會辦一場咖啡饗宴，在焙炒咖啡時加入奶油提香增醇，並稱之為卡拉阿咖啡，本地區有一種咖啡最適合這種炒法，故以此為名。此類型咖啡的頂葉為銅褐色，對炭疽有抗力。

・戈瑪（Gomma）

衣國西南部吉馬區的戈瑪縣是牧羊童卡狄的家鄉，凡源自本縣的咖啡皆以縣為名。戈瑪的頂葉銅褐色、抗炭疽、產量高，是少數從西南部引入乾燥的哈拉吉而能成功馴化的咖啡。從西南部移植到哈拉吉的族群多半水土不服，失敗告終。

・辛培（Simbre）

哈拉吉的農民稱鷹嘴豆為「辛培」，而本區有一種果實、豆粒和葉片都很小的咖啡，就以鷹嘴豆命名。辛培抗炭疽、產量高又耐旱很適合雨少的哈拉吉。

目前衣索匹亞咖農叫得出名子的 Landraces 有 100 多支，係以上述不科學的方式命名，性狀類似即歸為同一品種，但遺傳未必相同，也不是純系，因此有必要選拔、純化為遺傳與性狀穩定的現代化栽培品種，此乃歷史之必然。

|精銳武器：五大現代化純系品種|

(B) 品種現代化，跌跌撞撞

衣索匹亞貴為阿拉比卡演化中心，生態、地貌與咖啡基因龐雜，然而，

衣國每公頃咖啡平均產量多年來徘徊在 600-800 公斤，遠低於巴西動輒 2-3 公噸。單位產量低下的原因包括小農甚少施肥、習於有機栽種、缺乏資金添購先進生產、加工設備，更重要原因是大量採用未純化、遺傳不穩定、良莠不齊的地方種，致使產量與抗病力不佳，嚴重拖累整體產能。

千百年來，衣國小農對於地方咖啡族群的辨識與命名，感性高於理性。直到 JARC 成立，政府力量介入為各產區的地方種進行更嚴謹的選拔、純化、汰弱留強與基因鑑定，遺傳確定的純系品種即以編號名之，不再用植物、顏色、氣味或地名等籠統字眼命名。

炭疽病向來是衣國咖啡最大病害，但一味噴灑農藥並非治本良方，長遠之計是找出懷有抗炭疽基因的地方種，再優化成為栽培品種，這是衣國得天獨厚的資源，以下將詳細介紹。

JARC 與其附屬中心建構的現化代純系品種分為五大類：1. 抗炭疽系列共 13 支；2. 美味精品群 16 支；3.ORSTOM 高產美味品種 2 支；4. 引進國外抗鏽藝伎與卡蒂姆 3 支；5. 高產抗旱混血品種 6 支。這五大類的 40 支現代化純系品種（請參圖表 [4-1]），極為重要，是衣國迎戰全球暖化的精銳部隊，簡介如下：

1. 抗炭疽：74 與 75 系列共 13 支

炭疽病在 1970 年後迅速蔓延衣國各產區。衣國大裂谷以西的森林是阿拉比卡演化中心，基因龐雜度最高，1974-1975 年 JARC 鎖定西南部和西部共 19 個地點，採集 600 多株咖啡樹的種子，由專家以科技鑑定和田間試種，找出抗炭疽、高產又美味的品種，並從森林區的畢夏利村（Bishari）、傑拉縣（Gera Woreda）、瓦西村（Washi）、烏許烏許（Wush Wush）的數百株咖啡，選拔出 13 株抗炭疽母樹。1978 年 JARC 陸續釋出 13 支抗炭疽的新銳品種，供全國咖農栽種，俾與 1970-1980 年代拉丁美洲與亞洲盛行的姆咖啡一較長短。這 13 支抗病、耐旱、高產又美味的奇葩品種，都是在 1974 與 1975 年間開始選拔，因此品種名均以 74 或 75 開頭，是衣索匹亞數百年來首批推出

的現代版純系品種。這批現代新品種分別選拔自：

·伊魯巴柏區，梅圖縣（Metu Woreda）的畢夏利村

從中選拔出 74110、74140、74165、74158、74112、74148，6 支抗炭疽又美味的品種，其中的 74110、74158 是 2020 年衣索匹亞首屆 CoE 大賽打進前 28 名優勝榜最多的品種，74 系列一戰成名。但因水土的適應問題，只有 74110、74112、74165 具有全國普及性，其餘以西部栽種為主。

74110 與 74112 的樹株形態短小精實、葉片果子與豆粒較小、綠頂短節間高產量，素以橘韻花果調聞名，典型的抗病高產水果炸彈。兩品種是當今衣國栽植最廣的現代品種，也普見於東南部。近年有專家指出，74110、74112、74158、74148 的性狀與農藝特性，近似東南部的地方種庫魯美，現代品種與地方種仍存在若干灰色帶。

·吉馬區，傑拉縣

從中選拔出 741、75227 兩品種。741 是 1978 年 JARC 最先釋出的抗炭疽品種，故冠上編號「1」；它對各種炭疽病皆有抗力，是目前所知抗炭疽最強的品種，但移植出傑拉縣，易水土不服。741 身懷優異的抗炭疽、耐旱基因，目前主要用於混血。而 75227 是在 1975 年選拔出的抗炭疽品種，以樹體高大、闊葉、大果見稱。

·卡法區，金波縣（Gimbo Woreda），瓦西村

從中選拔出 744、7440、7454、7487 四大品種。距離卡法區行政中心邦加鎮不遠的瓦西村有一座小型栽植場發現 99 株抗炭疽母樹，1974 年 JARC 篩選出以上 4 個品種，744 以樹株高大開放見稱，是全國普及度最高的品種之一。另外，中等樹高的 7440，近年研究發現其咖啡因含量低於一般抗炭疽品種，可供培育低咖啡因品種用。

·卡法區，金波縣，烏許烏許森林（Wush Wush）

　　從中選拔出 754 抗炭疽品種。1975 年 JARC 從烏許烏許森林 25 株抗炭疽母樹篩選出 754，主供西南部栽種。但請留意 754 與 2002 年 JARC 重新檢視這 25 株母樹，又篩選出知名品種並歸入美味精品族群的 Wush Wush，是不同品種，也就是 754 ≠ Wush Wush。

　　圖表 [4-2] 是 JARC 統計 1979 至 2010，32 年來改良的現代品種需求量排行榜，前 10 名依序為 74110, 74112, 741, 74140, 74158, 75227, 74148, 744, 7440、74165。有趣的是榜單內驚見 2 支葡萄牙鏽病研究中心提供的卡蒂姆，需求量吊車尾，可見衣國咖農對新世界的姆咖啡興趣缺缺。另外，榜內有支 Geisha，排在倒數第 5 名，人氣遠不如 74、75 系列。

〔4-2〕32 年來衣國 74、75 系列與改良品種需求量排行榜

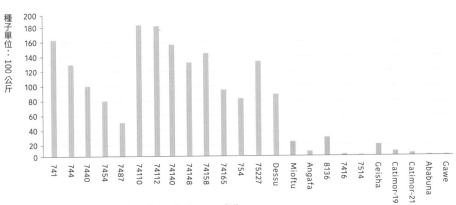

＊資料來源：JARC, Taye Kufa , Ashenafi Ayani , Alemseged Yilma

　　直到 2020 年純系新品種的需求量仍以 74110 和 74112 居冠，這與兩品種較能適應不同水土有關，其餘品種地域性較強。JARC 是衣國唯一獲得授權生產有證認純系咖啡種子的機構，但產能有限，1979-2019 這 40 年來已產出 341.821 公噸優化的純系種子與上百萬株純系幼苗，仍供不應求，其中 74110、74112 的需求量仍大於供給量 3 到 9 倍。

　　這批現代咖啡 45％ 供應伊魯巴柏區、35％ 供吉馬區、6％ 供大型栽植場、3.27％ 供卡法區、5.12% 供維列加區、1.72% 西施瓦區，幾乎集中在西半壁。

這與 74 與 75 系列全出自西半壁，頗能適應西部水土有關，但到了東半壁卻容易水土不服，尤其在抗病力的表現遠不如西半壁。

裂谷以東和以西的地域情結

衣國咖啡族群具有強烈的地方化色彩；裂谷以西主要為森林或半森林栽植系統；裂谷以東的西達馬、蓋狄奧（Gedeo）、谷吉以田園系統為主；東部哈拉吉以無遮蔭系統為主，品種的地域性很強，移植到不熟悉的水土環境，很容易喪失原本的優良性狀。

JARC 在 1974-1975 年大力選拔西半壁的地方種，試圖以西半壁的 13 支奇葩（74、75 系列）解決全國的炭疽病問題，但經過 20 年評估並不算成功，因為忽略了衣國大裂谷東西兩半壁的雨季型態、水土環境、栽植系統、土質與光照的不同，一旦移出熟悉的原產地，其優良性狀與抗病力多半會變調。更糟的是裂谷東側的精品產區諸如蓋狄奧、西達馬、谷吉和哈拉吉的咖農經常抱怨西半壁的品種移植到東半壁，會「污染」東部的地域之味，抗病力也不如本地品種，因此接受度不高。1970 年代至 1980 年代，JARC 大力推廣全國通用的現代品種策略只在西半壁見效，但在東半壁因水土與地域情結，終告失敗。

農政當局經此教訓，不再獨鍾西半壁的地方種，1980-1990 年代加碼選拔東西兩半壁可抗病、高產與美味的地方種，2002 年推出因地制宜的「地方種發展計畫」（Local Coffee Landrace Development Program，簡稱 LCLDP），聚焦「在地咖啡在地用」，以各產區的地方種為本，從中選拔適合在地生態環境的純系品種，即可避免跨區移植導致水土不服的反效果。本計畫由東部大城市阿瓦薩（Awassa）以南 30 公里處的阿瓦達農業研究中心（AARC）協力 JARC，選拔東半壁的咖啡品種，落實品種在地化政策。本計畫獲得瑞士政府專款資助。

結合本地咖啡族群的基因型態、水土環境、氣候、栽植系統與生態，形

成特有的地域之味，此乃 LCLDP 的要義，也就是：

地域之味（Terroir）＝多樣基因型（Diverse Genotypes）x 多樣生態農業（Diverse Agroecology）

AARC 與 JARC 本著 LCLDP 開發地域之味的概念，鎖定東半壁的西達馬、耶加雪菲、谷吉、哈拉吉，以及西半壁的林姆、維列加的田園系統，從小農咖啡園的地方種選拔出杯測分數高且對炭疽與鏽病有耐受度的品種，並且重新檢視 1970 至 1980 年代全國採集的種原，篩濾出漏網之魚，供當地咖農栽種。2006 年至今，LCLDP 為東西兩半壁共釋出 16 支優化的純系栽培品種，並歸類在美味精品族群項下，此精品族群仍在發展擴充中，至關重要，將為衣國咖啡未來的價值打下基石。

2. 新希望：美味精品族群（Specialty Group）

LCLDP 對東西半壁品種一視同仁，位於東半壁的阿瓦達、梅恰拉（Mechara）的農業研究中心負責裂谷以東的精品族群選拔工作，而西半壁則由吉馬（Jimma）、阿加羅（Agaro）、哈露（Haru）、傑拉（Gera）、鐵比（Tepi）的農業中心專責篩選精品族群。在 LCLDP 推動下，至今已釋出 4 大美味精品族群，包括東半壁的（i）西達馬與耶加精品群 4 支，（ii）哈拉吉精品群 4 支，以及西半壁的（iii）傑拉精品群 4 支，（iv）維列加精品群 4 支，總共 16 支精品，簡介如下。

（i）西達馬與耶加精品族群，不輸 74、75 系列。JARC 與其附屬單位 AARC 至今已在東南部的蓋狄奧、西達馬、波倫納（Borena）採集 580 份種原，從中選拔出 4 支抗病又美味、主攻高端精品市場的純系新品種：

・安傑法（Angefa），品種編號 1377

2006 年 AARC 最先在本地區釋出的精品品種，故以安傑法命名，奧羅莫語指「第一」，很受本區咖農歡迎，又是在地品種對炭疽、鏽病的抗力與產量均優於早先從西部引來的 74 與 75 系列。但近年在蓋狄奧的高海拔產區發

現本品種也染上輕微的炭疽，咖農種植意願不如西達馬產區。

・歐狄恰（Odicha），品種編號 974

2010 年 AARC 釋出的美味抗病品種，歐狄恰的西達馬語意是「承先啟後」，暗指這是第二支釋出的精品。特色是產果量不輸 74、75 系列且大小年的差異不明顯，對炭疽病中等抗力，對鏽病和萎凋病高等抗力，並帶有耶加和西達莫典型花果韻。

・法牙特（Fayate），品種編號 971

這是 2010 年 AARC 釋出的美味抗病品種，適合 1,740-1,850 米的中高海拔栽種，尤其適合耶加一帶的產區，對炭疽、萎凋病和鏽病有抗力，是罕見的「三抗品種」。法牙特的西達馬語指「健壯」，由於是在地品種，因此在產量、抗病與風味的表現，均不亞於於西部的 74 與 75 系列。

・柯提（Koti），品種編號 85257

這也是 AARC 於 2010 年釋出的美味抗病新品種，是在西達馬的柯提村發現的品種而得名。植株較為精實，適合密集栽種，豆粒圓而小，頂葉銅褐色，產量大小年並不明顯。

東南部這 4 支現代栽培品種的產量較之本地的地方種、西部的 74、75 系列，以及卡蒂姆，可有勝算？幾年前哈瓦薩農業研究中心（HARC）在西達馬較乾旱的狄拉（Dilla）、哈拉巴（Halaba）、洛卡阿巴雅（Loka Abaya）進行田間試種於 2020 年發表的報告《衣索匹亞南部低濕度的威脅區咖啡品種表現評估》（Evaluation of the performance of coffee varieties under low moisture stressed areas of Southern Ethiopia）指出，最耐旱且高產的是從葡萄牙 CIFC 引入的 Catimor J-19，其次依序為安潔法、柯提、74112、歐狄恰、法牙特、地方種（圖表 [4-3]）。基因浸染卡蒂姆的產量表現最佳不令人意外，但本地優化的栽培品種安潔法、柯提的表現均優於西部引進的 74112，產量表現最差的是未優化的地方種。

另外，攸關品質好壞的密度（每100粒生豆重量），密度最高的是安潔法，其次依序為柯提 > 歐狄恰 > 74112 > 法牙特 > 卡蒂姆 > 地方種。報告指出，選拔的在地栽培品種表現優於跨區移植的栽培品種，印證 LCLDP 的可行性。

JARC 與 AARC 為西達馬與耶加產區釋出的 4 支現代新品種，比 74 和 75 系列晚了 20、30 年，因此知名度較低，但從研究報告以及本地咖農反應這 4 支優化的栽培品種，在風味、抗病力與耐旱力的表現，較西部移植過來的品種有過之無不及，預料不久的將來，衣索匹亞 CoE 優勝榜單將看得到這批東南部的生力軍。

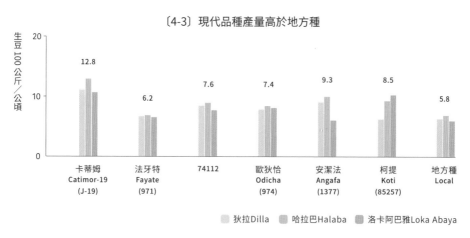

〔4-3〕現代品種產量高於地方種

＊資料來源：Hawassa Agricultural Research Center, Tesfaye Tadesse Tefera, Bizuayehu Tesfaye, Girma Abera

另外，AARC 和 JARC 合作為乾旱的東部開發出以下品種。

（ii）哈拉吉精品族群。共 4 支新品種→ Mechara-1、Mocha、Harusa、Bultum。這 4 支 2010 年釋出的哈拉吉精品咖啡皆為抗炭疽高產又美味的純系品種，適合種在 1,200-1,750 米的低海拔與中海拔區，頂葉全是銅褐色。請留意其中的 Mocha，讀音似近全球豆粒最袖珍的 Mokka，但卻是不同的品種。後者是巴西從葉門族群發現的變種。

JARC 和其附屬機構也為西部和西南部開發出兩大精品群：

（iii）傑拉精品族群。共 4 支純系新品種→ Wush Wush、Bunawashi、Merdacheriko、Yachi。值得留意的是 Wush Wush，這是 1975 年 JARC 選拔抗炭疽品種時在卡法區、金波縣的 Wush Wush 森林採集的抗炭疽品種之一，當時並未獲選出線，但 2002 年改行 LCLDP 政策，發現 Wush Wush 風味極優且對炭疽亦有耐受度，是當年的漏網之魚，已於 2006 年釋出，供本區 1,700-2,100 米高海拔種植，主攻精品市場。

咖啡品種 WushWush 的育苗場。
（圖片提供／聯傑咖啡）

Wush Wush 植株近照。
（圖片提供／聯傑咖啡）

（iv）維列加精品族群。共 4 支純系新品種→ Challa、Manasibu、Haru-1、Sende。本區分為柯蘭維列加（Kelam Welega）、東維列加、西維列加 3 區（請參第九章圖表 [9-3]），其中以西維列加的咖啡最富水果韻。在 LCLDP 政策指導下，JARC 的附屬研究中心在本區又採集數百份種原，從中選拔出以上 4 支抗炭疽又饒富水果韻的極品。其中的 Haru-1 係以研究中心的地點命名，「1」代表該中心選拔的頭號品種。Haru-1 與 Challa 均適合 1,750-2,100 米高海拔栽種，而 Sende、Manasibu 適合 1,200-1,750 的中低海拔。

上述四大精品族群共 16 支新品種，多半在 2006 至 2010 年釋出。另外，東南部產區還有 12 支精品正在田間測試驗證中，西半壁亦有多支在考評中。在 LCLDP 政策推動下，衣國的精品族群正在建構擴大中，不久的將來勢必釋出更多奇葩。咖啡是多年生植物，需種植 4 至 6 年以後才會有穩定產量和較佳的風味，美味精品族群的新品種目前知名度雖遠不如老大哥 74 與 75 系列，但假以時日，應有青出於藍的表現，值得咖啡迷期待。

3. ORSTOM 系列：選拔 2 支高產美味品種 Dessu（F-59）、Mi'oftu（F-35）

　　1966 年法國海外科學技術研究室（ORSTOM）在卡法與伊魯巴柏採集的 70 支野生咖啡種原，亦準備一份供 JARC 保育。1998 年 JARC 從中選拔出產量奇高的 Dessu（F-59）。Dessu 在奧羅莫語意指高產量，而 F 代表法國採集系列，59 是指 ORSTOM 採集系列的原始編碼 ET-59，這種命名法很有可溯性。此品種的缺點是抗炭疽的能力不強，且分佈於 1,750 米的中高海拔，不宜種在 1,200 米低海拔容易染上炭疽的地區，因此限制了普及性。目前主供混血用，由於產量大，主要扮演母本角色。

　　另 1 支 2002 年釋出的品種 Mi'oftu（F-35）也挺有趣。奧羅莫語 Mi'oftu 是「甜蜜」意思，而 35 指 ORSTOM 採集系列的原始編碼 ET-35。這支美味品種近年頗受重視，因為採集地點恰好是馬吉與邦加之間藝伎出沒的山林小鎮蜜桑鐵費里（Mizan Teferi），目前雖然還沒有證據顯示此品種與藝伎有密切的遺傳關係，但她迷人的花果韻已受到精品界青睞，但缺點是抗炭疽力不夠強。

　　我好奇的是為何近年 WCR 相中 ORSTOM 系列中的 ET1、ET6、ET26、ET41 與 ET47，做為培育明日咖啡 F1 的父本，但這 5 支美味品種卻沒被 JARC 看中，可能各家口味與需求不同吧。值得留意的是野生咖啡多半產量低，混血配對時不宜做母本，一般以父本為多。

ET47 植株近照。（圖片提供／聯傑咖啡）

4. 耐旱高產的混血品種 6 支→ Ababuna、Melko CH2、Gawe、ElAR50-CH、Melko — Ibsitu、Tepi-CH5

1998-2016 年 JARC 釋出上述 6 支雜交第一代 F1，前 3 支 Ababuna、Melko CH2、Gawe 為高產的現代混血品種，後 3 支 ElAR50-CH、Melko-Ibsitu、Tepi-CH5 為耐旱的現代混血品種。這 6 支混血的親本皆為純系衣國品種，並未浸染其他 2 倍體基因，這是衣國引以為傲的資源。這 6 支主要供應西南部 1,000-1,750 米的中低海拔栽種，協助衣國開發西南部潛在的咖啡產能。

由於 F1 的下一代 F2 無法保有優良性狀，因此 F2 植株的種子主要當做生豆販售，不宜用來種植，以免打亂優良混血品種的遺傳。

Ababuna = 741 (抗炭疽) x Dessu (高產)
Melko CH2 = 7395 (抗炭疽) x Dessu (高產)
Gawe = 74110 (抗炭疽) x Dessu (高產)

5. 抗鏽品種：卡蒂姆與藝伎→ Catimor J19、Catimor J21、Gesha

鏽病並不是衣國咖啡主要病害，但 1,000-1,400 米的低海拔區仍受威脅，JARC 在 1998-2002 年從國內外的抗鏽品種中，選拔出 2 支國外的姆咖啡、1 支 Gesha，主要供西南部鐵比、貝貝卡產區防治鏽病。有趣的是雀屏中選的抗鏽品種皆來自海外。

1997 年 JARC 從葡萄牙 CIFC 引進 10 支不同品系的姆咖啡，經田間試種與評估，2 支抗鏽力最強分別以 Catimor J19、Catimor J21 命名，但咖農栽種意願不高。

另外，JARC 在選拔抗鏽品種時，發現 1 支從印度，另 1 支從 CIFC 重返衣索匹亞的藝伎抗鏽力最突出，這 2 支藝伎是 1930-1940 年代肯亞與坦桑尼亞從衣國藝伎族群選出並分贈各國研究與保育。JARC 經過多年評估，2002 年釋出 CIFC 藝伎供低海拔產區栽種。值得留意的是，衣國釋出 CIFC 藝伎的時間早於巴拿馬藝伎 2004 年在 BOP 一戰成名。

但如之前所述，藝伎百百種，性狀與風味各異，衣國 2002 年釋出的 CIFC 抗鏽藝伎，經基因研究，雖近似巴拿馬藝伎但已不盡相同，只能說是藝伎群的一員，但不表示是一顆水果炸彈。

1978 年至 2018 年，JARC 偕其附屬機構釋出上述五大類的優化栽培品種，共 40 支，嚴格說 37 支來自衣國本土，另外 3 支（Catimor J19、Catimor J21、CIFC 藝伎）來自海外。衣國目前至少有 131 支叫得出名的地方種，在 LCLDP 推動下，經過選拔與純化，未來還會有更多的地方種升格為栽培品種。衣國古優咖啡現代化，方興未艾！

低咖啡因族群值得開發！

衣國是阿拉比卡演化中心，究竟有多少品種？瑞士植物學家預估有 3,000 多個品種，但衣國專家認為不止，應該超過 10,000 個品種，JARC 保育的種原多達 5,000 份，而衣索匹亞生物多樣性研究院（EBI）保育的咖啡種原高達 6,000 份，然而兩機構保育的種原有無重疊，不無疑義，此問題至今仍無共識。

有趣的是，南非自由邦大學（University of Free State）植物科學系的研究報告《咖啡的杯品與咖啡因含量和咖啡豆物理特徵的關係》指出，衣索匹亞各種基因型的咖啡因含量介於 0.62-1.82％，而杯測分數卻與咖啡因含量明顯成反比，即咖啡因含量較低的品種，杯測分數多半高於咖啡因較高的品種，因此衣國咖啡因含量低的族群很值得開發。

豆粒大小不一，是玩衣索匹亞豆最大困擾，以未純化的地方種庫魯美為例，環肥燕瘦皆有，雖然庫魯美在地方上的歸類，屬於短小精實型態，但一致性就不如已純化的 74158 那麼的玲瓏小巧。不過，我也買過一些已純化的品種如 74110 等，一致性就很差，大小不一，尖長短圓參差不齊。這可能跟小農為趕搭純系品種熱潮，隨便掛個品種名應付了事，或未落實不同品種分開種的規範。不過，也可能是各植物光照度或地域不同而造成豆貌差

異化。衣國咖啡品種如同多變的地名、譯名和地貌，有太多不可測的變數，但風味卻依舊迷人，令人愛恨到永遠。

純系的 74158 豆貌的一致性較高。　（圖片提供／陳璽文）

未純化的地方種庫魯美熟豆，環肥燕瘦皆有。

第五章

精銳品種面面觀（下）：
新世界

舊世界衣索匹亞、葉門以外的產國，遲至西元 1700、甚至 1900 年代才開始種阿拉比卡，如中南美、亞洲、肯亞、坦桑尼亞、盧安達等，可稱為新世界。據 WCR 研究，90% 的阿拉比卡遺傳多樣性「鎖」在舊世界，而新世界即使包括 1960 年代 FAO、ORSTOM 赴衣國採集、並分贈 11 國做境外保育的 691 份野生咖啡種原在內，新世界阿拉比卡多樣性只占 10%。

新世界早年所種的阿拉比卡不是鐵比卡就是波旁，為突破基因瓶頸，1970 年代推出浸染羅布斯塔的姆咖啡；進入 2010 年代，為因應全球暖化，育出 F1 或其他 2 倍體的種間混血。雖然新世界的咖啡基因先天不足，但借助科技與眾多產國之力，阿拉比卡產量占全球 95% 以上，舊世界僅占 4.5%。新世界以栽培品種、變種、混血或舊世界流出的少數地方種為主。

|品種和栽培品種的定義|

介紹各產國主要咖啡品種前，有必要先了解品種的定義，以及阿拉比卡在遺傳上的十大屬性，有助了解各品種的血緣關係。

生物分類的七大階級由高而低為界、門、綱、目、科、屬、種（物種，*Species*）；而如第一章提到的，咖啡屬至今已知有130個物種，如阿拉比卡（*C. arabica*）、坎尼佛拉（*C. canephora*）、賴比瑞卡（*C. liberica*）、尤金諾伊狄絲（*C. eugenioides*）等，都是咖啡屬位階相同的咖啡物種。而阿拉比卡是130個物種中唯一的4倍體（4套染色體），其餘物種皆為兩套染色體的2倍體。

物種是一個集合名詞，各物種底下還有許多性狀不同的族群，以阿拉比卡為例，有高株、矮株、長節間、短節間、黃果皮、紅果皮、粉紅果皮、尖身豆、圓身豆、窄葉、闊葉、味譜特徵、側枝仰角、葉緣波浪狀、產量、耐旱與抗病力等不同性狀。以不同性狀加以歸類可供辨識的最小群體單位稱為品種（Variety）。換言之，物種底下有明確性狀供辨認，且遺傳穩定的族群謂之品種。

國際植物新品種保護聯盟（UPOV）對品種有嚴格定義，必須符合以下三大標準才能稱為品種：

1. 一致性：植株具有某些與眾不同的性狀，帶有這些性狀的植株看來都一樣。

2. 辨識性：可根據獨有的幾個性狀辨識出有別於其他品種。

3. 穩定性：此族群的遺傳穩定，下一代必須保有與母樹相同的性狀。下一代性狀若出現變異，則不能稱為品種。

藝伎可以稱為一個「品種」嗎？

舉個最常見的實例，帕卡馬拉（Pacamara）是由波旁變種矮株 Pacas 與鐵比卡變種高株馬拉戈吉佩（Maragogype）混血，是異質結合（雜種），其後

代性狀不穩定，常出現高矮株、頂葉綠色或褐色不一，族群的歧異度約 20-30％，不能稱為品種，必須經過至少 7 至 8 世代有效選拔，約 30 年左右，才可純化為性狀與遺傳一致的品種。另外，藝伎族群更為複雜，包括衣索匹亞藝伎群體、剛果藝伎（Congo Geisha T2917）、馬拉威藝伎（Malawi Geisha T56）、巴拿馬藝伎（Geisha T2722）、Geisha T3722，這些藝伎的性狀與遺傳都不同，藝伎是否符合品種定義，不無疑義。

品種與栽培品種也有不同，品種指千百年來自然演化成為性狀相同、遺傳穩定的族群，如鐵比卡、紅波旁。而栽培品種指咖農種植多年，因人為選拔、馴化或突變，衍生出獨有性狀且遺傳穩定的品種，譬如黃波旁、橘波旁、卡杜拉（Caturra）、Pacas、Maragogype、SL28、SL34 等。目前拉丁美洲、亞洲、肯亞、坦桑尼亞除了鐵比卡與紅波旁外，其餘多半為栽培品種，包括突變或混血。

甚至還有一派學者認為栽培品種是指人工培育但尚未純化的群體，不能以種子繁衍以免出現性狀歧異，必須以嫁接、扦插、組織培養等無性繁殖，才能維持子代保有與母樹相同性狀，諸如藝伎、Pacamara、F1 等未純化的群體均屬栽培品種，唯有以種子繁衍仍能保有相同性狀，才夠格稱為品種。因此，栽培品種的界定，至今仍無定論。

（圖片提供／聯傑咖啡）

阿拉比卡遺傳上的十大屬性

衣索匹亞與非衣索匹亞兩大陣營的咖啡遺傳屬性可分為以下十大類，地方種是衣索匹亞獨有，新世界則以下列的 2-10 項為主：

1. 衣索匹亞地方種（Ethiopia Landraces）

地方種的基因多樣性龐雜，接近原始族群，這是衣索匹亞獨有的基因資源。

咖農入野生咖啡林取種，移植到自家田園，經長時間馴化已適應當地水土，但基因座仍充斥著異質結合，並非純系。衣國的藝伎群是典型的地方種，性狀與遺傳不盡相同，不符品種定義。但地方種如果經過有效率的選拔，使基因座的異質基因成為同質，即可升格為純系的栽培品種。1970 年以前衣索匹亞尚未對地方種進行有效的選拔，因此境內只有野生咖啡與地方種兩大類，1978 年以後，JARC 陸續釋出純系的現代品種。基本上地方種是衣索匹亞獨有，但近年葉門開始使用此名稱，至於新世界的咖啡多樣性太貧乏，不宜冠上地方種。

2. 鐵比卡族群或鐵比卡變種

指中南美洲、印度或東非的鐵比卡族群或鐵比卡變種。鐵比卡是阿拉比卡旗下的標竿品種，諸多品種的比較均以之為準；同時它也是新世界的第一主幹品種，族群包括：

‧ Typica ‧ Maragogype ‧ Kona ‧ Blue Mountain ‧ Pache ‧ Sidikaland
‧ San Ramon ‧ Villalobos（矮株）‧ Amarelo de Botucatu（黃皮）‧ SL34

3. 波旁族群或波旁變種

指中南美洲、印度或東非的波旁族群或波旁變種。波旁是新世界的第二主幹品種，族群包括：

‧ Bourbon ‧ Bourbon Amarelo ‧ Caturra ‧ Pacas ‧ Bourbon Pointu

· Mokka · Tekisic · Villa Sarchi · SL28 · K7 · N39 · Kent · Jackson

4. 波旁與鐵比卡混血

· Mundo Novo · Catuai · Acaia · Pacamara · Maracaturra

5. 基因浸染／阿拉布斯塔

指阿拉比卡與羅布斯塔雜交，首見於 1917 年東帝汶的阿拉比卡（鐵比卡）與羅布斯塔自然混血，也就是 Timor Hybrid，印尼俗稱的 Tim Tim。1960 年代象牙海岸為改善羅豆風味，以羅布斯塔和阿拉比卡雜交，並首創 Arabusta 的品種名稱，染色體 44 條，性狀類似阿拉比卡卻染有羅豆基因，包括：

· Timor Hybrid · Tim Tim · Arabusta · Icatu

6. 基因浸染／卡蒂姆

指卡杜拉（Caturra）與帝汶混血 Timor Hybrid（CIFC832/1）雜交的卡蒂姆系列，帶有羅布斯塔基因，染色體 44 條，性狀類似阿拉比卡，包括：

· Catimor CIFC 7963 · CR 95 · Catiguá · Tabi · IHCAFE 90 · Ateng · Castillo

7. 基因浸染／莎奇姆

指 Villa Sarchi 與帝汶混血 Timor Hybrid（CIFC832/2）雜交的莎奇姆系列，帶有羅布斯塔基因，染色體 44 條，性狀類似阿拉比卡，包括：

· Sarchimor T5296 · Marsallesa · Tupi · Parainema · IAPAR 59

8. 基因浸染／2 倍體雜交

指賴比瑞卡、尤金諾伊狄絲、羅布斯塔或蕾絲摩莎等 2 倍體種間雜交，造出近似阿拉比卡的 4 倍體咖啡。目前雖不多見且尚未量產上市，但 WCR、印度與巴西已研究多年，不排除未來面市的可能，是值得期待的明日咖啡，包括：

・*C. Ligenioides*・*C. Racemusta*（請參見 < 第二章阿拉比卡的四大浪潮 > ）。

9. F1 雜交第一代／浸染姆咖啡基因

指衣索匹亞野生咖啡或地方種，再與遺傳距離遙遠的姆咖啡雜交，如知名的 Centroamericano（H1）即屬此類，曾多次打進 CoE 優勝榜單。

10. F1 雜交第一代／未浸染姆咖啡基因

指遺傳距離遙遠的衣索匹亞野生咖啡或地方種與中南美矮株品種卡杜拉雜交，但並未與姆咖啡混血，風味佳但抗病力較差，如 H3 即為此類，也打進 CoE 優勝榜單。另外，WCR 目前在三大洲試種評估中，尚未命名的藝伎與 H3 混血的新品種，亦屬此類。

新世界的咖啡品種又分為：(1) 衣索匹亞流出的地方種；(2) F1 新銳品種；(3) 巴西品種；(4) 哥倫比亞品種；(5) 肯亞品種；(6) 印尼品種；(7) 其他產國。以下會依序論述。

｜衣索匹亞流出的地方種｜

百年來衣索匹亞到底流出多少珍稀的地方種，實難估計，從歷史紀錄可整理出以下的流出事件：

・1928 年荷蘭植物學家 P. J. S. Cramer（1879–1952）在衣國西南部選拔的長身豆 Abyssinia，帶回印尼種在爪哇島，然後引進喀麥隆和中美洲，取名為 Java，對鏽病和炭疽有中等耐受度。業界過去誤認 Java 為鐵比卡，近年基因鑑定確認為衣國地方種而非鐵比卡！

・1931-1936 年肯亞、坦桑尼亞選拔英國駐衣索匹亞公使採集來的 Geisha 群。

・1941 年，英國植物學家 A.S Thomas 從衣索匹亞與蘇丹交界的波馬高原帶回野生咖啡，知名的美味抗病品種汝媚蘇丹（Rume Sudan）源自此行。

・1950 年代法國植物學家 Jean Lejeune 在衣索匹亞西南部的 Mizan Tafari 採集種原，選拔出 USDA762 種在東爪哇。USDA762 的採集地雖在 Gesha 產區，但兩者的風味與基因不同。

・1950 年代法國植物學家 Pierre Sylvain 從衣索匹亞地方種選拔出 Agaro、Tafari Kela 和 Cioccie。

・1964-1965 年 FAO 在衣國西部與西南部採集 621 份種原，並以 E 系列編碼。

・1966 年 ORSTOM 在衣國西部與西南部採集 70 份種原，並以 ET 系列編碼。

這還沒完，近 10 年制霸國際咖啡師大賽或 CoE，妾身未明的咖啡品種，後來經基因鑑定竟然是染有衣索匹亞地方種的基因，諸如 Sidra、Chiroso 和 Bourbon Rosado 等。這些奇名怪姓的品種，可能是中南美育種機構以鐵皮卡或波旁再和衣索匹亞流出的藝伎或地方種混血的結晶。

戰功彪炳，染有衣國地方種基因的怪咖

・Chiroso - Ethiopia Landrace

2014 年哥倫比亞 CoE 冠軍豆出自安蒂歐基亞省（Antioquia）的烏拉歐（Urrao），評審的風味描述為藝伎韻、柑橘、橘皮、橘花、茉莉花、蜜桃……行家一看就知是藝伎，但品種標示卻是與上述風味不相稱的 Caturra，令人不解。雖然冠軍咖啡的樹體短小精實、產果量大，性狀接近 Caturra，但葉片窄小捲曲且豆身較長，又不像 Caturra 闊葉與圓身豆的性狀，引發議論。莊主卡門（Carmen Cecilia）事後更名為 Caturra Chiroso，他猜測是 Caturra 的新變種。Caturra Chiroso 就樣糊里糊塗沿用了幾年。2019 年農業顧問公司 RD2 Vision 的基因鑑定證實並非 Caturra，而是衣索匹亞的地方種，並將卡門莊主之前命名中的 Caturra 拿掉，僅保留 Chiroso 一字，西班牙文是參差不齊之意。

2020 年哥國 CoE 大賽，Chiroso 又打掛一票 Gesha 奪冠。2021 年 Chiroso 打進第十五和十六名，名氣不墜。衣國的地方種 Chiroso 是從那個管道進入哥倫比亞，不得而知，目前只知道哥倫比亞的 Chiroso 全集中在烏拉歐產區。

Chiroso 究竟是源自衣國東半壁或西半壁的地方種？目前仍無從驗證。衣國雖然已有 131 個叫得出名的地方種，但在衣國咖啡基因鎖國政策下，流落新世界的地方種仍苦無明確的指紋供比對，目前僅知 Chiroso 基因型源自衣索匹亞地方種，卻無法和衣國 131 支有名字的地方種比對指紋，進而確定其名稱，只好暫用 Chiroso 為名。

另外，近年哥倫比亞聲名大噪的 Bourbon Rosado（粉紅波旁），也有類似情況，2021 年基因鑑定確認是 Ethiopia landrace，本章後文介紹哥倫比亞品種時會再提及。

· Sidra－遭到污染的藝伎（Contaminated Geisha）或衣國地方種

2019 年南韓女咖啡師 Jooyeon Jeon 以哥倫比亞棕櫚樹與大嘴鳥莊園的奇異品種 Sidra（西班牙文指蘋果酒、蘋果汁），贏得世界盃咖啡師桂冠，聲名鵲起。Sidra 是早年雀巢公司在厄瓜多爾北部皮欽恰省（Pichincha）一座咖啡育種中心的實驗品種，該中心以衣索匹亞地方種與當地鐵比卡或波旁混血，培育雜交第一代 F1，後來業務停擺，遺下不少混血品種，可能因此流落田間。之前厄瓜多爾咖農以為 Sidra 是鐵比卡與波旁的混血，但近年 WCR 基因鑑定，推翻此臆測，Sidra 其實更接近衣國地方種，難怪甜感與花韻極近似西達馬或藝伎。

台南護專護理科基礎醫學組副教授兼咖啡玩家邵長平博士，擅長分子生物學領域，2021 年 5 月邵博士鑑定 Sidra 基因型，有兩個有趣的新發現：

Sidra 尖身豆：基因型接近遭到污染的藝伎或被污染的衣國地方種，但無鐵比卡基因，此結果很接近 WCR 的鑑定。雖然是被污染的藝伎或地方種，但其美味基因若未飄移消失，仍具有藝伎韻。

Sidra 圓身豆： 從基因型判斷應該是鐵比卡與藝伎混血的短身豆。

玩 Sidra 豆常發現尖身與圓身兩種豆型，邵博士一併檢驗，竟然發現 Sidra 圓身豆與尖身豆有不同的血緣。

・Typica Mejorado － Bourbon ✕ Ethiopia Landraces

這支怪咖是灰姑娘變天鵝的經典。西班牙文 Mejorado 指「改善」，Typica Mejorado 是鐵比卡改良版之意。本品種與 Sidra 皆出自雀巢早年在厄瓜多爾咖啡育種中心的傑作。Typica Mejorado 的名字看來平凡無奇，厄國咖農以為是鐵比卡與波旁的混血，一直未受重視，直到 2021 年厄瓜多爾首屆 CoE 揭曉，23 支 87 分以上的優勝豆中 Typica Mejorado 占了 10 支，更不可思議是前十名中本品種包辦了第一、三、四、七、十名，而 Sidra 則拿下第二、五、六、八名，反觀名氣更響亮的藝伎卻被排擠到第九名。此役 Typica Mejorado 聲名大噪，她豐美的柑橘韻、花果調、酸甜震遠超出鐵比卡或波旁的味譜格局，WCR 的基因鑑定出爐，是波旁與衣國地方種的混血奇葩。Typica Mejorado、Sidra 等身懷衣國地方種基因的怪咖，被視為巴拿馬藝伎接班人！

之前，邵博士也拿到少數樣本，初步鑑定結果可能是衣國地方種染到 SL28 或 Catuai，2022 年 4 月歐舍咖啡又給邵博士 2021 年厄瓜多爾 CoE 優勝豆的樣本，預計將可做出更精準的結論。

・Bernardina － Ethiopia Landrace

2019 年薩爾瓦多 CoE 第三名出自希望莊園（La Esperanza）的怪異品種 Bernardina，是 1999 年 CoE 舉辦以來首次出現的品種，連專家也沒聽過。經義大利實驗室基因鑑定竟然含有衣索匹亞 2 個地方種的基因，70％是 Gesha、30％近似吉馬北邊的地方種 Agaro。這有可能是莊園內的 Gesha 與 Agaro 不倫戀的傑作。但園內雖種有衣索匹亞不知名的地方種但卻沒有 Gesha，此品種從何而來，眾說紛紜。

該莊園種有 Pacamara、Ethiopian Heirloom、Moka、Yellow Bourbon、Orange Bourbon、Pacas 等。莊園經理柏納狄諾（Ruperto Bernadino Merche）最早發現園內有 5 株不知名且性狀迥異於中美洲咖啡，但味譜近似藝伎。2019 年希望莊園首次以這支怪咖參賽，並以莊園經理的名字為該品種命名，未料贏得大獎。有趣的是，這 5 株血緣奇特的品種已超過 50 歲，可能是 1960 年代 FAO 或 ORSTOM 從衣國採集來的種原流落他鄉事件。哥斯大黎加的 CATIE 境外保育這些衣國種原，不妨寄樣本請該機構鑑定，或可水落石出。

· ET-47 – Ethiopia Landrace

這是 1966 年法國 ORSTOM 赴衣國西部森林採集的咖啡種原編號 47，味譜優雅，2016 年被 WCR 相中選為 F1 的種馬之一，用來改善混血咖啡的風味。台灣近年從哥斯大黎加進口少量 ET-47 生豆，我有幸鑑賞過，味譜有草本氣息但不是礙口的草腥，且莓果酸質柔和收斂，不同於衣索匹亞慣有的花果韻與明亮調性，最特殊的是油脂與黏稠感較高，近似高檔的曼特寧，喝來不像出自衣國的品種。

· SL06 – Ethiopia Landrace

能見度極低的 SL06 僅出現在 1956 年肯亞咖啡管理局的品種錄，提及 SL06 是從印度抗旱品種 Kent 選拔出的單株，而印度咖啡源自葉門。有趣的是此後 SL06 幾乎消聲匿跡。然而 2021 年出版的《揭開栽培阿拉比卡在主要馴化中心葉門的獨特遺傳多樣性》指出，經基因鑑定發現 SL06 是衣索匹亞地方種，基因型迥異於葉門。因此，肯亞 1956 年的記錄有錯誤，育種人員可能貼錯標籤，葉門並無 SL06，且 SL06 也與 Kent 的血緣無關，要不然新世界很容易找到 SL06。此報告確認 SL06 並非新世界品種而是衣國地方種，可能透過暗黑管道進入肯亞並編碼為 SL06，1956 年品種錄誤植為 Kent 的血緣。

· Geisha（Gesha）– Ethiopia Landrace

　　無庸置疑，藝伎是名氣最大的衣國地方種，但並非純系品種而是基因龐雜度很高的群體，性狀多元包括綠頂、褐頂、尖身、圓身、長節間、短節間，以及風味優劣有別等。嚴格來說，藝伎族群並不符合一致性、辨識性與穩定性的品種定義。WCR 咖啡基因分型報告指出，衣國地方種是異質體不能稱為品種，除非這些地方種經過數世代選拔，純化為性狀與遺傳一致的同質體，才符合品種定義，其中的巴拿馬藝伎就是從衣國地方種經 1960 年代至 2000 年代，約半個世紀栽培與選育，淨化為同質體的案例，目前已有一部分符合品種定義。

　　但這不表示各莊園栽植的巴拿馬藝伎全是同質體，因為各莊園純化進度差異頗大，巴拿馬藝伎至少有綠頂與褐頂兩種性狀，如果已純化為高株的綠頂長節間風味佳的性狀，且遺傳穩定即符合品種定義。如果莊園內的藝伎仍然是高矮株、長短節間、綠褐頂葉雜陳，表示仍是地方種的異質體，或被中美洲矮株品種 Caturra、Catuai 污染的藝伎（Contaminated Geisha），並不符品種定義。

　　2014 年發表的《巴拿馬與衣索匹亞藝伎咖啡的遺傳特徵研究》（Genetic Characterization of *Coffea arabica* 'Geisha' from Panama and Ethiopia）指出，巴拿馬藝伎雖源自衣索匹亞，巴伎與衣伎的遺傳相似度高，但彼此的基因已有 4% 歧異度。換言之，巴伎與衣伎已是性狀與遺傳不盡相同的咖啡。1930 年代至今，研究機構仍沿用當年英國駐衣索匹亞公使筆誤的寫法 Geisha，而不用衣國慣用的寫法 Gesha。筆者在此野人獻曝，巴拿馬藝伎不妨用 Geisha 代表，而衣索匹亞藝伎以 Gesha 為之，拼法不同亦可顯示兩者不同的產地，互異的基因與風味。

基因鑑定揪出更多衣國地方種

　　近年消費市場對咖啡品種的意識高漲，基因鑑定風潮日熾，稀奇古怪品種 Chiroso、Sidra、Typica Mejorado、Bourbon Rosado、Bernardina 都是透過基

因鑑定而現形。2021 年 CoE 開始為優勝豆驗明正身，揪出衣國地方種的案件未來只會更多，尤其是拉丁美洲小規模栽種、產量少、風味優的不知名品種，都可能源自衣索匹亞。這表示新世界還有不少品種並未透過葉門，而是由近代的尋豆師、咖啡師、觀光客或商人從衣索匹亞「偷渡」出境，豐富新世界的咖啡基因，衣國當局防不勝防！

|雜交第一代 F1：本世紀咖啡新寵|

21 世紀極端氣候頻率大增、病蟲害加劇、產區漸減，但精品豆需求量大增，咖啡產業為了減災，已著手培育強悍的雜交第一代 F1。最早的雜交第一代 F1 可追溯到 1985 年肯亞釋出的 Ruiru 11，但上世紀 1970 至 1980 年代並未掀起風潮，直到 1990 年代後，才驚覺全球暖化對咖啡產業的衝擊，研究機構開始選育對極端氣候更有調適力、抗病力更強、產量高又美味的 F1。CATIE 的咖啡基因學家威廉・索拉諾（William Solano）說：「我 100％相信咖啡的大未來取決於 F1 混血的成功！」

F1 不同於一般混血咖啡，必須精選遺傳距離很遠的親本才可能育出雜交優勢的 F1。300 來新世界阿拉比卡多半是鐵比卡與波旁近親繁殖，已深陷基因瓶頸，難以因應氣候變遷的挑戰。在研究員努力下，截至 2021 年 5 月全球已有 Ruiru11、Starmaya、Nayarita、Mundo Maya、Milenio、Evaluna、Casiopea、H3、Centroamericano（H1）等 9 支珍貴的 F1。他們的血緣如圖表 [5-1]：

〔5-1〕本世紀咖啡新寵 F1 親本表

(1) Evaluna = Wild Ethiopian accession "ET 06 " x Naryelis （Catimor）· CIRAD 與 ECOM 育種

(2) Centroamericano = Sarchimor T5296 x Rume Sudan · CIRAD-CATIE-ICAFE-IHCAFE-PROCAFE-ANACAFE 育種

(3) Starmaya = Marsallesa x wild Ethiopian/Sudanese natural mutant · CIRAD-ECOM 育種

(4)	Mundo Maya = Wild Ethiopian accession " ET01 "x Sarchimor T5296．CIRAD-ECOM 育種
(5)	Milenio = Rume Sudan x Sarchimor T5296．CIRAD-CATIE-ICAFE-IHCAFE-PROCAFE-ANACAFE 育種
(6)	Casiopea = Local Ethiopian Variety accession "ET41 "x Caturra（未浸染姆咖啡）．CIRAD-CATIE-ICAFE-IHCAFE-PROCAFE-ANACAFE 育種
(7)	H3 = Ethiopian landrace accession "E 531'' x Caturra（未浸染姆咖啡）．CIRAD-CATIE-ICAFE-IHCAFE-PROCAFE-ANACAFE 育種
(8)	Nayarita = Local Ethiopian Variety accession "ET26" x Naryelis (Catimor)．CIRAD-ECOMCIRAD-ECOM 育種
(9)	Ruiru 11 =（Sudan Rume, SL28, SL34, N39, Timor hybrid）x Catimor．肯亞 Ruiru 咖啡研究中心育種

＊ "ETxx" 與 "Exxx" 分別是 CATIE 境外保育 1960s FAO 與 ORSTOM 採集衣索匹亞野生咖啡種源的編碼

（＊資料來源：WCR, CATIE）

　　F1 雖然擁有一般混血所欠缺的雜交優勢，但也有缺點，其第二代種子 F2 的基因已重組，性狀與農藝表現會劣於 F1，也就是出現隔離，而失去 F1 具有的優勢，因此一般是用 F1 來種植生產，其種子 F2 當做生豆販售，不宜用來繁殖，以免亂了園裡的品種純度。基本上 F1 是以無性繁殖來培育，諸如嫁接、阡插、組織培養，以維持其優勢的性狀與農藝表現。

|巴西：開發新品種的老大哥|

　　巴西是全球最大咖啡產國，90% 栽培品種出自 134 年歷史的坎皮納斯農藝研究所（Instituto Agronômico de Campinas，簡稱 IAC）。目前新世界栽種最多的 Caturra、Catuai、Catimor 等高產量品種均與 IAC 的研發有關。IAC 對雜交、基因與環境交互作用的長期研究，以及收藏甚豐的咖啡種原，奠定巴西在開發新品種的老大地位。巴西已有 130 個栽培品種完成國內註冊，近

10 年釋出了 30 多個品種供咖農栽植，提高對極端氣候的耐受度和產量。其中以 Arara、Catucaí 新品種家族後勢最看俏。

近年巴西也以 Gesha 角逐 CoE，但截至 2021 年止，藝伎僅拿下巴西 2018 年去皮日曬組一次冠軍，多年來頻頻敗在 Catuai、Catucai、Catigua、Arara 等高產品種裙下。為何藝伎制霸拉丁美洲各大 CoE 賽事，唯獨在巴西吃癟，這與水土有關嗎？委實耐人玩味。從 1930 年代至今，巴西發現的變種或開發的重要品種如下：

· Maragogype － 褐頂、高株 / 鐵比卡變種

1870 年巴西巴希亞州 (Bahia) 東部馬拉戈吉佩（Maragogype）發現的鐵比卡變種，植株高大、長節間、大葉、大果、豆粒肥碩、風味佳，但產果量很低，俗稱象豆。從她衍生的混血品種包括 Pacamara、Maracaturra，均是美味品種。在此一併詳述。

1. Pacamara － Pacas x Maragogype，矮株

帕卡馬拉雖然不是巴西開發的品種，但親本源自巴西象豆，係 1950 薩爾瓦多咖啡研究所（ISIC）以波旁矮株變種 Pacas 與巴西象豆混血，並以兩品種前 4 個字母組合成新品種名稱「Pacamara」。薩國當年雖也進行純化的選育工程，但因內戰未完成選育，帕卡馬拉至今仍是遺傳不穩定的非純系，頂葉有褐與綠、植株有高有矮、但產量稍大於親本的象豆，風味優雅，是薩爾瓦多、瓜地馬拉和尼加拉瓜 CoE 優勝榜常客。

2. Maracaturra － Maragogype x Caturra，矮株

1976 年尼加拉瓜農技研究所 （INTA）以巴西象豆與卡杜拉混血，著眼於卡杜拉產量大於 Pacas，造出新品種 Maracaturra 的產量可望大於 Pacamara，結果符合 INTA 預期，不但保有 Pacamara 的好風味，產量也更高。然而，尼國至今仍未完成 Maracaturra 的選育工程，並非純系。本品種近年挺進尼國、薩國、瓜國 CoE 頻率很高。就產量而言，馬拉卡杜拉 > 帕卡馬拉 > 象豆，

風味則在伯仲之間，三者的風味與水土、後製關係更大。

・Caturra － 綠頂／波旁變種矮株

卡杜拉是上世紀明星品種，各品種產量的比較均以卡杜拉為基準。1915-1918 年米納斯州和聖埃斯皮里圖州交界處的栽植場最早發現波旁變種矮株，並以南美洲原住民的瓜拉尼語（Guarani）的卡杜拉（Caturra，意指矮小）來命名。此品種低矮、次生枝緊密的特性，極適合高密度的全日照栽種。1930 年代 IAC 進行選拔，但卡杜拉產量大，如施肥不夠易透支枯萎，不太適合巴西水土，當局並未推廣。然而，卡杜拉卻很適合哥倫比亞和中美洲水土，其高產量與抗病力優於鐵比卡與波旁，1950 年後成為巴西以外各產國主力品種，姆咖啡亦以卡杜拉為親本。今日拉丁美洲 CoE 仍常見卡杜拉打進優勝榜。台灣亦有少量栽種，但風味不如鐵比卡與 SL34。

・Mondo Novo － 綠頂或褐頂／Bourbon × Sumatra Typica

葡語意指「新世界」，1943 年 IAC 在聖保羅州發現的蘇門答臘鐵比卡與巴西波旁自然混血品種，植株高大健壯，產量比波旁高出 30 ％。1953 年 IAC 完成選拔釋出，1977 年 IAC 又進行一系列選拔，釋出不同品系的新世界，至今仍是巴西主力品種之一，在拉丁美洲普及率高。

・Acaiá － 近似 Mondo Novo

1970 年代，IAC 從 Mondo Novo 選拔出的大果品種，在其他國家容易水土不服，很少見，曾多次出現巴西 CoE 優勝名單中。

・Catuai － 綠頂／Caturra × Mondo Novo

卡杜阿伊的巴西原住民瓜拉尼語意指「很棒」，是 1949 年 IAC 育出的混血傑作，矮株健壯高產，適合高密度與全日照栽種，側枝與主幹的角度很小，樹頂端少見次生枝，傘狀樹型。IAC 已培育出 10 幾個 Catuai 品系，諸如黃皮 Catuai Amarelo IAC 100、紅皮 Catuai Vermelho IAC 144 等，最高產量可

達 9.3 噸／公頃，巴西 50％產量出自本品種，是首席品種。另一強項是果實耐強風不易落果，很受咖農歡迎，但豆粒較圓小。卡杜阿伊和卡杜拉皆有紅皮與黃皮系列，一般認為紅皮風味較佳。商業與精品皆有，高海拔卡杜阿伊常出現在 CoE 優勝榜中。

· Yellow Bourbon - 綠頂 / Red Bourbon × Yellow Botucatu

巴西在 1850 年代已成為世界最大咖產國，鐵比卡是當時拉丁美洲唯一的品種，巴西為了提高產量，1860 年從法屬波旁島引進產量高於鐵比卡的波旁。1870 年代波旁取代鐵比卡成為巴西主力品種。

1871 年聖保羅州的波圖卡土（Botucatu）發現黃果皮的鐵比卡變種，並以發現地為名。1930 年聖保羅州發現黃皮波旁，IAC 前往研究，是紅波旁與黃皮波圖卡土混血，產量高於紅波旁、鐵比卡、黃皮波圖卡土，經過選拔後，1950 年代釋出幾個黃波旁品系供咖農栽種，但不如新世界受歡迎。直到 2000 年代第三波精品浪潮席捲全球，黃波旁以風味優雅漸受歡迎。但相較於卡杜拉、卡杜阿伊、新世界，黃波旁的產量仍低。台灣也有栽種黃波旁，但浮豆較多，風味不如 SL34。

· Topázio - 綠頂 / Mundo Novo × Red Catuai，再回交 Catuai

1960-1970 年代 IAC 開發的混血品種，性狀與味譜近似 Catuai，以高產量見稱。2020 年打進巴西 CoE 的二十二名，表現不俗。

· Icatu - Robusta × Bourbon，再回交 Mondo Novo

伊卡圖是 IAC 於 1990 年代釋出的種間混血品種，先以藥劑讓羅布斯塔染色體倍增，成為 4 倍體，再與紅波旁混血，後代再和新世界回交，減輕羅豆不雅風味，是高產抗鏽病品種，風味不差。

· Catucai - Catuai × Icatu

卡杜卡伊是 1980 年代在米納斯州發現的卡杜阿伊與伊卡圖的天然雜交

品種，由巴西咖啡研究所（Instituto Brasileiro Do Café，簡稱 IBC）選拔出多個紅皮與黃皮品系，均浸染羅豆基因，產量抗病力與風味優。2017 年 CatucaiAcu 與姆咖啡 IAPAR59 混合豆以 93.6 分贏得巴西 CoE 冠軍；2020 年同家族的 Catucai785-15 又拿下巴西 CoE 冠軍，是近年巴西很火紅的新品種，後勢看俏。反觀巴西 Gesha 近兩年只排到第十三和三十名，甚至輸給巴西的姆咖啡 Catiguá MG2。藝伎遲遲未能拿下冠軍，這跟巴西特殊水土與栽種方式有關，有了優質的美味基因還需風土配合才行。本品種共有 13 個品系，包括 Catucai785-15、Catucaiamarelo 2SL、Catucaiam 等。

・**Guará － Catuaí × Icatu**

Catucai 家族持續選拔期間，發現矮株、強健、高產、抗病、耐熱的品系，且對修整枝幹有極佳的回饋，可供低海拔高溫地區栽植。雖屬於 Catuaí 家族，但性狀特殊，另以 Guará 命名，以區別之。

・**Acauã Novo － Mundo Novo（IAC 388-17）× Sarchimor（IAC 1668）**

這是 1970 至 2010 年代持續進化的新品種，早在 1975 年 IBC 以新世界和莎奇姆混血，育出抗鏽的 Acauã，1990 年代持續選拔並釋出 Acauã Novo，到了 2014 年釋出第六代抗鏽、耐旱、抗線根蟲的優化版 Acauã Novo，2020 年贏得 CoE 第二十名，是巴西因應全球暖的新銳品種之一。

・**Obatã －（Timor Hybrid 832/2 × Villa Sarchi CIFC 971/10）× Catuaí**

這是 2000 年 IAC 釋出的三向品種，血緣龐雜包括薇拉莎奇、帝汶混血和卡杜阿伊。葡萄牙 CIFC 以 Villa Sarchi 與 Timor Hybrid 832/2 混血，育出第一代混血 F1 hybrid（H 361/4），即莎奇姆。1971 年 IAC 引進 hybrid（H 361/4）的第二代試種，產量奇高很有開發潛力，持續數世代選拔，未料又和園區內對照組的紅皮 Catuai 自然混血，取名 Obatã IAC 1669-20，抗病耐旱與風味表現優於 hybrid（H 361/4），持續選拔 Obatã IAC 1669-20，於 1999 年完成國家品種登記，2000 年釋出供商業栽種，是晚熟品種，拉丁美洲 CoE

優勝榜的常客。

・Arara – Obatā × Yellow Catuaí

1988 年 Obatā IAC 1669-20 還在試種選拔，尚未釋出，南部帕拉納州的農藝學家巴鮑薩（Francisco Barbosa Lima）發現園內有幾棵黃皮矮株的咖啡迥異於其他高株紅皮咖啡，當時以為是 Mondo Novo 與黃皮 Catuai 或黃皮 Icatu 的自然混血，持續觀察幾年，這些矮株黃皮咖啡高產耐旱，抗病力強且風味優，遇風雨不易落果，基因鑑定竟然是 Obatā 與黃皮 Catuai 雜交品種，於是隔離分區種植並進行多代選拔，歷經 15 年，Fundação Procafé 於 2012 年釋出。2019 年贏得巴西 CoE 第十六名，名氣不脛而走。同年，米納斯州 Sertãozinho 莊園的去皮日曬 Arara，以 92.5 高分奪下巴西精品咖啡協會（BSCA）生豆賽冠軍，掀起咖農搶種，是因應氣候變遷的新銳美味品種。她的美味應該與晚熟有關。

・Catiguá MG3 – Catuaí Amarelo × Hibrido de Timor

1980 年代米納斯州兩個研究機構以黃皮卡杜阿伊（Catuaí Amarelo IAC 86）和帝汶混血（Hibrido de Timor UFV 440-10）雜交，選拔第四代釋出 Catiguá MG1 與 Catiguá MG2，繼續拔到第六代釋出 Catiguá MG3，MG 是米納斯州的縮寫，卡蒂瓜（Catiguá）是該品種的選拔地點。本品種贏得 2020 年巴西 CoE 第六名，國際評審平均杯測分數 88.88 分，高於第十三名藝伎的 88.44 分。Catiguá MG2 和 Catiguá MG3 是農藝學家大力推薦米納斯州栽種的美味抗病高產品種，進攻高端精品市場。

・Siriema AS1 – Arabica × Racemosa

這是 2014 年釋出的種間混血奇異品種，對潛葉蟲、鏽病有強力抗力，開發時間長達 30 多年。最初 1970 年代 IAC 以 C. racemosa 與牙買加藍山的栽培品種鐵比卡混血，再回交 Mondo Novo，再和 Catimor UFV 417 混血，以提高抗鏽力。後續選拔工作由 Fundação Procafé 接手，直到 F7 成為同質結合的純

系栽培品種，風味佳，可用種子繁殖。

對應暖化，老神在在？

全球暖化的諸多研究報告均對巴西發出警語，本世紀結束以前巴西將喪失 60％咖啡可耕地，但巴西卻嗤之以鼻。其實，巴西早有準備，堅信科技能勝天，半世紀來不遺餘力開發並釋出抗病耐旱高產品種來減災。巴西與 WCR 在培育新品種的配方有所不同；巴西為了提高產能，似乎放棄了低產、需遮蔭的衣國地方種，改而鑽研 Catimor、Sachimor 和 2 倍體的特異基因；但 WCR 似乎更多元，除了浸染 Catimor、Sachimor 和 2 倍體的基因外，也很器重衣索匹亞地方種的美味基因。玩家經常埋怨巴西咖啡低酸、呆板、木質調，喝來乏味無趣，這失之偏頗。巴西仍有不少水果炸彈級的高端精品豆，值得挖寶。

Fundação Procafé 推薦巴西各地咖農栽種耐旱抗病高產且風味佳的新品種：高溫區可種植 Arara、Acauã 和 Guará；冷涼區可種 Arara、Catucaiamarelo 2SL。巴西對全球暖化的極端氣候已早有因應之道。

｜哥倫比亞：衣國地方種霸凌抗鏽品種｜

哥倫比亞培育新品種的能力僅次於巴西。1927 年哥國為了向全球推廣哥倫比亞咖啡，創立強而有力的哥倫比亞全國咖啡種植者聯合會（Federación Nacional de Cafeteros de Colombia，簡稱 FNC），1938 年 FNC 成立國家咖啡研究中心（Centro Nacional de Investigaciones de Café，簡稱 Cenicafé）專責開發高產抗病、逆境耐受度高與風味佳的新品種，改善咖農生計。截至 2021 年哥國 85% 的咖啡全是抗鏽新品種，遠高於 2009 年的 35%，助哥國躲過 2011-2012 年中南美洲鏽病疫情，然而哥國引以為傲的抗病品種卻在 2021 年 CoE 大賽慘遭衣索匹亞地方種「霸凌」。

卡杜拉（Caturra）是巴西發現的波旁變種，但因水土問題巴西並未推廣，有趣的是，1950 年代哥倫比亞引進後如魚得水，產量高風味不差，漸取代鐵比卡與波旁，成了 20 世紀後半葉哥國的主力品種。但卡杜拉和傳統品種一樣很容易染鏽病。Cenicafé 為戰勝鏽病，1982 年至 2020 年依序釋出以下 4 系列：Colombia → Tabi → Castillo → Cenicafé 1。

· Colombia – Caturra × Timor hybrid （CIFC1343）

1960 年代 Cenicafé 開始研究葡萄鏽病研究中心的帝汶混血品系 CIFC1343，並與卡杜拉雜交，培育哥倫比亞版的姆咖啡，經過 5 代選拔，於 1982 年釋出適合哥國水土的卡帝姆，並以國名 Colombia 命名，但其味譜帶有姆咖啡慣有的草腥與苦澀，迭遭精品圈批評，認為風味不如卡杜拉和鐵比卡。但這也不盡然，2000 年代至今，挺進 CoE 優勝榜的 Colombia，所在多有。基因固然重要，但環境與管理的交互作用往往甚於基因的遺傳，也就是田間管理（Management）與環境（Environment）的相乘效果大於遺傳（Genetics），即 M x E > G；高海拔且注重田間管理與後製的 Colombia 常有豔驚四座、杯測 85 分以上的好味譜。

· Tabi – （Typica x Bourbon） × Timor hybrid （CIFC1343）

Cenicafé 大力開發抗鏽品種的同時，不忘提升抗病品種的風味，一般認為鐵比卡與波旁的風味優於卡杜拉，2002 年 Cenicafé 釋出身懷鐵比卡、波旁與 Timor hybrid 基因的新品種，不但抗鏽更有傳統品種的好風味，塔比是哥國原住民古安比諾（Guambiano）的方言，意指「很棒」，2020 與 2021 都打進 CoE 優勝榜。

· Castillo – Colombia × Caturra，共 7 個品系

引發鏽病的真菌不斷進化更多品系，咖啡的抗鏽力每隔一、二十年就破功，Cenicafé 必須未雨綢繆，在 Colombia、Tabi 抗鏽力被攻克前，超前部署，開發出下一代抗鏽品種；耗時 23 年，以 Colombia 回交 Caturra，再選拔 5 代，

於 2005 年釋出 Colombia 的優化版卡斯提優（Castillo）抗病力更強產量更大，但染有姆咖啡血緣，掀起不小風波。咖農對於 FNC 要求盡快以 Castillo 替換 Caturra、Colombia、Tabi，躊躇不前，擔心風味不如老品種。

卡斯提優的風味真的不如卡杜拉嗎？2015 年 WCR、SCAA、堪薩斯大學為此辦了一場別開生面的感官評鑑，以同莊園同海拔同處理法的卡斯提優與卡杜拉進行杯測，結果同為 83 分不分上下。杯測師的總講評認為，哥倫比亞咖啡的 36 味中，卡斯提優有 27 味的強度甚於卡杜拉，包括悅口的焦糖、深色水果、可可等，但礙口的風味有勁酸、石油、澀感等。而卡杜拉有 9 味的強度高於卡斯提優，如悅口的整體甜感、黑巧克力、花韻等，但礙口風味包括土腥、青豆味等。

在 FNC 宣導推動下，Castillo 目前已成為哥國主力品種，高占全國植株的 45％，除了抗鏽外，對炭疽亦有抗力，Cenicafé 為哥國不同水土、氣候與海拔開發出 7 支 Castillo 品系：

1. Castillo El Rosario，適合 Antioquia、Risaralda、Caldas 3 省

2. Castillo Paraguaicito，適合 Quindío、Valle de Cauca 2 省

3. Castillo Naranjal，適合 Caldas、Quindío、Risaralda 3 省

4. Castillo La Trinidad，適合 Tolima 省

5. Castillo Pueblo Bello 適合 Cesar、La Guajira、Note de Santander 3 省

6. Castillo Santa Bárbara 適合 Cundinamarca、Boyacá 2 省

7. Castillo El Tambo 適合 Nariño、Cauca、Huila、Valle del Cauca、Tolima 5 省

・Cenicafé 1 – Caturra x Timor hybrid（CIFC1343），多代選拔

這是 FNC 2016 年釋出的最新品種，Cenicafé 經過 20 年選拔，從 Caturra 與 Timor hybrid（CIFC1343）雜交的最初 116 個品系中，嚴選表現最佳的 8 個先進品系，並純化為性狀與遺傳穩定的純系品種 Cenicafé 1，經過 4 產季

的統計，每株 Cenicafé 1 平均生產 17.6 公斤漿果，約 5 公斤生豆，產量接近高產的 Castillo，但 Cenicafé 1 生豆更肥碩，賣相與售價更高，84.3％生豆為最高級 Supremo 的 18 目，而 Castillo 與 Colombia 18 目的比率分別為 79.3％與 54.1％。

Cenicafé 1 的樹高近似矮小精實的 Caturra，約 140 公分，適合哥國各地水土，全日照栽種每公頃可達 10,000 株，遮蔭法每公頃可達 5,000-7,000 株，抗鏽與抗炭疽力優於 Castillo，風味亦佳，管理、後製得宜，有 84 分以上的實力，被歸類為高端市場的新銳品種。Cenicafé 1 問世不久，預料近年內將在 CoE 優勝榜掀起風雲，拭目以待。

・Bourbon Rosado （Pink Bourbon）- Ethiopia Landrace，頂葉淡褐色

中南美的栽培品種粉紅波旁是紅波旁與黃波旁混血的結晶，但粉紅色是隱性基因，遇到紅色或黃色的顯性基因就會被遮掩無法顯現，粉紅波旁必須與紅波與黃波分開種，才可能產出美美的粉紅果。然而，近 5 年大紅大紫的哥倫比亞粉紅波旁（Bourbon Rosado 或稱 Pink Bourbon），其基因與味譜卻和之前所認知的粉紅波旁大不相同，法國專精咖啡遺傳分析的 RD2 Vision 公司以及台南護理專科學校的邵長平博士的鑑定報告，均指出哥國粉紅波旁帶有衣索匹亞地方種基因，而邵博士的染色體分型（圖表 [5-2]）更進一步確認哥國粉紅波旁細分為四大類，堪稱全球最詳盡的分析。

這種近年在哥倫比亞大出風頭的粉紅波旁，2020 有 2 支、2021 有 6 支打進哥國 CoE 優勝榜。2021 年起 CoE 為提高公信力，聘請法國 RD2 Vision 為入榜賽豆鑑定基因，結果發現外來和尚會念經，打進優勝榜的 23 支賽豆中，衣索匹亞地方種有 16 支，占比高達 69.6％（請參圖表 [5-3]），又比 2020 年的 37.5％高出一大截，哥國引以為傲的抗病高產品種慘遭染有衣國地方種基因的怪咖痛宰。多年來妾身未明的粉紅波旁終於在這屆賽事驗明正身，竟然身懷衣索匹亞地方種的基因，難怪豆貌與風味神似耶加或藝伎，粉波的威名不脛而走。

她具有濃郁柑橘酸質、花韻與尖身貌，迥異於一般短圓的波旁，但樹貌與產量又像波旁，且果實成粉紅或粉橘，因而哥國咖農索性取名 Bourbon Rosado，西班牙語 Rosado 意指粉紅色。但也有咖農認為這應該不是波旁反而更像藝伎，因為波旁對鏽病幾無抗力，而這種自 2017 年以來頻頻打進哥倫比亞 CoE 優勝榜的尖長身粉紅波旁，卻對鏽病有耐受度，如果並非拉美傳統的栽培品種，她究竟是從何管道進入哥國？值得好好考證。

哥國的粉波發跡於薇拉省（Huila）南部的聖安道夫（San Adolfo）、巴雷斯丁納（Palestina）、聖奧古斯丁（San Agustín）、皮塔利托（Pitalito）、阿塞維多（Acevedo）等 5 個城鎮的莊園。根據聖安道夫鎮白山莊園（Finca Monteblanco）羅德里戈莊主的說法，早在上世紀 50 至 80 年代，FNC 麾下的研究單位 Cenicafé 在聖安道夫、巴雷斯丁納的實驗農場種了數百個品種，其中有些來自肯亞與衣索匹亞，1980 年代哥倫比亞咖啡鬧鏽病，他的祖父在聖安道夫買回一些苗商稱之為「橘子樹」（Naranjo）的抗鏽品種試栽，今日薇拉省南部盛行的粉波可能是當年從實驗農場流出的種子。

2002 年羅德里戈在當地的教育訓練課程學會杯測，開始對莊園裡性狀特殊的品種產生興趣，他發現粉橘果皮的 Bourbon Rosado 風味更像藝伎而不像一般波旁。之前粉波都和 Colombia、Caturra、Castillo 混種在一起，但粉波的果實吃起來最香甜，杯測成績最高，抗鏽力亦佳。2014 年他開始將粉波分開種植，並分贈稀有的種子給附近的莊園。光是 2019-2021 年短短 3 年，薇拉省南部的粉波至少有 10 支打進 CoE 優勝榜，聲名大噪！

然而，粉波的遺傳可能遠比 RD2 Vision 的鑑定結果更為複雜。2020 年台南護理專校教師、擅長生物化學的邵長平博士和我聊到咖啡品種的鑑定問題，校方支持他為台灣咖農做點事，我便開出一大串咖啡品種的名單，建議他向哥斯大黎加熱帶農業暨高等教育中心（CATIE）、WCR 等咖啡研究機構購買純系的樣本供基因指紋比對。邵博士積極投入這樁美事，短短兩年內建立了純系咖啡指紋庫與分析軟體，開始為咖農或進口商分析各品種

的遺傳。2021 年粉波在台灣掀起熱潮，我請哥倫比亞 Caravela Coffee 駐台北的亞洲辦事處寄些粉波生豆給邵博士檢測染色體分型，邵博士又從溯源咖啡、歐舍咖啡取得一些粉波生豆，總共以 19 個樣本進行染色體分型的檢測。

粉紅波旁是近年很夯的品種。波旁的頂端嫩葉多半為綠色，但粉波的頂葉為淡褐色，果子為粉紅或粉橘色，基因鑑定為衣國地方種，而非波旁的遺傳，玩家心裡要有個底，Bourbon Rosado 是咖農的命名，CoE 至今仍沿用此名，但不表示她是波旁系。

（圖片提供／哥倫比亞 Caravela Coffee）

邵博士解謎！
粉波染色體分型鑑定報告

2022 年結果出爐，這 19 支粉波樣本的血緣並不單純，根據邵博士的染色體分型報告，細分為以下四大類：

（一）Typica x Ethiopia Landrace — Bourbon Rosado EL

19 支受測樣品只有 7 支歸屬此類，帶有鐵比卡與衣索匹亞地方種或藝伎的基因。有趣的是這 7 支並無波旁染色體，如果能正名為粉紅鐵比卡（Typica Rosado）會更貼切。這 7 支在染色體分型圖的編號分別為 TS04、TS05、TS-51、TS58、TS89、TS95、TS82。這組有可能是 Cenicafé 實驗農場鐵比卡與衣索匹亞地方種或藝伎發生不倫戀的結晶。

在鄰近連結法（NJ）分析圖中，上述 7 個樣本未和特定族群鄰近。染色體的演變路徑（MST 的位置）接近 Typica 參考群（KS-03）外側，兩者相比差在第 5、8 對染色體，第 5 對訊號特徵與 Ethiopia Landrace（Illubabor 1974）即 74 系列的地方種相同，但第 8 對染色體訊號來自 Gesha，要不就是第 8 對染色體訊號特徵與 Ethiopia Landrace 相同。血緣為 Typica x Ethiopia Landrace 可歸類為衣索匹亞地方種或 Gesha 與鐵比卡混血。邵博士特別將此組標註為 Bourbon Rosado EL，EL 是衣國地方種的縮寫，表示 19 支樣本中此組的遺傳最接近衣國地方種。

（二）Bourbon x Ethiopia Landrace － Bourbon Rosado

此組是波旁與衣索匹亞地方種或 Gesha 的混血，19 支樣本中有 8 支屬於此類，有以下 8 種染色體分型，可稱為染有 Ethiopia Landrace 基因的粉紅波旁，但此組邵博士並未標上衣國地方種的縮寫 EL。

(i) 編號 US-69： 在 NJ 分析圖中該樣本和 Ethiopia Landrace 相鄰近。染色體的演變路徑位於 Bourbon 參考群（BS-05）最外側。兩者相比，差在第 1、3、5、8 對染色體，其中第 8 對染色體訊號特徵組合有可能來自 Ethiopia Landrace 或是 Geisha，推測為 Bourbon x Ethiopia Landrace。

(ii) 編號 US-22： 在 NJ 分析圖中該樣本沒有和特定族群相鄰近。染色體的演變路徑顯示位置在 Bourbon 參考樣本（BS-05）旁，兩者相比，差在第 5 對染色體，訊號特徵可能來自 Ethiopia Landrace （Ethiopia COE 樣本）推測為 Bourbon x Ethiopia Landrace。

(iii) 編號 TS-80： 在 NJ 分析圖中該樣本與 Ethiopia Landrace 相鄰近。染色體的演變路徑顯示在 Bourbon 參考群（BS-05） 外圍，落在 Ethiopia Landrace 區域，兩者相比，差在第 8 對染色體，訊號特徵來自 Ethiopia Landrace。推測為 Bourbon x Ethiopia Landrace。

(iv) 編號 TS-73： 在 NJ 分析圖中該樣本落在 Bourbon 區的外側，沒有和特定族群相鄰近。染色體的演變路徑位於與 Bourbon 參考群（CA-11 等）外側。兩者相比，

差別在第 3、11 對染色體，其中第 11 對染色體有可能來自 Ethiopia Landrace。推測為 Bourbon x Ethiopia Landrace。

(v) 編號 TS-66：在 NJ 分析圖中該樣本和 Ethiopia Landrace 相鄰近。染色體的演變路徑位於 Bourbon 參考群（BS-05）最外側。兩者相比，差在第 3、5、8 對染色體，其中第 8 對染色體訊號特徵組合有可能來自 Ethiopia Landrace 或是 Geisha，推測為 Bourbon x Ethiopia Landrace。

(vi) 編號 TS-39：在 NJ 分析圖中該樣本沒有和特定族群相鄰近。染色體的演變路徑顯示與 Bourbon 參考群（BS-05 等）旁，兩者相比，差在第 5 對染色體，訊號特徵可能是來自 Ethiopia Landrace。推測為 Bourbon x Ethiopia Landrace。

(vii) 編號 TS-33：在 NJ 分析圖中該樣本和 Ethiopia Landrace 相鄰近。染色體的演變路徑位於 Bourbon 參考群（BS-05）最外側。兩者相比，差在第 1、3、5、8 對染色體，其中第 8 對染色體訊號特徵組合可能來自 Ethiopia Landrace。推測為 Bourbon x Ethiopia Landrace。

(viii) 編號 TS-79：在 NJ 分析圖中該樣本落在 Bourbon 區的外側，沒有和特定族群相鄰近。染色體的演變路徑位於與 Bourbon 參考群（CA-11 等）外側。兩者相比，差別在第 3、8 對染色體，其中第 8 對訊號特徵 Ethiopia Landrace（Illubabor 1974）相同。推測為 Bourbon x Ethiopia Landrace。

（三）Bourbon 或 Bourbon x Typica

19 支樣本中有 3 支並無衣索匹亞地方種或 Gesha 的染色體，其中一支為波旁，另兩支為波旁與鐵比卡混血。這組應該是中南美的一般栽培品種，或是波旁果皮基因自然變異的結果，碰巧也被歸類成粉紅波旁，而不是帶有衣國地方種基因的 Bourbon Rosado！

(i) 編號 TS-37：在 NJ 分析圖與染色體的演變路徑均與 Yemen Bourbon（PCA collection）樣本（VS-51）一致，推測為 Bourbon。

(ii) 編號 TS-44：雖來自 Bouron Rosado 蒐集樣本，但並非 Bourbon Rosado，

在 NJ 分析圖與染色體的演變路徑均顯示為 Typica x Bourbon （Catuai），帶有 Typica 與 Bourbon 染色體。推測為 Typica x Bourbon。

(iii) 編號 TS-50：在 NJ 分析圖中該樣本沒有和特定族群相鄰近。染色體的演變路徑位於 Typica x Bourbon （Catuai） 參考群（SS-62）旁。兩者相比，差在第 3 對染色體，訊號特徵組合可能為自然演變。根據染色體演變路徑分析位置判斷，推測為 Typica x Bourbon。

（四）無法判斷，暫定為 Bourbon Rosado

19 支樣本中有 1 支無法判斷，驗出來和其他樣本沒有關聯，染色體演變路徑的位置又在外側，只有兩種可能，一種是原始的品種，另外是經過雜交產生新的染色體組合，但目前無法確認是混到什麼，收樣時對方聲稱是粉波，因此「暫列」為 Bourbon Rosado。

編號 US-70 在 NJ 分析圖中該樣本沒有和特定族群相鄰近。染色體的演變路徑位於 Bourbon 參考群（BS-05）最外側。兩者相比，差在第 1、2、3、8 對染色體，但無法做出明確判斷，根據收樣的標註，暫定為 Bourbon Rosado。

Cenicafé 是哥倫比亞權威的咖啡品種選育機構，刻意以 Typica 或 Bourbon 與衣國地方種雜交培育新品種是可以理解的，粉波究竟從何而來，有待 FNC 給個說法才可水落石出。但粉波的血緣在染色體分型的照妖鏡下，現出原形。波旁的頂端嫩葉多半為綠色，但粉波的頂葉為淡褐色，果子為粉紅或粉橘色，基因鑑定為衣國地方種，而非波旁系，玩家要有個底——Bourbon Rosado 是咖農任性的命名，CoE 至今仍沿用此名，但不表示她是波旁系統。從邵博士的染色體分型報告，可看出有些染有鐵比卡基因的粉波反而更接近衣國地方種！

〔5-2〕粉紅波旁染色體分型圖

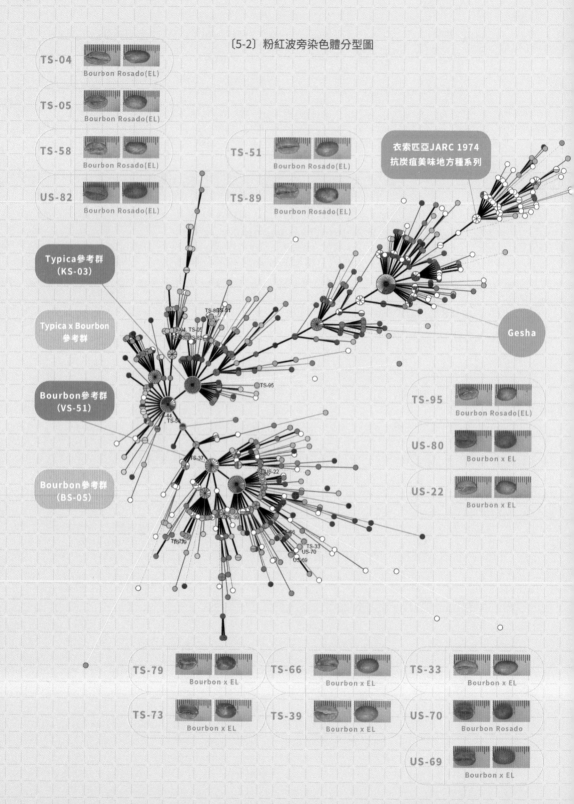

TS-04　Bourbon Rosado(EL)

TS-05　Bourbon Rosado(EL)

TS-58　Bourbon Rosado(EL)

US-82　Bourbon Rosado(EL)

TS-51　Bourbon Rosado(EL)

TS-89　Bourbon Rosado(EL)

衣索匹亞JARC 1974
抗炭疽美味地方種系列

Typica參考群
（KS-03）

Typica x Bourbon
參考群

Bourbon參考群
（VS-51）

Bourbon參考群
（BS-05）

Gesha

TS-95　Bourbon Rosado(EL)

US-80　Bourbon x EL

US-22　Bourbon x EL

TS-79　Bourbon x EL

TS-66　Bourbon x EL

TS-33　Bourbon x EL

TS-73　Bourbon x EL

TS-39　Bourbon x EL

US-70　Bourbon Rosado

US-69　Bourbon x EL

＊19 支粉波樣本染色體分型圖顯示 TS04、TS05、TS-51、TS58、TS89、TS95、TS82 七支樣本染色體的演變路徑均在 Typica 參考群（KS-03）的右側或上方，最接近藝伎與衣索匹亞地方種參考群，可能是最有耶加或藝伎風味的粉紅波旁，豆型偏尖長。而 US-69、US-22、TS-80、TS-73、TS-66、TS-39、TS-33、TS-79 這八支染色體的演變路徑均在 Bourbon 參考群（BS-05）、（VS-51）等的附近，可能是波旁與衣國地方種或藝伎的雜交。另外，TS-37、TS-44、TS-50 三支的染色體演變路徑均在 Typica 參考群 KS-03 與 Bourbon 參考群（VS-51）的中間，顯示這 3 支是波旁或與鐵比卡的雜交。最後一支 US-70 的染色體演變路徑位於 Bourbon 參考群（BS-05）最外側，但有 4 對染色體無法判斷，暫定為粉紅波旁。

（＊資料來源：邵長平博士《粉紅波旁染色體分型報告》）

・辣椒（Aji）－ Congo Gesha × Ethiopia Landrace（Gesha）

2020 年哥倫比亞薇拉省皮塔利托鎮的咖農荷西（Jose Herman Salazar）以粉波出戰 CoE，贏得第十七名；2021 年他改以另一支聲稱果子有濃濃紅辣椒辛香味的怪咖出賽，並以辣椒波旁（Aji Bourbon）命名，卻更上一層樓奪得第六名。幾個月後 RD2 Vision 的基因鑑定出爐，確認是支罕見的衣索匹亞地方種，連 CATIE 珍藏的種原庫也找不到此品種，但確定不是波旁，CoE 官網於是刪掉 Bourbon 字眼，僅保留辣椒 Aji 一字。2022 年 3 月，邵博士告訴我 Aji 的染色體分型報告出來了，居然是剛果藝伎與衣國地方種 Gesha 的混血。

邵博士說 Aji 是令人印象深刻的樣本：「Aji 的染色體訊號很獨特，與我目前資料庫中來自 CATIE 的剛果藝伎有很多染色體類似的地方，但 Aji 與剛果藝伎不一樣的染色體卻可以在衣索匹亞藝伎中找到，因此 Aji 很可能是剛果藝伎與衣國藝伎的混血。更有趣的是剛果藝伎的訊號都很一致，應該是純化後再釋出的純系藝伎，這不同於異質體、未經純化，甚至混血的衣國藝伎和巴拿馬 Geisha 2722 的染色體常有歧異度，未純化的藝伎拿來栽種簡直是個大災難。」

辣椒波旁（Aji Bourbon）的生豆。

2022 年 3 月哥倫比亞 Caravela Coffee 台北辦事處邀我出席杯測會，鑑賞荷西的 CoE 優勝咖啡 Bourbon Rosado 和 Aji，兩品種的生豆較小且尖瘦，如不說明還以為是衣索匹亞的耶加、西達馬或谷吉。粉波的柑橘酸質與花韻細緻神似藝伎且風味強度高於 Aji，杯測主持人說這可能跟 Aji 缺貨、熟豆是 3 月前烘焙至今有些衰減有關。但 Aji 的 Espresso 卻令人驚豔，豐厚的酸甜震水果調、黑糖香氣，餘韻綿長，風味比尖酸的巴伐更平衡。

讀懂 2021 哥倫比亞 CoE
優勝賽豆品種分類表

2021 年 CoE 公布的年哥倫比亞優勝賽豆品種分類與占比表，誤植 Bourbon 與 Bourbon Rosado 的數據。我重新核實編製如圖表 [5-3]。

2021 年哥倫比亞 CoE 優勝榜賽豆共有 23 支，Gesha 入榜最多共有 7 支占比 30.4％，其次是 Bourbon Rosado 有 6 支占 26.1％，Bourbon 4 支占 17.4％，Chiroso 2 支占 8.7％，Aji 1 支占 4.3%，Caturra 1 支占 4.3%，Castillo 1 支占 4.3%，Tabi 1 支占 4.3%。

其中的 Gesha、Bourbon Rosado、Chiroso、Aji 歸類為衣索匹亞地方種，占比高達 69.6%；Bourbon 和 Caturra 為傳統阿拉比卡，占比 21.7%；Castillo 和 Tabi 為姆咖啡，占比 8.6%。

新世界品種不敵 Ethiopia Landrace ？

近年基因鑑定揪出一些非典型命名的怪咖品種，竟然源自衣國地方種，其獨有的花果韻在精品圈挺吃香，吸引愈來愈多莊園搶種。以哥倫比亞 CoE 優勝榜為例，

2020 年冠軍品種 Chiroso、亞軍和季軍品種 Gesha，前三名全是衣國地方種。
2021 年外來和尚會念經現象更明顯，前八名依序為 1. Gesha 2. Gesha 3. Castillo 4.
Gesha 5. Bourbon Rosado 6. Aji 7. Bourbon Rosado 8.Bourbon Rosado，衣國地
方種就占了 7 名。所幸哥倫比亞耗時 20 多年培育的基因浸染品種 Castillo 雖未能奪
冠，卻擒服前二十三名優勝榜內另外 5 支 Gesha 而贏得第三名，多少爭回一點顏面。

　　哥國為了因應氣候變遷而培育的新品種皆帶有 Timor hybrid （CIFC1343） 的
基因，Castillo 雖然是姆咖啡的一員，迭遭精品圈質疑，但出身低不表示不能贏。
經實戰證明，改良版的姆咖啡已非昔日阿蒙，如果田間管理與後製精湛，亦可克
服美味基因的不足，與藝伎爭香競醇。別忘了 Management + Environment ＞
Genetics，也就是 M+E ＞ G 的硬道理！

〔5-3〕哥倫比亞 2021 年 CoE 優勝賽豆品種分類表

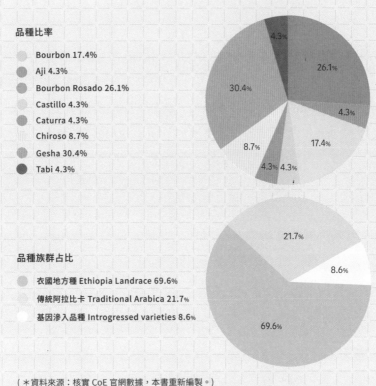

品種比率
- Bourbon 17.4%
- Aji 4.3%
- Bourbon Rosado 26.1%
- Castillo 4.3%
- Caturra 4.3%
- Chiroso 8.7%
- Gesha 30.4%
- Tabi 4.3%

品種族群占比
- 衣國地方種 Ethiopia Landrace 69.6%
- 傳統阿拉比卡 Traditional Arabica 21.7%
- 基因滲入品種 Introgressed varieties 8.6%

（＊資料來源：核實 CoE 官網數據，本書重新編製。）

| 肯亞：單品巴帝安難覓 |

肯亞是阿拉比卡故鄉衣索匹亞的鄰國，但遲至 1900 年代被英國殖民後，才開始發展咖啡產業，1960 年後肯亞從英人手中取回咖啡園經營權，英人已為肯亞咖啡產業打下雄厚基石，1980 年代肯亞咖啡躍為精品界模範生，最高年產量在 10 萬噸以上。然而，千禧年以後因土地開發政策、合作社延付咖農款項、全球暖化、病蟲害頻襲，咖農被迫轉作其他作物，肯亞咖啡產業開始走下坡。據美國農業部資料，2020-2021 年肯亞只產 42,000 噸生豆，預估 2022 年產季因豆價回穩，產量增加到 45,000 噸，但已比上世紀全盛時期少了一半。肯亞咖啡產量只占全球 0.5 %，雖然遠遜於巴西和哥倫比亞，但肯亞美味雙雄 SL28、SL34 以及抗病品種的開發能力，深深影響當今的精品界。

1880 年代法國傳教士在肯亞東南岸的孟巴薩（Mombasa）成立教團，並從法屬波旁島引進波旁咖啡，分贈咖農栽種。英國殖民時期（1920-1963）1922 年知名的史考特農業實驗室（Scott Agricultural Laboratories）成立，今併入肯亞農業研究所，簡稱 KARI，協助咖農培育抗病品種，肯亞美味雙雄 SL28、SL34 與耐旱的 K7 就是此時期英人傑作。至於肯亞另 2 支抗病高產品種 Ruiru11 與 Batian 則是脫離英國屬地後，由 KARI 麾下的肯亞咖啡研究中心（CRI）培育的優異品種，是肯亞人的驕傲。

・SL28 – 波旁系，綠頂為主，褐頂較少見

1931 年史考特實驗室研究員在坦桑尼亞東北部的孟都里縣（Monduli）發現一個耐旱抗病品種，並引回史考特實驗室試栽，抗旱性獲得證實，於 1935-1939 年進行選拔，編號 SL-28 表現最優，撥交咖農廣泛種植，其明亮的勁酸、甜感與莓果韻，建構迷人的酸甜震，風行至今，是精品界老牌的美味品種。但缺點是易染上鏽病與炭疽病。

1930 年代史考特實驗室的科學家鑑定 40 多種不同類型的咖啡樹，並以 SL

編號區分，這些都是選育出來的品種，嚴格來說並非混血，雖然有些是嫁接或異花授粉遺傳的後代。SL28 與 SL34 至今仍是肯亞不可取代的高海拔主力品種。

・SL34 – 鐵比卡系，暗褐頂

史考特實驗室 1935-1939 年從奈洛比西北部羅瑞修莊園（Loresho Estate）的一棵咖啡樹後代選育出的美味品種。SL34 果實、豆粒與產量均大於 SL28。史考特實驗室選育出的品種一直被視為波旁系統，但近年 WCR 鑑定基因推翻此看法，SL34 的遺傳更接近鐵比卡而非波旁系。早年嘉義農試所已釋出供台灣咖農種植，但並無確切的品種名稱，一直誤以為是鐵比卡，直到近年才被鑑定出是 SL34。在藝伎引進前，SL34 幾乎包辦台灣生豆賽冠軍榮銜。

・K7 – 波旁系，頂葉淺褐色，適合中低海拔

這是史考特實驗室從肯亞西部穆厚羅伊（Muhorohi）一座莊園所種法國教團引進的波旁系選拔第五代，於 1936 年釋出的優良品種，對鏽病和炭疽有耐受度。至今仍是肯亞針對中低海拔的高產抗病品種。SL28、SL34、K7 是英國殖民時期培育的品種。以下兩品種則是殖民期結束後，肯亞人當家開發的品種。

・Ruiru 11 – Rume Sudan, SL28, N39, K7（父本）× Catimors（母本），矮株

1960 年代肯亞爆發嚴重炭疽病，又無法取得衣索匹亞抗炭疽品種，1970 年代肯亞魯依魯（Ruiru）咖啡研究中心著手培育抗病品種，採複合品種策略，父本為抗炭疽兼美味的 Rume Sudan、K7，以及美味兼耐旱的波旁系 SL28 和 N39；母本為抗鏽的姆咖啡包括 Catimor129 等。經 10 多年雜交與選育，1985 年釋出 Ruiru 11，是咖啡界最早具有雜交優勢的 F1。

雖然高產抗病力強，但缺點是根系較淺，不易吸收養分，影響風味與抗旱力，近年肯亞植物學家將 Ruiru 11（接穗）的葉子嫁接到 SL 28（砧木）上，

提升 Ruiru 11 吸收養分能力也提高杯品分數同時彌補 SL28 抗病力與低產的缺點。

・Batian－複合品種，含 Rume Sudan, SL28, SL34, N39, K7 與 Catimors 血緣

肯亞咖啡研究中心（CRI）記取 Ruiru 11 的缺點，再接再厲以 Ruiru 11 與 SL28 和 SL34 回交，於 2010 年釋出升級版的 Ruiru 11，並以肯亞最高峰巴帝安（Batian）命名，對炭疽有抗性，對鏽病有耐受度，不需施藥，每年栽植成本比 SL 系列少 30％。巴帝安高大健壯，外貌更像 SL28，不像矮株的 Ruiru 11。Batian 果實與豆粒大於 SL 系列與 Ruiru 11，且試種期間每公頃產量 3.5 噸，條件配合有 5 噸／公頃的潛力。

WCR 將 Batian 移植到盧安達試種，2019 年咖農反應此品種在照顧管理上比其他品種省事，尤其在病蟲害方面，是首次在肯亞以外產國獲得正面回饋。

Batian 風味不輸 SL28 和 SL34。早在 2012 年友人拿到生豆樣品，我有幸參與杯測，清甜的蔗香、柑橘酸質、濃郁莓果韻，辨識度很高，同檯杯測師都認為強過 SL 系列。然而 10 年後的今天，市面上仍買不到 Batian 生豆，原因有二：一、肯亞咖啡的生產者主要是小農，植株不多且各品種混合栽，而各大處理廠為節省成本，湊足一定的大量才開機運作，即使咖農交來的是挑過的單一品種，但量太少，處理廠經常混合其他品種一起處理，因此消費市場買到的幾乎全是 SL28、SL34、Batian 的混合豆或 SL28、SL34、k7、Ruiru11、Batian 五大品種總匯，很難買到單品的 Batian。混合處理的情況在肯亞產量每況愈下的今日，更為嚴重。二、CRI 無力提供足夠的 Batian 種子供咖農栽植，品種轉換進度緩慢，短期內恐不易喝到單品的巴帝安。

肯亞咖啡富含磷酸？遭美國化學家打臉

業界普遍認為肯亞老牌美味品種 SL28、SL34 迷人的亮酸來自磷酸，此

說法源自 1997 年咖啡化學家喬瑟夫‧里維拉（Joseph Rivera）發表的《肯亞 SL28 與其他栽培品種有機酸分析》。該論文指出高品質 SL28 所含的磷酸高於低品質 Ruiru11，肯亞 SL 品種富含磷酸是風味有別於其他栽培品種的關鍵。此後磷酸（無機酸）一直被視為肯亞 SL 品種迷人酸質的重要成分。

然而，1999 年美國化學家 M. J. Griffin 與 D. N. Blauch 發表《咖啡中磷酸鹽濃度與酸度感知的驗測》打臉里維拉的論點。該研究指出，咖啡的酸滋味和磷酸鹽的濃度成反比，即高酸味咖啡的磷酸鹽濃度會低於低酸味咖啡。兩位科學家以相同焙度、萃取率檢測各產地咖啡的磷酸鹽濃度與酸味感知的關係，結果發現酸質明亮的肯亞咖啡，其磷酸鹽濃度介於每公升 81.1-88.8mg L^{-1}，明顯低於酸質較不明亮的印尼黃金曼特（88.1-91.4mg L^{-1}）、爪哇陳年豆（118.7-120.2mg L^{-1}）、印度羅豆 127.4-132.9mg L^{-1}），換言之，業界公認的低酸味曼特寧、陳年豆和羅豆，其磷酸鹽濃均高於酸質明亮的肯亞咖啡。咖啡含有千百種化學成分，肯亞咖啡的亮酸應該不是一種成分造就的。

|印尼：系統複雜，世界之最|

1696-1999 年荷蘭人從印度移植鐵比卡到爪哇，開啟印尼咖啡產業，1920 年代至 1950 年代歐美植物學家從衣索匹亞引入以下 3 品種：

1.Java ／ Abyssinia ／長身豆－ Ethiopia Landrace

1928 年植物學家克拉莫（P.J.S Carmer）在衣索匹亞選育的品種引進印尼並以 Abyssinia 為名，豆身尖肥、褐頂，對鏽病與炭疽病有中等耐受度。1950 年代再引進喀麥隆，改以 Java 為名。過去業界不知這段歷史，誤以為 Java 是鐵比卡系統，近年基因鑑定，確認 Java 是衣索匹亞地方種。本品種風味優，對病蟲害有不錯的耐受度，近年也引進中美洲。而鐵比卡對鏽病和炭疽病毫無耐受度。

2.USDA 762 － Ethiopia Landrace

1950 年代法國植物學家尚雷瓊（Jean Lejeune）在衣索匹亞西南部 Mizan Teferi 採集種原並進行選育，其中 1 支有中等抗病力的品種經美國農業部編碼為 USDA 762 並引入印尼，20 世紀後半葉在印尼頗為流行，尤其爪哇一帶。由於原生地接近 Gesha 的發跡地，近年有些印尼咖農將 USDA 762 充當藝伎來賣。然而，此品種風味一般，遠遜藝伎，值得留意。2000 年代印尼盛行抗病力更強的卡蒂姆，USDA 762 不復昔早盛況。

3.Rambung ／ Sidikaland — Typica type

1928 年克拉莫引進的 Abyssinia 系列之一，近似鐵比卡，上世紀盛行於亞齊與蘇門答臘，但對鏽病與炭疽無抗力，已漸被其他有抗性的品種取代。

以上 3 類早年引進的 Abyssinia 系，在印尼已式微，取而代之的是以下名稱怪異的抗病品種：

・S 795 – Kent ✕ S 288（*Coffea arabica* ✕ *Coffea liberica*）

這是 1970 年代從印度引進的抗病品種，血緣很特殊，是由波旁系的 Kent 與身懷賴比瑞卡與阿拉比卡遺傳的 S 288 混血，體質強悍，今日仍廣見於印尼，尤其在巴峇島、托拉賈（Toraja）產區，亦稱 Jember；風味普普且低酸，適合中低海拔，不需太多管理，最大缺點是產果量低。

・Tim Tim – Timor Hybird（Hybird de Timor, HDT）/ Gayo 1 / 帝汶混血

這就是 1917 年帝汶發現的鐵比卡與羅豆混血的 4 倍體阿拉比卡，歐美慣稱帝汶混血，但印尼卻稱為 Tim Tim，取自印尼語東帝汶 Timor Timur 的簡稱，於 1970s 年引進亞齊、蘇門答臘，頗適應當地水土，果粒碩大，豆身尖長，賣相頗佳。Tim Tim 黏稠度高、甜感不差但有股土腥味且低酸。1979 年引進亞齊並選育出有名的 Gayo 1。有趣的是 Tim Tim 引進峇里島，經多年栽種，當地人改稱為 Kopyol。Tim Tim 與 Gayo1 和 Kopyol 是相同品種嗎，或已有歧異？有待基因鑑定來確認。

・Ateng Super – Catimor types / Ateng Jaluk / P88 姆咖啡系列

Ateng 在印尼泛指矮株的姆咖啡，此用語有兩種說法：（1）矮株高產姆咖啡最早在中部亞齊（Aceh Tengah）發現，Ateng 即為中亞齊的簡稱（2）取自印尼侏儒諧星的名字 Ateng。Ateng 至今有數十個品系，包括 Ateng Jeluk、Ateng Pucuk、Ateng Super 等，後者以豆粒肥碩聞名，故以 Super 名之。而這群令人眼花的 Ateng 品系，遺傳都相同嗎？沒人敢保證。但可確定的是，印尼姆咖啡風味都不差，這可能與水土有關。P88 則是荷蘭人從哥倫比亞引進的姆咖啡。

・Sigarar Utang – Tim Tim × Bourbon 或 Typica ？

Sigarar Utang 是世界最有趣的品種。印尼北蘇門答臘托巴湖沿岸巴塔克族（Batak）語，Sigarar Utang 意指「迅速償債」。1988 年托巴湖東南岸林東地區（Lintong）的咖啡園發現一種咖啡，種植兩年即結果累累，風味極優，生豆可快速出清償還欠款，因而得名。這座莊園種有 Tim Tim、鐵比卡與波旁，莊主認為可能是 Tim Tim 與鐵比卡或波旁的混血。2005 年印尼農業部批准「迅速償債」品種在全國廣泛栽植，雖然普及率很高但其血緣至今仍未定。

・Andongsari – Colombia × Caturra × Timor Hybrid

印尼咖啡與可可研究所（ICCRI）以 Colombia、Caturra、Timor Hybrid 混血育出的品種，並由 ICCRI 位於爪哇的安東薩里（Andongsari）研究站釋出，因而得名。每公頃最高可產 2.5 噸生豆，在爪哇與蘇門答臘很受歡迎。這支高產抗病又美味的姆咖啡，是 ICCRI 至今釋出供咖農栽種最成功的品種。

・Kartika = Catuai

這怪怪品種名稱是印尼文 Kopi Arabika Tipe Katai（矮株型阿拉比卡）的縮寫，其實就是巴西短小精幹的 Catuai。任何品種一進印尼多半會被本土化成

印尼以外咖啡族看不懂的名字。高產量的巴西 Catuai 1987 年引進印尼大受歡迎，隨後咖農發現此品種需大量施肥才能維持高產與品質，增加成本，加上印尼鏽病嚴重，目前僅有少量栽種。

・Cobra = Colombia + Brazil

我第一次看到印尼的 Cobra 品種名，以為與眼鏡蛇有關係，想太多了。原來此品種來自哥倫比亞與巴西，故以兩國的縮寫來命名。以東爪哇栽種最多，此間咖農說此品種耐旱抗病且風味佳，但究竟是哥、巴兩國的那個品種或兩國品種的混血，目前還不清楚。血緣不明的品種在印尼很正常。

・Rasuna － Catimor×Typica

數十年前蘇門答臘發現的卡蒂姆與鐵比卡混血品種。姆咖啡產量高，但種植 10 來年就必須更新，而鐵比卡產量雖低卻可維持數十年的產果生機，兩者混血的後代即可享有高產長壽的特性，雖然不是新品種但在蘇門答臘頗常見。

・Longberry － 血緣不明

豆身比巴拿馬藝伎更為瘦長，最早見於蘇門答臘北部的亞齊，2006 年印尼知名的瓦哈納莊園（Wahana Estate）引進到托巴湖附近栽種，此品種產果量低，易染鏽病，種植 7 年後才結果，據說花果韻不輸藝伎，但我喝過一次，風味一般，略帶木質調。印尼咖農懷疑此品種與衣索匹亞哈拉長身豆有血緣關係，但至今尚無確切的基因鑑定報告，血緣仍不明。

印尼申辦首屆 CoE，複雜品種有解方

長久以來印尼咖啡農習於各品種大雜燴一起種，常見 Tim Tim、Ateng、S795、USDA 762、Andongsari、Sigararutang、Sidikaland 等數個品種共聚同地塊，後製也一起處理，咖農的說法是混合栽植可分散風險，此理念迥異於拉美。印尼品種已夠複雜，又習於混合種植，亂上加亂。台灣之前也這麼做，近

10 年才分區種植，分開處理。

2019 年印尼原本要舉辦首屆 CoE，但因經費問題而取消，延至 2021 年 11 月，印尼才完成歷來第一屆 CoE，雖有助提高印尼精品豆的能見度，但是首屆印尼 CoE 品種欄仍是印尼慣用的寫法，諸如 Ateng、Gayo 1、Sigararutang、P88、Andungsari、Kartika、Cobra 等一般咖啡人很陌生且不習慣的品種名。

首屆賽事共有 26 支印尼精品 87 分以上，2022 年 1 月 27 日進行線上拍賣，冠軍出自亞齊的蜜處理 Ateng、Gayo 1、P88 混合豆，皆與姆咖啡有血緣關係。西爪哇（Jawa Barat 亦稱 West Java）是最大贏家有 9 支精品進榜，其次是亞齊有 6 支進榜。

期盼印尼血緣複雜的品種未來可透過 CoE 品種鑑定機制，理出個頭緒，

〔5-4〕印尼 2021 年 CoE 優勝咖農分數與產地分布圖

● 亞齊 ACEH

Dilen Ali Gogo 89.28

Roberto Bagus Syahputra 88.89

Drs Hamdan 88.46

Sabarwin 87.71

Zakiah 87.21

Dasimah Hakim 87.21

● 占碑省 JAMBI

Triyono 88.49

Mukhlis M 87.1

● 西爪哇 WEST JAVA

Ita Rosita 89.04

Yudi 88.58

Ahmad Vansyu 88.30

Muhammad Irwan 87.88

Saeful Hadi 87.76

Gravfarm 87.62

Enung Sumartini 87.62

Setra Yuhana 87.53

Santoso 87.22

● 東爪哇 EAST JAVA

Dandy Darmawan 88.75

Dinul Haq Sabyli 88.15

Wardoyo 87.72

● 峇里島 BALI

I Wayan Parum 87.69

東努沙登加拉省 NTT

Marselina Walu 87.16

● 南蘇拉維西 SOUTH SULAWESI

Daeng Halim 88.25

Daeng Balengkang 88.14

Samuel Karundeng 88.05

Indo Pole 87.68

在品種命名上亦可接軌國際，取代土法煉鋼的命名。若印尼經過 CoE 洗禮，順勢引入更先進的品種與栽植管理系統，這對玩家將是一大佳音。

| 其他產國重要品種 |

宏都拉斯新品種

· Parainema－Sarchimor T5296（經數代選育，綠頂，豆型尖肥，酸質明亮）

帕拉伊內馬是宏國 2010 年釋出的改良版姆咖啡，一洗卡蒂姆、莎奇姆魔鬼尾韻的污名，並奪下 2015、2017 年宏都拉斯 CoE 冠軍，是近年中美洲 CoE 優勝榜的常客。

Parainema 是近年的常勝品種，豆身尖肥

2015 年宏國 CoE 冠軍品種鬧出張冠李戴的笑話。早在 2010 年 Los Yoyos 莊園獲宏國咖啡研究院（IHCAFE）贈送抗病新品種「Pacamara」，幾年後買家前來欣賞該莊園的「帕卡怪胎」，因為豆型尖肥不像 Pacamara，反而更像藝伎，且檸檬酸質也不像 Pacamara。莊主很得意自家怪胎豆的風味，於是參加 2015 年 CoE，竟然奪冠。此事驚動 IHCAFE 趕來檢驗，發現原來是當年的筆誤，將贈給 Los Yoyos 的種子 Parainema 誤植為 Pacamara，這兩字容易看錯不小心誤寫。

Parainema 是 IHCAFE 和 CATIE 合作，對 Sarchimor T5296 進行多年選育

的成果，而 Sarchimor 前身是 Timor Hybrid CIFC 832/2 與 Villa Sarchi 混血的 hybrid 361（H361），即俗稱的 Sarchimor，1970s CATIE 引進後另編 Sarchimor T5296 品種代號，Parainema 是從這支姆咖啡多代選育出的抗病美味高產品種。

Parainema 是西班牙語複合字，para = against、nema = nematodes，帕拉伊內馬即抵抗根線蟲之意，是罕見的多抗品種，對根線蟲、炭疽有抗力，對鏽病有耐受度，花果味譜豐富，是喝來不像姆咖啡的姆咖啡。

・IHCAFE 90 － Timor Hybrid 832/1×Caturra

1990 年代 IHCAFE 釋出的抗病品種，但近年傳出抗鏽力已被真菌攻破，風味亦不如 Parainema。另外，IHCAFE 早年選育的另一支姆咖啡 Lempira 也面臨破功窘境，失去價值。

瓜地馬拉新品種

・Anacafe 14 －（Timor Hybrid 832/1 x Caturra× Pacamara），綠頂矮株

1981 年瓜國東南部奇基穆拉省（Chiquimula）的東方美麗花朵莊園（Bellas Flores de Oriente Estate）種了 Catimor 和 Pacamara，1984 年莊主發現兩品種不倫戀的混血咖啡，採下第一代種子分贈友人，並自力選拔。Anacafe 的研究員發覺此新品種有抗鏽耐旱力，進一步專業選拔，2014 年釋出供咖農種植。果子與豆粒近似碩大的 Pacamara，但 Anacafe 14 並非純系，不宜用種子繁殖。近年頻見 Pacamara 打進瓜國 CoE，仍未見 Anacafe 14 打進優勝榜。

尼加拉瓜新品種

・Marsallesa － Sarchimor 選育 7 代，純系品種，綠頂

親本為莎奇姆（Timor Hybrid 832/2 × Villa Sarchi CIFC 971/10），由尼國與

ECOM、CIRAD 合作，子代從 1990 年代開始自交，選育到第 7 代，耗時 25 年才育出純系的 Marsallesa，抗鏽，對炭疽有耐受度，可用種子繁殖。豆粒肥碩，酸質明亮，但仍有些許姆咖啡的澀感。2018、2019 曾打進墨西哥 CoE 優勝榜，是尼國近年育出的新品種。

哥斯大黎加神秘品種

• **San Roque** – 肯亞 **SL28** 變種，淡褐色頂葉

2018 以來，哥斯大黎加 Coe 榜單常出現一個罕見的品種 San Roque，經與當地咖啡農求證，原來是肯亞 SL28 的變種，最早出現在哥斯大黎加中部的 San Roque，故以之命名，味譜近似 SL28。

結語：基因鑑定、種子認證，刻不容緩

21 世紀咖啡產業面臨全球暖化、病蟲害加劇、產地減少、精品豆需求大增的多面向嚴峻挑戰，咖農如何取得有認證的抗逆境、抗病、高產又美味的新銳品種，將是咖啡產業能否永續飄香的關鍵。據 WCR 統計，未來 5 年全球有 40%以上老邁咖啡樹需汰換更新，提升產能。然而，目前有認證、具公信力的苗圃或苗商寥寥可數，無法提供足夠的基因純正、有活力的種子或幼苗，供咖農栽種以降低風險。

2020 年 WCR、CATIE、CIRAD 聯署發表的研究報告《DNA 指紋鑑定阿拉比卡品種及其對咖啡產業的重大意義》(Authentication of *Coffea arabica* Varieties through DNA Fingerprinting and its Significance for the Coffee Sector) 指出，近年從組織化、系統化研究機構釋出的新品種，其遺傳一致性的比率遠高於未系統化機構或一般未經認證苗商、莊園所釋出的品種。

基因鑑定，完全吻合 Geisha T2722 只占 39%

該研究指出，近年全球咖啡農搶種巴拿馬藝伎 Geisha T2722，但 WCR 收到 88 件申請鑑定 Geisha T2722 樣本中，「完全吻合」（Exactly match）其遺傳只占 39%；而遺傳「很接近巴拿馬藝伎」（Closely Related to Geisha Panama）占 24%；非藝伎遺傳的樣本達 37%。換言之，不完全吻合 Geisha T2722 遺傳的送驗樣本高達 61%。然而，不表示非純系的 Geisha T2722 風味一定不好，只要調控風味的基因未飄移，仍有可能發展出藝伎韻。

專家認為 39% 送驗樣本的遺傳「完全吻合」巴伎，此比率太低，但亦有專家認為，在欠缺認證的正常管道下取得巴拿馬藝伎的種子，此比率算高了，各家有不同解讀。

台灣尚未被驗出與 Geisha T2722 完全吻合的樣本

據我手邊資料，台灣幾家莊園的藝伎送驗結果，有些是「很接近巴拿馬藝伎」，也有些是「被污染藝伎」（Geisha Contaminated），更有不少被歸類為衣索匹亞地方種，以及中美洲波旁或東非品種。截至 2021 年 4 月，台灣送驗樣本尚未出現與巴拿馬藝伎「完全吻合」的案例！

反觀 WCR 收到 299 件尼加拉瓜與 ECOM、CIRAD 合作培育並由認證苗商釋出的新品種 Marsallesa，鑑定結果，遺傳一致性高達 91%，不吻合只占 9%！此品種是由咖啡貿易巨擘與法國研究機構合作開發，且苗商的育苗作業經過認證與嚴格規範，才保有如此高的遺傳一致性。

阿拉比卡異花授粉的能耐不容小覷

為何鑑定結果非純系 Geisha T2722 的比率那麼高，超出六成？主要原因是目前各國所種 Geisha T2722 都是從巴拿馬各莊園購入，而各莊園種有許多品種即使分區種植，亦可能透過風力或昆蟲雜交。雖然自花授粉是阿拉比卡的天性，但異花授粉比率仍達 10-15%。衣索匹亞森林內的阿拉比卡異花授粉比率更高達 50%。在一個種植 1,111 株咖啡的 1 公頃地塊，開花季節研究員竟然在 42 公尺外發現此地塊的咖啡花粉，阿拉比卡異花授粉的能力不容小覷。

人為因素也可能造成意外的雜交，比方品種標示錯誤、購入未經認證的種子、種子在莊園端已遭污染等。上述報告舉一個實例說明雜交優勢現象很容易造成嚴重的基因飄移後果。譬如一座莊園種有藝伎與波旁 2 品種，藝伎被波旁污染的比率低於 10%，莊主採收藝伎的種子，移至新地塊種植，雖然其中只有少數幾顆是波旁與藝伎雜交的 F1，其餘全是藝伎自交的種子，但咖啡成長後，雜交第一代健壯與高產量的搶眼性狀，莊主如果不察，很可能會挑選這幾株 F1 性狀具優勢的種子，即 F2 再播種到另一個藝伎地塊，結果造成遺傳歧異更大的混血藝伎群，原本想種純系巴拿馬藝伎的美意，竟演變成混血藝伎喧賓奪主的惡果，Geisha T2722 有可能因為基因飄移而逐年消失。

種子認證、基因鑑定，攸關產業大未來

為確保咖農買到遺傳性狀一致、具有活力的種子或幼苗，近年 WCR 大力推動優良苗商認證制，如果莊園或苗商育種方式經考核與基因鑑定，皆符合標準，即可獲得認證，以保障咖農買到的是基因純淨、無病、有活力的種子或幼苗，降低栽種風險。這對基因純度要求極高的新銳品種 F1 尤為重要。種子、幼苗認證制是方興未艾的新趨勢，這也是因應氣候變遷，提升咖啡產能刻不容緩的良策。

咖啡產業對種子品質的要求愈來愈高，2012 年以前，在國際植物新品種保護聯盟（UPOV）登記註冊接受保護的咖啡品種不到 20 個，但 2012 年以後大幅攀升，總數激增到 2018 年的 60 支（請參圖表 [5-4]），據 2022 年最新資料已增至 111 支，這表示 2012 年 WCR 成立以後，創新品種大增，各界對種子基因純淨度的意識高漲，而 UPOV 恰好提供一個新品種完善的資料庫，對育種家的權益也是一大保障。但相較於其他植物，咖啡品種申請保護的案件仍很低，光是西瓜已高達 700 個品種註冊受到保護。咖啡生豆每年出口額已突破 300 億美元，但圖表顯示 1999 年以前，並無咖啡品種註冊接受 UPOV 保護，這表示咖啡產業對創新品種的態度頗為消極，直到 2012 年才覺醒，相信未來還會持續躍增。

　　本世紀咖啡產業面臨極端氣候、病蟲害、可耕田銳減、精品豆需求大增的多面向挑戰。可喜的是新銳 F1 品種以及美味的衣索匹亞地方種開始盛行，但必須確保咖農拿到的是基因純淨的品種，因此種子認證制與基因鑑定是必要的把關利器，這攸關咖啡產業的大未來，不可不慎！

〔5-4〕受國際植物新品種保護聯盟保障的咖啡新品種數成長表

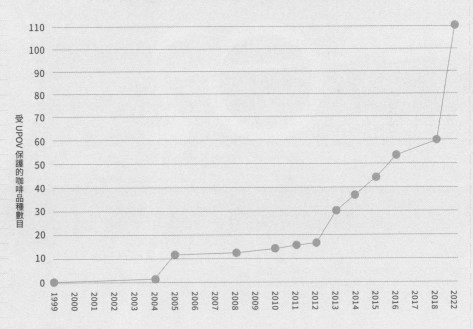

（＊資料來源：UPOV）

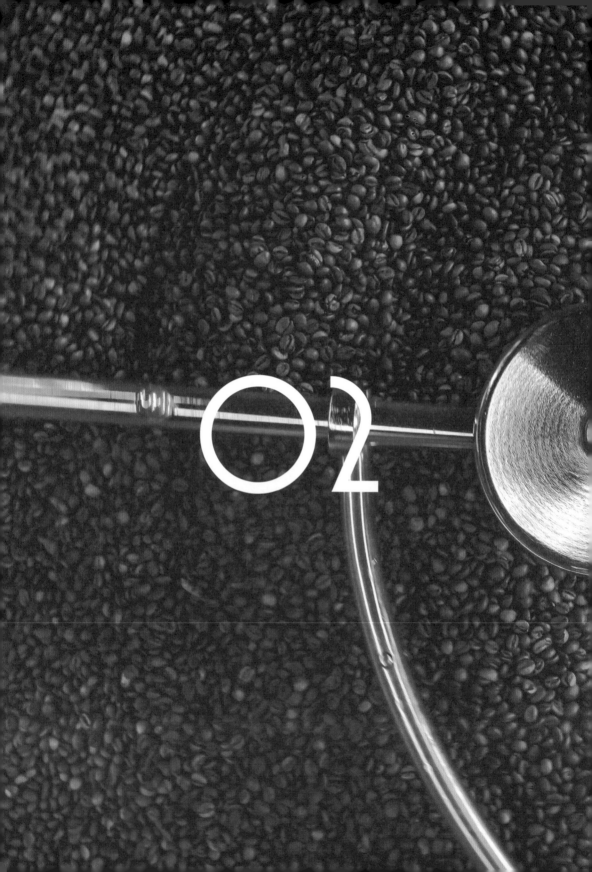

〔 第二部 〕

變動中的咖啡產地

氣候變遷、豆價波動危機接踵來襲，產地多樣性
與永續性備受威脅，經典咖啡產區，香消玉殞中！

第六章

板塊位移：重新認識
消長中的咖啡產地

　　二次世界大戰結束迄今半個多世紀，是精品咖啡飄香勃發的黃金歲月。非洲、拉丁美洲、加勒比海諸島以及亞洲日趨多元的產地，爭香鬥醇，好不繽紛。但令人憂心的是，全球暖化逐年嚴重，均溫上升，雨量失序，病蟲害肆虐，更糟的是，美國紐約的洲際交易所（Intercontinental Exchange，簡稱 ICE）阿拉比卡期貨價格（Coffee C Future 或稱 C Market）、國際咖啡組織綜合指標（International Coffee Organization Composite Indicator，簡稱 ICO 綜合指標），以及農場交貨平均價（Average Farm-Gate Price）走跌多年（2016-2020），多數咖啡農入不敷出，難以為繼。咖啡產地的多樣性與永續性，正面臨氣候變遷與豆價巨幅波動雙重夾擊，長此以往，將拉低咖啡品質，重則產地消失。這些都是第四波浪潮急迫解決的重大議題。

　　我們先從 300 多年來咖啡產地的起伏與消長談起，縱深了解產地的脆弱性與變動性。

｜咖啡產地的消長興衰｜

阿拉比卡發源於衣索匹亞西南部與肯亞、蘇丹交界的內陸高原區，14 世紀以前經由戰爭、奴隸或戰俘，將衣索匹亞咖啡種子越過紅海傳進阿拉伯半島西南端的葉門。西元 1600 年以後，歐洲海權強國西班牙、葡萄牙、荷蘭、法國和英國，在葉門發現饒富商機的咖啡，挾地利之便，葉門躍為全球唯一的咖啡出口國，壟斷咖啡貿易上百年。西元 1700 年以後，歐洲列強為了打破葉門的獨賣，遂將阿拉比卡移植到波旁島（今留尼旺島）、錫蘭（今斯里蘭卡）、印度、印尼爪哇島、加勒比海諸島和拉丁美洲的殖民地，一舉打破葉門的獨占。衣索匹亞雖為阿拉比卡原產地，但深藏東非內陸高原，交通不便凶險多，遲至西元 1800 年以後，衣國才開始出口咖啡謀利。

西元 1500 至 1700 年，亞洲、加勒比海和拉丁美洲尚無咖啡樹，非洲是唯一的咖啡產地，直到 1720 年以後，歐洲海權強國為了商業利益，大規模在各自的殖民地搶種阿拉比卡咖啡樹，咖啡開始有了不同風土與產地的多樣性，產量大增，促進咖啡普及化與產銷正常化。然而，1720 年以後的葉門咖啡產量仍低，價位亦高，很快就被物美價廉、新近崛起的波旁島、錫蘭、印度、爪哇、古巴、牙買加、巴哈馬、海地、多明尼加、波多黎各、馬丁尼克、瓜德路普、蓋亞納、蘇利南、巴西、哥倫比亞、瓜地馬拉、哥斯大黎加、薩爾瓦多、尼加拉瓜……等新世界咖啡取而代之。

就阿拉比卡而言，發源地衣索匹亞與緊鄰非洲的葉門，兩產地可歸類為非洲系統，屬於咖啡的舊世界；而亞洲、加勒比海諸島和拉丁美洲新興產地，可歸類為咖啡的新世界，崛起乃歷史之必然。

18 世紀中葉至 19 世紀中葉，加勒比海咖啡獨霸全球

新舊世界咖啡產量的消長，到了 1750 年以後更為明顯。工業革命之後，歐洲機械化工廠的大量勞工為了賺取更高工資，不惜延長工時，而養成喝

咖啡提神的習慣，歐洲咖啡市場需求大增。法國、英國、荷蘭、西班牙和葡萄牙為了提高加勒比海咖啡產量，從非洲引進黑奴到殖民地協助甘蔗與咖啡的栽種和收成。1788 年法國殖民地聖多明哥（今多明尼加首府）供應全球 50％的咖啡，加勒比海咖啡名噪一時。

　1830 年加勒比海諸小島的咖啡產量仍高占全球 40％，1750 至 1830 年間，加勒比海諸島取代非洲，躍為全球阿拉比卡最大產地，但全由壓榨黑奴的非人道方式種植出來。中南美洲緊追其後，產量也占了 30％以上，亞洲排第三，占了 20％以上。1500 至 1700 年不可一世的舊世界葉門咖啡，到了 1750 年以後，逐漸失去競爭力而走衰，等進入 19 世紀，非洲咖啡市占率跌幅更大，以 1830 年為例，非洲咖啡的全球市占率劇跌到只剩 2％（請參見圖表〔6-1〕）。

〔6-1〕18 世紀迄今，咖啡主要產地產量占比變動表

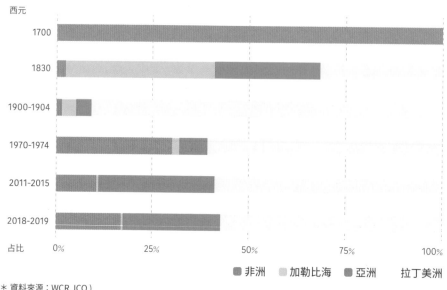

（＊資料來源：WCR, ICO）

　19 世紀中葉以後，亞洲咖啡產地爆發葉鏽病，1867 年錫蘭的阿拉比卡首度傳出葉鏽病，接著蔓延到印度、爪哇、蘇門答臘，亞洲咖啡產量銳減長

達數十年。荷蘭與法國從非洲引進抗鏽病的羅布斯塔，為亞洲屬地印尼與印度的咖啡園減災，而英國殖民地錫蘭則捨棄咖啡改種茶葉，此乃今日印尼與印度仍以羅布斯塔為主要咖啡作物，而錫蘭轉型為茶葉產國，英國因而從酗咖啡轉為茶飲的歷史要因。

20 世紀拉丁美洲崛起，稱雄至今

再回頭看看稱霸 18 世紀中葉至 19 世紀中葉的加勒比海產地，進入 20 世紀後，因幅員小，咖啡種植成本高，失去出口競爭力，產量占比跌破 5％，一蹶不振至今。而 20 世紀前半段，亞洲和非洲產量持續萎縮，全球占比都是個位數，1900-1904 年非洲產量重跌至只占全球 1％。

20 世紀初期，鏽病尚未擴散到拉丁美洲，地大物博的中南美咖啡，尤其是 1890 年以後的巴西咖啡，產量爆增且成本低，接棒成為咖啡市場的霸主；1900-1904 年拉丁美洲咖啡產量高占全球九成。然而，好景不常，1970 年巴西、哥倫比亞相繼爆發鏽病，拉丁美洲產量從之前的 90％ 占比，重跌了 30％ 以上，但仍然是全球咖啡市占率的龍頭。

有趣的是，非洲咖啡在這段時期逐漸復甦，養在深閨人未識，身懷抗鏽基因的衣索匹亞野生阿拉比卡，逆勢發功，並未受疫情太大影響，反而擴大出口，另外象牙海岸、安哥拉、烏干達等地的羅布斯塔大軍增產搶市，讓 1970 年代非洲咖啡的全球占比暴增到 30％，但此時期的亞洲與加勒比海持續萎靡不振。

21 世紀越南羅布斯塔神起

21 世紀越南咖啡崛起，拉抬亞洲咖啡的全球市占率。越南遲至 1857 年才由法國人引進咖啡，一路跌跌撞撞，咖啡栽植業發展不甚順利，又因 1955-

1975 年的越戰而停擺。直到 1986 年越南效法中國改革開放政策，允許私人企業，才為咖啡栽植業打了強心針，主攻抗鏽病的羅布斯塔咖啡產業。從 1990 ／ 1991 產季起，越南咖啡產量開始暴衝，產量從 78,600 公噸，躍增到 2018 ／ 2019 產季的 1,870,440 公噸，30 年內暴增 22 倍，其中 96％以上是羅布斯塔，羅豆產量高占全球 40％以上，是世界最大羅布斯塔產國，也是僅次於巴西的第二大咖啡產國。

近 10 年來越南、印尼與印度逐漸增產，讓亞洲咖啡的全球占比擠下非洲，成為僅次於拉丁美洲的第二大產地。我根據國際咖啡組織（International Coffee Organization, 簡稱 ICO）資料，算出 2018/2019 產季拉丁美洲產出阿豆與羅豆 102,811 千袋咖啡（617 萬噸），全球占比 60.15％居冠；亞洲產出 48,191 千袋咖啡（289 萬噸），占全球 28.19％居次；非洲產出 19,019 千袋咖啡（114 萬噸），占全球 11.13％排第三；加勒比海諸島產出 926 千袋咖啡（5.5 萬噸），占全球 0.52％殿底。近年全球四大主力產地的總產量排名，依序為 1.拉丁美洲、2.亞洲、3.非洲、4.加勒比海，此排序短期內不致有變動。

從圖表 [6-1] 可看出 300 多年來，非洲、亞洲、加勒比海與拉丁美洲產地的消長與興衰，其中以加勒比海與非洲的變動較大，而拉丁美洲與亞洲相對較持穩。原因很複雜，但不外乎咖啡出口競爭力、產國政局穩定性、土地開發政策、豆價太低、生產成本高、作物替代性、機會成本與氣候因素的交互作用。

產量劇跌最多的加勒比海諸島，對 50 歲以上的老咖友是個溫馨又浪漫的產地，牙買加藍山、波多黎各尤科精選（Yauco Selecto）、古巴、海地、多明尼加等海島咖啡，20 多年前產量較多，市面上很容易買到，但加勒比海諸島位於大西洋的颶風帶上，近年氣候變異，風災頻襲，重創各島的咖啡栽植業，昔日榮景難再現。1750 至 1850 年，加勒比海咖啡展露風華，稱霸全球，而今鉛華落盡，淪為邊緣產地，令人不勝唏噓。

葉門與哈拉，韶華將盡

舊世界葉門咖啡是盛年難再的經典。衣索匹亞雖然是阿拉比卡發源地，但最早商業化栽種咖啡，並將咖啡調製成提神飲料的，卻是葉門的蘇非教派。葉門國徽上的咖啡紅果與綠葉，無非提醒子民莫忘故有的咖啡國粹。

葉門也是我 30 年前首次嚐到驚豔的地域之味，是高辨識度的產地咖啡；猶記 1990 至 2000 年間，葉門咖啡雖然價昂貨稀，但台灣還是買得到挺棒的葉門豆，酒氣、亮酸、莓果、巧克力與甜感，非常迷人，美國星巴克也不定時販售 Ismaili、Mattari、Sanani、Hirazi 等經典葉門日曬咖啡。然而，最近 10 多年葉門咖啡幾乎絕跡，2019 年好友黃介吳邀我鑑賞將近 20 年沒喝到的葉門古早味 Mattari，欣喜滿懷，但一入口，滿嘴麻布袋與紙板味，呆板無趣，失望透了。葉門質量走衰，應與政局不穩、氣候丕變、乾燥少雨、良田改種利潤更高的咖特樹（Khat）有關，嚼食咖特葉片可提神並有麻醉效果，在葉門和衣索匹亞有廣大市場。數十年前葉門咖啡年產量還有上萬噸，但 2019、2020 連兩個產季年產量不到 6,000 公噸，產量有逐年下滑的趨勢。

葉門近年深陷內戰，由伊朗和美國扶持的兩大勢力對戰奪權，增加咖啡的產銷成本，咖農紛紛轉種更耐旱、一年數穫的咖特樹。而且葉門咖啡主銷沙烏地阿拉伯，以小豆蔻、肉桂和糖沸煮成濃烈的阿拉伯咖啡，對生豆品質要求並不高，使得昔日味譜乾淨豐富的經典葉門日曬豆，愈來愈罕見。

可喜的是，葉門還是找得到精湛處理的稀有美味日曬豆，2017 年旅美的葉門尋豆師摩卡塔‧阿坎夏利（Mokhtar Alkhanshali）精選批次獲美國 Coffee Review 97 分最高分評等。2019 年阿坎夏利冒著生命危險，從葉門帶出的精選批次，在 CoE 線上拍賣平台的協助下進行標售，杯測分數最高的 92.5 分微批次，以 199.05 美元／磅被中國玩家買走。

為了延續經典葉門咖啡的命脈，2020 年 7 月，阿坎夏利與 CQI 前任執行長大衛‧洛區（David Roche）、布特咖啡創辦人威廉‧布特（Willem

Boot），以及國際發展專家蘇珊‧柯寧（Susan Corning），聯手成立非營利的摩卡學院（The Mokha Institute），募資協助葉門咖農採用新農法、添購新設備，提升產量與品質，「振興葉門精品咖啡，催化葉門和平與穩定」是該組織的宗旨。阿坎夏利為了復興葉門咖啡的百年美譽，出生入死進出葉門尋覓精品豆的事蹟，被美國作家戴夫‧伊格斯（Dave Eggers）寫成膾炙人口的《摩卡僧侶的咖啡煉金之旅》（The Monk of Mokha）。葉門咖啡能否挺過激烈內戰、氣候變遷與咖特葉的三面夾擊？未定之天。

衣索匹亞東部經典的長身豆產區哈拉，也面臨相同情況。1980 年代至1990 年代，馳名世界的「馬標哈拉」（Harar Horse）是老咖友懷念至今的古早味，由於乾燥少雨，至今仍採日曬法，價位偏高。哈拉好壞參半的藍莓、草莓、豆蔻、丁香、葡萄、巧克力、酒氣與土腥味，時而令人驚豔狂喜，時而撕心裂肺，品質起伏是其特色。約莫 2000 年，在歐美貿易商協助下，馬標哈拉成為衣國諸多產區中最先採用高架網棚晾曬咖啡果，以提升乾淨度與花果韻，效果極佳。幾年後高架棚日曬技術才從哈拉傳到西達莫和耶加雪菲產區，造就日曬西達莫與耶加青出於藍的好風味，從而排擠了價位更高的哈拉日曬，這是哈拉產區逐漸式微的原因之一。

〔6-2〕咖特葉與咖啡豆在衣國首都阿迪斯阿貝巴的市價比較

美元 / 公斤

年　　份	2016-2017	2017-2018	2018-2019	2019-2020
咖 啡 豆	3	3.5	3.3	4
咖 特 葉	8	8.4	8.5	9

＊ 衣國為了增加咖啡出口，內銷咖啡價格比外銷貴

（＊ 資料來源：美國農業部）

打造馬標哈拉的衣索匹亞傳奇咖啡人奧格薩德伊（Mohamed Abdullahi Ogsadey）2006 年病逝，馬標走入歷史。他的外甥阿杜拉席（Rashid Abdullahi）接手後，更改商標為皇后市（Queen City），名氣與口碑大不如馬標。哈拉產區的殞落雖然與耶加、西達莫和谷吉日曬的崛起有關，但關

鍵因素在於哈拉產區乾燥少雨，年均溫逐年攀升，愈來愈不易種出好咖啡，許多咖農改種耐旱、利潤高的咖特樹謀生。最新研究報告預估哈拉產區將在 2050 年以前殞落消失，這是氣候變遷問題，將在第八章詳述。

| 咖啡產國實力消長排行榜 |

1990 年迄今 30 年來，全球那些產地向榮走強，那些向弱走衰？根據 ICO 近 30 年來的統計資料，我整理出市面上常見 19 個產地的咖啡產量消長數據（圖表 [6-3]），再據以繪製成產量走勢圖（圖表 [6-4]），方便比較主要產國近 30 年產量變動的趨勢。

圖表 [6-3] 的產國「10 年平均產量」係根據 ICO 與 USDA 對各產國每年產量的統計資料，核算出 1991-2000、2001-2010、2011-2020，每 10 年的平均產量。圖表中的「30 年增減幅」是比較各產國 1991-2000 與 2011-2020，30 年來產量的增減幅度百分比，如果增幅超出 100％，「產量趨勢」為勁揚，即該產國 30 年來向榮走強，小於 100％，為小漲；如果跌幅超出 30％，「產量趨勢」為大跌，即該產國 30 年來向弱走衰，小於 30％ 為小跌。

30 年內產量增幅最大的前六名產國依序為：越南增幅 468.4％、宏都拉斯 172.3％、秘魯 156.2％、尼加拉瓜 154.3％、衣索匹亞 136.2％、巴西 100.7％。跌幅最大的前六名依序為：薩爾瓦多跌幅 -64.3％、牙買加 -45.6％、泰國 -44.5％、肯亞 -43％、巴拿馬 -42.1％、哥斯大黎加 -39.6％。

前六大咖啡產國為：1. 巴西、2. 越南、3. 哥倫比亞、4. 印尼、5. 衣索匹亞、6. 宏都拉斯，其中只有哥倫比亞近年產量較之 1990s 年代仍小跌 -4.8％，至今尚未突破 1991／1992 產季逾 100 萬噸的高峰，但哥國從 2015／2016 產季已開始回神，產量突破 80 萬噸關卡，向 100 萬噸邁進，主因是 2008 年以來耗時費工的新一代抗鏽病品種替換完成，加上地理位置優越，並未受到全球暖化太大影響。

　　圖表 [6-4] 咖啡產國產量走勢圖，是依據圖表 [6-3] 數據繪製，最搶眼的是巴西和越南產量，像是一飛沖天到宇宙，睥視地表上被打趴的小不點產國。

〔6-3〕主要產國產量消長表

10 年平均產量
單位：公噸

產　國	1991/2000	2001/2010	2011/2020	30年增減	產量趨勢
巴西	1,650,558	2,369,550	3,312,336	100.7%	勁揚
越南	282,744	930,390	1,607,106	468.4%	勁揚
哥倫比亞	767,304	660,276	730,110	-4.8%	小跌
印尼	407,292	479,412	648,186	59.1%	小漲
衣索匹亞	178,380	294,222	421,344	136.2%	勁揚
宏都拉斯	128,850	186,600	350,868	172.3%	勁揚
印度	216,054	276,294	329,148	52.3%	小漲
秘魯	97,176	189,870	249,000	156.2%	勁揚
烏干達	168,684	176,694	239,016	41.7%	小漲
墨西哥	289,296	256,242	214,494	-25.8%	小跌
瓜地馬拉	247,008	236,028	217,740	-11.8%	小跌
尼加拉瓜	51,558	86,826	131,124	154.3%	勁揚
哥斯大黎加	154,644	111,624	93,402	-39.6%	大跌
薩爾瓦多	145,692	83,514	51,948	-64.3%	大跌
肯亞	82,644	45,936	47,088	-43%	大跌
泰國	74,148	53,136	41,133	-44.5%	大跌
盧安達	20,814	18,870	15,833	-23.9%	小跌
巴拿馬	11,940	9,264	6,913	-42.1%	大跌
牙買加	2,268	1,884	1,233	-45.6%	大跌

＊ 30 年產量增幅超出 100%，產量趨勢為勁揚；增幅低於 100% 為小漲；跌幅超出 30% 為大跌；跌幅小於 30% 為小跌。
（＊ 資料來源：依據 ICO、USDA 資料，核算編表）

〔6-4〕20個咖啡國產季產量曲線比較圖 1990/91 - 2018/19

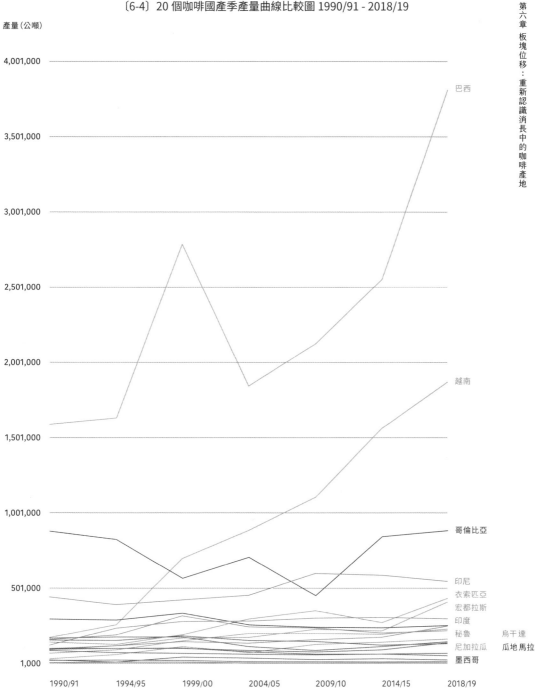

產量（公噸）

4,001,000

巴西

3,501,000

3,001,000

2,501,000

2,001,000

越南

1,501,000

1,001,000

哥倫比亞

印尼
衣索匹亞
宏都拉斯
印度
501,000
秘魯　　　　　　　　烏干達
尼加拉瓜　　瓜地馬拉
1,000　　　　　　　　　墨西哥

1990/91　　1994/95　　1999/00　　2004/05　　2009/10　　2014/15　　2018/19

產量爆增產國：巴西、越南、衣索匹亞、宏都拉斯、秘魯、尼加拉瓜
產量溫增產國：印尼、印度、烏干達
產量劇跌產國：哥斯大黎加、薩爾瓦多、巴拿馬、肯亞、泰國、牙買加
產量小跌產國：哥倫比亞、墨西哥、瓜地馬拉、盧安達

|產量過度集中五大國，不利產地多樣性|

18 世紀以來，四大產地的消長興衰，不會停止，強者更強，弱者更弱。然而，千禧年後，咖啡產量過度集中少數幾國的情況愈來愈嚴重。2018／2019 產季全球生產 170,973 千袋咖啡，產量首度突破 1,000 萬公噸大關，達到 10,258,380 公噸，創下歷來新高紀錄。不過，這耀眼的產量主要是巴西（全球產量占比 36.81％）、越南（18.23％）、哥倫比亞（8.1％）、印尼（5.5％）、衣索匹亞（4.5％）五國的貢獻，這前五大咖啡產國合計產量，高占全球 73.14％。而剩下的 26.86％ 產量由其他 60 多個小不點產國擠出，其中有很多產國的產量逐年下滑中：葉門、肯亞、薩爾瓦多、哥斯大黎加和加勒比海等咖啡族喜愛的產地，正面臨不可逆的窘境。

產量過度集中五大產國，一旦其中之一政局不穩、病蟲害爆發、乾旱缺雨，甚至風調雨順大豐收，都會嚴重影響全球咖啡正常供給，造成豆價大波動。咖啡強國可能挺得過豆價起伏，但競爭力薄弱的小產國，恐面臨被淘汰的命運。精品咖啡貴在產地、風味與故事的多樣性，任一產地殞落將是精品咖啡發展史的一大悲劇，亦非業界所樂見。

然而，千禧年後的挑戰更為嚴峻，全球咖啡產地正面臨兩大煎熬——豆價大幅波動與暖化加劇，連袂襲來，戕害咖啡產地多樣性與永續性。

第七章

豆價波動的
毀滅性危機

　　精品咖啡迷開懷爽喝每磅數十美元、甚至上百美元的「卓越杯」(Cup of Excellence，簡稱 CoE) 或「最佳巴拿馬」(Best of Panama，簡稱 BOP) 競標豆，創業募資平台數萬臺幣的玩家級插電烘豆機、磨豆機和萃取器材大熱賣，咖啡市場看似一片榮景；但很難想像，2016 年以來紐約阿拉比卡期貨以及 ICO 綜合指標[註1] 的生豆價格，每磅最低已跌到 1 美元（100 美分）左右，甚至下探到 0.9 美元，創下 15 年來最低紀錄。全球愈來愈多咖啡農的生產成本已高於賣生豆的收入，每日生活費低於世界銀行國際貧窮線非人道的 1.9 美元。

　　據美國哥倫比亞大學地球研究所（Earth Institute）資料，2016-2018 年尼加拉瓜、喀麥隆有高達 40% 以上的咖農，以及坦桑尼亞、獅子山共和國、哥斯大黎加有 20% 以上咖農，每日生活費低於 1.9 美元。商業級生豆價格長期低迷已嚴重影響咖農基本生計，並危及產地的永續經營。

　　豆價跌跌不休，不知伊於胡底。ICO 綜合指標從 2015 年 3 月，跌破 10 年平均價 137.24 美分／磅，2016 年以後跌幅加大，2019 年 7 月更跌逾 10 年平均線幅度高達 30％以上（請參圖表 [7-1]）。 2020 年 2 月新冠肺炎爆發，各大城市被迫封城，生豆出口不順，全球缺豆潮曾使豆價短暫揚升到 100-130 美分／磅。但巴西 2020 產季大豐收，消息一出，豆價再度挫跌。2020 年 6 月 16 日紐約阿拉比卡期貨跌至 94 美分／磅，2020 年 11 月，咖啡期貨仍徘徊於 94-130 美分／磅的 10 年平均線以下的低檔區。

〔7-1〕ICO 綜合指標跌破 10 年平均價 137.24 美分／磅的幅度超過 30%

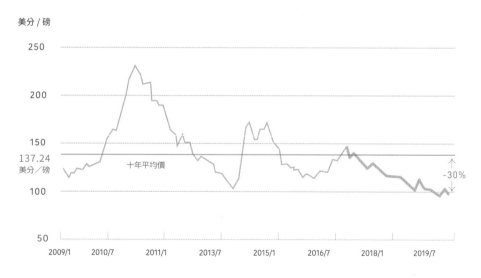

（＊ 資料來源：ICO）

咖啡價格三大系統

期貨價、現貨價和競賽豆線上拍賣價

1、國際期貨價

指紐約阿拉比卡期貨，以及倫敦羅布斯塔期貨。咖啡期貨價是一般商業級咖啡的定價基準。阿拉比卡在紐約的洲際交易所（Intercontinental Exchange），簡稱 ICE 交易，也就是俗稱的 C Market、C Price 或 Coffee C Futures。目前有 20 個產國咖啡在 C Market 交易。商業級（交易級）水洗阿拉比卡的品質標準有一定規範，不得有老豆惡味與日曬豆的酒酵味；350 克受檢生豆，一級瑕疵豆除了哥倫比亞水洗豆不得超過 10 顆外，其他水洗豆的一級瑕疵，不得超過 15 顆。

C Market 對商業級咖啡有一套鑑味與定價機制，品質符合基本標準的生豆以盤價交易，但對於品質超標的生豆即可獲得溢價交易；一般溢價幅度每袋 60 公斤可獲溢價 20 至 40 美元，如果是精品級生豆每袋 60 公斤可溢價 50 至 100 美元。譬如當日盤價每磅 110 美分，而經評鑑認可的精品級生豆獲得每袋 60 公斤溢價 100 美元優惠，表示每磅可獲得 75.76 美分溢價，即每磅以 185.76 美分交易。品質如不符標準則以折價交易。咖啡期貨最低交易單位 37,500 磅，即一貨櫃 17 公噸。主供配方豆、抽出液、即溶咖啡或即飲市場高用量市場，亦有些精品級生豆在此交易。羅豆則在倫敦交易。

2、國際現貨價

◆ **ICO 綜合指標**：此指國際咖啡組織（ICO）為哥倫比亞水洗（Colombia Milds）、其他水洗（Other Milds）、巴西日曬（Brazilian Naturals）、羅布斯塔（Robustas），在主要市場的碼頭報價制定的加權平均價。但 1989 年國際咖啡協議崩解後，此一指標僅供追蹤或研究用。商業豆仍以紐約阿拉比卡以及倫敦羅布斯塔期貨價為基準。

◆**國家現貨市場價：**即農場交貨價，買家以產國幣值的報價，直接給付咖啡農。舉凡直接貿易、Fairtrade、Fairtrade ／ Organic、Rainforest Alliance、UTZ、4C、Nespresso AAA、Starbucks C.A.F.E. Practices 等，經國際企業認證的莊園，均採此模式。一般會參考期貨盤價再往上溢價某個百分比或數十美分，對咖農較有保障。

3、拍賣競標價

杯測分數 85 分以上（2016 年後改為 86 分以上）的競賽豆，透過線上拍賣平台，供買家競標，價格無上限，一般以 3.5-5.5 美元／磅起標。CoE、BOP、Gesha Village 或各莊園自家拍賣會均屬此類。

｜低豆價不只是人道問題！｜

過往豆價長期走低，微薄收入難以養家，致使瓜地馬拉、薩爾瓦多、墨西哥、宏都拉斯的許多咖農棄守田園，伺機非法移民美國，為國際社會製造問題；據美國海關暨邊境保衛局資料，非法入境美國的最大單一來源是瓜地馬拉，2018 年 10 月至 2019 年 5 月，已有 211,000 名瓜地馬拉農民在美墨邊界被逮捕（請參圖表 [7-2]）。而引發瓜國移民潮的要因之一是國際豆價持續走跌，從 2015 年的 220 美分跌到 2019 年最低的 86 美分，跌幅逾 60 ％。瓜地馬拉咖啡農戲稱偷渡美國是為無法經營的咖啡園「注資」，等賺夠錢或豆價回穩後，再回國重拾舊業。

〔7-2〕豆價破底迫使瓜地馬拉咖農湧入美國找機會

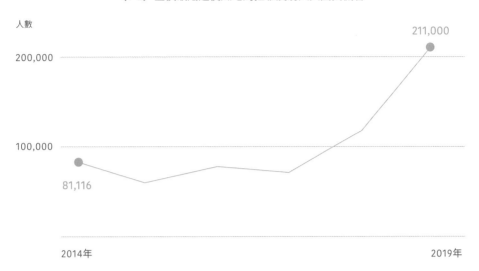

＊ 2018 年 10 月至 2019 月 5 月已有 211,000 名瓜地馬拉偷渡客在美墨邊竟被捕

（＊ 資料來源：美國海關暨邊境保衛局）

　　而哥倫比亞、玻利維亞因豆價跌破成本，被迫改種古柯樹的咖農增多，製造社會問題、徒增掃毒負擔。很多被遺棄的咖啡園無人管理，任其荒蕪，為鄰近苦撐的咖啡田帶來更難防治的鏽病、炭疽病與果小蠹等病蟲害問題。

　　咖啡農是精品咖啡的基石，如果咖農無法為市場種出飽含前驅芳香物的精品豆，少了優質原料，即便世界冠軍烘豆師或咖啡師也成就不了一杯好咖啡。全球暖化如同溫水煮青蛙，慢性折磨咖啡農；而跌破生產成本的豆價卻無日無夜急性煎熬全球 2,500 萬個咖啡農家庭。如果不早日解決低豆價危機，不需等到西元 2050 年氣候變遷摧毀大部分良田，精品咖啡的多樣性與永續性可能早已崩潰不存了。

　　全球咖啡產業鏈的銷售額超過 2,000 億美元[註2]，咖啡農只能獲得其中的 6％ -10％。豆價走低，影響全球上億以咖啡為生的人口，其中更有 80％是小農。2019 年 4 月，代表拉丁美洲、加勒比海和公平交易的咖啡農組織「小型生產者標誌」（Small Producers'symbol，簡稱 SPP）在美國波士頓集會，數

百名咖農高喊著:「每磅 0.9 美元,活不下去,我們要 1.4 美元。小農成全了咖啡企業,卻成就不了自己,我們不願長期被壓榨,繼續虧損下去!」

另外,SPP 的有機咖啡農也聯合發表一則《對國際咖啡市場正義的譴責與認知》,聲明中指出,每磅生豆只賣 0.9 美元對咖農是不人道的,有機咖啡每磅 1.4 美元根本不敷成本,至少要 2.2 美元以應付全家生計,咖啡產地也才可能永續發展下去。「**在紐約阿拉比卡期貨市場下單的人,都是全球暖化的幫兇;飢餓不是選項,被迫遷居的難民潮不是選項,全球暖化毀滅地球也不是選項,每百磅 *220* 美元的有機咖啡,可為更美好的世界開啟大門!**」

2019 年 9 月,世界第三大咖啡產國哥倫比亞有數百名咖農,齊聚波哥大的星巴克示威,咖農代表向國際媒體訴苦:「2014 年 C Market 每磅 2.4 美元,而今跌到 1 美元,此價格對多數哥倫比亞咖農只能勉強打平生產成本,無餘裕投資生產設備、買肥料或支付子女教育費。我身上的衣服還是親戚買給我穿的。」

哥倫比亞還打算跳過 C Market,另外建立新的定價機制,試圖聯合各產國成立類似石油輸出國組織(OPEC)的卡特爾來調控咖啡價格,並以此機構為豆價設定 2 美元/磅的最低底限,以及訂出各產國遵循的出口配額,控制供給量,讓產豆國對豆價有更大影響力,保障咖農收益。

註 1:ICO 綜合指標,以哥倫比亞水洗阿拉比卡(Colombian Mild Arabicas)、其他水洗阿拉比卡(Other Mild Arabicas)、巴西日曬阿拉比卡(Brazilian Natural Arabicas)、羅布斯塔(Robustas)在主要市場碼頭交貨的加權平均價計算。

註 2:據《無形資產在咖啡價值鏈的強力角色》(The powerful role of intangibles in the coffee value chain)論文中,估計 2015 年全球咖啡產業總營額 2,000 億美元,而各產國生豆出口總額 200 億美元,只占全球咖啡產業總營收的 10 分之 1。但全球咖啡產業總收額 2,000 億美元仍有低估之嫌,這與咖啡產業取樣的寬窄有關。據美國國家咖啡協會(National Coffee Association)估計光是美國咖啡產業 2015 年的總營收已高達 2,252 億美元。

哥倫比亞咖農並不孤單。2019 年 9 月 25 日，宏都拉斯總統葉南德茲（Juan Orlando Hernandez）在聯合國第 74 屆大會上，就豆價問題發表演講：「吾國在這兩年豆價劇跌中，損失了 4 億美元。請問消費大國的咖啡企業，你們支付咖農的價格公平嗎？豆價波動與極端氣候雙打擊，已迫使成千上萬農民離鄉背井，伺機偷渡美國尋找機會。」

產豆國的怒吼：ICO 已失能

豆價波動嚴重影響咖啡產業健全發展，ICO 於 2018 與 2019 年召集全球 80 名專家和 2,000 位咖啡產業人士，在肯亞奈洛比、紐約聯合國、羅馬和布魯塞爾研討生豆價格過低的諸多原因與解決之道。國際社會開始正視此問題的複雜性與公平性。2019 年 3 月，世界咖啡生產者論壇（World Coffee Producers Forum）在奈洛比召開，會後由哥倫比亞全國咖啡種植者聯合會（FNC）、巴西精品咖啡協會（BSCA）、非洲精緻咖啡協會（AFCA）、拉丁美洲咖啡栽植技術發展暨現代化區域合作計畫（Promecafe）、非洲羅布斯塔協會（ACRAM）、越南咖啡可可協會（VICOFA）、國際精品咖啡協會（SCA），連署發表《世界咖啡生產者論壇協調小組宣言》：

「長久以來，各界對永續議題只聚焦在環境與社會層面，而忽視生產者在經濟上的永續。紐約咖啡期貨合同做為一籃子相同品質阿拉比卡的定價基準，然而數十年來，業界普遍認為期貨價格已不夠支付咖啡農的生產成本，原因很多，包括對沖基金的投機行為，他們根本不了解或關心咖農的生計……咖啡產國和產業鏈參與者認為期貨合同並不是公平正義的咖啡定價機制，如果坐視咖啡農貧窮化，產業鏈的消費端將無咖啡可賣，無咖啡可喝……在咖農生計惡化成人道危機之前，期貨市場的洲際交易所絕不能置身事外……」

2020 年 7 月，瓜地馬拉宣布啟動退出國際國啡組織（ICO）的程序，以抗議該組織未能維穩國際咖啡價格。瓜地馬拉咖啡協會（La Asociación Nacional del Café，簡稱 Anacafé）主席理察多‧艾瑞納斯（Ricardo Arenas）說：「ICO

已失去功能，需要重整！」宏都拉斯咖啡研究院（IHCAFE）則抨擊：「低豆價已傷害咖農多年，ICO 不但瞎了還裝聾作啞，我們正考慮是否退出或調整與 ICO 的關係。」此風波是否擴大，值得關注，幸好各產國並不因新冠肺炎疫情未見好轉而停止為咖農爭取權益。

出口國慘賠，進口國大賺

根據 ICO 統計，1990 至 2019 年全球咖啡產量已從 93,230 千袋（5,593,800 公噸）暴增到 170,937 千袋（10,256,220 公噸），30 年來增幅高達 83.3％。而 2015 年以後，咖啡產國的生豆出口總值，已超過 200 億美元。德國的 Statista 資料庫公司估計，2019 年全世界咖啡產業的總營收高達 4,309.38 億美元[註3]。相較於上游產國 200 多億美元的生豆出口額，高達 4,109.38 億美元的超額價值是由下游咖啡進口國的烘焙廠、咖啡館、包裝廠、加工廠、通路商和品牌價值共同創造的，構成上游瘦下游肥的畸形產業鏈。

近 30 年來全球咖啡產業大幅增長，消費的成長動能主要來自中國、俄羅斯等新興經濟體，以及巴西、印尼、越南等主要咖啡產國躍增的咖啡消費量。而歐美日咖啡消費大國儘管人均消費量已達 4 公斤的高水平，但受到精品咖啡市場創新、便利性與新風味的激勵，諸如膠囊咖啡、冷萃咖啡、即飲咖啡、新品種，以及新處理法問世，拉動高價值的精品咖啡持續成長。全球喝咖啡人口逐年成長，咖啡消費量每年平均以穩健的 2.2％增長，咖啡的量體愈來愈大，看似雨露均霑，實者不然。

咖啡產業鏈的所有參與者在收益分享、風險承擔、資源取得、氣候變遷承受度和豆價走低耐受度，大不相同。最上游栽種咖啡的農友往往是風險

註 3：據 Statista 預估，2020 年因新冠肺炎疫情影響，全球咖啡產業收入將從 2019 年的 4,309.38 億美元，減少到 2020 年的 3,626.01 億美元。

最高，收益最低，也是最弱勢的一群，而咖啡進口國經常是創造高利潤的最大贏家。

每磅生豆的生產成本究竟多少？這是個不易精算的複雜問題，各國環境與成本結構不同，難有統一標準。但業界初步共的識是，中美洲阿拉比卡產國打平成本的價格在 1.2 美元／磅至 1.5 美元／磅的區間。至於巴西和越南，因生產效率高，成本低很多。如果紐約阿拉比卡期貨價跌到 1.2 美元／磅以下，很多咖農就會出現虧損，影響全家生計無力購買肥料、農藥或引進抗病品種，進而造成病蟲害失控，品質下滑，產量銳減，農友不堪長年虧損放棄咖啡改種其他作物，甚至鋌而走險非法偷渡美國，這是個惡性循環，重創了產地多樣性與永續性。

｜豆價問題的元凶｜

數十年前有一派經濟學家認為，適合種咖啡的土地有限，而且全球咖啡人口逐年成長，帶動需求增加，咖啡勢必供不應求，因此豆價長期走高將會是個常態。然而，近 30 年來的咖啡價格卻反常走跌，跌破專家眼鏡。為何全球咖啡消費市場如此暢旺，豆價仍長期低迷不振，原因如下：

豆價波動元凶之一：國際咖啡協議崩解

二次戰後，美蘇進入冷戰時期，美國擔心拉丁美洲與非洲產國因豆價太低不利民生經濟，而投入共產黨陣營懷抱。1962 年美國主導歐美日消費國與咖啡生產國達成咖啡出口配額協議，並簽署《國際咖啡協議》（International Coffee Agreement，簡稱 ICA），由產國與消費國協力維穩豆價，造福咖啡農，以免產國被赤化。此一控價機制由 ICO 執行，一旦咖啡期貨價跌破 ICO 制定的下限價，則緊縮各產國的出口配額，減少咖啡在國際市場供給量，來拉抬豆價；如果期貨價漲破 ICO 制定的上限價，則鬆綁各國的出口配額，

增加供給量以平抑豆價。此制度運作了 30 年，咖啡產國對豆價有更大的調控力，有助豆價維穩在較高檔區間，雖然增加咖啡農的收益，但歐美消費國就需容忍較高昂的豆價。這在美蘇冷戰時期有其必要性。

然而，1983 年美國精品咖啡協會（SCAA）成立後，歐美對水洗阿拉比卡的需求大增，因此要求 ICA 縮減巴西和非洲羅布斯塔的出口配額，以增加中美洲和哥倫比亞阿拉比卡的配額，引起巴西和非洲羅豆產國不滿。巴西咖啡產量有 30 ％ 來自羅豆，1989 年巴西為了維持原有的咖啡市占率，悍然退出行之多年的 ICA 配額機制，並宣稱：「巴西是高效率產國，沒有 ICA 配額的調控，照樣能存活下去！」1989 年實行將近 30 年的 ICA 破局，咖啡出口配額制度瓦解，各產國為了擴大全球市占率，競相增產搶市，成為往後數十年豆價走低的導火線，但好處是歐美日消費大國享受到更廉價的咖啡豆。

1989 年 ICA 配額制度崩解後，開始步入低豆價時代，30 年來折騰無數咖啡農。1962-1989 年間強力執行的出口配額制，ICO 綜合指標的 30 年平均價接近 3.9 美元（請參圖表 [7-3] 左上綠線），但對比 1989 年出口配額制破局後，豆價失去調控機制，1990-2020 的 30 年平均價跌破 1.5 美元（請參圖表 [7-3] 右下綠線），即配額制崩解後的 30 年間，國際咖啡價比協議崩解前劇跌 61.5 ％。

這也難怪哥倫比亞有意協調各產國成立咖啡卡特爾機構，執行類似 1962-1989 年間的出口配額制，並設定豆價的上下限以及庫存機制，使豆價不因大小年、天災、病蟲害、豐收或欠收而大幅波動，確保咖啡農的收益。但此穩價機制若沒有歐美消費國配合，恐窒礙難行，目前雖在倡議中，但一般預料歐美重回昔日高昂豆價的意願不高。

〔7-3〕國際咖啡協議配額制崩解前與崩解後的阿拉比卡期貨價走勢

美元 / 磅

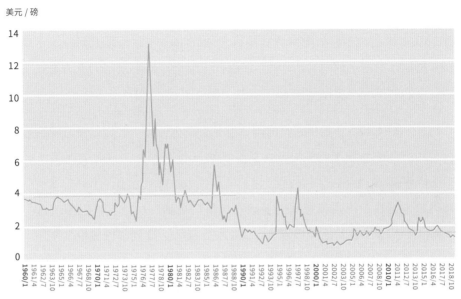

（＊資料來源：世界銀行經美國消費者物價指數調整後的阿拉比卡 60 年來走勢）

豆價波動元凶之二：巴西與越南大增產

1989 年 ICA 配額制度崩解後，巴西與越南如脫韁野馬大幅增產，是助跌豆價的禍首。數據會說話，根據研究報告《確保咖啡生產的經濟可行性與永續性》（Ensuring Economic Viability and Sustainability of Coffee Production），1995 年巴西加上越南產量僅占全球的 21 ％，但到了 2017 年，巴、越已合占全球產量的 46 ％。更令人驚訝的是 1995 年至 2017 年的 22 年間，全球咖啡增產 370 萬噸，其中高達 83 ％是巴西和越南貢獻的。

該研究報告 2019 年出版，引用 1995 至 2017 年稍舊的資料。我改用 1990至 2019 產季較新的資料來算，30 年來全球增產了 466 萬噸生豆，其中高達84.3% 是由巴西和越南貢獻的[註4]。這表示全球咖啡產量過度集中巴、越兩大產豆巨獸的趨勢愈來愈嚴重，只要兩巨頭之一欠收或豐收，都會加劇咖啡市場的波動。30 年來越南產量增加 400% 以上，令人咋舌，巴西也增產了

100％。以每公頃單位產量論，越南成長了 100％，巴西增長了 40％。

　　雖然越南產量增幅最大，但阿拉比卡產量仍少只占越南總產量 3.5％，其餘 96％以上全是羅豆，越南羅豆高占全球的 40％左右。越南阿拉比卡年產僅 6 萬噸，約占全球阿拉比卡 1％，因此影響全球咖啡價格的能力遠遜於巴西；巴西阿拉比卡高占全球 40％左右，羅豆占 25-30％。

　　巴西、越南咖啡多半種在平原區，擅長企業化生產，機械化灌溉與採收，並選用抗病的高產量品種，成本遠低於坡陡谷深需人工採收的哥倫比亞和中美洲產國。C Market 與 ICO 綜合指標跌到 100 美分／磅，不同於其他產國咖農賠本賣豆，巴西與越南的多數咖啡農仍可獲利。尤其是巴西巴希亞州（Bahia）西部的路易斯愛德華多（Luis Eduardo），高效率機械化生產技術，世界之最，是巴西咖啡所有產區的獲利王。

　　巴西有兩大操作法寶，獨步全球：一是咖啡田彈性休耕或啟用；二是巴西貨幣黑奧（Real）貶值，這兩大殺手鐧，助巴西調控產量與豆價無往不利！

　　全球阿拉比卡栽植地可分為「巴西田」與「世界其他咖啡田」兩大部分。「巴西田」廣達 27,000 平方公里（2,700,000 公頃），包括非機械化低產量的栽植場以及全機械化高產量栽植場，相輔相成。因此巴西因應價格波動，保有最大的供給彈性。當巴西預見國際豆價步入低迷期，即可暫時閒置或封閉產量低、成本高的非機械化咖啡田，全面改以高效率、高收益的機械化咖啡田生產，提升價格競爭力。若預估未來豆價大漲，巴西即可啟封效率較低的非機械化咖啡田，配合機械化咖啡田全力增產，拉高全球市占率。

註 4：根據 ICO 各產國歷年產量資料核算。相關數據如下：1990 年全球產量 5,593,800 噸、2019 年全球產量 10,256,220 噸、1990 年越南產量 78,600 噸、2019 年越南產量 1,870,440 噸、1990 年巴西產量 1,637,160 噸、2019 年巴西產量 3,775,500 噸。

每當國際豆價回升，巴西可迅速增產的能力使得高豆價不易長久維持，也苦了其他產國。

　　巴西咖啡農可分為 3 種：耕地小於 5 公頃為小農，占咖農總人數 75％；耕地大於 10 公頃為中農；耕地超過 100 公頃為大農。中農與大農貢獻的咖啡產量高占巴西的 62％，另外中農和大農多屬高效率的機械化科技咖啡田，每公頃平均單位產量逾 3 公噸，最高甚至超過 8 公噸，數倍於哥倫比亞或哥斯大黎加。根據荷蘭國際合作銀行（Rabobank）估計，巴西咖啡的生產成本至少比拉美其他產國低 30％以上。

　　巴西以外的「世界其他咖啡田」不論在好行情或壞行情時期，都很難和「巴西田」彈性的投產能力相抗衡。因為其他產國的阿拉比卡耕地有限，多半位於陡坡或山麓，無法機械化生產，碰到好行情，已無多餘土地投入生產，只能提高單位產量或提升品質來增加利潤，但這不是臨時抱佛腳辦得到的；一旦遇到低豆價時期，這些產國並無封閉低效率咖啡田的機制，只好坐視咖農長期虧損。

　　另外，這 30 年來巴西貨幣黑奧的走勢和豆價成強烈正相關，黑奧貶值則國際豆價走低，黑奧升值則豆價走高。黑奧走疲多年，也是造成豆價走跌的元凶之一。黑奧對美元貶值，使得美元計價的咖啡更為便宜，刺激國際消費量，也激勵巴西咖農增產，提高出口量與全球供給量，進而拉低豆價。國際豆價何時止跌仍需看黑奧的臉色。

｜豆價和疫病｜

　　過去 30 多年，中南美洲葉鏽病的爆發時間，都發生在豆價走低之後。這絕非巧合，是有明顯因果關係；原因不難理解，每當豆價步入低迷期，咖農獲利減少甚至賠錢，就會縮減田間管理的開支，諸如少施肥、少用藥、少雇工、少修剪枝幹等防治措施，如果當局紓困措施太慢，很容易引爆疫情。

　　圖表 [7-4] 為「1984 至 2013 年鏽病與豆價關係」，哥倫比亞在 1987-1988 年、哥斯大黎加 1989-1990 年、尼加拉瓜 1995-1996 年、薩爾瓦多 2002-2003 年、中美洲 2012-2013 年爆發疫情，都發生在豆價探底階段。另外，2008-2011 年豆價開始攀升，但哥倫比亞卻爆發嚴重鏽病，原因出在持續反常降雨，農藥大漲，咖農買不起。可見咖農經濟活力的強弱，攸關病蟲害的防治效果。

　　值得留意的是，1970 年代巴西爆發嚴重鏽病以後，巴西就很少再傳出嚴重疫情，主因是 1980 年以後巴西培育出許多高產量、高抗病的混血品種，鏽病對巴西咖啡的危害程度相對較輕，別國鬧鏽病，巴西卻發豆荒財，全力增產補足其它產國的減產缺口，巴西依然獲利不敗。

〔7-4〕豆價波動與葉鏽病的關係：鏽病均發生在低豆價時期

美元／百磅

哥倫比亞　哥斯大黎加　尼加拉瓜　薩爾瓦多　哥倫比亞　中美和墨西哥

葉鏽病時期　　ICO綜合指標價格　　ICO 其他水洗阿拉比卡價格

（＊資料來源：
（1）ICO
（2）《The coffee rust crises in Colombia and Central American (2008-2014)：impacts, plausible causes, and proposed solutions.》)

| 新冠肺炎、天災來襲，生豆短缺 |

咖啡豆供過於求，豆價從 2016 年走空 5 年，多數產國已賠本數年，並將矛頭指向巴西幣黑奧貶值政策，從 2012 年 1 黑奧兌 0.524 美元貶到 2022 年最低的 0.175 美元以提高出口競爭力與全球市占率。巴西數十年來大量培育高產量高抗病力的新品種，短期內不必奢望巴西減產，除非遇到不可抗力的天災。中美洲諸多產國的期待，竟成為事實；2020 年新冠肺炎肆虐全球，接著 2021 年巴西又遭到 90 年來最嚴重天災，全球咖啡產銷出現罕見的緊縮與脫序，豆價應聲飆漲，咖啡市場終於迎來久違的牛市。

2021-2022 年全球短缺 18 萬噸生豆

2020 年 2 月新冠疫情席捲全球，各國的封城政策持續數月，嚴重影響咖啡館生意，雖然熟豆、掛耳或膠囊咖啡等可買回家自己泡的產品業績上揚，但畢竟封城會導致多數人收入減少，不少專家預估全球咖啡消費量因此銳減，又會加重豆價跌勢，2020 年紐約期貨每磅低徊於 94-129 美分之間。但禍不單行，反聖嬰現象發威，巴西 2021 年 1 至 3 月的夏天本是重要雨季，卻鬧嚴重旱災；接著 7、8 月冬季，阿拉比卡主產區米納斯州又遭逢數十年不曾有的霜害，全球最大咖啡產房一年內竟發生兩大天災！因而預警 2022 年全球咖啡供應量吃緊，紐約阿拉比卡期貨從 2021 年 3 月起漲，揮別熊市，2022 年 2 月漲到最高的每磅 258.53 美分，漲幅更高達 175％。然而各產國咖農的成本隨著工資、肥料、運費上揚而大幅增加，期貨雖大漲，但他們的獲利未必增加。

2022 年 3 月國際咖啡組織（ICO）最新報告指出，2021 年 10 月至 2022 年 9 月最新產銷季，全球將短缺 3,128 千袋咖啡生豆（187,680 噸），因為 2021 年巴西天災減產拉低 2022 年全球咖啡供給量，估計只有 167,170 千袋，同一產消季的全球咖啡消費量預計高達 170,298 千袋，也就是 2022 年全球咖啡將

短缺 3,128 千袋，這是自 2008-2010 年以來，全球首度出現供不應求的咖啡赤字（請參見下表）！

〔7-5〕2017-2021 年產銷季全球咖啡供需餘額表

單位：千袋

產銷季	2017	2018	2019	2020	2021	增減% 2020-2021
產　量	167,806	170,195	168,902	170,830	167,170	-2.1%
阿拉比卡	98,128	99,855	97,014	101,157	93,970	-7.1%
羅布斯塔	69,678	70,340	71,889	69,674	73,200	5.1%
消費量	160,006	166,730	162,998	164,865	170,298	3.3%
出口國	48,586	49,423	49,370	49,967	50,322	0.7%
進口國	111,421	117,307	113,629	114,898	119,975	4.4%
餘　額	7,799	3,465	5,904	5,965	-3,128	

＊ 2021 產銷季指 2021 年 10 月採收後製結束，出口銷售至 2022 年 9 月的年度
（＊資料來源：ICO 2022 年 3 月全球供需餘額報告）

2022 年 3 月 ICO 的研究報告，巴西 2021 年連遭兩大天災而拉低全球供應量並不令人驚訝，最大亮點是 2021-2022 年世界咖啡消費量將增長 3.3％，因而出現 10 多年來罕見的咖啡餘額赤字，這可能跟歐美逐漸步出疫情困境，報復性消費有關。

｜豆價波動的解藥｜

穀賤傷農，米貴傷民；咖啡價格基本上是供需問題，產量爆增，超出需求，豆價下跌苦了咖農。產量銳減，供不應求，豆價揚升，樂了咖農，苦了消費大眾。然而，豆價長期跌破多數咖農的成本價 1.2 美元／磅，會迫使競爭力較弱的產地放棄咖啡，改種其他作物，如坐視不管任其惡化，咖啡產量終將集中在少數幾個競爭力超強產國，致使產地多樣性消失，地域之味與品質朝向單一化發展，產地不再繽紛浪漫，這絕非精品咖啡界所樂見。

各消費國與產國，能否依據生豆品質與成本，定出一個合理價格帶，讓咖農樂於永續經營下去且消費者又願意買單？這是個複雜又迫切的議題，數十年來仍無解藥，但有幾個方向可供思考。

棄商業豆！改種高檔精品豆？

既然多年來商業級生豆供過於求，C Market 跌破咖農生產成本，那為何不全力生產價格無上限，杯測 86 分以上的高檔精品豆，甩脫商業豆的泥沼？這是個不切實際的想法，因為競賽版高檔精品豆製程繁複、成本高、產量極稀，不超過各國生豆產量的 0.03 ％！

國際咖啡價格分為期貨價、現貨價與拍賣價三大系統，期貨市場的商業級生豆品質普通，價位最低，卻是各大烘焙廠配方豆必備的基本原料，諸如 Colombian Supremo、Guatemala SHB、Brazil Santos 等，皆屬此等級，產國將商業級生豆混合在一起，麻布袋上不會標明生產的莊園名稱。

另一個比商業級高一等，主打公平交易、永續生產、友善環境等國際認證咖啡，以及未透過期貨市場，直接到產地獵豆與咖農交涉買豆事宜，這類的生豆品質較佳，多半是 80-84 分的精品級，標有生產履歷，每磅價格會參考 C Market 盤價，再往上溢價某個百分比，或每磅再多加 5 美分至 2 美元不等，視品質、產量與雙方議價而定。

以星巴克為例，各莊園的生產方式如果取得星巴克「咖啡與農民公平實踐」（Coffee And Farmer Equity ［CAFE］ Practices）的認證，諸如勞工雇用、水土保持、品質等要項符合規範，星巴克每磅生豆以高於 C Market 30 美分溢價採購。另外，2011 年以來，公平交易採購瓜地馬拉咖啡的最低價格為 1.6 美元／磅，均高於 C Market。

再來看看哥倫比亞知名的精品豆貿易兼獵豆公司 Caravela Coffee 的做法，咖啡農送來的帶殼豆經脫殼、烘焙與杯測，分數 83 分以上，至少溢價 C

Market 50 美分以上收購，杯測分數愈高，採購價就愈高；但 83 分以下則不予收購。一般而言，該公司向咖農收購的價格會比期貨價高出 2 至 3 倍，讓苦心栽種精品豆的農民有應得利潤。

然而，像 Caravela Coffee 這類友善咖農的公司畢竟不多。C Market 如果長期跌破 1 美元／磅，一般精品豆的價格也會因溢價基準被拉低而壓縮咖農利潤，甚至賠錢亦有可能。最有保障的是競賽優勝豆的拍賣會，不受期貨價波動的影響，競標價無上限。

高檔精品豆的價格如同絕緣體，不但未受 C Market 影響，還迭創新高，2018 年哥斯大黎加 CoE 42 支優勝豆的線上競標，奪冠的蜜處理藝伎以 300.09 美元／磅成交，此紀錄截至 2021 年還未被 CoE 各國賽豆的成交價打破。該年入榜的哥斯大黎加前 36 名優勝豆拍賣加權平均價 21.69 美元／磅，創下 CoE 1999 至 2019 年來的最高。

2020 年 6 月衣索匹亞首屆 CoE，冠軍西達馬日曬豆線上拍賣價 185.1 美元／磅雖未創下 CoE 最高價，但前 28 名競標豆的加權平均價 28 美元／磅，以及拍賣總金額 1,348,690 美元，雙雙創下 CoE 歷來新高紀錄。

BOP 藝伎組優勝豆的線上競標更是創高價能手，從 2004 年翡翠莊園藝伎初吐芬芳，創下的 21 美元／磅，到 2019 年艾莉達慢速乾燥厭氧發酵藝伎（Elida Geisha ASD）每磅飆至 1,029 美元；2020 年索菲亞莊園的水洗藝伎每磅飆破 1,300 美元，再締新猷。相較於一般商業豆頻頻跌破每磅 1 美元，高檔精品豆與一般商業豆的價差可逾千百倍。

一般大宗商業咖啡豆，喝不出差異，辨識度不高，那一國生產並無差異。然而，CoE 與 BOP 競賽豆，以打破陳規的銷售模式，經過初賽、複賽，決賽勝出，榮登線上競標的優勝豆，其杯測分數至少 86 以上，乾淨度、酸甜震、花果韻、豐厚度、咖啡體與甜感，鮮明悅口，不同於一般呆板、平淡、苦口的商業豆。物以稀為貴的競標豆，很容易吸引大批買家參與競標，再

貴也有人買單。

　　然而，高階精品咖啡千挑萬選的製程極為費工。我細算過，如以 2020 年首屆衣索匹亞 CoE 標售的前 28 名 86 分以上的優勝豆為例，總共只有 22 噸，約占衣索匹亞 2019-2020 年總產量的 0.005％；而 2018 年哥斯大黎加 86 分以上 CoE 優勝豆競標，總共才 12.6 噸，約占總產量的 0.013％。可以這麼說，杯測 86 分以上，精心栽種、後製與篩選的競賽版精品豆，產量不超過各產國的 0.03％，是萬中選一為比賽而產，無法大規模生產。

　　重點是高階精品豆的產製成本遠高於商業豆，產量極少，因此行情低迷時莊園所賣出中階與高階精品豆賺到的錢，往往不足以彌補產量最大商業豆的虧損。脫商業化、提高一般精品豆占比，拉高收益是個方向，但不計成本全力生產 86 分以上高階精品豆，並不實際。如何提高商業豆、一般精品豆的品質以及莊園知名度，增加農場交貨的議價空間，是個不錯的方向。

精算各產國成本，避免窮者更窮

　　這兩年 ICO 與咖啡產業人士頻頻會商，檢討現行商業豆定價與銷售模式對咖農是否公平。雖然 CoE 與 BOP 模式確實可為咖農創造可觀利潤與無價的商譽，但只有極少人得利，大部分咖農的收益仍與 C Market 盤價成正相關，雖然期貨市場為商業豆的價格定了標準與方法，但期貨買空賣空，投機性高，跌破咖農的生產成本，也得認賠賣豆，這對產業鏈弱勢的咖農是個難以永續經營的定價機制。

　　生產 1 磅咖啡的成本是多少，很多咖農還搞不清楚。咖啡產地的永續性始於了解生產成本與影響成本的諸多變因，掌握這一切，永續生產才有可能性！

　　近年不少專家提出新主張，聘請國際公正精算師，評估固定與變動成本，算出各產國、各產區新產季的生產成本，訂定出各產區每磅的最低下限價，

一旦期貨價跌破各產區的下限價，仍以下限價成交，以保障咖農的基本收益與產地的多樣性與永續性。

由於各產區成本結構不同，精算咖農的生產成本極為複雜，ICO 幾年前已著手精算 2015-2016 年產季哥倫比亞、宏都拉斯、哥斯大黎加商業豆的成本價。結論如下：

哥倫比亞農場交貨價如果達到 1.65 美元／磅，75%咖農可打平生產成本

宏都拉斯農場交貨價如果達到 0.93 美元／磅，75%咖農可打平生產成本

哥斯大黎加農場交貨價如果達到 1.43 美元／磅，75%咖農可打平生產成本

然而，該產季這三國的實際農場交貨平均價如下：

哥倫比亞 1.19 美元／磅

宏都拉斯 0.88 美元／磅

哥斯大黎加 1.25 美元／磅

數字會說話，這 3 個拉丁美洲重要產國在 2015-2016 產季的農場交貨平均價並無法讓 75％的咖農獲利，這表示大多數咖農賠本賣豆。

另外，2019 年哥倫比亞的 Caravela Coffee 為哥倫比亞、厄瓜多爾、秘魯、瓜地馬拉、尼加拉瓜、薩爾瓦多等六國的小農，設定擁有 3 公頃咖啡田，每公頃植株 4,500-5,500 棵，每公頃年產 25-30 袋／ 60 公斤的帶殼豆，每年有 15％田地休耕的栽種條件，依據行政管理費、採收、剪枝、施肥勞工費、肥料農藥支出費、設施費、水電費、休耕、貨幣升值或貶值等要項，精算出這六國 2019 年生產一磅帶殼豆的成本，對照該年期貨市場每磅價格，發現只有尼加拉瓜有可能獲利，其餘五國的小農都賠本賣豆。（請參見圖表 [7-6] 與利潤率的演算）

〔7-6〕2019 年中南美 6 國每磅帶殼豆生產成本

美元／磅

	哥倫比亞	厄瓜多爾	尼加拉瓜	秘魯	瓜地馬拉	薩爾瓦多
行政管理費	0.42	0.7	0.24	0.41	0.51	0.44
採收勞工費	0.43	0.65	0.31	0.50	0.41	0.40
專職勞工費	0.07	0.16	0.11	0.11	0.17	0.02
肥料農藥費	0.20	0.32	0.20	0.21	0.22	0.28
設　施　費	0.06	0.06	0.18	0.03	0.06	0.08
休　耕　費	0.01	0.02	0.02	0.02	0.03	0.06
總和	1.19	1.91	1.05	1.28	1.40	1.28

（＊資料來源：Caravela Coffee）

　　2019 年 C Market 徘徊在 129.7 美分／磅至 91.85 美分／磅區間，由於豆價每日在變，我們姑且以均價 110 美分／磅，做為售價，方便計算利潤率。

利潤率 = [（銷售收入 - 生產成本）÷ 生產成本] x 100

・銷貨收入 110 美分／磅

・哥倫比亞生產成本 119 美分／磅

・厄瓜多爾生產成本 191 美分／磅

・尼加拉瓜生產成本 105 美分／磅

・秘魯生產成本 128 美分／磅

・瓜地馬拉生產成本 140 美分／磅

・薩爾瓦多生產成本 128 美分／磅

哥倫比亞利潤率 = [（110-119）÷119] x 100 = -7.56％

厄瓜多爾利潤率 = [（110-191）÷191] x 100 = -42.40％

尼加拉瓜利潤率 = [（110-105）÷105］x 100 = 4.76％

秘魯利潤率 = [（110-128）÷128］x 100 = -8.59％

瓜地馬拉利潤率 = [（110-140）÷140］x 100 = -21.43％

薩爾瓦多利潤率 = [（110-128）÷128］x 100 = -14.06％

　　如果每磅生豆的生產成本高於售價，所算出的利潤率為負數，表示賠錢賣豆，以上 6 國只有尼加拉瓜的利潤率為正數，因為尼國的行政管理費與工資較低。

　　雖然尼加拉瓜的利潤率 4.76％，並不賠本，但 Caravela Coffee 的研究指出，小農的利潤率至少要 30％以上才有餘裕支付養家的基本開銷，諸如子女教育費、健保費和足夠的食物；如果利潤率低於 30％，咖啡栽植業很難永續經營下去。

　　至於農場交貨的中階精品豆，情況也好不到那去，如前所述 2011 年以來公平交易給付瓜地馬拉生豆價為 1.6 美元／磅，但這是支付給瓜國的出口公司，咖農實際上只拿到 1.2 美元／磅。根據瓜地馬拉咖啡協會（ANACAFE）精算出的瓜國咖農平均每磅生豆的成本為 1.93 美元，這也比 Caravela 算出的 1.4 美元高出 53 美分，這是因為 Caravela 採樣較窄，僅以擁有 3 公頃咖啡田的條件來算，而 ANACAFE 則將 3 公以下的小農也算進去，耕地愈小成本就愈高。

　　另外，瓜地馬拉莊園通過星巴克「咖啡與農民公平實踐」認證，星巴克每磅以高於 C Market 盤價 30 美分收購，但豆價多年來低徊於 100 美分上下，即使星巴克每磅以 1.3 美元採購，仍低於 Caravela 以及 ANACAFE 精算出瓜國小農生產成本 1.4 美元／磅和 1.93 美元／磅，這表示星巴克與公平交易為德不卒，瓜國咖農仍然賠本賣豆。

　　顯然數十年來，商業豆和中階精品豆依據 C Market 來定價或溢價，並無

法解決咖啡農的生計問題，已動搖咖啡產業健全發展的根基，瘦了上游出口國，卻肥了下游進口國。

豆價步入空頭，如何為各產地精算成本，並制定出高於生產成本的最低下限價，或改革 C Market 不合理的定價方式，確實有迫切性，能否順利推行？目前還在倡議中，但此一新趨勢，消費國有必要了解。

請巨人掏腰包？成立全球咖啡基金

2016 至 2020 年，各項生產成本皆漲，肥料價格漲逾 20％，但豆價卻持續探底，這表示賺到錢的咖農並不多。ICO 研究報告指出，2019 年哥倫比亞高達 53％、宏都拉斯和哥斯大黎加也有 25％咖農出現虧損。然而，產業鏈末端的咖啡烘焙廠、咖啡館和各大零售通路卻勃發興旺。咖啡龍頭雀巢這幾年為咖啡農捐輸不少，但要徹底解決低豆價問題，光靠雀巢是不夠的。

美國哥倫比亞大學地球研究所經濟學家傑佛瑞・大衛・賽克斯（Jeffrey David Sachs）在 ICO 的研討會，建議每年向雀巢、JAB、星巴克、Lavazza、ILLY、UCC 等國際咖啡企業籌募 25 億美元，設立全球咖啡基金。這大約是全球咖啡產業一年總營收額 2,500 億美元的 1％，並不為過，用來強化咖啡農永續經營的活力，穩住產業鏈的上游，下游消費端才能永續飄香。全球咖啡基金的用途包括：

1. 接濟窮困咖農度過低價危機；

2. 開發可行的保險方案和救災資金，幫助咖農從極端氣候的損失盡早 恢復生產；

3. 改善基本設施，水資源、子女教育與健保。訓練咖農採用科學為輔的智能農法，降低全球暖化的損失並增加收益。

全球咖啡基金獲得歐美日咖企的高度共識，這不是施捨，而是咖企與咖

農共同承擔氣候變遷以及低豆價風險，過去由咖農一肩扛起栽種咖啡的所有凶險已不合時宜！

跨國合作、多重身份，新世代咖農走出活路

調控各產國產量的國際咖啡協議於 1989 年崩解後，咖啡供過於求，豆價跌多漲少，但美國咖啡館並未因此降價回饋消費者，一杯拿鐵 3 美元，咖農大約只拿到 6-10%，即 18 至 30 美分，生活清苦。很多成功偷渡到美國的瓜地馬拉咖農看到美國咖啡館居高不下的售價，百思不解，為何豆價慘跌多年，而一杯拿鐵還要 3 美元，這麼貴？主要原因是咖啡豆在咖啡館的成本結構占比非常小，遠不如租金、人事和水電等開銷，因此 C Market 的漲跌對咖啡館的成本影響並不算大，一杯咖啡要賣到 3、4 美元，才能分擔逐年高漲的租金和人事等重大開支。

為了協助農友永續經營，1997 年國際公平交易組織（Fairtrade International）在德國波昂成立，確保咖啡、可可、香蕉、棉花等大宗商品生產者的基本收入。咖農的生產方式、生豆品質若通過該組織認證，每磅咖啡生豆以高於 C Market 5 美分以上收購，確實幫了不少農友。

然而，公平交易的收購價仍以 C Market 為基準，而非咖農的生產成本，因此 C Market 如果跌破小農生產成本，小農仍可能賠本賣豆。況且咖農在加入公平交易前，還需支付一系列認證規費，大型莊園尚可支付這筆費用，但對小農則是一筆大開銷，而無法進入公平交易系統。

近 10 來年，愈來愈多咖農擺脫 C Market 和公平交易系統的框架，自力救濟，成功創造價值與利潤。印尼、越南、泰國、衣索匹亞、哥倫比亞、瓜地馬拉和肯亞的咖啡園附近、都會區或觀光勝地，出現新型態咖啡館或連鎖店，咖啡農身兼烘豆師、咖啡師、後製師、尋豆師、杯測師多重身份，堪稱「五師一體」，直接面對消費市場，多半採取前店後廠，一條龍作業，咖啡鮮果採收後，送進門店後端的廠房進行後製與烘焙，並在前店的咖啡

館販售，價格是期貨或公平交易價的 4 至 5 倍以上。或在莊園內先處理好自家的咖啡果，將各種發酵法的生豆送到自營咖啡館烘焙，利潤數倍於將咖啡果賣給盤商。

新生代咖農熱中吸取新知，並考取各項咖啡技能證照，與歐美精品咖啡時尚接軌。這批「五師一體」的新生代咖農，將自家咖啡豆視為新鮮蔬果，而非耐久、無辨識度的大宗商品，擺脫期貨市場的束縛，創造可觀價值。

中南美和衣索匹亞咖農甚至攜手合作，直接搶攻美國消費市場，排除中間商的剝削，獲取更好利潤。他們在美國開咖啡館和烘焙廠，生豆由產地直送，自己的利潤自己賺，2006 年展業的 Pachamama Coffee 是個典範，在加州開了 3 家咖啡館和 1 座烘焙廠，咖農身兼股東和經營者，向消費者講述產地的故事，利潤由咖農共同分享，不必再看期貨市場臉色。

小而美的台灣模式

台灣咖啡種在北緯 22 至 25 度的山坡地，是世界少有的高緯度海島豆，根據嘉義農試所資料，2018、2019 年台灣咖啡產量分別為 1,018.52 公噸與 1,011.897 公噸，連續兩年突破 1,000 噸大關，已比日治高峰期增加 10 倍。但相較其他咖啡產地，台豆產量仍很低，甚至不及雲南咖啡產量的 130 分之 1，台豆生產成本高出中南美產國 5 倍以上。然而，寶島咖啡自產自銷，主攻內銷市場，未涉足凶險多多的海外市場，因此不受制於 C Market 的波動，多年來台灣咖農不曾上街抗議豆價太低，羨煞許多國外咖農。台豆每公斤行情多年來維持在 1,000-3,000 台幣／公斤，如果是藝伎品種，每公斤售價高到 3,500 至 5,000 台幣，台灣是全球少數能夠自外於 C Market 震盪的幸福產地。

據 ICO 統計各國生豆進口量，台灣 2020-2021 年產季進口了 43,500 公噸，光是生豆的台灣人均消費量已達 1.89 公斤了，這還不包括進口的熟豆、咖啡粉和抽出液的消費量。記得 5 年前台灣的咖啡人均量才 1.3-1.5 公斤，5 年

來又增長不少。相較美國與日本的咖啡消費人均量 4 公斤，台灣咖啡市場還有很大的成長空間。

寶島咖啡的產量只有進口生豆量的 50 分之 1，咖農百年來自我進化成長。2009 年以來，台豆品質大躍進，每年一度的國產精品咖啡評鑑、阿里山莊園精英交流賽以及媒合會，帶動寶島咖啡能見度與消費熱潮，2014 年以來，台灣已誕生四位世界盃咖啡賽事冠軍，堪稱世界少有的咖啡樂土。

台灣各家莊園豆的成本結構不盡相同，每公斤成本大多數咖農落在 500-700 台幣，每磅熟豆價格至少在 1,000 台幣以上，全國賽常勝的知名莊園售價會更高。台灣咖啡價格高出國外數倍，過去許多消費者望而生畏，寧願買物美價廉的國外咖啡。

但 2009 年阿里山李高明的鐵比卡參加美國精品咖啡協會（SCAA）主辦的「年度最佳咖啡」（Coty）競賽，從全球 100 多個莊園脫穎而出，贏得前十二名金榜的第十一名，為寶島豆爭口氣，也打臉一票媚外咖啡人。此後咖農更重視提升品質創造價值，尤其是新生代咖農，樂於挑戰自己，考取杯測師、烘豆師、咖啡師和後製加工師證照，接軌國際，品質直追國外頂級精品豆。都會區的咖啡館也常把台灣豆列入單品，雖然貴了點，但咖啡族接受度愈來愈高，競賽常勝的莊園豆更是常年熱銷，產量有限，供不應求。

近年來台交流的國際知名咖啡人士，諸如 Ted Lingle、Peter Giuliano、Tim Wendelboe、Sunalini Menon、Mario Fernández 等，對 130 多年種咖啡歷史、緯度高、海拔不高的台灣豆品質頗為驚豔，尤其是咖啡產地與都會消費區距離很近，有很大的觀光、教學與消費利基，這是世界咖啡產地少有的優勢，也為高成本的寶島豆增加些許說服力。

2019 年 5 月，筆者發起的首屆「兩岸盃 30 強精品咖啡邀請賽」，在正瀚生技／風味物質研究中心盛大舉行，台灣鄒築園、嵩岳咖啡園和卓武山咖啡園的藝伎囊括前五名，台灣咖啡農也見識到雲南抗病、高產的混血卡蒂

姆拿到 85 分佳績的好實力，堪稱一場共贏共好共榮、相互學習的精彩賽事。

全國賽常勝軍，阿里山系的鄒築園、卓武山、青葉山莊、香香久溢、七彩琉璃、琥珀社、自在山林、他扶芽、鼎豐、優遊吧斯瑪翡；古坑鄉嵩岳咖啡；南投仁愛鄉森悅高峰、國姓鄉百勝村、向陽咖啡，結合觀光與咖啡教學的複合式經營，除了種咖啡外，也在莊園附近或市區開咖啡館。新生代五師一體的台灣咖啡農愈來愈多，都會區的咖啡職人或咖啡同好，前往莊園參觀時，可別忘了向咖農多請益多學習，過去說三道四的時代一去不返矣。這 10 來年寶島咖啡農困知勉行，進步神速，令人刮目相看。

但我們並不鼓勵台灣咖農過度增產，理應維持小而美模式，持盈保泰，提升品質才是王道，過度開發與增產，不利水土保持，一旦產量爆增，供過於求，將墜入中南美咖農賠本賣豆的悲慘世界！

| 極端氣候終結低豆價時代？|

1970 年代至今，50 年來紐約阿拉比卡期貨有兩次漲破 300 美分，分別是 1977 年 3 月與 2011 年 4 月，主因皆與巴西產區遭到霜害或乾旱侵襲有關。然而 2021 年巴西阿拉比卡主產區米納斯州 1 至 3 月的夏季先遭旱災折磨，7 至 8 月冬季又遭反常的霜凍之災，一個產季連遭冰火摧殘，歷來罕見。期貨市場從 2021 年 3 月的 120 美分飆漲到 2022 年 1 月 240 美分附近（圖表 [7-7]），一年內漲幅超過 100 ％，一舉扭轉阿拉比卡期貨 2016 年 10 月以來長達 4 年多的空頭熊市。

巴西官方的食品供應統計局 (Conab) 對巴西 2021 年咖啡產量年度報告出爐，阿拉比卡 31.42 百萬袋（1,885,200 噸）比 2020 年減產 35.5 ％；但羅豆主產區氣候較穩定，產量又創下歷來新高，達到 16.29 百萬袋（977,400 噸），比上一季高出 13.8 ％，合計巴西 2021 年咖啡總產量達 47.72 百萬袋（2,863,200）較上一季減產 24.4 ％。

2021 年全球咖啡價格強勁翻揚，低豆價危機暫告舒解，但極端氣候的頻率將隨著全暖化加劇而增加；巴西、越南、哥倫比亞、印尼、衣索匹亞、宏都拉斯等重要產國何時再遭聖嬰或反聖嬰的極端氣候肆虐，沒人說得準。

咖啡樹若未能提升對高低溫與乾旱的適應力、氣候變遷持續惡化下去，輕則影響咖啡品質，重則產量銳減，加上全球咖啡消費量每年平均成長 2％，很快就會扭轉多年來咖啡供過於求的低豆價趨勢。溫室氣體排放量持續增加，長期而言極端氣候會逐年加劇，造成咖啡大幅減產，豆價未來大漲是遲早事。

近 30 年來國際咖啡市場多半處於供過於求局面，咖啡期貨大跌多於大漲；全球咖啡消費市場度過 30 年物美價廉的黃金歲月，但不久的將來，咖啡產量勢必隨著極端氣候頻仍而減產，加上全球人口與消費量持續增加而供不應求。咖啡從業人員與消費大眾要有高豆價時代近在眼前的心理準備！

〔7-7〕紐約阿拉比卡期貨 25 年來走勢圖

美分／磅

238.50
2022/1/26

160.29
2016/10/31

＊紐約阿拉比卡期貨 1997 年 3 月至 2022 年 1 月的走勢圖；豆價從 2016 年 10 月的高點盤跌達 4 年多，直至 2021 年才因巴西氣候異常，連遭乾旱與霜害侵襲，終結 4 年多的空頭。萬一 2022-2023 兩年巴西或重要產國又因氣候變異而大減產，有可能漲破 300 美分的歷史新高。

第八章

全球暖化與產區挪移：
咖啡會消失嗎？

　　前章提到 1990 至 2020 年的 30 年間，越南、巴西產量爆增，咖啡供過於求，C Market 每磅交易價格頻頻跌破咖啡的生產成本，咖啡農虧損多年，嚴重威脅產地多樣性與永續性。然而，更大的挑戰還在後頭，全球暖化持續惡化，從現在至 2050 年，即 30 年內氣候變遷將迫使咖啡產地大變動；巴西、越南將淪為暖化重災區，產量銳減，由盛而衰，失去呼風喚雨能力。赤道附近的高海拔產地衣索匹亞、肯亞、盧安達、浦隆地、哥倫比亞、厄瓜多爾、秘魯、印尼、巴布亞紐幾內亞的災情較輕，可望接棒成為阿拉比卡主要產區。非洲、亞洲、拉丁美洲、大洋洲全球咖啡的產量占比，勢必翻新重寫。

　　切莫懷疑，改變正在發生，極端氣候將重創全球咖啡產量與品質，供不應求終將成為常態。目前的供過於求情況，30 年後恐難再現，咖啡價格將翻轉 1990 至 2020 年這 30 年來疲軟走勢，趨堅噴發。未來全球咖啡的栽種地點與產量勢必生變。滄海桑田，今日的贏家未來可能變輸家，今日的輸家未來可望成贏家。然而，咖啡產地的多樣性與永續性因氣候變遷而發生不可逆變化，任何一個產地走衰或殞落，大家都是輸家。所幸各產國已未雨綢繆，研究各項減災與調適措施，期能減緩天地不仁的危害。

|溫室效應、全球暖化與氣候變遷|

在論述氣候變遷如何驅動阿拉比卡產國大變動之前，先解釋溫室效應、全球暖化、氣候變遷 3 個名詞；「溫室效應」是因，「全球暖化」與「氣候變遷」是果。溫室效應是指太陽輻射出來的光線（熱能）穿透大氣層抵達地表，反射回外太空時有部分熱能被地球的溫室氣體二氧化碳、甲烷、一氧化氮和臭氧等困住，不易散失到大氣層之外，地球因而產生加溫的效應；好處是地球的氣溫因此不致太冷，有利萬物繁衍，但如果工業或農業排放的二氧化碳等溫室氣體過多時，困住太多的太陽熱能，使得洋流和大氣環流的平均溫度逐年上升，就會引發氣候變異，不利動植物正常生長。換言之，先有溫室效應造成全球暖化，進而引動氣候變遷。

1750-1800 年工業革命後，地球的二氧化碳濃度至今已增加 30 ％以上，目前至少是 80 萬年來二氧化碳濃度最高的時候。世界氣象組織（World Meteorological Organization，簡稱 WMO）指出，目前世界平均溫度的對比是以 1850-1900 的年均溫為基準，因為人類在這段時間才開始有可靠的設備來記錄全球溫度。WMO 的報告指出，2009-2018 的 10 年間，全球平均溫度較之 1850-1900 上升 0.93℃，直逼警戒的 1.5℃（請參圖表 [8-1]）。1950 年以後，地球年均溫升高趨勢更為明顯，均溫上升了 1 攝氏度左右，且情況持續惡化；2020 年 3 月全球地表與海平面的平均溫度為 13.86℃，已比 20 世紀的平均溫 12.7℃高出 1.16℃。

世界愈來愈熱，1950 年以前地球氣溫多半維持在均溫以下，但 1950 年後頻頻高於均溫，2000 年後增幅擴大，已快升到均溫以上 1.5℃ 的警戒溫度！

另外，美國國家航空暨太空總署（NASA）專責研究全球氣候變化的戈達德太空研究所（Goddard Institute for Space Studies，簡稱 GISS）指出，1951 至 1980 年全球地表平均溫為 14℃，而 2017 年地球表面平均溫升高到 14.9℃，增加了 0.9℃，漸進式的升溫仍持續中。

〔8-1〕地球均溫增幅變化

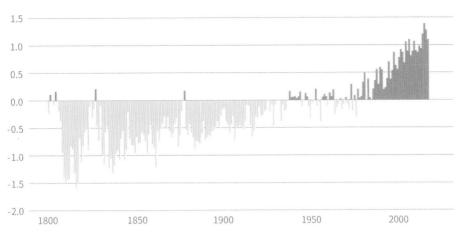

(＊資料來源：University of California Berkeley)

　　聯合國麾下的政府間氣候變遷專門委員會（The Intergovernmental Panel on Climate Change 簡稱 IPCC）根據全球氣候模式的推演，2014 年提出的研究報告指出，如果各國能及時執行減災措施，嚴格管控廢氣排放量，本世紀末全球地表平均溫度可能再升高 0.3℃ 至 1.7℃，有可能控制在 1.5℃ 的危險升幅內，如果坐視不管，本世紀最壞狀況會上升 2.6℃ 至 4.8℃，而釀成不可測的巨災。IPCC 預估照目前暖化趨勢，到了 2050 年全球穀物將減產 10-20 ％。此報告受到各國專家和研究機構普遍認同。

　　中國和美國高占全球溫室氣體排放量的 40 ％，然而美國川普總統不相信全球暖化的事實及後果，拒絕配合廢氣排放量的管制，本世紀結束以前，全球均溫上升幅度很可能突破 1.5℃ 的紅線，帶來巨災。

｜高溫傷害咖啡｜

　　阿拉比卡是在衣索匹亞西南部，北緯 4-9°、海拔 1,600-2,800 米，有林木遮蔭的涼爽高地演化而成，這片廣袤森林的四季溫度變化不大，年平均溫 18

至 22℃，年雨量 1,600-2,000 毫米，每年冬季有個長達 2 至 4 個月的乾季且乾季每月雨量不到 40 毫米，春雨接著而來，先乾後濕的降雨模式有助阿拉比卡花苞的成長與產果量。阿拉比卡的物候（發芽、開花與結果等生理周期與季節氣候的關係），千萬年來在這塊樂土演化而成，因此相較於其他作物，阿拉比卡對高溫和乾濕季的節奏極為敏感，尤其在花期與果實成熟期。近 20 年來，非洲、亞洲和拉丁美洲的咖啡農經常抱怨乾季和雨季亂了套，不是太長就是太短，要不就是沒有乾濕季之別，年均溫上升，致使花期、果熟期，零星散亂，落果嚴重。氣候變遷影響咖啡的物候，有逐年惡化的趨勢。

諸多科學文獻對於適合阿拉比卡正常生長的溫度論述稍有出入。巴西坎皮納斯農學院（Agronomical Institute of Campinas，簡稱 AIC）認為年平均溫度超過 23℃ 將妨礙咖啡果子的正常發育與成熟，如果長時間曝露在 30℃ 高溫環境，將抑制生長並造成枯黃葉或落葉。另外，聯合國糧農組織（FAO）運用生態作物模型（Ecocrop Model）以不同變量探究阿拉比卡對溫度的適應性，得到的結論是適合阿拉比卡生長的最理想溫度在 14-28℃ 之間，極限溫度為 10-30℃。而缺水的壓力也會影響阿拉比卡的生理活性，造成光合作用降低。高溫對阿拉比卡的傷害大於乾燥或缺水，最怕的是高溫與乾旱一起來襲，這正是目前各咖啡產地最大的挑戰。

適者生存，賴比瑞卡表現佳

AIC 與 FAO 這兩個機構的共識是，30℃ 是阿拉比卡正常生長的極限高溫。這與我的田間體驗頗為吻合。

記得 2019 年 3 月南投正瀚生技園區從百勝村和古坑移植 80 株阿拉比卡，包括藝伎、鐵比卡、紅黃波旁、紫葉、SL34、卡杜拉、帕卡斯、薇拉莎奇，以及 3 株羅布斯塔和 4 株賴比瑞卡（Liberica，西班牙發音利比利卡）。移入後的頭幾月，樹況甚好，但到了 7、8 月酷暑，日溫最高 35℃ 以上，園區

海拔只有 10 米，而遮蔭樹移入時枝葉被修剪掉，無法發揮遮陽降溫作用，園內阿拉比卡在南投平地高溫烘烤下，樹勢快速轉衰，枯黃葉與落葉愈來愈多，即使補水保持土壤潮濕也無用，直到冬季降溫，研究員補以生長調節劑，調整土質，夏天遮蔭樹的枝葉長妥，咖啡樹勢才逐漸好轉。阿拉比卡在無遮蔭的平地長時間曝露 30℃ 以上的高溫，會抑制生長，花苞量減少，易產生枯黃葉或莖部染菌而長瘤，即使馴化後逐漸習慣高溫環境，結出的種子也會比高海拔瘦小，且豆子的密度與重量偏低，風味平淡低酸，有不討好的土腥和木質味。高溫與悶熱確實很傷阿拉比卡的樹勢與咖啡豆的風味。

不解的是，園區內強壯的羅布斯塔也因持續 35℃ 高溫而出現枯黃葉或落葉，跟阿拉比卡的樹勢同步轉衰，顛覆我過去以為羅布斯塔耐曬不怕高溫的認知。有趣的是，賴比瑞卡表現最佳，挺過豔陽與高溫煎熬，樹勢明顯優於阿拉比卡與羅布斯塔。此後我開始對羅布斯塔抗高溫的能耐產生疑慮了。

海南島也有類似情況，早先種植強悍的羅布斯塔、賴比瑞卡，近 10 多年又從雲南引進帶有羅布斯塔基因的卡蒂姆（羅布斯塔與阿拉比卡混血），但海南島近幾年高溫異常，卡蒂姆枯萎情況嚴重，已遭棄種了。我記得 2015 年參訪海南島福山鎮的羅布斯塔咖啡園，正逢 6 月酷暑，中午溫度高達 39℃ 以上，難怪咖啡園內只看得到賴比瑞卡和羅布斯塔，已不見阿拉比卡或卡蒂姆芳蹤，這是適者生存的殘酷結果。但海南島的羅豆產量不高，年產量約 500 噸，還不夠海南島的內銷需求，種在白沙隕石坑海拔 600 米的羅豆品質極優，不輸印尼與巴西的精品羅豆。海南島羅豆的單位產量偏低，可能跟高溫有關。

羅布斯塔也怕高溫

羅布斯塔原產於非洲赤道附近低地，即在剛果河盆地以及烏干達維多利亞湖周邊低地進行演化，最適合在平地至海拔 800 米以下、年雨量 2,000-2,500 毫米、年均溫 22 至 26℃ 的環境生長。羅布斯塔的根系相對較淺，需水較多，

因此四季雨量的分佈必須更為平均，且對低溫的耐受度不如阿拉比卡。

其實，羅布斯塔並不如一般認知的那麼強悍耐高溫。業界數十年來認為羅豆最理想的生長溫度為 22-30℃，這是根據剛果盆地的氣溫狀況預估的，並無科學實證。

哥斯大黎加知名的國際熱帶農業研究中心（Centro Internacional de Agricultura Tropical，簡稱 CIAT）、澳洲南昆士蘭大學（University Of Southern Queensland）以及瑞士咖啡、可可、棉花貿易巨擘 ECOM（ECOM Agroindustrial Corp，簡稱 ECOM）聯手，在越南和印尼對 798 座羅布斯塔咖啡園就氣溫、雨量與產量，耗時 10 年的研究報告於 2020 年 3 月公布，一舉推翻羅豆耐高溫的神話，並將羅豆最理想的生長年均溫下修到 20.5℃，也就是介於最低平均溫 16.2℃ 與最高平均溫 24.1℃ 之間。該研究發現，羅豆種在過去公認最理想的生長溫度區間 22-30℃，相較於種在年均溫 20.5℃ 的環境，如果年均溫升到 25.1℃，產果量會減少 50％！

該研究報告《不夠強健：羅布斯塔產量對溫度極敏感》（Not So Robust: Robusta Coffee Production is Highly Sensitive to Temperature）指出，羅豆最理想的年平均溫度為 20.5℃，這比過去公認的最適宜溫度 22-30℃ 低了 1.5-9℃；研究數據顯示，年平均溫如果比 20.5℃ 高出 1℃，羅豆的產量就減少 14％，這等同於每公頃少收 350–460 公斤羅豆。過去業界顯然高估了羅布斯塔對高溫的耐受性。全球暖化日趨嚴重，羅豆可望取代阿拉比卡的假設是站不住腳的！

而聯合國糧農組織的生態作物模型也為羅布斯塔制定出最理想溫度為 20-30℃，極限溫度為 12-36℃。綜合 AIC、CIAT 與 FAO 的研究（請參圖表 [8-2]）不難發現，羅布斯塔並不如一般認知的那麼健壯，高溫耐受性可能稍優於阿拉比卡，但對低溫耐受度就不如阿拉比卡。在極端氣候頻仍，冷熱異常的今日，羅布斯塔未必比阿拉比卡更具優勢。

〔8-2〕阿拉比卡與羅布斯塔的適宜溫度比較

	理想溫度	極限溫度	精品咖啡理想溫度
阿拉比卡	14-28℃	10-30℃	18-22℃
羅布斯塔	16-24℃	12-36℃	20-26℃

（＊資料來源：CIAT, ECOM, FAO, University of Southern Queensland）

2050 年會是阿拉比卡的大限嗎？

目前咖啡產業仰賴的兩大咖啡物種阿拉比卡與羅布斯塔，均對高溫極為敏感，不幸的是，未來 30 年全球高溫乾旱情況更為惡化，各大咖啡企業憂心忡忡。2017 年世界咖啡研究組織（WCR）以及 CIAT 的研究報告指出，南北回歸線之間的咖啡地帶，到 2050 年將有高達 79 % 的產地最熱月份的平均溫會高達 30℃，另有 54 % 產地最酷熱月份的平均溫將會超過 32℃，如此高溫環境將無法種出優質阿拉比卡（請參見圖表 [8-3]）。

〔8-3〕面臨反常高溫與乾燥影響的咖啡產區百分比

西元年	2000-2017	2050
最熱月份平均溫超過 30°C 的產區	25%	79%
最熱月份平均溫超過 32°C 的產區	0%	54%
面臨 5 個月乾旱的產區	0%	18%

（＊資料來源：WCR, CIAT）

阿拉比卡對於氣候極為敏感，最適合孕育精品咖啡的年平均溫在 18-22℃ 的狹窄區間。然而，各產國最熱月份的平均溫逐年升高，半數產國到了 2050 年，將不再適合精品咖啡栽植業。研究指出，阿拉比卡理想的白天平

均最高溫區間為 25-27℃，夜晚理想的平均最低溫區間在 12-14℃。但全球暖化，各產國白天經常出現極端的 32-38℃ 高溫區間，如果土壤水分不足，阿拉比卡在異常高溫下，只要數十小時即可能會枯萎或夭折，即使殘活下來，咖啡品質也不會好。年雨量如果低於 1,200 毫米，必須有灌溉系統維生，最近 10 來年巴西和越南是靠灌溉設施硬撐起不墜的產量，但偏偏水情一年比一年吃緊，令人憂心不已。

根據 2018 年 WCR 提出氣候變遷對各產國咖啡田的影響報告，以及 ICO 2018-2019 年產季各國咖啡產量數據，可歸納出巴西、越南、印度、宏都拉斯、尼加拉瓜、烏干達、薩爾瓦多和寮國，合計咖啡產量高占全球 67.4％，令人憂心的是上述 8 國到了 2050 年，將因全球暖化而喪失 48-85％ 的咖啡農地，淪為重災區；而哥倫比亞、印尼、衣索匹亞、瓜地馬拉、秘魯和肯亞 6 國，合計咖啡產量占全球 23.54％，屆時也會因氣候變遷而損失 8-39％ 的咖啡田地，災情較輕（請參見圖表 [8-4]）。

〔8-4〕預估 2050 年主要產國因高溫少雨喪失咖啡農地的百分比

2018/2019 產季 產國咖啡產量的全球占比		2050 年 預估咖啡田喪失比率
尚比亞	0.01%	85%
喀麥隆	0.16%	82%
薩爾瓦多	0.4%	73%
烏干達	2.75%	68%
尼加拉瓜	1.47%	64%
印度	3.1%	62%
巴西	36.81%	60%
古巴	0.07%	60%
宏都拉斯	4.2%	57%
寮國	0.3%	50%

2018/2019 產季 產國咖啡產量的全球占比		2050 年 預估咖啡田喪失比率
越南	18.23%	48%
玻利維亞	0.05%	43%
印尼	5.5%	39%
哥斯大黎加	0.83%	38%
瓜地馬拉	2.3%	30%
浦隆地	0.1%	28%
肯亞	0.5%	27%
厄瓜多爾	0.4%	27%
哥倫比亞	8.1%	23%
盧安達	0.2%	23%
衣索匹亞	4.5%	22%
巴布亞紐幾內亞	0.5%	18%
秘魯	2.5%	8%

（＊資料來源：
（1）ICO 2018/19 產季統計表
（2）2017 WCR ANNUAL REPORT）

　　10 年前已有國際科研機構以 21 種「大氣環流模式」（GCMs），以及「最大熵」（MaxEnt）物種分布軟體對全球咖啡栽植地適宜度進行分析。根據 2015 年發表的《氣候變遷對全球主要阿拉比卡產地適宜性的變動預估》，如以悲觀情境預估，全球有三分之一產區到了 2050 年將喪失 40％的氣候適宜性，接近半數產區喪失 20-40％的氣候適宜性，中低海拔產地將是主要受災區。如以中等情境來預估，四分之一的產區到了 2050 年的氣候適宜性將維持不變，但 27％產地將喪失 10-20％的適宜性，而 37％產地將喪失 20-40％的適宜性。如以最樂觀估計，目前 52％產地的氣候適宜性不變，但 34％產地喪失 10-40％的適宜性，另有 6％高海拔產地因升溫而增加了適宜性。2050 年是悲觀或樂觀？端視全球年均溫的升幅以及咖啡田的地理位置而定。

|氣候變遷下，全球沒有真正贏家|

溫室氣體造成全球暖化，進而影響氣候的穩定性，國際農業與生物科學組織（Centre for Agriculture and Biosciences International，簡稱 CABI）的彼得·派克博士（Dr. Peter Paker）指出，如果本世紀末全球年均溫升高 3℃，預估海拔較低的地區每年平均要往上遷移 15 英尺（0.3048 米），屆時才可能種出品質不差的阿拉比卡。換言之，本世初海拔 1,200 米的咖啡田，到本世紀末必須搬移到 1,700 米處，這還是較樂觀的預測。這表示未來適合種咖啡的地點愈來愈稀有，作物間可耕地的爭奪戰將更為激烈！

不論阿拉比卡或羅布斯塔都會受到氣候變遷的影響，年均溫上升數十年後，將使某些咖啡田的適宜性降低，甚至失去昔日的可耕性，且果小蠹、葉鏽病、潛葉蟲、炭疽病疫情都會隨著升溫而加劇，咖啡果子也因高溫加速成熟，降低咖啡豆的密度與品質，要種出精品咖啡的難度與成本勢必大增，嚴重影響咖啡產業鏈與你我喝咖啡的嗜好。

幾乎沒有一個產國能躲過全球暖化引發的高溫、乾旱、雨量脫序、病蟲害，以及咖啡產量與品質下滑的衝擊，未來相對慘贏的將是喪失咖啡田較少的產國，可耕咖啡田喪失 30％以下諸如秘魯、巴布亞紐幾內亞、衣索匹亞、盧安達、哥倫比亞、厄瓜多爾、肯亞與浦隆地（圖表 [8-4]），相對而言未來可能是「贏家」。而世界第一和第二大咖啡產國巴西、越南，合占全球 55.04％產量，30 年後將因氣候變異而失去目前呼風喚雨、左右咖啡價格的能力，茲事體大。

其實早在 10 年前，巴西、哥倫比亞、衣索匹亞、宏都拉斯、瓜地馬拉、哥斯大黎加等重要產國已未雨綢繆，聯合英、美、德的科研機構進行氣候變遷對咖啡產地影響的預估與減災研究，初步結果陸續公布：基本上離赤道愈近，雨量充沛且保有較多高海拔山林的產國應變能力較強，但緯度較高且雨量和高海拔農地較少的產國，災情較重。很不幸巴西與越南均屬於後者災情嚴重的產國。中美洲因颱風頻率大增，以及旱季延長，災情不輕，

預估損失的可耕咖啡田在 30％以上。

　　各產國面對難以逆轉的氣候變異，如何調適與減災成為重要課題。過去數十年來巴西與越南為了提高產量，採用無遮蔭的全日照栽植法，未來為了減災有必要改採傳統的遮蔭栽種，產量會因此降低，卻可為咖啡田降溫、降低病蟲害、提高土壤養分與保濕、保護水土與生態環境。專家也建議在葉片施以石灰噴霧來反射太陽的熱能，為葉片降溫以免灼傷。另外，培育耐旱、抗病、高產又美味的雜交第一代新品種（F1），協助全球咖農應付暖化危機，更是當務之急。

　　咖啡產地與產區將隨著全球暖化加劇而調整，甚至大幅變動，未來 30 年，傳統咖啡產國或玩家耳熟能詳的傳統產區恐將消失。各產國為了避禍並挽救咖啡產業，已著手開發新產區，數十年後的咖啡產地將不同於今日的陣容，改變正在發生中！

全球暖化、氣候詭譎難測，不少咖啡產地深受其害，圖為宏都拉斯一處被葉鏽病侵害的咖啡林慘況。

（圖片提供／達志影像）

尼加拉瓜染上鏽病的咖啡葉背面滿佈橘黃色真菌。

（Viola Hofmann 攝影／shutterstock）

第九章

變動中的咖啡產地
——非洲篇

　　咖啡屬旗下 130 個物種中最具商業價值的三大咖啡種阿拉比卡、羅布斯塔與賴比瑞卡（西班牙發音利比利卡），均發源於非洲；阿拉比卡原生於東非衣索匹亞西南部高地；羅布斯塔原產中非剛果、烏干達；賴比瑞卡源於西非。西元 1750 年以前，舊世界非洲和葉門壟斷全球阿拉比卡產量與貿易，但 1800 年以後，阿拉比卡麾下兩大主幹品種鐵比卡與波旁，移植到新世界的印度、印尼、加勒比海諸島與拉丁美洲後，產量暴增價格廉，打破非洲獨賣局面。雖然今日非洲咖啡產量只占全球 12% 左右，遠不如拉美和亞洲，但非洲是咖啡原生地，咖啡基因的多樣性、花果韻強度與酸甜震滋味，堪稱世界之最，向來是咖啡玩家魂縈夢牽的產地。

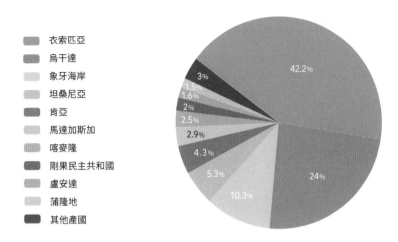

〔9-1〕非洲主要咖啡產國在非洲總產量的占比

衣索匹亞
烏干達
象牙海岸
坦桑尼亞
肯亞
馬達加斯加
喀麥隆
剛果民主共和國
盧安達
蒲隆地
其他產國

42.2%
3%
1.5%
1.6%
2%
2.5%
2.9%
4.3%
5.3%
10.3%
24%

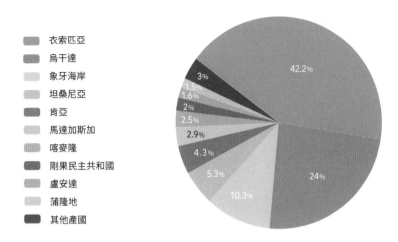

（＊資料來源：根據 2011 至 2020 年非洲各產國 10 年平均產量核算）

衣索匹亞、烏干達是非洲咖啡兩大主力產國，合占非洲 66.2％產量（請參圖表 [9-1]）。獨產古優阿拉比卡的衣索匹亞，產量從 1991 至 1999 的 10 年平均量 178,380 噸，增長到 2011 至 2020 的 10 年均量 421,344 噸，勁揚 136.2％，是非洲咖啡產量與增長率最高的霸主。表面上，近 30 年衣索匹亞咖啡的擴產計畫已開花結果，似乎未受氣候變遷影響，其實不然，衣國增產全依靠大幅增加咖啡面積來彌補氣候變異失去的咖啡田，得以撐出今日亮眼的產量，傳統咖啡產區因暖化危機正面臨遷移與調適的壓力。

肯亞和衣索匹亞是非洲精品咖啡雙星，也是杯測師最愛的非洲味。但近 30 年來肯亞產量與品質，呈巨幅下滑趨勢，前景遠遜於北鄰的衣國。

肯亞產量從 1991 至 2000 的 10 年平均量 82,644 噸高峰，重跌到 2011 至 2020 的 10 年平均量 47,088 噸，跌幅高達 43％。今日愈來愈不易喝到肯亞經典的剔透酸質、甘蔗甜香、莓果、烏梅汁與厚實餘韻。咖啡價格走低、氣候變遷、土地開發政策、濫砍咖啡樹等不利因素，大大折損肯亞咖啡產量與風味，不復昔日壯容。

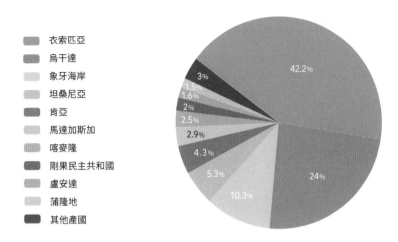

　　非洲第二大咖啡產國烏干達以羅豆為主，阿拉比卡只占四分之一，2015年烏干達總統倡導「咖啡大躍進計畫」，全力拚搏產量從 20 多萬噸躍增到 15 年後即 2030 的 120 萬噸，以取代衣索匹亞成為非洲第一大咖啡王國，此雄心壯志恐因氣候變遷而破滅。

　　氣候問題已深深影響非洲各產國，為了減災與永續，傳統咖啡產區的變動與調適勢在必行。以下先從衣索匹亞談起。

衣索匹亞篇

　　世界 60 多個咖啡產國，論地貌、品種、氣候、種族、語言、拼音混亂、行政區變更頻率、產地與行政區交錯，以及栽植系統的複雜性，衣索匹亞堪稱全球之最。系統化介紹衣索匹亞產地並不容易，我們先認識衣國 11 座野生咖啡森林開始，若沒有渾然天成的野生咖啡林就沒有今日的阿拉比卡。接著再深談衣國 21 大咖啡產地的位置與最新劃分法，最後再剖析氣候變遷對各產地的影響，那些產地情況不妙正在殞滅中？那些產地必須遷移與調適？衣索匹亞裂谷以東的產地已開發殆盡，為了因應氣候變遷，開發裂谷以西產地，尤其大西北的非傳統產區已是銳不可擋的大勢。

｜ 11 座野生咖啡林 ｜

　　從東北往西南斜切的衣索匹亞裂谷（請參見圖 [9-2]）是東非大裂谷（Eastern African Rift）的一部分，將衣國切割成兩大板塊，裂谷以西為非洲板塊，裂谷以東為索馬利亞板塊。

　　裂谷東西兩側的氣候與雨季型態截然不同。基本上，裂谷西部和西南部高地的原始森林雨量較豐沛，滋潤八座野生咖啡林（請參見圖表 [9-2]），包括卡法生物圈保護區（Kaffa Biosphere Reserve）內的邦加森林（Bonga, Kaffa）、蓋瓦塔葉芭森林（Gewata-Yeba, Kaffa，亦稱波金達 - 葉芭森林）、

歇卡行政區內的馬夏森林（Masha, Sheka，一般慣稱歇卡森林）、吉馬行政區內的貝列提傑拉森林（Belete-Gera, Jimma）、伊魯巴柏行政區內的雅鬱森林（Yayu, Illubabor）、班奇馬吉行政區內的柏漢康尼森林（Berhane-kontir, Benchi Maji）和馬吉森林（Maji, Benchi-Marji）。另外，最北邊安哈拉行政區內衣國最大湖塔納湖（Lake Tana）南邊的齊格半島（Zege）叢林也有零星的野生咖啡，供當地修院的僧侶飲用。

衣索匹亞的古優阿拉比卡在西部這 8 座野生咖啡林韜光養晦與演進，基因多樣性為世界之最，也奠定衣國咖啡千香萬味的底蘊。

而裂谷以東的氣候則較為乾燥，本區有 3 座森林，包括巴雷行政區內的哈倫納森林（Harenna, Bale）以及艾達巴朵朵拉森林（Adaba-Dodola, Bale），以及西古吉（West Guji）產區的馬咖達野生咖啡林（Magada）（圖表 [9-2]）；不過東部這 3 座野生咖啡林近年深受暖化影響，氣候更為乾燥缺雨，危及林內的野生咖啡繁衍，未來有可能遷往裂谷以西的咖啡林避禍。

卡法與歇卡森林，咖啡基因龐雜度世界之冠

衣索匹亞裂谷東西兩側共有 11 大野生咖啡林，近年基因鑑定結果發現，裂谷西南部的卡法生物圈保護區以及歇卡森林是衣索匹亞咖啡基因龐雜度最高的兩大區，兩地相距不遠但咖啡基因型態截然不同，專家認為衣國的原生品種或地方品種均源自卡法與歇卡森林區，然後擴散到裂谷東南部的野生咖啡林，再經由哈拉古城傳進葉門；阿拉比卡從衣國西南部野生咖啡林開枝散葉到裂谷以東地區，再越過紅海傳播到葉門、印度、印尼和拉丁美洲的軌跡極為明顯。

2010 年至 2017 年衣國已有 5 座森林榮獲聯合國教育、科學及文化組織（UNESCO）指定為生物圈保護區（Biosphere Reserve），其中 4 座與珍稀的野生咖啡保育有關。生物圈保護區旨在倡導生物多樣性保護與永續利用相互調和的解決方案，是國際公認必須以科學方法支持生物多樣性的場址。

1. 卡法生物圈保護區　The Kaffa Biosphere Reserve

本區特有近 5,000 個野生阿拉比卡物種，是全球阿拉比卡基因龐雜度最高區。另外還有珍稀的象腿蕉品種（*Ensete ventricosum*）、畫眉草（*Eragrostis tef*）等。區內包括邦加國家森林、波金達——葉芭森林。

- 保護區命名與指定日期：2010 年
- 面積：540,631.10 公頃
- 行政機關：西南州，卡法區
- 中心點經緯度：7°22'14"N - 36°03'22"E

2. 雅鬱咖啡森林生物圈保護區　The Yayu Coffee Forest Biosphere Reserve

本區是東非山林生物圈熱點與國際重要賞鳥區，也是世界少數幾個野生阿拉比卡原生地。

- 保護區命名與指定日期：2010 年
- 面積：167,021 公頃
- 行政機關：歐羅米亞州，伊魯巴柏區
- 緯度：8°0'42"N - 8°44'23"N
- 經度：35°20'31"E - 36°18'20"E

3. 歇卡森林生物圈保護區　The Sheka Forest Biosphere Reserve

位於卡法森林的西側，但野生咖啡的基因型態完全不同，與卡法並列為阿拉比卡基因多樣性最高的兩大熱點。本區獨有的植物達 55 種、鳥禽 10 種，另有 38 種花草面臨絕種。

- 保護區命名與指定日期：2012 年
- 面積：238,750 公頃

- 行政機關：西南州，歇卡區
- 緯度：7°6'24"N – 7°53'14"N
- 經度：35°5'48"E - 35°44'11"E

4. 塔納湖生物圈保護區 The Lake Tana Biosphere Reserve

衣國最大湖，豐富的淡水漁業資源，有 67 個魚種其中 70％屬於本區獨有，是藍尼羅河發源地。南邊的齊格半島叢林密布，是衣國東正教聖地，有珍貴的原生阿拉比卡，產量不多，專供島上東正教修士飲用。本區濕地多，有 200 種鳥類，是國際重要賞點熱點，觀光資源雄厚。

- 保護區命名與指定日期：2015 年
- 面積：695,885 公頃
- 行政機關：安哈拉州
- 中心點經緯度：11°54'29"N - 37°20'40"E

5. 瑪將生物圈保護區 Majang Biosphere Reserve

位於衣國最西邊的林地，極為星散脆弱。本區有 550 種高大植物、33 種哺乳動物、130 多種鳥禽，但並無野生阿拉比卡族群，近年發展咖啡產業增加外匯收入。

- 保護區命名與指定日期：2017 年
- 面積：225,490 公頃
- 行政機關：坎貝拉州
- 中心點經緯度：7°25'35"N - 35°07'50"E

〔9-2〕衣索匹亞裂谷兩側的野生咖啡森林圖

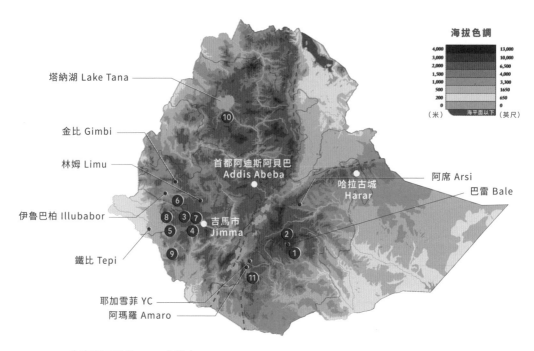

海拔色調

（米）		海平面以下	（英尺）
4,000			13,000
3,000			10,000
2,000			6,500
1,500			4,000
1,000			3,300
500			1650
200			650
0			0

塔納湖 Lake Tana

金比 Gimbi

林姆 Limu

⑩

首都阿迪斯阿貝巴 Addis Abeba

阿席 Arsi

巴雷 Bale

哈拉古城 Harar

伊魯巴柏 Illubabor

⑥

⑧ ③ ⑦

⑤ ④

吉馬市 Jimma

② ①

鐵比 Tepi

⑨

⑪

耶加雪菲 YC

阿瑪羅 Amaro

- - - 衣索匹亞裂谷　　大都市

1 哈倫納森林 Harenna

2 艾達巴朵朵拉森林 Adaba-Dodola

3 波金達-葉芭森林 Boginda-Yeba（Kaffa）

4 邦加森林 Bonga（Kaffa）

5 柏漢康尼森林（樹科森林）Berhane-kontir（Sheko）

6 雅鬱森林 Yayu（Illubarbor）

7 貝列提傑拉森林 Belete-Gera

8 歇卡森林 Sheka

9 馬吉森林 Maji

10 塔納湖南岸齊格半島 Zege Peninsula

11 西谷吉區的馬咖達森林 Magada

四大栽植系統

　　除了擁有上蒼恩賜 11 座野生咖啡森林厚禮外，衣國更擁有舉世無雙的四大栽植系統。一般咖啡產國以無遮蔭全日照或傳統遮蔭兩大栽植系統為主，亦可視當地日照情況，混用兩種模式。全日照有助提高產量但不利生態多樣性，巴西、肯亞與越

南是全日照典型。而遮蔭栽植系統的產量雖較低，但有利園區內的生態多樣性；過去哥倫比亞、瓜地馬拉、巴拿馬皆採傳統遮蔭，但近數十年為了提高產量，改採全日照系統的咖啡園愈來愈多，此趨勢令人憂心。全球暖化逐年惡化，傳統遮蔭栽植系統會比全日照更能夠調適高溫少雨的威脅。

衣索匹亞基本上也是以遮蔭、全日照或交互混用為主。全日照系統以東部哈拉、阿席較乾燥地區為主，其它地區則以遮蔭或兩者混用居多，但衣國咖啡栽植系統分得更細且類型更多，包括：

1. 森林咖啡 Forest Coffee

這是渾然天成，不著人工雕鑿的系統，是衣國獨有的優勢，咖農可直接入林採摘野生咖啡，但有嚴格的規定；不得砍伐、修剪與遷移林內植物；不得帶咖啡種子入林栽種，必須維持原生狀態；不得施肥或採行任何影響咖啡產量的管理作為；但准許開闢一條方便入林的路徑。居住在野生咖啡林附近，諸如卡法、巴雷、歇卡、班奇馬吉、吉馬、維列加、伊魯巴柏的咖啡農慣於使用此系統。野生咖啡的性狀多半瘦高、側枝較少。此系統的生態多樣性與咖啡品種龐雜度，高居四大系統之冠，但產量最低，每公頃產量只有 200-250 公斤，森林系統的產量只占衣國總產量 5% 以下。由於品種繁雜未經篩選與管理，看天灌溉的森林咖啡主攻商業級，但亦有少量符合精品級。

2. 半森林咖啡 Semi-Forest Coffee

森林系統進行人工干預，以提高咖啡產量，可轉變為半森林咖啡系統，譬如移除密度過高的樹木、除草、修剪不透光的樹冠以增加光照、將某區密度太高的野生咖啡移到其它低密度區、引進其它咖啡品種、修剪咖啡枝幹等。卡法、巴雷、歇卡、班奇馬吉、吉馬、維列加、伊魯巴柏的野生咖啡林某些區塊經許可，以人工管理措施提高產量，即形成半森林系統。此系統生態多樣性僅次於森林系統，但產量較高，每公頃達 300-400 公斤。

2.1 農林間植咖啡 Agroforestry Coffee

如果半森林咖啡系統人工化的強度提高，也就是在林區內除了種咖啡外，另外還間植其他農作物，如象腿蕉、玉米、咖特樹、芒果、鳳梨或酪梨，可稱為農林間植系統，這是半森林系統的優化版，在衣國很普遍。

半森林咖啡系統占衣國咖啡產量 50-55%。衣國咖啡研究機構的品種實驗都在半森林栽植場進行，咖啡品質優於森林咖啡。

3. 田園咖啡 Garden Coffee

農民在自家的田園兼種咖啡，多元化的作物可降低單一作物的風險並提高收入。此系統主要分布於裂谷以東，包括哈拉、谷吉、西達馬、耶加雪菲，裂谷以西相對較少，但吉馬與維列加亦有田園系統。田園系統的面積較小，多半不到 1 公頃，全日照或遮蔭皆有。但田間管理的強度高於前兩系統，單位產量較高，每公頃 500-750 公斤，生態多樣性與品種龐雜度低於前二系統。田園咖啡系統的產量占衣國咖啡 30%以上。

4. 大型栽植場系統

主要是國營或私人企業經營。栽植場的遮蔭樹、光照度、品種、施肥、栽種密度、病蟲害防治與田間管理都經過專業評估與執行，單位產量 600-1,000 公斤／公頃，高居四大系統之冠。栽植場面積多半介於 50-500 公頃，但少數廣達 1 萬公頃。大型栽植場主要分布於阿席、班奇馬吉、吉馬、坎貝拉、歇卡產區，目前最大的栽植場位於班奇馬吉的貝貝卡（Bebeca），占地 1 萬公頃。本系統的品種多元性與生態多樣性最低，產量約占衣國咖啡 10%，未來仍有增加的趨勢。

|釐清 Sidamo 與 Sidama 的歷史糾葛|

西達莫（Sidamo）是衣國經典咖啡產地，享譽全球咖啡界半個多世紀，然

而千禧年後突然更名為西達馬（Sidama）令老一代玩家很不習慣。到底出了什麼大事非更名不可？

原來 1995 年以前衣國實行 13 行省制，全國劃分為 13 個省，當時的西達莫省幅員遼闊（圖 [9-3]），連今日知名的耶加雪菲、蓋狄奧區（Gedeo Zone）、谷吉區（Guji Zone）、裂谷以西的沃拉伊塔區（Wolayita Zone）均隸屬西達莫省。但 1995 年 8 月衣國新憲法生效，改國名為「衣索比亞聯邦民主共和國」，成為內閣制國家，並廢除過去的行省制，改為聯邦制，昔日的 13 省改為九大州，也就是將相同語言和種族的地區設立自治州區，簡稱州（Region），有助各州族人和睦相處並享有更大自治權。以西達莫省（Sidamo Province）為例，廢省改州後昔日廣闊土地大部分被併入新設立的南方國族部落與人民州（Southern Nations, Nationalities, and Peoples' Region，簡稱 SNNPR），小部分併入歐羅米亞州（Oromia Region）以及索馬利亞州（Somalia Region）；原本遼闊的西達莫省被「分屍」貶為西達馬區（Sidama Zone 圖 [9-4]），本區的西達馬族高占 93.1 %、歐羅莫族（Oromo）2.53 %、安哈拉族（Amhara）0.91 %。重新劃分看似合理，卻埋下更大的衝突。

〔9-3〕西達莫省

〔9-4〕西達馬區

1995 年前衣國 13 行省制的西達莫省幅員遼闊。

1995 年後衣國改為聯邦制，設立九大州，西達莫省改為以西達馬族為主的西達馬區，隸屬 SNNPR 的一個小區。

分家大戲：西達馬州與西南州誕生，共 11 州！

西達馬疆域縮水後，成為 SNNPR 州麾下的西達馬區，多年來西達馬族人不服，極力抗爭脫離 SNNPR。2019 年 11 月在衣國總理阿比艾·哈梅（Abiy Ahmed）同意下，西達馬區舉行公民投票，壓倒性通過脫離 SNNPR，另外成立衣索匹亞第十個自治州，更名為西達馬州（Sidama Region），享有財政、教育和保安等更高的自治權，以哈瓦沙（Hawassa）為首府。2020 年 1 月 18 日，西達馬區正式升格為西達馬州，成為衣索匹亞第十個州。圖表 [9-5]，在衣國中南部新設立的西達馬州可看出面積遠比 1995 年前的西達莫省小很多，因為損失了蓋狄奧、谷吉、波倫納與沃拉伊塔四區廣大土地。

半個多世紀來，盛產精品咖啡的西達莫，歷盡滄桑，從領土極廣西達莫省，被貶為南方國族部落與人民州的一個轄區，最後總算爭回權益，升格為一個州，但面積卻腰斬為衣索匹亞倒數第二的小州，只比哈拉里州大。

然而，分家大戲未歇，2021 年 11 月 SNNPR 麾下 6 個區 Keffa、Sheka、Bench Maji、West Omo、Konta、Dawro 經公投成功脫離 SNNPR，成為第十一個州——西南衣索匹亞人民州（South West Ethiopia Peoples' Region，簡稱西南州）。

衣國共有 80 多個族裔，前七大民族依序為歐羅莫族（Oromo，古稱蓋拉族）、安哈拉族（Amhara）、索馬利族（Somali）、提卡揚族（Tigrayan）、西達馬族（Sidama）、古拉吉族（Gurage）、沃拉伊塔族（Wolayita）。據衣索匹亞最新的行政區劃分，共有 11 大州，新制基本上以種族和語來劃分州區，減少不同族群間的爭端，立意良善。

衣國 11 大州從事咖啡生產的包括：1. 歐羅米亞州（Oromia Region）2. 南方國族部落與人民州（SNNPR Region）3. 西達馬州 4. 南西州 5. 坎貝拉州（Gambela Region）6. 安哈拉州（Amhara Region）7. 班尼香谷古穆茲州（Benishangul Gumuz Region）8. 提格雷州（Tigray）和面積最小的 9. 哈拉里州（Harari Region）。另 2 個州：10. 阿法州（Afar）11. 索馬利州（Somali）則不產咖啡。

　　根據衣國新制，咖啡主力產地集中在歐羅米亞州、南方國族部落與人民
州、西達馬州、西南州，傳統產地均在此 4 州。值得留意的是，東部經典的
哈拉咖啡產地，已歸入歐羅米亞州的東哈拉吉區（East Hararghe Zone）與西
哈拉吉區（West Hararghe Zone），哈拉古城周邊乾燥的咖啡田雖有小量產出，
但已併入面積狹小的哈拉里州。至於大裂谷西北側的安哈拉州與班尼香谷
古穆茲州則因緯度較高，氣候較乾涼，並非傳統產區，過去雖然也有微量
產出但產量極不穩定，甚至間隔一兩年才有一穫。然而，世事多變，此兩
個州近年受益全球暖化，有些地區出現了咖啡適宜性，持續向好中。

〔9-5〕衣索匹亞 11 大州（Region）與各州的區（Zone）

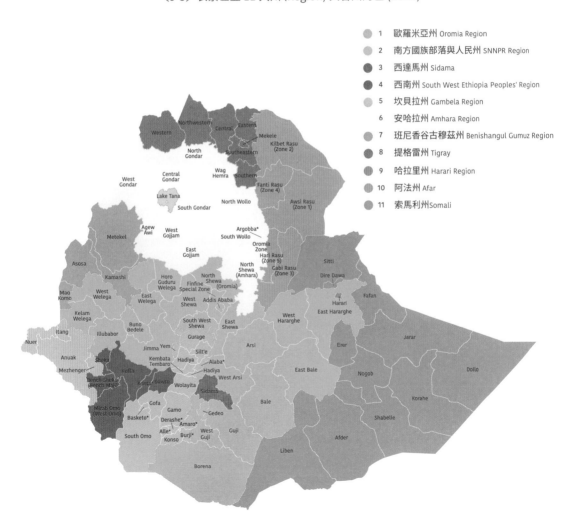

	1	歐羅米亞州 Oromia Region
	2	南方國族部落與人民州 SNNPR Region
	3	西達馬州 Sidama
	4	西南州 South West Ethiopia Peoples' Region
	5	坎貝拉州 Gambela Region
	6	安哈拉州 Amhara Region
	7	班尼香谷古穆茲州 Benishangul Gumuz Region
	8	提格雷州 Tigray
	9	哈拉里州 Harari Region
	10	阿法州 Afar
	11	索馬利州 Somali

輕鬆看懂複雜的四級制

精品咖啡貴在溯源履歷，衣索匹亞高檔精品豆除了標示海拔、品種外，還會載明 5 大要項：1. Region 2. Zone 3.Woreda 4. Kebele 5. Station，方便消費者追溯其源。衣國精品豆履歷是依照行政區四級制標示，四級制的位階從上而下分為：

1. 州（Region）：一般以該州最大的族裔名稱命名，如前述共 11 個州。

2. 區（Zone）：州的下級單位，譬如歐羅米亞州麾下有 20 區，南方國族部落與人民州底下共有 11 區。

3. 縣、郡或自治市（Woreda）：區的下級單位

4. 鄉、鎮、村或農民社區（Kebele）：縣、郡或自治市的下級單位

5. 處理廠（Station）：設在某鄉、鎮、村、農場或某農民合作社內

舉一例說明，數月前我喝到一支出自西南部歐卡森林（Sheka Froest）的核彈級水果炸彈，屬於半森林栽植系統，溯源履歷為：（1）South West Ethiopia Peoples' Region（西南州）、（2）Sheka Zone（歐卡區）、（3）Masha Woreda（馬夏縣）、（4）Kawo Kebele（卡沃村）、（5）Kawo Kamina（卡沃卡米娜咖啡農場）。說清楚點，這支精品豆出自西南州歐卡區的半森林咖啡栽植系統、馬夏縣（歐卡區另有耶基、安德拉查兩個咖啡縣）、卡沃村的卡沃卡米娜農場。

西達馬升級，產地大變動，連霸兩屆 CoE

很多玩家以為西達馬咖啡產地分布在衣索匹亞大裂谷以東的東南地區，其實不然，有不少西達馬產地並不在西達馬的行政轄區內，撈過界的西達馬咖啡是經官方認證。根據衣索匹亞商品交易所（ECX）2010、2015、2018 年公布的咖啡合同產地分類表，西達馬產地分為 A、B、C、D、E 等 5 組，其中只有 A、B 兩組是在西達馬行政轄區（Sidama Zone）內，而 D 組產地則分布

在北邊的西阿席區（West Arsi Zone）以及更遠的阿席區（Arsi Zone），至於 C、E 組則星散在大裂谷以西。換言之，西達馬產地除了在行政轄區內，還廣布於大裂谷東西兩半壁的歐羅米亞州（Oromia）、南方國族部落與人民州（SNNPR）。其來有自，1995 年以前，西達馬是衣國十三大行省之一的西達莫省（Sidamo province，請見圖 [9-3]），但廢省改行聯邦制後，其行政區大幅縮小並併入 SNNPR 麾下的西達馬區（Sidama Zone，圖 [9-4]），歷史糾葛造成今日西達馬產地與他州行政區交錯現象，堪稱全球最龐雜難懂的產地。

〔9-6〕西達馬產地今昔對照表

2010－2018 年 ECX 舊合同西達馬產地	2022 年 ECX 新合同西達馬產地
Sidama A Bensa, Chire, Bona zuria, Aroresa, Arbigona **Sidama B** Aleta Wendo, Dale, Chuko, Dara, Shebedino,Wensho, Loko Abaya	**Sidama = Sidama A+ Sidama B** 2020 年西達馬區（Sidama Zone）升格為西達馬州（Sidama Region），昔日 Sidama Zone 的 Sidama A 與 Sidama B 合併為名實相符的 Sidama Region 產地，共計 12 個原產地。
Sidama C Kembata &Timbaro, Wollaita, Gurage	**Sidama C 拆散為獨立原產地** Kembata &Timbaro, Wollaita, Gurage 三產地不在西達 馬行政轄區且遠在裂谷西側的中部，Sidama 升格後，此三產地不再是西達馬而升為獨立原產地。
Sidama D West Arsi（Nansebo）, Arsi（Chole）	**Sidama D 各奔前程** 本組產地亦不在 Sidama 行政轄區，Sidama 升格後，Nansebo 升為 West Arsi 的獨立原產地；而遠在 Arsi 並與哈拉（Harar）接壤的 Chole，則併入 Harar C 日曬產區。此三地不再是西達馬咖啡。
Sidama E South Ari, North Ari, Melo, Denba gofa, Geze gofa, South Ari, North Ari, Melo, Denba gofa, Geze gofa, Arbaminch zuria, Basketo, Derashe, Konso,Konta, Gena bosa, Esera	**Sidama E 維持不變** Sidama E 的產地不在 Sidama 行政轄區而遠在大裂的西南側，Sidama 升格後，Sidama E 仍是 Sidama 產地。

（＊資料來源：根據 ECX 2010－2018 年舊版咖啡合同以及 2022 年新版修訂合同編製）

2020 年西達馬掙脫 SNNPR 並升格為州，幅員雖不變但四級制的產地履歷勢必變動，卻遲遲未見 ECX 更新產地分類表。2022 年 2 月，我寫信向 ECX 探詢，但只收到一份我已有的 2018 年舊版分類表。終於 2022 年 3 月 ECX 公布衣索匹亞咖啡出口協會（ECEA）批准的新版產地分類修正表（請參見章末附錄）；新成立的西達馬州（Sidama Region）產地組別大為收斂，從 2010-2018 年舊版的 Sidama A、B、C、D、E 五組縮編為 2 組，即本州的 Sidama 組與跨州的 Sidama E 組，也就是舊版中的 Sidama A、B 合併為本州的 Sidama，而 Sidama C 的 Kembata &Timbaro、Wollaita、Gurage 則升為獨立原產地，至於 Sidama D 也被打散，升為獨立原產地或併入 Harar 日曬。細節請參圖表 [9-6]。

2022 年 ECX 新版產地分類表，西達馬州內的咖啡縣（郡、市）包括 Bensa、Chire、Bona zuria、Aroresa、Arbigona（Arbe Gonna）、Aleta Wendo、Dale,、Chuko、Dara、Shebedino（Shebe Dino）、Wensho（Wonosho）、Loko Abaya 等共 12 個產區（請參圖 [9-7]）。說巧不巧，2020 年衣國首屆 CoE 冠軍豆出自西達馬州的布拉郡（Bura Woreda），另外，2021 年衣國第二屆 CoE 冠軍出自西達馬州的班莎縣（Bensa Woreda），西達馬連霸兩屆大賽是升格為州的最大獻禮。有趣的是冠軍豆的產地履歷是以西達馬為州名與區名，州名等於區名這也是衣國首見。布拉郡位於班莎縣北部（圖 [9-7]），布拉郡與班莎縣的冠軍豆四級制履歷為：

・西達馬州（Sidama Region）、西達馬區 （Sidama Zone）、布拉郡 （Bura Woreda）、卡拉莫村（Karamo Kebele）

・西達馬州（Sidama Region）、西達馬區 （Sidama Zone）、班莎縣（BensaWoreda）、狄洛村（Delo Kebele）[註1]

2021 年衣國 CoE 前 30 名優勝豆中，為數最多的是西達馬州高達 14 支，其次是歐羅米亞州的 13 支。然而，歐羅米亞州是衣國最大的咖啡生產州，面積廣達 353,690 平方公里，遠比西達馬州的 6,000 平方公里大了 58 倍。小

而彌堅的西達馬州在 CoE 亮眼表現恰為升格爭了口氣。

耶加韻的 Curage，獨立為新產區

位於北緯 7.8°-8.5°、東經 37.5°-38.7°，近鄰林姆（Limu）與吉馬產區的古拉吉新產地（請參圖 [9-8]）值得咖友和豆商關注。ECX 2010 與 2015 年舊版產區分類表未見古拉吉字眼，卻乍然列入 ECX 2018 年版本的 Sidama C 組，2022 年最新版分類表更進一步將古拉吉列為獨立原產地，顯見古拉吉是個很有潛力的新產區，位於裂谷以西且偏中北部，隸屬 SNNPR 但不在西達馬傳統產區內，為何衣國如此拉拔古拉吉？

這與衣國農政當局近年積極開發裂谷以西新產區，增產報國有關；早在 2014 年，吉馬農業研究中心（JARC）與衣國沃基特大學（Wolkite University）的研究員在南方國族部落與人民州的古拉吉區，考察幾個咖啡農密度較高卻默默無名的產區，諸如恩茲哈（Ezha）、耶內莫恩納（Enemor Ener）、切哈（Cheha），並分析咖啡形態、品種、土質與杯測品質，發現在古拉吉高海拔、俗名薇塔莎嘉（Witasaja）的地方種杯測分數最高，花果韻與酸質近似精品級耶加與西達馬。雖然本區與傳統西達馬產地仍有好一大段距離，但咖啡味譜極為相似，遂將古拉吉區列入 ECX 2018 年版產地分類表的 Sidama C 組，2022 年最新版又禮遇古拉吉將她獨立為新產區。

為何有那麼多偏離西達馬州的產地相繼被劃入西達馬產地，然後又升格為獨立產地？照官方說法這和咖啡風土（Terroir）、咖啡形態與味譜相似有關。但我不完全贊同這種說法，因為耶加雪菲與谷吉之前也屬於西達馬，

註 1：2021 年 CoE 官網將該年衣國冠軍豆的 4 級制履歷誤植為三級，即 Sidama Region, Bensa Zone, Delo Kebele，即 Bensa 被誤植為區。2022 年 4 月衣國 CoE 初賽入選的前 150 名揭曉，4 級制修正，以 Sidama 為州名（Region）與區名（Zone），Bensa 恢復為第三級的縣（郡、市）名。譬如其中入選的班莎縣賽豆的 4 級制為 Sidama Region, Sidama Zone, Bensa Woreda, Hache Kebele。

但闖出名氣，處理廠數目與產量增加後就脫離西達馬，自立門戶。我高度懷疑這是衣國官方慣用的行銷術，將不知名的產區、有潛力且風味近似西達馬的咖啡縣冠上西達馬產地，有助拉抬銷量，等出口量增加後，水到渠成即獨立為新產地或產區，也就是母雞帶小雞概念。

〔9-7〕西達馬產地圖

＊本圖參考 2017 年聯合國人道事務協調廳（OCHA）的衣國地圖繪製，並加列 2020 年與 2021 年頻頻出現衣國 CoE 優勝榜的 Bura Woreda，就位於 Bensa 北部。

〔9-8〕西達馬的跨州產地：Sidama+Sidama E

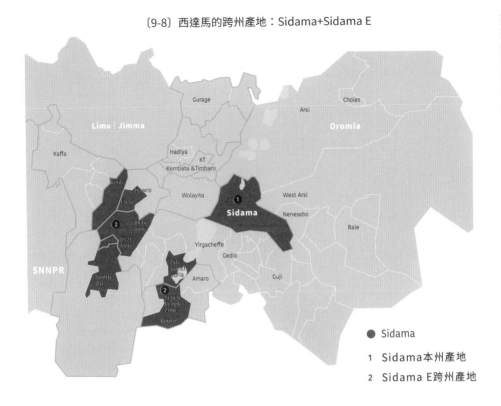

* 2022 年 ECX 最新版產地分類，西達馬產地精簡為 Sidama 和 Sidam E 兩組。原先隸屬 Sidama C 的 Curage, Kembata &Timbaro, Wolaita 則獨立為原產地，不再屬於 Sidama。而之前為 Sidama C 的 Nansebo、Chole 則回歸 West Arsi 和 Harar 產區。

耶加雪菲：跨州的 5 大咖啡縣

　　耶加雪菲產地也有類似情況。1995 年前耶加雪菲隸屬西達莫省，但經過廢省改行聯邦制，以及 2010、2015、2018、2022 年 ECX 咖啡分類表 4 次改版調整，耶加雪菲已成獨立產地，其產區涵蓋南方國族部落與人民州的蓋狄奧區（Gedeo Zone）以及歐羅米亞州的西谷吉區（West Guji），也是跨州的產地。蓋狄奧區內的咖啡縣包括耶加雪菲、狄拉朱利亞（Dilla Zuria）、維納哥（Wenago）、柯切雷（Kochere）；另外，還有一個耶加雪菲的產地卻位於西谷吉區的傑拉納阿巴雅（Gelana Abaya）。

　　值得留意的是蓋狄奧區最北端的狄拉朱利亞縣，2010 與 2015 年隸屬西達馬 B 區產地，但 2018 年 ECX 分類表將之劃入耶加雪菲的產區。另外，蓋狄奧區最南方的咖啡縣蓋秋貝（Gedeb）雖未被 ECX 分類表列入耶加雪菲產地，但業界已將之視為耶加雪菲產地。

〔9-9〕耶加雪菲產區詳圖

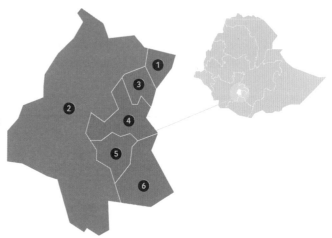

● 縣隸屬蓋狄奧區
● 隸屬西谷吉區

1　狄拉朱利亞 Dilla Zuria
2　傑拉納阿巴雅 Gelana Abaya
3　維納哥 Wenago
4　耶加雪菲 Yirgachaffe
5　柯切雷 Kochere
6　蓋狄貝 Gedeb

谷吉、西谷吉、巴雷：升格為獨立產地

　　全世界沒有一個產國的產區像衣索匹亞這麼「好動」，每隔幾年就會變動或更新。2010 年 ECX 咖啡產地分類表中，谷吉區（Guji）歸入西達馬產地的 A 組，但 2015 年 ECX 咖啡產地分類表將谷吉區移出西達馬產地，升格為獨立的谷吉產區；另外，2010、2015 年 ECX 咖啡產地分類表中，巴雷產區歸入西達馬 D 組，但 2018 年 ECX 咖啡產地類表將巴雷移出西達馬產地，獨立為巴雷產區。這與谷吉、巴雷產量與出口量增加有關。此後谷吉與巴雷咖啡能見度大增，目前台灣很容易買到這兩個獨立產地的咖啡。由此可見與西達馬「有染」的產地，都有不錯的預後。歐羅米亞州的谷吉是近 10 來年崛起的新產區，2010 年以前甚少聽聞谷吉，但近幾年谷吉光環蓋過耶加，其來有自。谷吉北邊是西達馬、東側和巴雷接壤，西北比鄰盛產耶加的蓋

狄奧區，南接波倫納區，海拔 1,500 米以上的馬咖達咖啡森林就位於谷吉的
Bule Hora 與 Dawa 兩縣之間，氣候溫潤土力肥不需施肥。谷吉族是奧羅莫族
的一支，自古以來活躍於衣索匹亞南部，即今日的波倫納區與谷吉區過著
農牧生活，歷史學家認為奧羅莫族是從波倫納、谷吉往北擴散，成為今日
高占衣國 55％人口的最大種族。谷吉自古以來盛產黃金、寶石等貴重礦產，
族人極力捍衛自身利益，外人不易入內，直到近數十年才開放門戶，大型
咖啡後製廠得以入內開發本區雄厚的精品豆資源。但 2017 年谷吉知名的咖
啡縣 Hambela、Kercha 又和波倫納區的咖啡縣 Blue Hora、Gelana、Abaya 合併
為西谷吉區（West Guji Zone）。

　　然而 2018 至 2022 年 ECX 咖啡產地分類表並未將這幾縣歸入西谷吉原產
地，其中的 Gelana、Abay 甚至仍歸類為耶加雪菲原產地。衣國咖啡產地與
行政區的交錯亂象頗為常見，增加玩家不少困擾。

〔9-10〕谷吉產區詳圖

谷吉
1　Girja
2　Adola
3　Oddo Shakiso
4　Uraga
5　Haro Welabu
6　Bore

西谷吉
7　Hambela Wamena
8　Kercha
9　Blue Hora
10　Gelana Abaya
（雖屬西谷吉行政區
但劃歸耶加雪菲產地）

跟著 ECX 咖啡產地分類表看天機：開發大西地

ECX 的產地分類表至今有 2010、2015 與 2018、2022 年共 4 個版本，雖然每次調整都為溯源增添麻煩，但衣索匹亞大費周章這麼做，實有其必要，其中暗藏大趨勢，值得深入探討。

衣索匹亞面積廣達 1,100,000 平方公里（110,000,000 公頃），是非洲第十大的國家，專家估計衣國適宜種咖啡的面積至少有 20,000 平方公里（2,000,000 公頃）。但裂谷以東的傳統咖啡產區開發殆盡，尤其東哈拉吉、西哈拉吉與阿席產區，近 30 多年來因氣候變異，愈來愈乾燥少雨，產量銳減，農政當局為了提高咖啡產量和出口量，增加外匯收入，轉而傾力開發裂谷以西，尤其是西北部緯度較高、較乾涼，因全球暖化而受惠的非傳統產地，近年已開始投產。

開發西北部咖啡新區的大趨勢明確反映在 ECX 咖啡產地分類表上，2010 與 2015 年兩個舊版本，尚未表列西北部產地，但 2018 年更新版本赫然出現西戈加姆區（West Gojam Zone）、齊格半島（Zege，塔納湖西南岸）、阿維區（AWI Zone）、東戈加姆區（East Gojam Zone），這 4 個世人極為陌生的咖啡新區均位於西北部的安哈拉州（請參圖表 [9-5]）。過去除了齊格半島的修道院咖啡偶爾聽聞過，其他 3 區聞所未聞，而 2018 年起的 ECX 咖啡產地分類表卻「寵幸」安哈拉州 4 個新產區，將之獨立列出，提高知名度，可謂用心良苦。2022 年 ECX 最新版的產地分類表，上述西北部新產區仍赫然在列，衣索匹亞因全球暖化而開發大西地的趨勢極為明顯！

西北部較乾冷不太適合咖啡生長，但也有例外，衣國海拔高達 1,788 米，位於北緯 12°的全國最大湖塔納湖（Lake Tana）西南岸的齊格半島並非傳統產區，但數百年來斷斷續續有小量咖啡產出，供湖畔修道院的僧侶飲用，每年產量不定，偶而有出口，台灣也曾進口，猶記得 10 年前喝過齊格半島日曬豆，風味較平淡。

塔納湖區有座 14 世紀興建的東正教修道院 Ura Kidane Mehret，創院聖僧

貝崔‧馬利安（Betre Mariyam）曾賜福塔納湖區的住民，世世代代可靠著咖啡、萊姆與啤酒花過活。島上茂密林區至今仍種有這 3 種作物，咖啡供僧侶修士飲用，並以啤酒花和萊姆釀成當地知名的塔拉（Tala）啤酒。

2018 年 ECX 的咖啡產地分類表首度揭示齊格半島為日曬、水洗的精品與商業豆產地，進一步落實聖僧數百年前的祝福！

另外，德國咖啡貿易巨擘紐曼咖啡集團（Neumann Kaffee Gruppe）友善咖農的非營利機構 Hanns R. Neumann Stiftung（簡稱 HRNS），2014 年在安哈拉州推動「咖啡計畫」（HRN'S CAFÉ PROJECT）協助衣國開發大西北的咖啡事業，並成立安哈拉咖農合作聯盟（Amhara Coffee Farmer's Cooperative Union 簡稱 ACFCUA），2015 年在 ACFCUA 助力下，齊格咖啡合作社（Zege Coop）正式成立，大幅改善田間管理與後製技藝，朝精品之路邁進，以提高國際能見度。

安哈拉州產量仍低，味譜接近肯亞

〔9-11〕衣索匹亞新產區：安哈拉州與提格雷州

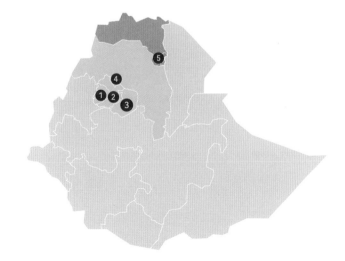

● Amhara州

1　Awi

2　West Gojam

3　East Gojam

4　Zege (Bahir Dar)

● Tigray州

5　Raya Azebo

安哈拉州 4 個咖啡產區的海拔不低，介於 1,800 至 2,000 米，氣候較乾涼，雨季型態與裂谷以東的產地不同，咖啡味譜迥異於西達馬與耶加雪菲的橘韻與花香，而是以烏梅、葡萄乾、棗子、李子、義大利野酸櫻桃為主調，接近肯亞調性。塔納湖南岸的巴希達爾市是安哈拉州的首府（圖〔9-11〕）。而安哈拉州北部的提格雷州（Tigray）近年也有小量產出，風味近似東部的哈拉，但 Tigray 州至今尚未被 ECX 列為原產地。

根據 2019 年安哈拉州巴希達爾大學（Bahir Dar University）的研究報告《生長在衣索匹亞安哈拉州西戈加姆區幾個選定地域阿拉比卡的品質屬性評估》（Evaluation of Quality Attributes of Arabica Coffee Varieties Grown In Selected Districts of West Gojam Zone Amhara Region Ethiopia）指出，安哈拉州的咖啡田面積估計有 9,961.18 公頃（約台灣咖啡面積十倍大），產量 3,006.793 公噸（約台灣產量三倍），平均單位產量只有 0.302 噸／公頃（約台灣單位產量 1/3）。若以衣國 2020 年咖啡產量 45 萬噸計，安哈拉州只占衣國咖啡總產量 0.67％，每公頃單位產量不到衣國的一半。安哈拉州是個新興產地，還有很大成長空間，值得期待。

全球暖化，衣國西北部乾涼地區因禍得福，近年咖啡農人數有增加趨勢，主要集中安哈拉州塔納湖南岸的齊格半島、巴希達爾市（Bahir Dar）、東戈加姆、西戈加姆、阿維等區。另外，位於安哈拉州西南邊的貝尼香谷古穆茲州（Benishangul Gumuz Region）近年也開始投產，可望成為衣國咖啡的新血輪。

在此我大膽預言，ECX 咖啡產地分類表，遲早會列出班尼香谷古穆茲州轄下近年已開發成功的新產區名，諸如梅鐵克區（Metekel Zone）、阿索薩區（Asosa Zone）、卡馬錫區（Kamashi Zone），開發大西北新產區是衣國不可的逆的大趨勢！

｜衣索匹亞大裂谷東西兩半壁 21 大精品咖啡產地｜

2022 年 ECX 公布新版咖啡合同產地分類表，我歸納出 21 大精品產地：

1. 耶加雪菲產地（Yirgachefe ＝ Gedeo + Gelana Abaya）

耶加雪菲產地橫跨 SNNPR 與 Oromia 兩大州。其中的 Gedeo 隸屬於 SNNPR，共有 Yirgachefe、 Wenago、Kochere、Dilla Zuria 四縣；另外，Gelana Abaya 則隸屬於歐羅米亞州（Oromia）西古吉區（West Guji Zone）的咖啡縣。耶加雪菲是產地與行政區交錯的典型案例。

2. 谷吉產地 （Guji ＝ Guji + West Guji）

谷吉是近 10 來年走紅的衣國精品豆新區，2010 年曾被 ECX 歸類為 Sidama A 組，2015 年才拉出獨立為原產地。歐羅米亞州谷吉區的 Giria、Addola Redi、Oddo Shakiso、Uraga、Bore、 Haro Welabu 六縣，以及西谷吉區的 Hambella Wamena、Kercha、Bule Hora 縣，是谷吉咖啡的主力縣。

3. 西達馬產地 （Sidama ＝ Sidama + Sidama E）

這是衣國最星散的複合產地，位於西達馬本州的 Bensa、Chire、Bona zuria、Aroresa、Arbigona、Aleta Wendo、 Dale、Chuko、Dara、Shebedino、Wensho、Loko Abaya 等 12 縣。另外，不在本州的 Sidama E 組竟然遠及 SNNPR 的 9 縣再加西南州的 3 縣，是產區與行政區交錯最複雜的原產地，橫跨西達馬、SNNPR 與西南州等 3 個州。

3.1 . 西達馬 E 組產地 （Sidama E）

不在西達馬本州，遠在 SNNPR 的 S.Ari、N.Ari、Melo、Denba gofa、Geze gofa、Arbaminch zuria、Basketo、Derashe、Konso 等 9 縣， 以 及 西 南 州 的 Konta、Gena bosa、Esera 等 3 縣，其中的 Konta 甚至和 Kaffa 產地接壤。1995 年以前，這些產地仍屬於西達莫省的行政轄區，但廢省後至 2020 年西達馬升格為州，本組仍被 ECX 歸類為西達馬產地。

〔9-12〕衣索匹亞 21 大產區圖

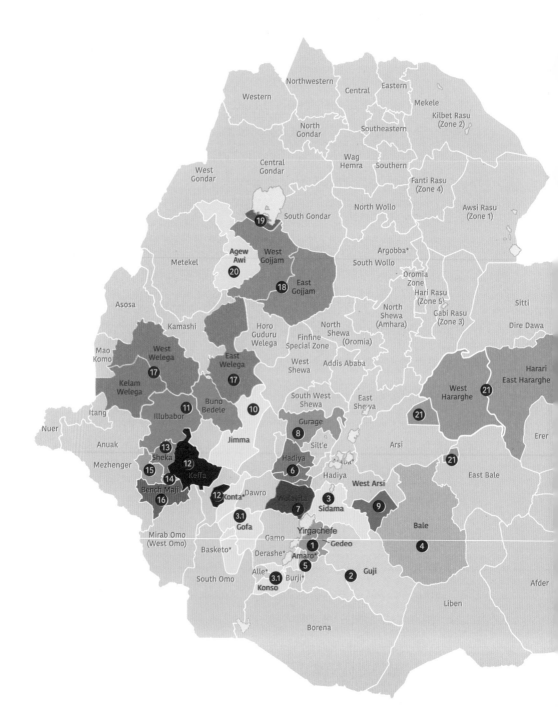

● 1　耶加雪菲產地　Yirgachefe＝Gedeo + Gelana Abaya

○ 2　谷吉產地　Guji＝Guji + West Guji

○ 3　西達馬產地　Sidama＝Sidama + Sidama E

　　3.1　西達馬E組產地　Sidama E

● 4　巴雷產地　Bale

● 5　安馬羅產地　Amaro

● 6　坎巴塔產地　Kembata Tembaro

● 7　沃拉伊塔產地　Wollaita

● 8　古拉吉產地　Curage

● 9　西阿席產地　West Arsi

◐ 10　吉馬日曬與林姆水洗　Jimma Unwashed & Limmu Washed

● 11　伊魯巴柏產地　Illubabour或Illu Ababour

● 12　卡法產地　Kaffa

● 13　安德拉查產地　Anderacha

○ 14　葉基產地　Yeki

○ 15　戈德瑞產地　Godere

● 16　班奇馬吉產地　Bench Maji

● 17　內肯提產地　Nekemte＝East Wellega+ West Wellega+ Kelem Wellega

● 18　東戈加姆、西戈加姆產地　East Gojam、West Gojam

● 19　齊格半島　Zege

○ 20　阿維產地　Awi

● 21　哈拉產區　Harar= East Harage + West Harage + Arsi Golocha &Chole + Bale Gololicha

4. 巴雷產地（Bale）

位於歐羅米亞州，西邊與 West Arsi、西南與谷吉接壤的巴雷，主要產地在哈倫納咖啡森林周遭的 Berbere、Delomena、Harena Buluku 三縣。遲至 2018 年巴雷才被 ECX 列為日曬與水洗的精品產地之一。

5. 安馬羅產地（Amaro）

位於大裂谷南段 SNNPR 的一個自治縣，安馬羅原先是 SNNPR 塞晉族人區 (Segen Peoples' Zone) 的一個自治縣，北鄰耶加產地 Gelana Abaya。2010 與 2015 年版的 ECX 咖啡分類表將安馬羅歸入西達馬 B 組，但 2018 年後的版本將之獨立為安馬羅產地。小有名氣的安馬羅蓋優咖啡（Amaro Gayo）2005

年由衣索匹亞第一位女性咖啡生產者兼直接貿易商湯瑪絲女士（Asnakech Thomas）創立，近年已引進台灣。

6. 坎巴塔產地（Kembata Tembaro）

位於大裂谷中段西側，主要由坎巴塔族與田巴羅族構成的自治區隸屬 SNNPR，2018 年以前被 ECX 歸類為 Sidama C 組，2022 年 ECX 新版分類表將之獨立為單一原產地，本區南北面的 Hadiya 縣亦含蓋在內。

7. 沃拉伊塔產地（Wollaita）

位於坎巴塔南邊，隸屬 SNNPR，如同坎巴塔之前也被歸類為 Sidama C 組，2022 年被 ECX 拉抬為獨立原產地。本區的右側即為西達馬州。

8. 古拉吉產地（Curage）

位於坎巴塔北邊，本區如同坎巴塔、沃拉伊塔，之前也隸屬於 Sidama C 組產地，2022 年被 ECX 拉抬為獨立原產地，風味近似耶加與西達馬。古拉吉的左邊即為 Jimma 與 Limmu 產地。

9. 西阿席產地（West Arsi）

藍塞波（Nensebo）是本區主產地，夾在 Sidama 與 Bale 中間。本產地之前被 ECX 歸為 Sidama D 組，2022 年被拉抬為西阿席區主力產地，Nensebo 西邊的 Kokosa 是西阿席的另一個主產地。

10. 吉馬日曬與林姆水洗（Jimma Unwashed &Limmu Washed）

吉馬和林姆的產地相同，位於歐羅米亞州大裂谷西側的 Limmu Seka、Limmu Kossa、Manna、Gomma、Gummay、Seka Chekoressa、Kersa、Shebe、Gera 九縣，按 ECX 歸類，本產地的水洗豆稱為 Limmu，日曬豆則為 Jimma，但偶而也買得到水洗吉馬或日曬林姆，雖不多見。兩者均為衣國老牌咖啡。

11. 伊魯巴柏產地（Illubabour 或 Illu Ababour － 74、75 系列的原鄉）

本產地位於吉馬與林姆的西側，過去衣國將 Illubabour 歸類為 Jimma Type，而 ECX 2010、2015 年分類表將 Illubabour 的咖啡縣納入 Limmu B 組，直到 2018 年才獨立為 Illubabour 原產地，2022 年 ECX 更進一步將伊魯巴柏產地分為 Buno Bedele 與 Illubabour 兩大區；前者 Buno Bedele Zone 有 5 大咖啡縣包括 Bedele、Chora、Dega、Gechi、Dedesa；後者 Illbabour Zone 有 11 大咖啡縣包括 Noppa、Sele nono、Yayo、Alle、Didu、Darimu、Metu、Becho、Hurumu、Doreni、Algesache。近年 ECX 的產地分類漸趨細分化，衣國知名純系現代品種 74 與 75 系多半出自本產地，將之獨立為原產地恰如其分。

12. 卡法產地（Kaffa）

卡法 (Kaffa Zone) 之前隸屬於 SNNPR，但 2021 年 11 月被劃入新成立的西南州，卡法以渾然天成的野生咖啡林著稱，主要產地包括 Gimbo、Gewata、Chena、Tilo、Bita、 Cheta、Gesha、 Bonga Zuria 八縣。

13. 安德拉查產地（Anderacha）

卡法區的左鄰歐卡區（Sheka Zone）也是野生咖啡林，雖然名氣不如卡法響亮，但近年基因鑑定發現歐卡咖啡的多樣性不同於卡法，是珍貴的阿拉比卡資源。本區有三個咖啡縣，但 ECX 只將其中兩縣 Anderacha 與 Masha 歸類為安德拉查產地。

14. 葉基產地（Yeki）

葉基縣是歐卡區南部的咖啡縣，但 ECX 從 2010 年至今一直將葉基獨立列為原產地，原因不明，可能本地咖啡型態與風味不同於安德拉查產地。Tepi 是葉基縣重鎮也是老牌的咖啡產地。本產地如同卡法也被劃入新成立的西南州。

15. 戈德瑞產地（Godere）

安德拉查與葉基的左側是衣國最偏西的坎貝拉州（Gambella Region），本州咖啡主產於梅堅格區（Mezenger Zone）的戈德瑞、曼傑希 (Mengeshi) 二縣。

當局近 10 多年大力推廣西部咖啡，故將戈德瑞拉出列為原產地。

16. 班奇馬吉產地（Bench Maji）

藝伎迷看到 Bench Maji 兩眼為之一亮。據近年考證，本區的 Gori Gesha Forest 乃是 1931、1936 年英國公使採集抗鏽藝伎的地點。班奇馬吉曾經是 SNNPR 轄下的行政區，Gori Gesha Forest 位於中部曼尼沙沙縣（Menit Shasha Woreda）人跡罕至的原始林。然而，2021 年班奇馬吉被劃入新成立的西南州，並改名為班奇歐科區（Bench Sheko Zone），所幸 2022 年 ECX 新版分類表仍沿用大家習慣的班奇馬吉名稱。有趣的是，我發現 2020 年衣國行政地圖將 Gori Gesha Forest 從曼尼沙沙縣分割出，另成立可麗瑰夏縣（Gori Gesha Woreda），可能是為了取悅咖啡迷。咖啡主產於中北部各縣諸如 Sheko、S.Bench、N.Bench、 Guraferda、Bero、Menit Shasha、Gori Gesha、Mint Godiye 等縣。

17. 內肯提產地（Nekemte = East Wellega+ West Wellega+ Kelem Wellega）

伊魯巴柏、林姆、吉馬以北的東維列加 (East Wellega)、西維列加 (West Wellega)、克倫維列加 (Kelem Wellega) 等 3 區的咖啡，市場慣稱為內肯提咖啡，內肯提是東維列加的首府。然而，ECX 卻將內肯提咖啡細分為 Kelem Wellega、East Wellega 以及 Gimbi 等 3 個產地，似乎有意增加各產區的曝光度，而 Gimbi 是西維列加的主力咖啡縣。

18. 東戈加姆、西戈加姆產地（East Gojam、West Gojam）

戈加姆位於衣國西北部的安哈馬州，分為東戈加姆與西戈加姆兩區，盛產穀粒非常小的苔麩（Teff），氣候較乾涼並非咖啡的傳統產地。但近十來年因全球暖化而受益，衣國的農業公司 2015 年起在歐美協助下開發西北部的咖啡潛能，譬如占地 500 公頃、海拔 1,800 米的阿耶胡咖啡農場（Ayehu farm）戈加姆 G1、G3 日曬豆已進軍歐美市場，該農場未來要擴充至 1,000 多公頃年產 2,000 噸。2018 年 ECX 產地分類才開始表列東西戈加姆為原產地，是衣國新開發的產區，但台灣截至 2022 年尚未引進戈加姆咖啡。

19. 齊格半島 (Zege)

位於西戈加姆知名旅遊聖地塔納湖西南岸的齊格半島已逾北緯 11°，是衣國較高緯產地，雖然和戈加姆、阿維產地遲至 2018 年才被 ECX 登錄為原產地，但齊格半島數百年來一直有小量咖啡產出，供湖區修道院僧侶飲用，甚至少量出口。產區分布於湖區西南岸的齊格半島野生咖啡林以及西戈加姆的巴希達爾縣。

20. 阿維產地 (Awi)

位於戈加姆西邊的阿維產區，也是遲至 2018 年才列入 ECX 的產地分類表的新產區，但國際能見度不如戈加姆咖啡，台灣尚未引進。

21. 哈拉產地 (Harar = East Harage + West Harage + Arsi Golocha & Chole + Bale Gololicha)

哈拉是衣國最早大規模商業化種咖啡的古老日曬豆產地，老一代咖啡人對哈拉很有感，但年輕一代就很陌生了。哈拉產地除了東哈拉吉區、西哈拉吉區外，還含蓋阿席區的 Golocha 和 Chole，甚至遠及與巴雷區接壤的 Gololicha，看似幅員遼闊，實則產量逐年下滑，近年只占衣國總產量 7 % 左右。主因是乾旱、果小蠹肆虐、轉種咖特樹。今日哈拉日曬品質遠遜於昔日，價格又貴於耶加、谷吉、吉馬，難怪近十多年罕見台灣店家用哈拉豆。

2021 年德國波茨坦氣候影響研究所（PIK）與肯亞、辛巴威和義大利幾所科研機構聯署發表的《衣索匹亞氣候變化與精品咖啡潛力》（Climate Change and Specialty Coffee Potential in Ethiopia）指出，到了 2090 年代衣國的咖啡田總面積雖會增加，但適耕的精品咖啡田面積除了 Nekemte 增加外，其餘產地的精品咖啡田面積卻減少，尤其以 Harar、Yirgachefe 減幅逾 40 % 最嚴重！

該文獻根據 2030-2090 年衣國在氣溫、雨量與土質的改變，評估衣國的精品咖啡潛力。此研究的結論與衣國政府近年大力開發大裂谷以西的咖啡潛能不謀而合，因為東半壁的咖啡田已過度開發且極端氣候的頻率高於西半壁。

氣候異常，衣國咖啡業與時間賽跑

這幾年包括台灣在內的全球生豆進口商都感受到衣索匹亞當季咖啡反常延後一至兩個月到貨的怪現象，此乃氣候變遷的最佳實例。衣國咖啡收穫季為每年 10 月至來年的 1 月，而進口國到貨時間集中在每年 4 至 6 月，但這幾年衣國傳統產區氣候亂了套，不是乾季太長就是雨季太長，影響咖啡的花期與果子成熟期，嚴重延誤既定的咖啡出口時程。

以 2018 年為例，衣索匹亞東南部知名的精品咖啡產地谷吉區的罕貝拉鎮（Hambela），以及蓋狄奧區耶加雪菲產地的蓋狄貝鎮（Gedeb），兩地反常的乾旱缺雨，咖啡果到了 1 月還未轉紅，致使採收、後製與出口作業被迫延後一個月，無法履約如期出貨給歐美和亞洲客戶，造成麻煩的違約問題。然而 2020 年這兩產地氣候卻反轉為雨季太長，延後採收與出口事宜將近兩個月，照慣例台灣進口商 6 至 7 月可收到衣國新產季生豆，卻延到 8 月以後才到貨。

氣候變異已影響許多產國正常的收穫與出口時程，而咖啡又是衣國最大外匯來源，咖農與農政當局為了減災，已經啟動前瞻性政策：開發氣候較穩定的新產地或遷往更高海拔，逃災避禍！

愈種愈高：開發 2,600 至 3,200 米高海拔新區

2019 年國際精品咖啡協會（SCA）、永續貿易倡議（IDH Sustainable Trade Initiative）、全球咖啡平台（Global Coffee Platform）、咖啡與氣候倡議（Initiative for coffee&climate）、保護國際（Conservation International）等機構聯合發表的《強化咖啡產業的氣候適應力》（Brewing Up Climate Resilience In The Coffee Sector）研究報告指出，氣候變遷持續惡化，預估 2050 年全球適合生產阿拉比卡與羅布斯塔的土地將分別減少 49-56％與 55％，巴西、東南亞與西非受創最重，衣索匹亞與肯亞相對較輕。而世界咖啡研究組織（WCR）2017 的年度報告預估衣索匹亞到了 2050 年將損失 22％的咖啡田，災情遠低於中南

美洲。

另外，2015 年 CIAT、柏林洪堡大學（Humboldt-Universität zu Berlin）、國際應用系統分析學院（International Institute for Applied Systems Analysis），以及巴西西帕拉聯邦大學（The Federal University of Western Pará）聯署發表的科研報告《氣候變遷對全球主要阿拉比卡產地適宜性的變動預估》（Projected Shifts in *Coffea arabica* Suitability among Major Global Producing Regions Due to Climate Change）也認為衣國地理位置較優，受氣候變遷影響相對較輕。

然而，身處其境的衣國咖農和科學家卻認為未來 30 年內損失 22％咖啡田的科學預估，過於樂觀！

2018 年衣國環境、氣候變遷與咖啡森林論壇組織（Environment, Climate Change and Coffee Forest Forum，簡稱 ECCCFF）技術顧問塔狄賽‧沃德馬利安（Tadesse Woldemariam）接受路透社就氣候變遷對阿拉比卡故鄉影響的專訪時指出，實際情況可能更糟；過去 30 年來東部哈拉產區年均溫已上升 1.3℃，如果任由氣候變遷惡化下去，未來數十年內，估計 60％的衣索匹亞傳統產區可能歉收或殞落，包括東部的哈拉、阿席（Arsi）、西達馬以東，以及巴雷（Bale）等較乾燥的產區。另外，1931 年最早發現藝伎的西南部產區班奇馬吉（Bench Maji Zone）野生咖啡林也因乾旱少雨，岌岌可危。

衣索匹亞咖啡、茶葉管理署（Ethiopian Coffee and Tea Authority，簡稱 ECTA）署長柏哈努‧切加耶（Berhanu Tsegaye）憂心忡忡的指出，每年傳統產區有上千公頃咖啡田荒蕪，遠景令人擔憂。當局已加強輔導傳統產區的小農如何正確運用遮蔭樹降溫、鋪上覆蓋物護根保濕、改善灌溉設施，以及採收後的修剪枝幹，甚至改種抗病耐旱新品種，來抵抗氣候變異。ECTA 是衣國咖啡產業的主管機關。但切加耶署長坦承目前為小農所做的一切應變措施，仍不足以保住傳統產區所有咖啡田，因此 ECTA 採行前瞻性計畫，開發更高海拔的新區。

目前已有咖農種到 2,600 米以上，但 ECTA 更鼓勵咖農到 3,200 米的高海拔區種咖啡，這比近年最常見的 2,200 米高海拔新區又高了 1,000 米，以減輕高溫少雨的災害，此乃永續經營必要的新嘗試。ECCCFF 的技術顧問沃德馬利安預估，本世紀結束前，衣國很多傳統產區尤其 1,500 米以下的產區，將失去種咖啡的適宜性！

切加耶署長指出，氣候變遷並非全無好處，衣索匹亞傳統產區分布於北緯 3-9° 的西南部、東南部和東部高地。然而，過去因乾燥、氣溫太低不宜種咖啡的西北部高地，諸如北緯 10-11.5° 的安哈拉（Amhara region）、貝尼香谷古穆茲（Benishangul Gumuz region）、巴希達爾（Bahir Dar Zone）這些地區近年卻因全球暖化，溫度上升而受益，已有咖農在這幾個緯度較高的非典型產區種起咖啡。另外，傳統產區的西南山林以及東南部 2,500 米以上高地，過去不宜種咖啡，近年拜暖化之賜開始種起咖啡了，這都是衣國咖啡未來的生力軍。氣候變遷改變咖啡可耕的地域，有失也有得，咖啡農為自己找出口，衣國農政當局樂見此發展，但很多咖農認為未來新增的產區恐怕難以彌補傳統產區失去的產量。

東部赫赫有名的老產區哈拉，很多古優品種不堪乾燥與高溫，香消玉碎中。所幸衣國研究機構近年默默培育抵抗氣候變遷的新品種，希望能彌補老品種被氣候淘汰後留下的缺口，為傳統產區延續香火。但世人能接受新產區或新品種的新味譜嗎？這重擔就落在 ECTA 身上，目前正規劃新品種收成後，如何行銷到歐美或有利基的新市場。切加耶署長說：「我們正設法在世界人口最多的中國市場為衣索匹亞咖啡的新品項創造利基，聚焦年輕人，希望他們成為衣索匹亞咖啡的熟客。」

咖啡文化斷層，產區挪移難度高

然而，遷移到更高海拔或較高緯度的非典型產區，仍有許多難題待克服。大型栽植場資源多，較有可行性，但衣國咖啡大部是由小農生產出來，他

們資源有限，甚至連車子都買不起，無力負荷龐大的遷徙開銷。一旦移到他處另起爐灶，傳統產區千百年來的咖啡文化可能斷炊。另外，2,500 米以上的地區或西北部較高緯的非傳統產區，多數農民並無種咖啡的文化傳承，如何接棒發揚咖啡國粹？

還有個大問題：東非大裂谷（Eastern African Rift）貫穿衣國，咖啡產區以裂谷為基準，分為東西兩大區塊，兩區的雨季型態不同，裂谷以西的山林區受潮濕西南季風影響，雨勢較大且只有一個雨季，集中在 6 至 9 月。而裂谷以東的高原產地諸如西達馬、谷吉、耶加雪菲、西阿席（West Arsi）、阿席（Arsi）、巴雷、哈拉，雨季較分散，在 3-5 月以及 10-11 月，雨勢較弱且短；近年東部和東南部產區的雨季愈來愈不明顯，甚至消失，常造成乾旱歉收或產季延誤。

東西兩大產地雨季型態、乾濕季與土質不同，兩地咖啡品種對水土的適應性也不同。沃德馬利安指出，搶救哈拉和東南產區的地方種固然重要，但貿然跨區移植到西南或西北部地區，恐怕會影響地域之味與品質。衣國專家建議最好不要跨區遷徙，應以同產區較高海拔為主要遷移地。然而，衣國適合大規模移植的地區集中在西南部山林以及西北部少數地區，而東南部或東部已開發殆盡或太乾旱，適合地點不多了。

另外，過去不產咖啡的 3,000 米左右高海拔或西北部地區，已經種有其他作物，咖啡用地如何取得？若開墾西南部的原始山林，如何降低對環境的衝擊，這都需要精細規劃的配套措施，為了挽救衣索匹亞咖啡產業與珍貴的地方種，農政當局每天都在跟時間賽跑。

目前阿拉比卡的故鄉可用外弛內張來形容。從產量來看，2010-2020 年的平均年產量 421,020 噸，已比 1990-2000 年的平均年產量 178,380 噸高出136％。從表面上看，30 年來衣國似乎未受氣候變遷影響，產量不減反增，何憂之有！但這 30 年來增產的法寶並不是單位產量或生產效率的提高，而是當局每年新增上萬公頃咖啡田來彌補每年傳統產區損失上千公頃咖啡田，

也就是不斷增加栽植面積來擴大產量。這就是 ECTA 急於尋覓大西北的咖啡處女地或 2,600 至 3,200 米的驚人高海拔，開闢新戰場的原因。

年產百萬噸美夢難圓？

衣國的森林、半森林、田園、大型栽植場，四大種植系統的咖啡田面積零星分散，不易精確估計。據美國農業部估計衣國種植咖啡面積已從 1990 年代的 30 多萬公頃，增加到 2020 年的 53.8 萬公頃，每公頃單位產量仍低，不到 1 公噸。

另外，據衣索匹亞官方公告的咖啡第二個增長與轉型計畫（Growth and Transformation Plan，簡稱 GTP II），規劃咖啡單位產量要從 2014-15 產季的 0.75 噸／公頃，增長到 2019-20 年的 1.1 噸／公頃，總產量要從 2014-15 產季的 42 萬噸成長到 2019-20 年的 110.3 萬噸。但至今的達成率只有 40%。

數字會說話，從圖表 [9-13] 可看出近 5 年衣索匹亞咖啡產業確實遇到瓶頸；年產量徘徊在 40 多萬噸，單位產量只有 0.82 噸／公頃，甚至低於台灣咖啡的單位產量 0.921 公噸／公頃。即使最新的 2020-21 年衣國咖啡產量、栽植面積與單位產量預估，分別也只有 45 萬噸、54 萬公頃、0.83 噸／公頃，距離官方規劃年產突破 110.3 萬噸、單位產量超出 1.1 噸／公頃的目標仍有一大段距離。

不利衣國咖啡增產的因素很多，氣候變遷與看天吃飯的四大栽植系統是不可逆的變因，但還有許多有待改善的可逆變因，包括現代化的灌溉系統、施肥、健康種子的取得、修整枝幹、提高豆價誘因等。目前衣國咖啡產業面臨最大的挑戰反而不是氣候變遷而是濫砍咖啡改種咖特樹（Khat），尤其是東部乾旱的經典產地哈拉，最為嚴重。原因很簡單，咖特樹的葉子可提神，而且耐旱好種，一年至少三穫，市價與利潤均高於咖啡。

〔9-13〕衣索匹亞近 5 個產季總產量、單位產量與達成率

面積單位：萬公頃

產季	2015-2016	2016-2017	2017-2018	2018-2019	2019-2020
GTP II 目標	50.4 噸	60.5 噸	72.6 噸	87.1 噸	110.3 噸
實際產量	39.1 噸	41.7 噸	42.3 噸	43.8 噸	44.4 噸
達 成 率	78%	69%	58%	50%	40%
栽 植 面 積	52.8	52.9	53.2	53.5	53.8
單 位 產 量	0.74 噸	0.79 噸	0.8 噸	0.81 噸	0.82 噸

（＊資料來源：GTP II plan, USDA）

　　近 30 年衣國咖啡產量雖大幅成長，但 2010-2020 年面臨氣候變異、豆價走低與濫伐咖啡樹的掣肘，成長引擎似乎熄火，ECTA 署長切加耶卻信誓旦旦要完成年產 110 萬噸的咖啡使命。他強調說：「衣國仍有 540 萬公頃土地適合生產精品咖啡，另有 1,770 萬公頃可生產商業豆，可耕咖啡總面積高達 2,310 公頃。除了歐羅米亞州、南方國族部落與人民州兩大主力產地外，新近投產的有坎貝拉州、安哈拉州、班尼香谷古穆茲州以及提格雷州（Tigray Region）這 4 個新州區均有不錯潛力。如果 2,310 公頃全數順利開發，年產突破 100 萬噸的國家目標不難達成！」

　　切加耶署長說的提格雷州對全球咖啡迷仍是個陌生產地，該州位於安哈拉州北部，是衣國最高緯的州區，提格雷咖啡產於該州南提格雷區（South Tigray Zone）的拉雅阿傑波縣（Raya Azebo），位處北緯 12.2˚，是衣國緯度最高的產地（請參圖表 [9-5] 和 [9-11]）。早在 2013 年衣索匹亞農業研究所（The Ethiopian Institute of Agricultural Research）人員已調研本區的咖啡品質與生長情況；本區較乾燥，所產的日曬咖啡品質近似東部的哈拉咖啡。南提格雷目前產量不多，調研結論是具有開發為精品產地的潛力，這在東哈拉

吉與西哈拉吉古老產地每況愈下之際，是個令人振奮的佳音。

再過幾年該州產量提高，時機成熟後，提格雷州、南格雷區的拉雅阿傑波縣將被列入 ECX 咖啡產地分類表內，吾等拭目以待。

開發處女地，增加近四倍產區面積

衣國咖啡農憑著世代傳承的經驗和第六感，開發非典型的北部產區或更高海拔的咖啡處女地，為阿拉比卡原鄉延續香火，這麼做有根據嗎？或只是逼上梁山的一場鬧劇？德國哲學家伊曼努‧康德（Immanuel Kant）有句名言：「沒有理論的經驗是盲目的，沒有經驗的理論只是智力的遊戲！」

兩年前我看到路透社專訪衣國咖啡學者的外電報導，衣國為了因應氣候變遷著手開發非典型咖啡產區，燃起我一探究竟的火種，於是上窮碧落下黃泉，動手動腳找資料，終於找到衣國咖農和當局敢這麼做的科學根據。英國皇家植物園（Royal Botanic Gardens, Kew，簡稱邱園）、英國諾丁罕大學（University of Nottingham）、衣索匹亞 ECCCFF、衣索匹亞艾迪斯阿貝巴大學（Addis Ababa University）的幾位植物學和地理學教授，於 2017 年發表的論文《衣索匹亞咖啡產業在氣候變遷下的復原潛力》（Resilience potential of the Ethiopian coffee sector under climate change）為搬遷產地以應對暖化，提供理論根據與田野調查的實證。

衣國前瞻性做法與此論文所述不謀而言，開發非典型產區絕非暴虎馮河的蠻幹，而是循序漸進的長期抗戰！

該研究報告以嚴謹的田間調查數據，結合建模方法和遙感技術，預測咖啡在各種氣候變化情景的不同適應性，並評估氣候變異的各種模組對咖啡可耕性的影響。研究發現，在沒有重大干預措施或主要影響力介入下，目前衣國咖啡傳統產區有高達 39-59％的面積，未來將因氣候的威脅而喪失可耕性，也就是說現有傳統產區數十年後僅剩 41-61% 面積適合種咖啡。相反

的，如果遷移或開發新產區，再加上森林保護與重建，適合栽種咖啡的面積將因此增加近四倍！

該報告指出，1960 至 2006 年的歷史資料顯示，衣索匹亞年平均溫上升 1.3℃，即平均每 10 年升高 0.28℃，但在西南部山林和北部安哈拉地區升幅更高，每 10 年平均上升 0.3℃。根據該研究的模組預估，衣國的年平均溫到了 2060 年以後將上升 1.1-3.3℃，到 2090 年以後將上升 1.5-5.1℃。

衣國為了因應氣候變遷，咖啡栽植海拔每 10 年至少可向上攀升 32 米，模組保守估計 2099 年衣國咖啡種植的最高海拔將落在 2,800-3,300 米的區間。咖啡種下 3 至 4 年才有穩定產量，而一株咖啡樹可生產二、三十年，目前開發高海拔或北部新區並不嫌早，趁早馴化，提早習於新環境，刻不容緩。

雨量方面，1970 年代至今，衣國西南部的班奇馬吉、南部、東南和東部的雨量平均減少 15-20 %，尤其是東南部產區西達馬以東、巴雷、阿席以及哈拉產區到了旱季末期的 2-3 月土壤乾燥嚴重。班奇馬吉、西達馬以東、巴雷以及阿席，目前雖然有不差的產量，但模組顯示數十年後恐喪失咖啡的適宜性。至於更乾旱的哈拉產區情況更不樂觀，近 30 年來產量與出口量銳減，數十年後哈拉可能從咖啡產區除名！

完全遷移 vs. 原地不動

該研究以氣候變遷各種模式搭配傳統產區咖啡樹完全遷移與原地不動，預估並比較衣國 1960–1990 年、2010–2039 年、2040–2069 年、2070–2099 年這 4 個時期可耕咖啡田面積的變化。完全遷移模式是指咖啡樹不受限制，搬移到任何可耕的生態棲位，而原地不動模式指咖啡樹繼續種在原處不可移植他地。結果發現這 4 個時期經歷氣候變遷後，完全遷移模式創造出的咖啡可耕面積比原地不動模式多出將近四倍。（請參圖表 [9-14]）

〔9-14〕完全遷移模式可增加將近 4 倍的咖啡田面積

年代	1960-1990	2010-2039	2040-2069	2070-2099
完全遷移模式	44,820 km2	66,158 km2	56,036 km2	51,280 km2
原地不動模式	19,142 km2	14,319 km2	12,897 km2	11,256 km2
增 加 面 積	134%	362%	334%	355%

（＊資料來源：《Resilience potential of the Ethiopian coffee sector under climate change》）

以 1960-1990 年為例，原地不動模式，衣國已耕和尚未使用的可耕咖啡面積 19,142 平方公里，但隨著暖化加劇，2010-2039 年原地不動模式的已耕和可耕面積縮減到 14,319 km2，如果積極作為，遷移咖啡樹到其他可耕的生態棲位，已耕和可耕的咖啡面積不但不減少，反而增加到 66,158 平方公里，即增加 362 ％。到了 2070-2099 年，原地不動模式預估衣國已耕和可耕咖啡面積會減少到 11,256 平方公里，但完全遷移模式的已耕和可耕面積卻仍高達 51,280 平方公里，也就是說增加了 355 ％。

如果當局不作為採取原地不動模式，衣國咖啡面積將從 1960-1990 年的 19,142 平方公里，減少到 2070-2099 年的 11,256 平方公里，跌幅達 41 ％。如果積極作為，採用完全遷移模式，2010-2039 年咖啡面積可擴大到 66,158 平方公里，是 4 個時期的最高峰，因為西南部山林仍有廣達 15,000 平方公里的高海拔可耕地待開發，但此時期過後，高海拔良田逐漸用罄，可耕地開始下滑。至本世紀末，不論衣國採行完全遷移模式或原地不動模式，咖啡面積都會下滑，但遷移模式可創造更多的可耕地，提高應變力。

該報告指出，雖然氣候變遷惡化中，但非傳統產區的西南部 2,200 米以上高海拔山林、北部低溫乾燥區的咖啡可耕性卻逆勢增加。而東部傳統產區的哈拉、阿席，以及東南部的巴雷和西達馬以東的產區卻愈來愈不適合咖啡，主因在於溫度與雨量的交互作用；如果年雨量已不多，年均溫又逐年上升，兩害相乘效果，將大幅削弱咖啡抵抗年均溫上升的能力，相反的，年均溫

上升，但年雨量不減反增，可提高咖啡抗暖化的能力。

近年哈拉、阿席、巴雷與西達馬以東產區雨量下滑且不均，年雨量小於 1,300mm，抵禦高溫乾燥的能力降低，尤其在 1 至 3 月是乾季溫度較高的月份，土壤水份蒸發較多，在 3 至 5 月春雨來臨前，反常的升溫與乾旱，不利春雨後的開花與結果，因而縮短了產季有效的生長期，影響產量與品質。

哈拉的咖啡農不看好咖啡遠景，不惜犧牲千百年來的咖啡傳統，砍掉咖啡樹，改種咖特樹，這種灌木可長高至 5-10 米，咖特葉一年有三至四收穫，農民全年有收入，嚼食其嫩葉具有提神奇效，利潤率與市場性遠高於種咖啡。氣候變異迫使咖農改種咖特樹，卻為傳統產地哈拉帶來空前危機！

反觀西南部山林雖然也面臨暖化威脅，但年雨量更為豐沛，在 1,320-1,690mm，足以抵消升溫的傷害；另外，北部與西南部高海拔山林的低溫，近年卻因暖化而升溫受益，加上雨量未減，成為少數因禍得福的產區。

阿拉比卡發源地的機會與侷限

西南部的野生咖啡林是阿拉比卡的發源地，但並非全區在本世紀結束前皆適合做為咖啡庇護所，科學家實地考察後並以模組推估，適合咖啡遷入的地點介於鐵比（Tepi）與貝狄勒（Bedele）之間，也就是從歇卡區南邊的鐵比往東北方向挪移，知名的卡法森林、雅鬱咖啡森林生態保護區（The Yayu Coffee Forest Biosphere Rreserve）、歇卡森林生態圈（Sheka Forest Biosphere Reserve）均在其內，過去 2,200 米以上西南山林地，氣溫太低不宜咖啡生長，近年受益於氣候回升，加上雨量不減微增，很適合阿拉比卡避難，但必須遵守核心區、緩衝區與開發區相關規範，完善原始森林保育。

然而，鐵比以南的藝伎發源地班奇馬吉近年愈來愈乾燥，尤其 1 至 3 月，總雨量經常不到 10mm，田間有效容水量只有 20％，遠低於正常值 55-70％，平均溫卻高達 24℃（白天最高 34.5℃，夜間最低 16.4℃），對咖啡造

成很大壓力，並不適合遷移入內。科學家對此區的預後也較為悲觀。

上述《衣索匹亞咖啡產業在氣候變遷下的復原潛力》研究模式中，預估北部非傳統咖啡區的安哈拉、貝尼香谷古穆茲、巴希達爾，近年因氣溫回升，雨量微增，可能成為新產區。2015 年研究人員仍在趕寫研究論文，為求慎重，他們前往這幾區考察，發現有幾座咖啡栽植場已開發完成投產中，有些甚至位於 2,500 米以上，顯見咖農自力救濟的搬遷行動早已悄悄展開，這和科學模組預估的結果不謀而合。

西南部幾座野生咖啡林雖然可做為阿拉比卡庇護所，但仍有隱憂。果小蠹（Coffee berry borer）俗稱鑽果甲蟲，雌蟲從咖啡果基部鑽入，在咖啡豆裡產卵，幼蟲躲在果內，即使噴藥也不易防治，這比葉鏽病更麻煩。適合果小蠹幼蟲成長繁殖的溫度在 20-30℃，年均溫較高的低海拔產地是主要災區。然而，衣國西南部山林近年因均溫上升，過去不曾見到的果小蠹災情，已開始肆虐。德國漢諾威大學領銜的研究告指出，果小蠹生存的溫度閾值為 14.9-32℃，1984 年以前衣索匹亞西南部山林的均溫較低，果小蠹幼蟲尚無法完成一代的繁衍，並未釀成災情，但近年西南部高海拔山林的均溫上升，每年產季的果小蠹足以完成一至二代的繁殖，開始蔓延為禍，如不加緊防治，恐危及珍貴的野生咖啡。這是氣候變遷引發病蟲害危機的實例。

東西兩半壁風味大評比

衣索匹亞裂谷以西的卡法與歇卡森林是阿拉比卡發源地，有趣的是衣國咖啡栽植業最早出現在裂谷以東的哈拉，就咖啡產業而言，東半壁開發時間更早於西半壁。東西兩半壁的咖啡風味有高下之分嗎？這是個有趣話題，也難有客觀標準。若以 2020 年衣索匹亞首屆 CoE 競賽，杯測 87 分以上的 28 支優勝豆為準，則東半壁產地壓倒性勝出，Sidama D 組的西阿席區（West Arsi）有 9 支優勝豆，Sidama A 組有 7 支優勝豆，光是東半壁的 Sidama 就有 16 支優勝豆，而且前四名都由 Sidama 產區包辦。東半壁蓋狄奧區的耶加雪

菲有 6 支豆進榜，谷吉區有 5 支進優勝榜。西半壁只有 Jimma 1 支打進優勝榜第二十名。就 2020 年首屆衣國 CoE 競賽而言，東半壁咖啡出盡風頭，其中以西達馬 D 組的西阿席區的藍塞波縣（Nensebo）為最大贏家。

此結果我並不意外，因為東半壁的咖啡栽植業早於西半壁，發展更成熟，知名處理廠多半集中東半壁產區。值得關注的是東半壁產地近年受氣候的影響大於西半壁，ECTA 已傾力開發西半壁咖啡產業的潛能，加上西半壁擁有 8 座野生咖啡林，基因多樣性高於東半壁，西半壁的暴發力不容小覷。

如果連阿拉比卡誕生地都挺不過氣候變遷的折騰，吾等喝咖啡的閒情逸趣能否延續到本世紀末，恐要打上一個大問號了！

肯亞篇

肯亞咖啡只占全球咖啡產量 0.5％ 左右，占比雖不起眼但肯亞品質極高，豐厚有勁的莓果酸香與甜感，在精品圈頗負盛名，素有咖啡的「香檳產區」美譽，是量少質精的典範。肯亞咖啡明亮渾厚的酸質，辨識度很高，如果和其他產國的非藝伎品種同台杯測，肯亞主力品種 SL28 與 SL34 的厚實味譜，很容易讓其他產地自慚形穢。

不過，近 10 年來因肯亞當局制度的缺失、氣候變遷、病蟲害加劇、工資上漲與低豆價利空接踵來襲，愈來愈多咖啡農被迫放棄咖啡改種香蕉、酪梨和夏威夷堅果。肯亞咖啡的崇高聲響，逐年式微中。難怪咖啡玩家經常抱怨：「好喝的肯亞味一年少一年！」

| 新冠肺炎重創肯亞精品豆市場 |

肯亞位於衣索匹亞南邊，緯度更低，肯亞人習於喝茶，咖啡風氣遠不如衣索匹亞。肯亞 95％ 以上的咖啡必須外銷，內銷占比不到 5％，不像衣索匹

亞咖啡內外銷各占 50 ％。不過，肯亞豆品質極高，半數供應精品咖啡市場。新冠肺炎爆發後，重創歐美消費大國的國民所得，影響既有的喝咖啡習慣，中低價的即溶與商業咖啡占比提高，咖啡館的精品豆銷量下滑。肯亞專營精品豆出口的鷹冠咖啡（Eagle Crown Coffee）感受最深，疫情後有一半訂單被中國與美國客戶取消，也加劇自 2017 年以來咖啡農砍咖啡樹行動，肯亞逐漸喪失在精品咖啡市場引以為傲的美譽。

近年肯亞雨季型態改變，尤其 1-4 月雨季的降雨極為間歇零星，不像過去那麼集中，因此開花情況不佳，不巧又碰到連續幾年的豆價挫低，咖啡農大幅削減施肥與田間管理的支出，致使產量與品質一年不如一年。

據美國農業部統計資料，肯亞 2019-2020 年產季的阿拉比卡又比上一季短收 13 ％，估計本季只生產 650 千袋（39,000 噸），創下 57 年來新低量，所幸 2021-2022 年新產季的氣候甚佳，產量回神，增加到 750 千袋（45,000 噸）；但 500 米以下的低海拔已改種羅布斯塔。

美國國際開發總署（USAID）指出，1985 年以來肯亞的年均溫每 10 年上升 0.3℃，目前年均溫已高出當年 1℃ 以上，極端氣候頻率大增，1960 年代平均每年只會遇到一個降雨量超出 50mm 的暴雨日，但 2017 以來，每年至少遇到 5 個暴雨日，傷害咖啡脆弱的根系，並延誤原有的成熟周期，損失不輕。肯亞的咖農人數逐年減少中，但咖農的人口普卻查工作已中止了 20 年，到底流失了多少咖農？官方尚無精確資料。

肯亞咖農改種水果與堅果

在首都奈若比（Nairobi）東北部的重要咖啡產區馬恰柯斯（Machakos），在 1980 年代還有 20 萬人積極從事咖啡生產，但該產區合作社工會會長馬丁‧穆里雅 （Martin Muliya）指出，目前有四分之三的咖農改行或轉作其他作物，因為種咖啡是高風險行業，咖啡農得承擔低豆價、高溫、豪雨、乾旱、病蟲害的損失，甚至處理好的帶殼豆送進合作社或公有倉庫待售，但出口

商或客戶購買前，如果帶殼豆被偷、被搶、品質下降或匯率波動的損失，全由咖農一人承擔。肯亞尚未完全開放咖啡產業讓私人企業執行銷售重任，共同分擔咖農的風險。現有的政策和法律框架為咖農帶來很大風險，只好捨棄咖啡改種其他風險較低的作物或轉業。

精品光環褪色

另外，肯亞政府這幾年為了提升咖啡產量，大力倡導非傳統咖啡產區農民投入咖啡生產，卻與都市附近的住屋開發計畫發生搶地衝突，使得增產咖啡的努力落空。以上諸多因素造成聲譽極高的肯亞咖啡，質量每況愈下的現象。

肯亞橫跨赤道兩邊，咖啡產區分為北半球與南半球兩區，因此一年有兩種，主產季在 9 月至隔年 1 月，副產季在 3-7 月。肯亞的咖啡農場因繼承分家的結果，規模愈來愈小，不利競爭力的提升。肯亞有 500 咖啡合作社負責行銷，分食年產 5 萬噸上下的產量，加上一年兩個產季的稀釋，僧多粥少。根據肯亞咖啡管理單位統計，隨著肯亞產量下滑，目前 20％咖啡加工廠處於低水平運作。走一趟肯亞產區不難發現全球精品咖啡的模範生，正在凋零中。

根據 ICO 與 USDA 資料，肯亞 2019-2020 年產季只產出 650 千袋（39,000噸），栽植面積 112,000 公頃，咖啡平均單位產量只有 348.2 公斤／公頃，但大型農場的單位產量較高，平均有 556 公斤／公頃，遠低於巴西和哥倫比亞，甚至低於衣索匹亞。肯亞咖啡的總產量與單位產量下滑趨勢明顯，尚無止跌跡象，這表示肯亞咖啡產業沉痾已久。

近年受氣候變遷影響，可預見數十年後中部的主力產區將逐漸失去適宜性，但介於西部與中部主力產區之間的肯亞裂谷高海域區（目前不宜種咖啡的高地），將因暖化而受惠，可望成為新產區。

〔9-15〕肯亞產區變化

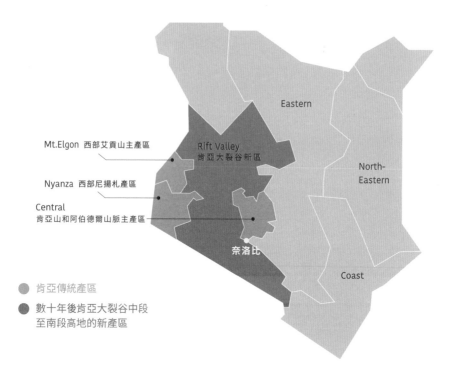

肯亞咖啡主力產區基本上可分為中部主產區與西部兩大區塊：

請注意夾在中部與西部主產區之間的肯亞大裂谷區中、南段的非傳統產地，因全暖化數十年後，咖啡適宜性大增，可望成為肯亞新產區。

中部產區：首都奈若比以北到阿伯德爾山脈（Aberdare Range）和肯亞山周邊，產地包括：Kiambu、Kirinyaga、Meru、Muranga、Nithi、Nyeri、Machakos，目前產量高占肯亞 60%。中部主力產區數十年後仍可種咖啡，但適宜性大幅降低，勢必影響原有的質量。

西部艾貢山產區(Mount Elgon)：橫跨烏干達與肯亞的艾貢山是肯亞第二大咖啡產地，主要分布於艾貢山東南部的 Bungoma、Kakamega，風味接近中部產區，以酸質明亮，咖啡體厚實著稱。

西部尼揚札產區(Nyanza)：位於艾貢山產區南部，臨近維多莉亞湖，咖

啡主產於 Kisii、Nyamira、Kisumu、Migori 等 4 縣，本區咖啡風味較溫和不像肯亞山和艾貢山那麼強烈。

肯亞大裂谷（Great Rift Valley）新產區：夾在中部與西部主產區之間的大裂谷新興產區諸如 Eldoret、Kitale、Nakuru、Kericho、Bomet 等地，近年已有企業前來投資。本區高地受惠於全球暖化，逐年提高咖啡的適宜性，具有很大的開發潛力，咖啡酸質稍遜於中部主產區。

肯亞出眾的酸甜震味譜一部分來自獨特的 72 小時水洗處理法和 SL28 與 SL34 主力品種的貢獻，另一半來自風土。基本上中部產區 Nyeri 一帶的酸甜震最突出，且黏稠感最佳；Kirinyaga 則以花果韻與豐富度見長；Embu 的酸甜味較平衡，以深色果皮水果和黑糖香氣為主，中部各產區的風味仍有些微差異。肯亞近年為趕搭日曬豆熱潮，也推出少量日曬豆，但風味較平淡低沉，不如傳統水洗明亮精彩。

國際熱帶農業研究中心（Centro Internacional de Agricultura Tropical，簡稱 CIAT）於 2010 年發表的研究論文《肯亞咖啡產業面對氣候變遷的調適與減災之道》（Climate Change Adaptation and Mitigation in the Kenyan Coffee Sector）精準預估到今日肯亞咖農的困境。

該報告的研究人員以全球氣候模式預估肯亞 2020-2050 年咖啡產區的氣候，重點如下：

1. 2020-2050 年的雨量與溫度變化，愈來愈沒有季節性。

2. 2020 年的年均溫比 2010 年升高 1℃，到了 2050 年均溫上升 2.3℃。

3. 產區暴雨增加，到了 2050 的年平均降雨量將增加 135-305mm，暴雨與升溫是中部與西部主產區可耕性下降的主因。2050 年中部與西部主產區種咖啡的適宜性將從 2010 年的 50-70％劇降到 30-60％。

4. 2010 年各產區適合咖啡的海拔介於 1,400-1,600 米，2020 年升高到 1,600-

1,800 米，2050 年要升高到 2,200 米或以上，以避開高溫災害。

5. 傳統的主力產區在中部肯亞山以南至奈洛比，以及西部艾貢山一帶，到了 2050 年這些主產區的適宜性大幅降低，但夾在兩區中間的裂谷區過去不宜種咖啡的高地，數十年後因暖化升溫反而提高了適宜性，可望成為生力軍。

6. 1,500 米以下的產區未來將逐漸失去阿拉比卡的適宜性，可前瞻性規劃其他經濟作物或轉業。

英國的國際農業暨生物科學研究中心（Center for Agriculture and Biosciences International）指出，咖農頻遭氣候變異與低豆價打擊，已無利可圖，肯亞、坦桑尼亞和馬拉威可能不久的將來就會停止種咖啡，屆時包括消費者在內，大家都是輸家。

烏干達篇

肯亞的左鄰烏干達以羅豆為主，占 83 ％，阿豆只占 17 ％。羅豆是烏干達的強項，品質極高。一般羅豆產國的栽植場海拔約數百米，但烏干達的羅豆多半種在中部、西部、西南部和東部 800-1,400 米相對較高的海拔，精品羅豆的比例高。阿豆種在東部與肯亞交界的艾貢山、西部魯文佐里山脈（Rwenzori）和西南部基索羅（Kisoro）1,500-2,300 米山區，阿豆面積遠小於羅豆栽植區。

雄心勃勃的烏干達總統於 2015 年揭櫫「咖啡路線圖計畫」，指令該國咖啡產量要從 2015 年的 350 萬袋（21 萬噸）增長到 2030 年的 2,000 萬袋（120 萬噸），也就是 15 年內要增產 471 ％，如果達標將擠下衣索匹亞，成為非洲最大產國，光耀烏干達。

這是高難度目標，而今 5 年已過，烏干達咖啡產量確實有增成，USDA 預估烏國 2020-2021 產季產量 480 萬袋（28.8 萬噸），較之 5 年前增長 37.1 ％。但是距離 2030 年產出 120 萬噸的偉大目標仍有一大段落差。照近年的增長

率，一般估計 2030 年烏國頂多產出 40 至 50 萬噸咖啡。

烏國全力拚產量之際，卻碰到氣候變遷扯後腿，要達到年產 120 萬噸目標的機會渺茫。研究報告預估尚比亞、喀麥隆和烏干達將是全球暖化的非洲重災區，到了 2050 年將喪失 60％以上的咖啡可耕地。

由國際發展及救援的非政府組織樂施會（OXFAM）資助，對烏干達咖啡產業受氣候變遷影響所做的研究指出，烏國西部的魯文佐里山脈海拔 1,400 米以上的阿拉比卡栽植區，目前情況還不錯，受暖化影響程度較小，但預估 2050 年以後，本區的阿拉比卡必須再往上挪移數百米，而 2,100 米以上的山林地目前太冷涼仍不宜種咖啡，但數十年後因暖化而增加了適宜性，但烏國 2,000 米以上的高海拔山地並不多，有些是在保護區內，有部分是礫石土壤，難有大用。而 1,300 米以下的阿拉比卡產地屆時得改種可可、棕櫚或羅布斯塔，預估烏干達咖啡未來將因此減產 50％。

[附錄] 衣索匹亞商品交易所精品級水洗與日曬咖啡合同產地分類表（2022 年增修版）

ECX COFFEE CONTRACTS

1. CONTRACT CLASSIFICATIONS AND DELIVERY CENTRES

1.1 EXPORT - SPECIALTY – WASHED				
Coffee Contract	Origin (Woreda or Zone)	Symbol	Grades	Delivery Centre
YIRGACHEFE	Yirgachefe, Wenago, Kochere and Gelana Abaya, Dilla Zuria	WYC	Q1, Q2	Dilla
GUJI	Oddo Shakiso, Addola Redi, Uraga, Kercha, Bule Hora, Hambella Wamena, Bore, Haro Welabu, Girja	WGJ	Q1,Q2	Bule Hora/Hawassa
SIDAMA	Benssa, Chire, Bona zuria, Arroressa, Arbigona, Aleta Wendo, Dale, Chuko, Dara, Shebedino, Wensho, Loko Abaya,	WSD	Q1,Q2	Hawassa
AMARO	Amaro	WAM	Q1, Q2	Hawassa
KEMBATA	Kacha-Bira, Kedida-Gamela, Durame Zuria, Hadero-Tunto, Angacha, Tembaro, Damboya, Doyogena, **Hadiya** Zone **(West Badawacho, East** Badawacho, **Gibe, Shashigo, Merab Soro**, shone)	WKT	Q1, Q2	Wolaita Sodo
WOLAITA	Boloso Sore, Damot Gale, Damot Sore, Sodo Zuria, Kindo Koyisha, Damot Woyde, Damot Pulasa, Ofa, Boloso Bombe,Humbo	WWT	Q1, Q2	Wolaita Sodo
GURAGE	Gurage and surrounding areas	WGE	Q1, Q2	Addis Ababa
WEST ARSI	Nensebo	WWAR	Q1,Q2	Hawassa
SIDAMA E	South & North Ari, Melo, Denba gofa, Geze gofa, Arbaminch zuria, Basketo, Derashe, Konso, Konta, Gena bosa, Esera	WSDE	Q1,Q2	Soddo
LIMMU	LimmuSeka, Limmu Kossa, Manna, Gomma, Gummay, Seka Chekoressa, Kersa, Shebe,Gera	WLM	Q1,Q2	Jimma
ILLU ABABOUR	Bedelle, Chorra, Gechi, Dedessa, Dega	WIB	Q1,Q2	Bedelle
ILLU ABABOUR	Alle, Didu, Sele nono, Metu, Algesache, Darimu, Bilo noppa, Hurumu, Yayo, Doreni, Becho	WIB	Q1,Q2	Metu
BALE	Berbere, Delomena and Menangatu/Harena Buliki.	WBL	Q1, Q2	Hawassa
KAFFA	Gimbo, Gewata, Chena, Tilo, Bita, Cheta, Gesha, Bonga Zuria	WKF	Q1,Q2	Bonga
GODERE	Godere, Mengeshi	WGD	Q1,Q2	Tepi
YEKI	Yeki	WYK	Q1,Q2	Tepi
ANDERACHA	Anderacha, Masha	WAN	Q1,Q2	Tepi
BENCH MAJI	Sheko, S.Bench, N.Bench, Sheye Bench, Gidi, Bench, Gura ferda, Bero, Mizan Aman, Seaze Menit shasha, Menitgoldia	WBM	Q1, Q2	Mizan Aman
KELEM WELEGA	Kelem Wollega	WKW	Q1, Q2	Gimbi
EAST WELLEGA	East Wollega	WEW	Q1, Q2	Gimbi
GIMBI	West Wollega	WGM	Q1, Q2	Gimbi
WEST GOJAM	Dembecha, Jabi Thenana, Burea Zureaya, Merawi/Maiecha	WWG	Q1, Q2	Addis Ababa*
ZEGE	Zege and Bahire Dare Zuria	WZG	Q1, Q2	Addis Ababa*
AWI	Banja, Anekesha, Chagenie ketema, Guangua, Dangela/FagetaLekoma	WAWI	Q1, Q2	Addis Ababa*
EAST GOJAM	Debere Elias, Gozamene, Mechakel	WEG	Q1, Q2	Addis Ababa*

Note: *- Addis Ababa is a temporary delivery center until Bure is operationally ready to receive coffee

- Each coffee contracts accommodates semi washed and under screen coffee based on the arrival coffee type which is denoted by a symbol " SW" for semi washed coffee and "US" for under screen coffee as a prefix.

ECX COFFEE CONTRACTS

Coffee Contract	Origin (Woreda or Zone)	Symbol	Grades	Delivery Centre
YIRGACHEFE	Yirgachefe, Wenago, Kochere and Gelana Abaya, Dilla Zuria	UYC	Q1,Q2	Dilla
GUJI	Oddo Shakiso, Addola Redi, Uraga, Kercha, Bule Hora, Hambella Wamena Bore, Haro Welabu, Girja	UGJ	Q1,Q2	Bule Hora/Hawassa
SIDAMA	Benssa, Arroressa, Arbigona, Chire, Bona Zuria Aleta Wendo, Dale, Chuko, Dara, Shebedino, Wensho, Loko Abaya,	USD	Q1, Q2	Hawassa
AMARO	Amaro	UAM	Q1, Q2	Hawassa
KEMBATA	Kacha-Bira, Kedida-Gamela, Durame Zuria, Hadero-Tunto, Angacha, Tembaro, Damboya, Doyogena Hadiya Zone **(West Badawacho, East** Badawacho, **Gibe, Shashigo, Merab Soro,** shone)	UKT	Q1, Q2	Wolaita Sodo
WOLAITA	Boloso Sore, Damot Gale, Damot Sore, Sodo Zuria, Kindo Koyisha, Damot Woyde, Damot Pulasa, Ofa, Boloso Bombe,Humbo	UWT	Q1, Q2	Wolaita Sodo
GURAGE	Gurage and surrounding areas	UGE	Q1, Q2	Addis Ababa
WEST ARSI	Nensebo	UWAR	Q1,Q2	Hawassa
SIDAMA E	S.Ari, N.Ari, Melo, Denba gofa, Geze gofa, Arbaminch zuria, Basketo, Derashe, Konso, Konta, Gena bosa, Esera	USDE	Q1 Q2	Soddo
JIMMA	Limmu Seka, Limmu Kossa, Manna, Gomma, Gummay, Seka Chekoressa, Kersa, Shebe and Gera.	UJM	Q1, Q2	Jimma
ILLU ABABOUR	Bedelle, Chorra, Gechi, Dedessa, Dega	UIB	Q1,Q2	Bedelle
ILLU ABABOUR	Alle, Didu, Sele nono, Metu, Algesache, Darimu, Bilo noppa, Hurumu, Yayo, Doreni, Becho	UIB	Q1,Q2	Metu
HARAR A	E.Harar, Gemechisa, Debesso, Gerawa, Gewgew and Dire Dawa Zuria	UHRA	Q1, Q2	Dire Dawa
HARAR B	W.Hararghe	UHRB	Q1, Q2	Dire Dawa
HARAR C	Arsi Gololcha and Chole	UHRC	Q1,Q2	Dire Dawa
HARAR D	Bale Gololicha	UHRD	Q1,Q2	Dire Dawa
HARAR E	Hirna, Messela	UHRE	Q1, Q2	Dire Dawa
BALE	Berbere, Delomena and Menangatu/Harena Buliki).	UBL	Q1, Q2	Hawassa
KELEM WOLLEGA	Kelem Wollega	UKW	Q1, Q2	Gimbi
EAST WOLLEGA	East Wollega	UEW	Q1, Q2	Gimbi
GIMBI	West Wollega	UGM	Q1, Q2	Gimbi
GODERE	Mezenger(Godere, Mengeshi)	UGD	Q1,Q2	Tepi
YEKI	Yeki	UYK	Q1,Q2	Tepi
ANDERACHA	Anderacha	UAN	Q1,Q2	Tepi
BENCH MAJI	Sheko,S.Bench, N.Bench, Gura ferda, Bero, M.Goldia, M.Shasha, Sheye Bench, Gidi Bench, Mizan Aman, Seaze	UBM	Q1, Q2	Mizan Aman
KAFFA	Gimbo, Gewata, Chena Tello, Bita, Cheta, Gesha	UKF	Q1, Q2	Bonga
WEST GOJAM	Dembecha, Jabi Thenana, Burea Zureaya, Merawi/Maiecha	UWG	Q1, Q2	Addis Ababa*
ZEGE	Zege and Bahire Dare Zuria	UZG	Q1, Q2	Addis Ababa*
AWI	Banja, Anekesha, Chagenie ketema, Guangua, Dangela/FagetaLekoma	UAWI	Q1, Q2	Addis Ababa*
EAST GOJAM	Debere Elias, Gozamene, Mechakel	UEG	Q1, Q2	Addis Ababa*

Note: *- Addis Ababa is a temporary delivery center until Bure is operationally ready to receive coffee

Each coffee contracts accommodates semi washed and under screen coffee based on the arrival coffee type which is denoted by a symbol " SW" for semi washed coffee and "US" for under screen coffee as a prefix.

第十章

變動中的咖啡產地
——南美洲

　　拉丁美洲 19 個主要咖啡產國，在 2018-2019 年產季的咖啡豆產量達
103,713 千袋（6,222,780 噸），高占全球產量 60.67％，大於非洲和亞洲
產量的總合（圖表〔10-1〕）。全球前六大產國中，有三大出自拉丁美洲（圖
表〔10-2〕），拉美堪稱全世界的咖啡要塞。拉丁美洲產地分為南美洲、
中美洲與加勒比海島國三大區塊，各產國的產量數據如圖表〔10-3〕。

〔10-1〕三大洲咖啡產量占比圖（2018-2019 產季）

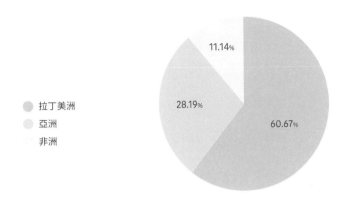

拉丁美洲
亞洲
非洲

11.14%
28.19%
60.67%

（＊資料來源：ICO, USDA）

〔10-2〕世界六大咖啡產國產量占比圖

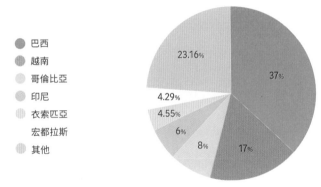

巴西
越南
哥倫比亞
印尼
衣索匹亞
宏都拉斯
其他

23.16%
4.29%
4.55%
6%
8%
17%
37%

（＊資料來源：USDA,ICO）

　　拉丁美洲高占全球咖啡產量六成，是三大洲之最，也是氣候變遷受害最重的一洲。據美國國家科學院（National Academy of Sciences）2017 年發表的研究報告指出，如果 2050 年全球升溫幅度比工業化以前的年均溫高出 2℃，那麼拉丁美洲適合種咖啡的面積將銳減 77-88 ％，減幅比非洲和亞洲產地高出 46-76 ％。170 年以來拉丁美洲一直是全球咖啡供應鏈的龍頭，但氣候變遷持續惡化下去，數十年後拉丁美洲大幅減產，恐危及全球咖啡產業。

〔10-3〕拉丁美洲 19 個產國產量比較（2018-2019 年產季）

單位：公噸

南美洲	產量	中美洲	產量	加勒比海島國	產量
巴西	3,775,500	哥斯大黎加	85,620	古巴	7,080
玻利維亞	4,980	薩爾瓦多	45,660	多明尼加	25,860
厄瓜多爾	36,060	宏都拉斯	439,680	海地	20,820
巴拉奎	1,200	墨西哥	261,060	牙買加	1,080
秘魯	255,780	瓜地馬拉	240,420		
哥倫比亞	831,480	尼加拉瓜	150,600		
蓋亞納	600	巴拿馬	7,800		
委內瑞拉	31,500				
合計	4,937,100		1,230,840		54,840

（＊資料來源：ICO）

　　根據 2015 年巴黎氣候協議，近 200 個國家承諾控制溫室氣體排放量，在本世紀結束以前將全球升溫幅度抑制在 2℃ 以內，並努力控制在 1.5℃ 以下，但美國和巴西近年態度消極，很多專家認為此目標難達成。

　　近年諸多研究報告指出，巴西高海拔山林不多，很可能淪為氣候變遷的重災區，未來數十年內將損失高達 30-60％ 的咖啡田，如果成真，巴西咖啡王國美譽將面臨嚴峻挑戰。然而，巴西當局卻不理會國際的預警，老神在在的堅信科技能勝天，並宣稱巴西咖啡的產量只會更多不會減少，急煞許多科研機構。

　　中美洲產量雖只及南美洲的 24.93％，但素以高檔精品咖啡聞名於世，這30 年來中美諸國的產量，不是下滑就是停滯，只有宏都拉斯逆勢而為，大

幅增產，這在氣候變遷的大環境下，更顯突兀；而哥斯大黎加雖大幅減產，但改走減碳栽植，並發起微處理廠革命，提升價值並聚焦高端市場，前景並不暗淡；因藝伎咖啡一炮而紅的巴拿馬，近年也遭氣候變異的打擊，但巴拿馬咖農的素質極高，採用農林混作系統，以及生物刺激素來提升咖啡抵抗逆境的能力。中美洲產國如果挺不住氣候變遷而持續減產，將是精品咖啡界的重大損失。

200 多年前加勒比海咖啡曾經是世界的霸主，多明尼加、海地、古巴和牙買加咖啡，名噪一時，但 19 世紀中葉以後走衰，被中美洲和南美洲篡位，近 30 年來，加勒比海諸島除了要面對熱浪、乾旱、少雨的打擊，還頻遭颶風侵襲，昔日榮景不再，目前只剩多明尼加情況稍好，但產量也從 1990 年代的 5 萬多噸，重跌到目前的 2 萬多噸，精品級全供外銷，因此還需從國外進口商業級咖啡供國內市場。

南美洲產咖啡的二大區塊

南美洲的咖啡產地分為兩大區塊，第一塊為南美洲西岸的安地斯山脈，產國包括哥倫比亞、厄瓜多爾、秘魯、玻利維亞和委內瑞拉，緯度介於北緯 12°至南緯 15°，本區海拔較高，應變籌碼與耐受度較高；根據《氣候變遷對全球主要阿拉比卡產地適宜性的變動預估》，本區平均年雨量數十年內會再增加 100-170mm，尤其雨季降雨增強，易造成災害；乾季會從目前的一個月增加至兩個月。最高溫與最低溫也會上升，種植羅布斯塔與阿拉比卡的海拔將從目前的 500-1,500 米，升高到 1,000-2,800 米，以規避升溫的禍害。數十年後本區 1,800 米以下將不再適合種阿拉比卡。過去哥倫比亞、秘魯、厄瓜多爾在 2,000 米以上農地太冷涼不宜咖啡生長，近年卻因暖化而增加咖啡的適宜性。整體而言，本區離赤道較近，雨量豐沛且海拔較高，災情相對較輕。

第二區塊在南美洲東岸的巴西高原，緯度介於南緯 5-27°，但海拔較低，

平均約 500-800 米，超出 1,300 米的莊園不多。巴西產區的緯度較高，處於副熱帶氣候區，因此 1,000 米左右即可種出不錯的阿拉比卡。巴西傳統 5 至 6 個月的乾季，數十年後變化不大，但乾季會更極端，月均雨量再減少 50mm 以上，易造成旱災。為了避開升溫禍害，巴西的咖啡海拔將從目前的 400-1,500 米，升高到 800-1,600 米。不過，高地難覓，未來必須往南部緯度更高的涼爽地區遷移，但仍無法彌補原有產區的損失，巴西最快在 2050 年，最慢 2080 年將失去近半的咖啡田！整體而言，巴西災情會比南美洲西岸的安地斯山系產國更嚴重。

巴西篇

巴西是全球最大咖啡產國，咖啡消費量更是驚人，一年喝掉 120 多萬噸咖啡，人均消費量高達 6 公斤，擠進世界前 5 名咖啡人均消費量大國排行榜，稱得上最愛酗咖啡的產國。巴西穩坐世界最大咖啡產國寶座已逾 150 年，半個世紀以來巴西氣候的變異與咖啡產地的挪移，堪做為氣候變遷的最佳教材。

| 避寒害，1970年代第一次大遷移 |

半世紀以前，巴西咖啡的主力產區在南部緯度較高的聖保羅州（São Paulo，南緯 19-25°）和帕拉納州（Paraná，南緯 22-27°），當時兩州高占巴西咖啡 70％產量，但 1960 年代以後，南極冷氣團北上，也就是南極振盪，此後兩大主產地冬季常遇霜害，損失慘重。巴西咖啡農場為避寒害，1970 年後，大舉北移到東南部緯度較低、更溫暖的米納斯州（Minas Geris，南緯 14-23°）、聖埃斯皮里圖州（Espirito Santo，南緯 17.9-21°）和東北部巴希亞州（Bahia，南緯 9.3-17.9°）以及中西部朗多尼亞州（Rondônia，南緯 8-13°）。

今日巴西最大咖啡產地米納斯州以及該州知名精品咖啡產區喜哈朵（Cerrado），和北部原先不產咖啡的巴希亞州的大型咖啡農場，多半是

1970-1990 年代從南部聖保羅州和帕拉納州北遷而來的咖啡農打造創建的。
米納斯州、巴希亞州和盛產羅豆的聖埃斯皮里圖州（Espirito Santo）就是在
南部專業咖啡農躲避寒害，第一次大遷移背景下順利接棒，成為今日巴西
咖啡主產區。

〔10-4〕巴西產區

 阿拉比卡 Arabica

 羅布斯塔 Conilon / Robusta

 阿拉比卡/羅布斯塔

米納斯州 Minas Gerais

1　南米納斯 Sul de Minas

2　喜哈朵 Cerrado

3　米納斯高原 Chapada de Minas

4　米納斯山彎 Montanhas de Minas

聖保羅州 São Paulo

5　聖保羅州馬吉安納 São Paulo Mogiana

6　聖保羅州中西部 São Paulo Centro Oeste

聖埃斯皮里圖州 Espírito Santo

7　聖埃斯皮里圖州山區 Montanhas do Espírito Santo

8　羅豆專區

帕拉納州 Paraná

9　帕拉納西北部 Norte Pioneiro do Paraná

13　帕拉納州北部經典產區

巴希亞州 Bahia

10　巴希亞高原 Bahla Planalto

11　巴希亞喜哈朵 Bahla Cerrado

12　巴希亞州南部羅豆專區

朗多尼亞州 Rondônia

14　朗多尼亞

聖塔卡琳娜州 Santa Catarina

15　聖塔卡琳娜州

南里奧格蘭德州 Rio Grande do Sul

16　南里奧格蘭德州

　近半世紀來，米納斯州和巴希亞州已開發成全球科技化程度最高的新型態咖啡農場；大型咖啡莊園的灌溉與栽植管理系統全採數位化與機械化，每公頃平均產量可高達 3 至 4 公噸，羨煞各產國。尤其米納斯州的阿拉比卡產量高占巴西 70％，即使加計羅豆，米納斯州的咖啡產量亦高占巴西 50％，是全球最大咖啡產房。光是米納斯一州的咖啡產量已高占全球 20％，動見觀瞻，因此每年只要傳出米納斯州氣候異常，諸如旱季太長或春雨不足，都會造成國際咖啡價大漲。反之，米納斯州如果風調雨順大豐收，國際咖啡價格則應聲大跌。

　米納斯州中西部的精品產區喜哈朵，以及海拔較高的南米納斯（Sul de Minas）幾年前榮獲巴西政府頒贈原產地標誌殊榮（Denominação de Origem）。一般而言，米納斯州東部、東北部的海拔較低且乾燥，咖啡品質較差，以日曬為主，但近年已嘗試水洗與去皮日曬，提升品質。

　巴西主力產區北移後，南部緯度較高的老產區帕拉納州與聖保羅州的咖啡面積因此大幅縮小，兩州合計產量從半世紀年前高占巴西 70％，重跌到今日只剩 10.7％，遠不如緯度較低的新區米納斯州、巴希亞州、聖埃斯皮里州、朗多尼亞州，以上新產區合占 82％以上的產量。（請參圖〔10-5〕）

過去怕霜害，現在懼旱災

　巴西咖啡主產地第一次搬移北遷後，果然解決了霜害問題，但好景不常，2010 年以後，全球暖化加劇，東南部與北部新興產區高溫與乾旱愈來愈嚴重，旱災如同半世紀前的霜害「陰魂」，接棒肆虐巴西緯度較低的咖啡產房。世事多變，反觀南部緯度較高的冷涼地區，未來數十年後將因全球暖化而受益，咖啡適宜性大幅提升。本世紀結束以前，巴西咖啡產業可能要考慮是否進行第二次搬遷工程，重回南部的懷抱！

〔10-5〕巴西六大主產區的咖啡種植面積

單位：公頃

州名	咖啡面積
米納斯州	1,220,000
聖埃斯皮里圖州	433,000
聖保羅州	216,000
巴希亞州	171,000
朗多尼亞州	95,000
帕拉納州	49,000

（＊資料來源：2018 年巴西聯邦政府統計數據）
＊巴西咖啡栽植面積數十年來介於 180 萬 -300 萬公頃之間，豆價漲則增加面積

　　百年來巴西產區隨著氣候變遷而調整，這與咖啡的物候（季節學）有絕對關係，因此有必要先了解巴西的四季、乾濕季與產季。

　　咖啡發芽、結花苞、開花、產果的生理周期與光照、降雨、溫度、氣候、四季的周期變化息息相關，也就是物候現象。北半球的咖啡產地，花期一般在春夏之交，即 3-5 月；果實成熟期約在夏秋，即 6-10 月；採收期在冬季，即 11-2 月。但南半球四季恰好與北半球相反，以巴西而言，咖啡的花期在 9-11 月，果子成熟期在 12-5 月，主要收穫季在 6-8 月。

　　巴西咖啡產量高占全球 30-40％，每年 9 月中旬巴西咖啡逾九成採收完畢，全球各大咖啡進出口商、烘焙廠、期貨市場或金融投機客，開始關注巴西氣象分析以及咖啡在春季的開花情況。因為這直接影響下個新產季的榮枯，如果 3 至 8 月的乾季並未拖太長或太極端，9 月春雨如期報到，花季與果熟期風調雨順，表示新產季將大豐收，咖啡期貨市場將以跌價預先對供過於求做出反應。如果春雨不足或氣象預估春夏的潮濕季暴雨日過多或更極端

的高溫且不雨，表示花期與果熟期不妙，新產季恐減產，期貨市場將以大漲預先反應來年的供不應求。

半世紀前，進出口商與期貨市場全神關注巴西產區 6 至 8 月冬季的霜害問題，如今霜害已拋諸腦後，改為憂心秋冬季 3-8 月的乾季拖太長或春夏季 9-2 月的雨水太少、溫度太高或颱風頻襲。氣候變遷也全然改變了咖啡從業人員對各季節該憂心的事項。

〔10-6〕巴西咖啡的四季、乾濕季與產季

四季	1	2	3	4	5	6	7	8	9	10	11	12
乾季	1	2	3	4	5	6	7	8	9	10	11	12
濕季	1	2	3	4	5	6	7	8	9	10	11	12
產季	1	2	3	4	5	6	7	8	9	10	11	12

夏季　●秋季　冬季　春季

＊巴西咖啡的物候：9-11 月為花季、12-5 月為咖啡果成熟季、6-8 月為主要收穫季。

2010 年以來，巴西主力咖啡產地頻遭高溫乾旱侵襲，造成 2011、2012、2014、2015 和 2016 六季減產，連強悍的巴西羅豆也遭殃。2010 年以來巴西產區常發生不尋常的旱災，世人開始認清全球暖化引發的聖嬰與反聖嬰現象的嚴重性；所幸 2018 至 2020 這 3 年產季的旱象稍紓解，產量逐漸恢復，2020 年更是產量大爆發。

2020 風調雨順大豐收

2020 年是偶數年，恰逢巴西咖啡盛產的雙循環年，加上 2019 年出奇的風調雨順，2020 年產季已於 4 至 10 月採收完畢，巴西官方的食品供應統計局（Conab）數據出爐，本季產量高達 63.08 百萬袋（3,784,800 噸），超越 2018 年締造的 61.7 百萬袋（3,702,000 噸）紀錄，再締新猷。其實早在 2019

年末至 2020 年初,各大進出口商和期貨公司的調研人員已指出 2020 年巴西咖啡收穫季的花期即 2019 年 9-11 月,春雨豐沛,花苞茂密,預估 2020 將是個大豐收年,引發 2020 年上半年豆價大跌一波(2020 年 6 月 16 日跌至 93.65 美分／磅),直到 2020 年 7 月以後傳出久旱不雨的壞消息,恐危及 2021 新產季的花期與產量,紐約阿拉比卡期貨市場才反轉走強至今(2022 年 2 月 9 日漲至 248.28 美分／磅),不到兩年漲幅高達 165%。

2021 盛況難再,減產四成

老天翻臉果然比翻書快,2021 年盛況難再。2021 年新產季的花期,也就是 2020 年 9-11 月,又拉起旱災警報,巴西咖啡農閒聊嗑牙的社群網站張貼出一張張久旱不雨之下,咖啡花苞銳減、落花、乾枝枯葉,甚至栽植場枯葉過多,盛夏高溫引起幾座莊園火災,焦土一片,令人觸目驚心的照片。

總部設於米納斯州西南部瓜舒佩市(Guaxupé)、巴西最大咖啡產銷合作社 Cooxupé 的調查人員,2020 年 5-11 月考察米納斯州幾個重要產區,發覺情況不妙,這 7 個月共約 210 天裡,每日降雨量超過 2mm 只有 25 天,旱象嚴重,且平均溫度又上升 1℃,最高溫超過 36℃,許多花苞因而「流產」,花期不旺,即使成功授粉,開花結果後,每月至少需要 40mm 雨量才能滋潤咖啡果內的種子順利成長。

另外,專精於全球金融市場數據分析的路孚特艾康(Refinitiv Eikon)指出,2020 年 7-9 月米納斯州南部主產區,兩個月只降了 23mm 雨量,遠低於歷史平均的正常雨量 68mm。而且米納斯南鄰的聖保羅州也同時發生 20 年來最嚴重的高溫少雨旱象,預估該州 2021 新產季將因乾旱大幅減產四成。

位於紐約的全球農作物情報分析機構葛羅情報(Gro Intelligence)於 2020 年 10 月對 2021 年巴西咖啡產量發出警訊。該機構指出,巴西咖啡產業 2020 年大盛產,但反聖嬰現象(太平洋中部和東部海水變冷,引發氣候變異)又發作,致使 2020 年 6 月至 12 月的雨量遠低於過去 10 年平均值;以米納斯

州為例，7 月全州平均只降雨 2.6mm，遠低於 10 年平均值為 16mm；9 月花期的雨季，全州平均只降雨 25.66mm，遠低於 10 年平均量 50.04mm；10 月全州的平均降雨量 96.96mm，遠低於 10 年平均值 173.80mm。聖埃斯皮里圖州、聖保羅州和和帕拉納州的花期雨量都低於 10 年平均值，只有北部巴希亞州情況稍好。估計 36％的巴西咖啡產區出現中度旱象，嚴重旱象也高達 20％，異常旱象達 22％，最大產地米納斯州災情最重，全州只有 3％的產區未受乾旱肆虐。

全球暖化唯一好處：助漲豆價

巴西農業部根據各主產區傳來的旱象情報，2020 年 12 月預估 2021 新產季將比 2020 年減產 15-40％。無獨有偶，2020 年 7 月至 11 月，世界咖啡貿易巨擘 ECOM 以及 Volcafe 的人員走訪巴西主產區，調研冬季乾旱、春季降雨與開花情況後，也發出 2021 新產季將比上一季減產三分之一以上的警語。

對巴西氣候高度敏感的紐約阿拉比卡期貨市場，疲軟多年後，2020 年 6 月 15 日開始從低檔 94.55 美分／磅，起漲趨堅，截至 2020 年 12 月 31 日已漲到 128.25 美分／磅，半年內漲幅高達 35.6％。如果高溫與乾旱持續，漲勢不會停，這反而有助紓解多年來低豆價對全球咖啡農造成的巨大壓力，這或許是全球暖化對咖農唯一的利多！

據最權威的 Conab 2021 年 1 月發布的資料，預估 2021 年米納斯州咖啡產量介於 1,980-2,210 萬袋（1,188,000-1,326,000 公噸），比 2020 年減產 42.8％，並預估 2021 年巴西阿拉比卡與羅豆合計產量介於 4,380-4,950 萬袋（2,628,000-2,970,000 公噸），相比 2020 盛產年的 3,784,800 公噸，減產幅度高達 30.5-21.5％！2021 年減產主因除了乾旱少雨外，不巧又碰上奇數的減產循環年，兩因素堆疊加乘，驅使咖啡期貨市場近半年多揮別熊市，呈上揚的牛市。

雨季鬧旱災，羅豆也遭殃

上世紀 1970 年代至 1990 年代聖保羅州和帕拉納州冬季不時傳出霜害減產消息，但近 10 多年霜害幾乎消失，緯度較高的南部由冷轉暖，而緯度較低的東南部、東北部和中西部由涼爽溫暖轉為乾熱，旱災頻率增加，成為巴西咖啡的最大天災。

以 2010 年 5 至 10 月為例，巴西米納斯州、巴希亞州、聖保羅州的阿拉比卡產區連續 6 個月的乾燥高溫，降雨量少於正常值，造成落葉、落果或胚乳畸形（種子發育異常），致使 2011 年的產量低於 300 萬噸。難怪 2010 年 5 月紐約阿拉比卡期貨開始起漲，漲到 2011 年 4 月 25 日飆上 300 美分／磅，創下近 10 年新高紀錄保持至今（2022 年 1 月）。

盛產羅豆的聖埃斯皮里圖州受益於完善的灌溉設施，花期未受影響，2010-2011 產季損失較輕。很多咖啡學者順水推舟，大推較耐旱的羅布斯塔來抵抗氣候變遷，而羅豆的全球占比確實逐漸升高，羅豆與阿豆的全球市占率從半世紀前的 30％比 70％，擴大為近年的 40％比 60％。

但氣象專家警告反聖嬰現象當道，巴西產區乾燥少雨的頻率會愈來愈高，羅豆產區遲早受波及。言猶在耳，2011-2016 年巴西主力產區連續 6 年乾旱，粗壯的羅布斯塔經過 6 年「實戰」後，並不如預料中那麼健壯，枯枝殘葉落滿地，咖農損失慘重，終於認清羅豆的抗旱能耐未必比阿拉比卡強多少。

位於米納斯州東部的聖埃斯皮里圖州海拔較低，是巴西羅豆的主產區，也僅次於越南，是世界第二大羅豆產地。該州 2014-2016 年連續 3 年的 1 月與 2 月，應該是產區最潮濕的雨季，但月均雨量只下了 80mm 雨量，不到正常值的一半，走進羅豆栽植場，腳踩著枯枝落葉沙沙作響的刺耳聲，眼看著葉不蔽體的光溜溜羅布斯塔「骨架」，真像是咖啡末日降臨。咖農難以置信在巴西傳統的雨季時節竟然鬧旱災，這應該是巴西歷來首見的雨季旱災一鬧就 3 年的奇聞，巴西羅豆產量連 3 年銳減三成。

其實，羅布斯塔的根系淺於阿拉比卡，更不易吸收土壤的水份，因此所需的年均雨量高於阿拉比卡的 1,500mm。羅豆年雨量至少要 1,800mm，甚至年均雨量達 2,000-2,500mm 才長得好。

聖埃斯皮里圖州過去的年均降雨量在 1,200-1,300mm，全靠高科技灌溉系統造就世界第二大羅豆產地的威名。然而 2010-2016 年這 6 年中竟然有 4 年的年均雨量不到 1,000mm，尤其 2015-2016 產季只降了 549.3mm（請參圖表〔10-7〕），創下 80 年有紀錄以來的新低量，即使有灌溉系統也救不活需水甚多的羅布斯塔。經此震撼教育，本區羅豆咖農近年開始分散風險，間植可可、橡膠、胡椒和水果，雖然也耗水，但一年有數穫，收入更穩定。

〔10-7〕聖埃斯皮里圖州九大羅豆產區 2010-2016 年的平均降雨量

P1：9-12 月花期、P2：1-3 月果充實期、P3：4-8 月果熟期與採收期、本季度總雨量　　　累積雨量（毫米）

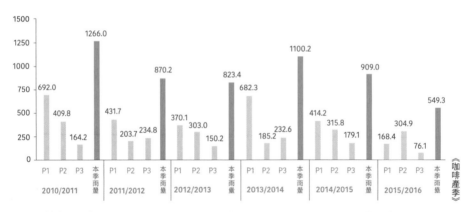

（＊資料來源：《Impact of drought associated with high temperatures on *Coffea canephora* plantations: a case study in Espírito Santo State, Brazil》）

｜世界第二大羅豆產地拉警報｜

羅豆與甘蔗是聖埃斯皮里圖州第一和第二大農作物，州徽亦以羅豆的紅果子和甘蔗點綴（圖〔10-8〕）。近年該州高溫乾旱異常，已引起研究機構關注。

〔10-8〕鮮紅的羅布斯塔紅果子點綴聖埃斯皮里圖州的州徽

　　2020 年巴西聯邦維索薩大學農業工程學系（Agricultural Engineering Department, Federal University of Viçosa）、森林工程學系、聖埃斯皮里圖聯邦大學生物學系（Biology Department, Federal University of Espírito Santo）聯署發表的研究報告《與高溫有關的乾旱對坎尼佛拉（俗稱羅布斯塔）農場的影響：巴西聖埃斯皮里圖州的一個研究案例》（Impact of drought associated with high temperatures on *Coffea canephora* plantations: a case study in Espírito Santo State, Brazil）指出，聖埃斯皮里圖州 2010-2016 年 6 個產季的平均雨量 920mm，已比過去的年均雨量 1,300mm 低了 29.2％，其中 2015-2016 產季只降了 549.3mm（請參圖表〔10-7〕），比過去的年均雨量少了 57.7％，也比 2010-2016 年的均雨量少了 40％，造成 2015-2016 年羅豆產季比前一季銳減 41％，樹勢受創也拖累 2016-2017 的產量，直到 2018 年降雨量回升，才逐漸恢復產量。雖然該州有先進的灌溉系統但年雨量低於 1,000mm，也難以回天。

　　該報告指出，旱災如果發生在 P1（9-12 月）的花期，將造成篩管分化，花芽吸不到水將無法發育，造成落花；如果發生在 P2（1-3 月）果子充實期，將造成胚乳畸形；乾旱如發生在 P3（4-8 月）的果熟期，將造成落果。雖然 4 至 8 月的冬季是巴西的乾季，溫度較低，有助咖啡挺過乾旱，但最怕 12-2 月的夏天，在 35-40℃ 高溫下，久旱不雨，即使短短 1 個月，造成的損害大於冬季 4 個月的乾旱。聖埃斯皮里圖州的羅豆產區，近年夏天異常高溫乾旱的頻率上升，令人憂心。

該報告還指出，異常高溫缺雨的氣候將逐漸常態化，聖埃斯皮里圖州的羅豆產業應盡早推出調適策略，諸如減少全日照栽植，改用農林間植或遮蔭栽植法，有助降溫並為土壤保濕，另外，增建小型水庫，都是刻不容緩的因應之道。

米納斯旱災，全球打寒顫

另外，全球最大阿拉比卡產地，高占巴西 50 % 咖啡產量的米納斯州，2014 年也發生罕見的乾旱，1 月是傳統的盛夏雨季，正常平均雨量介於 265-301mm，但州內各產區只降了 45-86mm，創下巴西產區歷來雨季最低雨量紀錄，阿拉比卡災情慘重，紐約咖啡期貨漲破 200 美分／磅。好在 2015-2016 該州缺水旱象稍微紓緩，但降雨量只有正常值的一半，水情仍吃緊，直到 2017 年以後才逐漸好轉，令業界鬆口氣。而羅豆主力產區聖埃斯皮里圖州直到 2018 年才恢復正常雨量。巴西最大咖啡合作社 Cooxupé 說：「近年旱災頻傳，何時再發生、會造成多大損失？沒人知道，因為這些產區的雨季過去不曾發生乾旱，為何近年如此反常，這是個值得深究的新領域。」

米納斯州是全球最重要的咖啡產房，聯合國氣候變遷綱要公約（UNFCCC）秘書長克麗絲蒂娜・費蓋瑞斯（Christiana Figueres）針對 2014-2016 年巴西咖啡產區反常旱災警告：「如果單獨看這件事，或許你會說那只是百年難得一見的天災，但問題是那不是偶發事件，不能以個案視之。老天正將反常的氣候模式逐漸常態化。極端氣候的頻率與嚴重性會持續增強……氣候變遷不是未來式，更不是將來會在那發生，而是全人類已身陷其中，這只不過是一盤前菜而已。」

鬧完旱災，又鬧水災，2020 年 1 月中下旬的雨季，亞熱帶暴風「庫魯美」侵襲米納斯州、聖埃斯皮里圖州、里約熱內盧州，連續數日大暴雨，米納斯首府美景市數小時內降下 170mm 大豪雨，數萬人無家可歸，創下 110 年來最大災情；米納斯州的北部與東部災情最慘，有座莊園發生土石流，沖走 3

萬株咖啡，所幸咖啡莊園最密集的南米納斯與中西部喜哈朵，尚未到達暴雨級，及時大雨反而紓解旱象，有助咖啡成長，利多於弊，總結巴西 2020 年的產量因禍得福，突破 2018 年紀錄，再創歷史新高。

雖然是虛驚一場，但澳洲的氣候研究所引述 2015 年一份研究報告《苦味咖啡：全球阿拉比卡與羅布斯塔生產面臨的氣候變遷概況》（A bitter cup: climate change profile of global production of Arabica and Robusta coffee）指出，氣候變遷勢必危及全球咖啡產量，「如果高溫與降雨型態再惡化下去，2050 年全球適合咖啡生長的地區將銳減 50%。尤其是低緯度低海拔產區受害最深，但相對而言高海拔與高緯度產區受害程度較輕。」

研究報告示警米納斯州

有強力證據顯示，近年的氣候模式已非季節模式能解釋，而是更大範圍的氣候變遷模式的一部分，難以捉摸的氣候為巴西咖啡 2021 年的收穫，甚至 2022、2023……等數十年後產季蒙上厚厚陰影。巴西咖啡產地的榮枯，深深影響全球咖啡產銷與價格，近 20 年全球暖化的諸多研究報告不約而同對世界最大咖啡產房米納斯州發出警語。

2018 年巴西國家太空研究院（National Institute For Space Research, Brazil）發表研究報告《氣候變遷對巴西東南部阿拉比卡咖啡潛在產量的影響》（Climate change impact on the potential yield of Arabica coffee in southeast Brazil）[註1] 指出，1990-2015 年世界最大咖啡產地米納斯州在咖啡適宜性分類中（請參圖表〔10-9〕），完全適宜的地區高達 68%、適宜的地區達 4%、尚可的地區 28%。但全球暖化進展到 2071-2100 年，最悲觀的 RCP8.5 情境，預估米納斯州完全適宜咖啡的地區銳減至只剩 4%，減幅高達 94.1%；而且適宜的地區只有 9%；不易種出精品咖啡的尚可地區將擴大到 61%；產量減半的受限制地區高占 25%！

　　若以較樂觀的 RCP4.5 情境來評估（請參圖表〔10-9〕），全球暖化到了 2071-2100 年，米納斯州完全適宜咖啡的地區將從對照基準 1995-2015 年的 68％減少到 32％，減幅亦高達 52.9％！

〔10-9〕米納斯州咖啡適宜性的情境模擬（2011-2100 年）

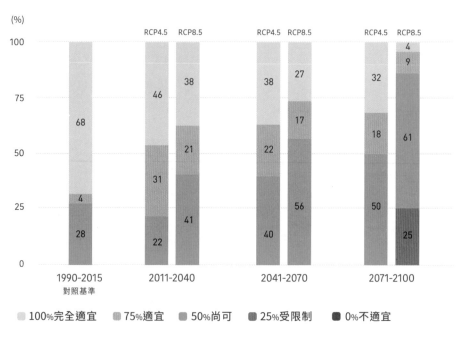

（＊資料來源：《Climate change impact on the potential yield of Arabica coffee in southeast Brazil》）

　　巴西國家太空研究院採用兩種氣候變遷的情境 RCP4.5 與 RCP8.5，係根據聯合國所屬的政府間氣候變遷專門委員會（IPCC）第五次評估報告中，以「代表濃度途徑」（Representative Concentration Pathways，簡稱 RCPs）定義未來變遷的情境，共有 4 種假設情境，分別為 RCP2.6、RCP4.5、RCP6 以

註 1：《Climate change impact on the potential yield of Arabica coffee in southeast Brazil》作者群：Priscila da Silva Tavares・Angélica Giarolla・Sin Chan Chou・Adan Juliano de Paula Silva・André de Arruda Lyra

及 RCP8.5，表示全球暖化進展到 2100 年，每平方公尺的輻射強迫力依序增加了 2.6、4.5、6、8.5 瓦（W/m2）。其中暖化程度最輕、最樂觀的情境 RCP2.6，就目前減碳情形，不可能發生。RCP4.5、RCP6 屬於較為穩定情境，表示輻射強迫力在 2100 年呈現較穩定情況，這也有太樂觀之嫌。災害衝擊評估，宜以未來可能的最惡劣情境進行評估，以避免低估可能的衝擊，而 RCP8.5 屬於溫室氣體高度排放情境，表示輻射強迫力在 2100 年呈現大幅增加趨勢。各研究機構考量大氣環流模式分析模擬的運算時間與成本，通常只分析最嚴重的 RCP8.5 情境，或搭配情境較穩定的 RCP4.5 進行比較分析。

這 4 種氣候變遷情境也可用大氣的二氧化碳濃度來表示，目前大氣的 CO_2 濃度約為 380-400ppm，而 RCP2.6、RCP4.5、RCP6、RCP8.5 情境的 CO_2 濃度依序為 400ppm、570ppm、620ppm、1,250ppm。CO_2 超過 1,000 ppm 會令人疲倦並危及健康。

本圖以較穩定的 RCP4.5 與最嚴重的 RCP8.5 兩種情境分析 2011 至 2100 年氣候變遷對米納斯州咖啡適宜性的增減變化，並與對照基準 1995 至 2015 年米納斯州咖啡適宜性做比較。該研究報告的咖啡適宜性係以年平均溫度與年水赤字為評估標準：

A：年均溫

1. 年均溫介於 18-22.5℃ 的咖啡適宜性歸類為「適宜」，給 50 分。

2. 年均溫介於 22.5-24℃ 的咖啡適宜性歸類為「受限」，給 25 分。

3. 年均溫低於 18℃（有霜害）或高於 24℃（落花或落果）的咖啡適宜性歸類為「不適宜」，給 0 分。譬如上海年均溫 17.1℃，冬季太冷降霜雪不適宜咖啡栽植業。

B：每年水赤字（mm）

1. 小於 150 mm，咖啡適宜性歸類為「適宜」，給 50 分。

2. 介於 150-200 mm，咖啡適宜性歸類為「受限」，給 25 分。

3. 大於 200 mm，咖啡適宜性歸類為「不適宜」，給 0 分。

A+B：年均溫適宜性評分 + 水赤字適宜性評＝總和適宜性百分率

1. A+B ＝ 100 分，咖啡適宜性 100 ％，「完全適宜」→精品豆產區

2. A+B ＝ 75 分，咖啡適宜性 75 ％，「適宜」→精品豆與商業豆產區

3. A+B ＝ 50 分，咖啡適宜性 50 ％，「尚可」→商業豆產區

4. A+B ＝ 25 分，咖啡適宜性 25 ％，「受限制」→產量銳減一半

5. A+B ＝ 0 分，咖啡適宜性 0，「不適宜」→咖啡生產無可能性

　　圖表〔10-9〕與〔10-10〕以年平均溫與年水赤字做為咖啡產區氣候適宜性（％）的評估標準。2011 年以前，巴西米納斯州大部分地區的年均溫介於 18-22.5℃，年水赤字低於 150mm，阿拉比卡適宜性 100 ％「完全適宜」等級的地區高達 68 ％，而且適宜性 50 ％「尚可」等級的地區只有 28 ％。然而，2011-2100 年期間受暖化影響，預估本世紀結束以前米納斯州年均溫上升將 4-6℃，「完全適宜」等級的地區將銳減到 4 ％，而且「尚可」等級的地區大幅增加到 61 ％，「受限制」等級的地區從零暴增到 25 ％，有些地區甚至出現適宜性 0 ％的「不適宜」等級。

　　每年的水赤字低於 150mm，阿拉比卡尚能忍受，不致枯萎，尤其是發生在花期之前短暫的水赤字反而有助花期蓄勢待發。研究發現米納斯州近年的高溫對阿拉比卡的傷害大於水赤字。水赤字適宜性評分加上溫度適宜性評分，總合適宜性百分率在 50 ％「尚可」等級，雖然不是理想的種植環境，仍可透過灌溉或遮蔭克服逆境，但品質與產量下降且生產成本增加。

〔10-10〕阿拉比卡對年均溫與年水赤字的總合適宜性百分率

Ⓐ 溫度 ℃	分數	類別	Ⓑ 水赤字 mm	分數	類別	Ⓐ＋Ⓑ 適宜性 %	等級
18-22.5	50	適宜	<150	50	適宜	100	完全適宜
22.5-24	25	受限	<150-200	25	受限	50	尚可

ⓐ 溫度 ℃	分數	類別	ⓑ 水赤字 mm	分數	類別	ⓐ+ⓑ 適宜性%	等級
<18 或 >24	0	不宜	>200	0	不宜	0	不適宜
18-22.5	50	適宜	150-200	25	受限	75	適　宜
22.5-24	25	受限	<150	50	適宜	75	適　宜
18-22.5	50	適宜	>200	0	不宜	50	尚　可
<18 且 >24	0	不宜	<150	50	適宜	50	尚　可
22.5-24	25	受限	>200	0	不宜	25	受　限
<18 且 >24	0	不宜	150-200	25	受限	25	受　限

（＊資料來源：根據《Climate change impact on the potential yield of Arabica coffee in southeast Brazil》數據，彙整編表。）

大警訊：南米納斯州本世紀末減產 25％

　　巴西國家太空研究院接著又以 RCP4.5 與 RCP8.5 兩種情境預估本世紀米納斯州的主力產區南米納斯，於 2011-2040、2041-2070、2071-2100 年 3 個時期的單位產量，並以 2011-2015 年的單位產量 1,857 公斤／公頃為對照基準。結果發現暖化情境較穩定的 RCP4.5 單位產量減幅並不大，到了 2071-2100 年只減少到 1,727 公斤／公頃，這比基準年 1,857 公斤／公頃減少 7％。但暖化情境最嚴重的 RCP8.5，到了本世紀末 2071-2100 年的單位產量銳減到 1,398 公斤／公頃，減幅高達 25％。專家預料 RCP4.5 的暖化情境會太樂觀，機率不大，最可能是介於 RCP4.5 與 RCP8.5 之間，如果溫室排放失控，本世紀末惡化到 RCP8.5 情境不無可能！

　　該報告指出，南米納斯占米納斯州 50％以上的產量，是重中之重，數十年後因均溫上升 2-4℃，南米納斯可耕性降低，產量至少減少 25％，影響深遠。米納斯州部分產區或可遷往巴西東邊的大西洋森林（Brazilian Atlantic Forest）所剩不多的高海拔山區避禍，但崎嶇不平的山林地將使得巴西最擅長的低成本生產模式──機械化採收與灌溉系統──無用武之地，更可能破壞寶貴的森林生態環境。這項研究案的科學家建議巴西政府應盡早研發

高效率的減災農法，並針對未來又乾又熱的氣候，培育新一代抗旱耐熱的超級品種，來延續巴西咖啡產業命脈。

這是個大個警訊，我算了一下米納斯州近 5 年的年平均產量 1,894,800 公噸，已高占全球咖啡年產量 20 ％，如果米納斯州減產 25 ％，一年就少了 473,700 公噸咖啡供應量，這大約是世界第五大咖啡產國衣索匹亞一整年的產量，肯定造成全球咖啡供不應求，豆價飆漲。實情可能更糟，米納斯州目前是巴西最適宜咖啡生產的地區，如果米納斯因氣候關係而減產 25 ％，那麼巴西其他重量級產地諸如聖埃斯皮里圖州、聖保羅州、巴希亞州情況也不容樂觀，如果巴西產地到了本世紀末，全境減產幅度高達 25 ％，以近 5 年巴西平均年產 330 萬噸來算，將減產 825,000 噸，這大概是目前世界第三大咖啡產國哥倫比亞一年產量，屆時咖啡豆可能飛漲到天際！

〔10-11〕**本世紀末南米納斯州咖啡單位產量預估**

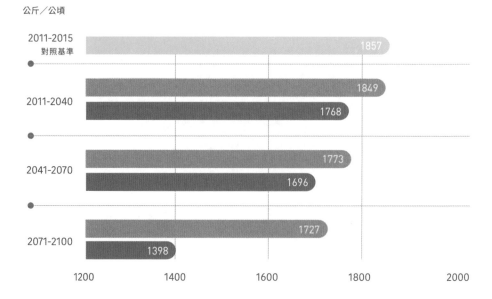

公斤／公頃

2011-2015 對照基準	1857
2011-2040	1849 / 1768
2041-2070	1773 / 1696
2071-2100	1727 / 1398

1200　1400　1600　1800　2000

■ 氣候變遷情境 RCP4.5　　■ 氣候變遷情境 RCP8.5

（＊資料來源：《Climate change impact on the potential yield of Arabica coffee in southeast Brazil》）

　　這不是危言聳聽，2021 年 1 至 3 月的夏季，全球最大阿拉比卡產房米納斯州先遭旱災侵襲，7-8 月冬季又遇超級寒流降霜，一個產季連遭兩大天災摧殘，歷來罕見，致使 2021-2022 年米納斯州咖啡產量比 2020-2021 產季重跌 33％，也比 2019-2020 產季大跌 20％。而巴西官方權威的 Conab 對巴西 2021 年咖啡總產量年度報告出爐，阿拉比卡 31.42 百萬袋（1,885,200 噸）比 2020 年減產 35.5％；但羅豆產量卻因遠離天災區而創下歷來新高，達到 16.29 百萬袋（977,400 噸），比上一季高出 13.8％，合計巴西 2021 年咖啡總產量達 47.72 百萬袋（2,863,200 噸）較上一季減產 24.4％。隨著全球暖化加劇，巴西產地遭極端氣候肆虐的頻率只會多不會少，未雨綢繆才是王道。

| 第二次大遷移，盤點南北變化 |

　　除了巴西國家太空研究院對米納斯州發出警訊外，美國波士頓大學、蘇黎世聯邦理工學院、科羅拉多州立大學的科學家，針對巴西各產區 1974 至 2017 年的氣候變遷與咖啡產量連動關係進行研究，於 2020 年 9 月聯署發表的研究報告《氣候對巴西咖啡生產的風險》（Climate risks to Brazilian coffee production）[註2] 指出，近 43 年來巴西生產咖啡的各城鎮溫度，平均每 10 年上升 0.23℃，其中以米納斯州、巴希亞州升溫幅度最大，2010 年以來這兩州的年均溫經常超出 23℃，已高於阿拉比卡最適宜的年均溫 18-22.5℃。更令人憂心的是春夏之交的花期、夏秋的果熟期、冬季的採收期，米納斯州、巴希亞州、聖保羅州的均溫不但上升，還伴隨著雨量銳減 10％以上，徒增咖啡的生理壓力，每年因而損失 20-29％產量，此情況會隨著氣候變異而更趨惡化！

註 2：《Climate risks to Brazilian coffee production》
作者群：Ilyun Koh・Rachael Garrett・Anthony Janetos・Nathaniel D Mueller

另外，「咖啡與氣候倡議」（Initiative of Coffee & Climate）的研究人員分析 1960-2011 年米納斯州 68 個氣象站資料，發現該州各產區在這段期間都經歷明顯升溫，異常乾熱天數增加但異常寒冷日子卻減少了。如果比對 1986-2011 年與 1960-1985 的資料，發現米納斯東北部產區升溫 0.7-1℃，而米納斯西南部只升溫 0.3-0.5℃，過去 30 年來米納斯東北部愈來愈乾燥，而西南部則更潮濕。這可以說明為何南米納斯與喜哈朵的咖啡產量遠大於米納斯東北部產區。但 2014 年以後南米納斯和喜哈朵的精品咖啡產區卻轉為更乾熱，有違過去的趨勢，這是個警訊。米納斯南部產區過去的氣候很適合咖啡，因此不像東北部乾燥地區常見得到科技化灌溉系統。專家建議為了因應未來的極端氣候，南米納斯和喜哈朵的咖農應盡早引進灌溉系統、培育更耐旱新品種、增加農林間植並減少全日照栽植、改種其他更耐旱作物，以提高農民對氣候異常的應變力。

米納斯是巴西最大咖啡產地，咖啡面積持續增加中，本州的農村經濟對咖啡依賴度頗高，且咖啡農視風調雨順為理所當然，對氣候變異欠缺警覺性，至今尚未推出相關的調適政策，因此氣候變遷惡化對米納斯州的傷害也最大。近年聖保羅州旱災雖然增加，但受創程度遠低於米納斯州，因為聖保羅州早在半世紀前因霜害頻襲，農民警覺性較高，多數咖啡園已北遷或改種其他抗寒耐旱作物，損失較輕。

福因禍生，禍中藏福，氣候變遷並非全無好處。前述的巴西國家太空研究院在研究報告中提到，巴西咖啡產業可以開始考慮南向政策，因為適合咖啡的氣候環境，預估數十年後逐漸轉移到南部高緯度的咖啡處女地。

其實，國際科研機構老早就預警巴西咖啡產區未來數十年內將遭遇嚴峻的乾旱之災，並點名米納斯州、聖埃斯皮里圖州、巴希亞州，應盡早規劃應變與調適之道，尤其是東北部的較乾燥的巴希亞州與東南部聖埃斯皮里圖州；巴希亞州近年的年雨量約 600-1,200mm，低於阿拉比卡所需的 1,500-2,000mm，近 30 年來之所以有不錯的產量，全靠高科技灌溉系統撐起一片

榮景。另外，羅布斯塔重鎮聖埃斯皮里圖州的年均雨量只有 800-1,300mm 遠低於羅豆所需 1,800-3,000mm，也是借助先進灌溉系統造就一切。米納斯州的年均雨量各區出入較大，南米納斯雨量較豐但中北部較乾燥，該州年平均雨量約 1,190-1,473 mm，僅中北部需灌溉。在目前的氣候環境下，巴希亞州與聖埃斯皮里圖州尚須仰賴灌溉系統來支撐，可以想像數十年後氣候變得更乾熱，欲維持今日的榮景，挑戰更大。

　　諸多科研機構的報告，不約而同建議巴西政府該考慮將一部分產區南移到緯度較高的聖塔卡琳娜州（Santa Catarina，南緯 26-29°）、南里奧格蘭德州（Rio Grande do Sul，南緯 27-33.6°）、帕拉納州（南緯 22-27°）、聖保羅州（19-25°），其中聖塔卡琳娜州及南里奧格蘭德州皆是咖啡處女地（請參圖表〔10-4〕），因為氣溫較低，數百年來不宜種植咖啡，但隨著暖化持續升溫，數十年後這兩州的咖啡適宜性大增。而南部經典老產區帕拉納州與聖保羅州的莊園於 1970-1990 年代大舉北遷避霜害，重要性降低，但近年因暖化而受益，未來數十年內南方這 4 個州的咖啡地位可望大幅躍升。尤其是聖保羅州與帕拉納州，可望重展昔日榮光，至於冷涼的聖塔卡琳娜州、南里奧格蘭德州，數十年後會有部分地域成為巴西咖啡新產區，將是全球緯度最高的咖啡產地。巴西產區為了調適氣候變遷，第二次大遷移乃未來之必然！

科研報告看好南向避禍

　　巴西是全球最大咖啡產地，產季的豐收或欠收都會引起市場大波動，近 20 年來，國際機構針對氣候變遷衝擊巴西咖啡產地的研究論文，不勝枚舉，研究方法和數據或有出入，但大方向卻頗為一致。

ASIC 研究報告

　　2014 年在哥倫比亞舉行的 25 屆國際咖啡科學會議（ASIC），由國際熱帶農業研究中心（Centro Internacional de Agricultura Tropical 簡稱 CIAT）發表的論文《氣候變遷對巴西阿拉比卡的影響》（Climate Changes Impacts on Arabica

Coffee in Brazil）指出，在最近 10 多年的氣候條件下以多種氣候模式模擬的結果，皆同意目前巴西適合咖啡栽植的地點在米納斯州、聖保羅州、帕拉納州、聖埃斯皮里圖州和巴希亞州；然而，套入 2050 年至 2080 年的均溫至少上升 3℃的氣候模式，巴西適合種咖啡的地區銳減 50%，東部的聖埃斯皮里圖州和東北部巴希亞州受到缺雨與高溫的影響將大於米納斯州和聖保羅州。

但該報告也舉出例外的地區，就在緯度較高、過去不產咖啡的聖塔卡琳娜州、南里奧格蘭德州，因暖化升溫，兩州有些地區即使到了 2080 年代仍可維持正向的咖啡適宜性。然而，目前阿拉比卡重鎮米納斯州屆時將喪失 80%的咖啡適宜性，縱然南部新產區投產成功，也補不回米納斯州的損失，巴西要保住咖啡王國的寶座將面臨重大挑戰！

極南之地是阿拉比卡新樂園？

此外，2011 年巴西坎皮納斯大學（University of Campinas）與農業部麾下的巴西農業研究公司（簡稱 Embrapa）聯署發表研究論文《在一個較暖化的世界赴巴西極南之地種阿拉比卡的可能性》（Potential For Growing Arabica Coffee In The Extreme South Of Brazil In A Warmer World）[註3]。該論文以年均溫 18-22℃、年水赤字小於 100mm、降霜機率小於 25%，這 3 項嚴格標準做為適合阿拉比卡生長的低風險地區，並模擬巴西極南之地南里奧格蘭德州數十年後升溫的諸多氣候情境下，種植阿拉比卡的可能性（請參圖表〔10-12〕）。

〔10-12〕阿拉比卡咖啡氣候風險等級

氣候風險	年均溫	年水赤字	降霜機率
低 風 險	>18°C 且 ≤ 22°C	≥ 0 且 ≤ 100 mm	≤ 25%
高溫風險	≥ 22°C 且 ≤ 23°C	≥ 0 且 ≤ 100 mm	≤ 25%
下霜風險	≥ 18°C 且 ≤ 22°C	≥ 0 且 ≤ 100 mm	>25%
高 風 險	≤ 18°C 或 ≥ 23°C	≥ 150 mm	>25%

（＊資料來源：《Potential For Growing Arabica Coffee In The Extreme South Of Brazil In A Warmer World》）

　　結果發現巴西極南之地南里奧格蘭德州因全球暖化持續升溫，未來只需比目前再升溫 1-4℃，即可創造出一大片適合阿拉比卡生產的低風險產區。其中以升溫 3℃效果最佳，不但可大幅降低下霜機率，年雨量亦可增加 15％，屆時南里奧格蘭德州位於南緯 30.5-34°的廣大地區將可闢為咖啡田。如果升溫 4℃則有高溫的風險，適合阿拉比卡的範圍縮小到南緯 31.5-34℃；升溫 1-2℃也會出現適宜咖啡的低風險產區，但僅侷限於東部濱海的南緯 29.5-33.5°較狹窄地區。

　　該報告強調升溫 3-4℃除了巴西極南之地會出現可觀的咖啡適宜性外，巴西與烏拉圭交界處以及智利北部均可能出現阿拉比卡的低風險區。巴西欠缺高海拔山林供咖啡樹避禍，可喜的是巴西幅員遼闊，不乏高緯之地，未來可做為阿拉比卡庇護所。

　　我做了些功課，查了南里奧格蘭德州過去與目前的年均溫究竟差多少？發現 2000 年以來南里奧格蘭德州最冷的 7 月平均溫都在 11.26℃以上，足足比上世紀最冷的 7 月均溫高出 1℃，下霜機率大減。近年南里奧格蘭德州的年平均溫 18.5℃，符合阿拉比卡最低年均溫需大於 18℃的門檻，已具備生產阿拉比卡的潛力。該州年均溫 18.5℃也合乎上述研究報告所提到升溫 3℃可創造最大面積的阿拉比卡可耕地，但升溫 4℃（22.5℃）即有高溫風險的評估。

　　另外，2008 年巴西 Embrapa 發表的《全球變暖和巴西農業生產的新地理》（Global Warming and the New Geography of the Agricultural Production in Brazil）論文，採用英國哈德利氣候預測與研究中心（Hadley Centre for Climate Prediction and Research）的電腦程式，模擬 2010、2020、2030、2050、2070 年巴西產區面臨的氣候變異以及咖啡生產的各種情景，皆與聯合國的政府

註 3：《Potential For Growing Arabica Coffee In The Extreme South Of Brazil In A Warmer World》作者群：Jurandir Zullo Jr.・Hilton Silveira Pinto・Eduardo Delgado Assad・Ana Maria Heuminski de Ávila

間氣候變遷專門委員會（IPCC）預估的情境吻合。該研究的結論是：如果巴西未採取任何應變措施，預估 2070 年最高溫將上升 5.8℃，並導致諸多氣候變異，使得東南部的米納斯州、聖保羅州無法再生產咖啡；2070 年巴西的阿拉比卡將遷到更南方的帕拉納州、聖塔卡琳娜州、南里奧格蘭德州，屆時這三州的降霜風險將大為降低！

其實，早在 2004 年巴西坎皮納斯州立大學農業氣候研究中心率先發表《氣候變遷對巴西咖啡在各農業氣候區的影響》（Impacto das mudanças climáticas no zoneamento agroclimático do café no Brasil），結論是，根據 IPCC 的氣候模式，本世紀末全球年均溫因溫室氣體排放量高低而上升 1℃、3℃、5.8℃ 不等，如以最壞情境，上升 5.8℃ 來評估，同時假設阿拉比卡對年均溫的適應性不變，仍侷限在 18-23℃ 的狹窄區間，那麼目前巴西阿拉比卡主力產區米納斯州、聖保羅州的咖啡面積，到了本世紀末將喪失 95％。雖然緯度較高的帕拉納州稍好些，可南移到該州更涼爽的地區，但帕拉納州適合種咖啡的面積將從目前的 70.4%，銳減到本世紀末的 25.2%。

歐洲研究報告

2012 年英國格林威治大學自然資源學院（Natural Resources Institute, University of Greenwich）、德國國際合作機構（GIZ）聯署的研究論文《咖啡與氣候變遷：巴西、瓜地馬拉、坦桑尼亞與越南因應之道的影響與選擇》（Coffee and Climate Change: Impacts and Options for Adaption in Brazil, Guatemala, Tanzania, and Vietnam）指出，本世紀結束以前，巴西南部和東南部夏天平均溫度上升 4℃，冬天上升 2-5℃，將重創阿拉比卡產區，米納斯州與聖保羅州將損失 33％ 的咖啡面積，而緯度更高的帕拉納州、聖塔卡琳娜州、南里奧格蘭德州的咖啡適宜性將提高，巴西咖啡產區南遷是可行之策。

鐵齒的巴西政府

儘管諸多研究報告對數十年後巴西產地的變遷與產量銳減，頻頻發出預

警，但多年來巴西當局置若罔聞，不屑採取任何應變措施。2017 年巴西農業部麾下的巴西農業研究公司（Brazilian Agricultural Research Corporation）甚至發表研究報告《氣候變遷不會影響巴西阿拉比卡的產量》（Climate Change Does Not Impact on Coffea Arabica Yield in Brazil）來反駁。

該論文指出，1913-2006 年間，巴西南部和東南部產區的年均溫每 10 年上升 0.5-0.6℃，雖然升溫可能是影響咖啡產量的重要原因，但長期而言，影響巴西咖啡產量最大要因不是聖嬰或反聖嬰等氣候現象，而是阿拉比卡每兩年一輪替的盛產與低產循環年，以及巴西提升單位產量的農業科技實力。1996 年至 2010 年，巴西咖啡產量已從 29,197 千袋成長到 55,428 千袋，即成長了 89.5％；咖啡田每公頃單位產量從半世紀前不到 1,000 公斤，躍升到 2016 年產季的 1,626 公斤（作者按：2020 豐收年躍升到 2,008.8 公斤／公頃）；最高產的機械化採收、灌溉，高科技咖啡田，平均每公頃單位產量更高達 3,000-4,000 公斤。該論文的結論是，拜高科技之賜，巴西阿拉比卡的單位產量持續提升，即使未來可耕地減少，也不致重創巴西咖啡產業。巴西總統波索納洛領導的政府向來對全球暖化議題嗤之以鼻，提出科技勝天的論調並不令人意外。

領先全世界的咖啡科技

巴西咖啡科技執世界之牛耳，是不爭事實。先進的機械化採收、科技化灌溉管理系統、抗病耐旱高產新品種，是巴西咖啡農場降低成本提高利潤的三大法寶，即使國際豆價跌到每磅 1 美元，巴西咖農仍可獲利。

巴西咖啡田依科技化程度高低可分為兩種，一是單位產量高且成本低的科技化咖啡田，另一種是單位產量較低，成本較高的一般咖啡田。據美國農業部統計，巴西阿拉比卡 2020 年單位產量 32.33 袋／公頃，即 1,939.8 公斤／公頃。但 2020 年 12 月 Conab 公布的最權威數據，巴西阿拉比卡的平均單位產量已達 33.48 袋／公頃（2,008.8 公斤／公頃），此單位產量已經高出

主要競爭對手哥倫比亞和中美洲數百公斤、甚至上千公斤！更讓各產國瞠乎其後的是高科技化咖啡田，平均每公頃單位產量 3,000-4,000 公斤，大型農場最高產的地塊超出 8,000 公斤／公頃，所在多有。

這些高科技化咖啡田多半位於巴希亞州、米納斯州和聖保羅州平坦的農場，面積廣達數百公頃，如果以人工採收，速度慢且成本高，大型農場寧願花 15-40 萬美元購買國產的傑克拖咖啡採收機（Jacto Coffee Harvester）。高科技化農場為了配合機械化採收，一排排咖啡樹的間距井然有序，方便採收機跨過一排排咖啡樹，撥動枝條搖下咖啡果，並輸送到跟班的卡車，採收場面極為壯觀。

採收工人要耗費 2 至 3 個月才能採完的面積，採收機只需 4 至 5 天，可節省將近 3 倍的採收成本。如果買不起採收機，也可雇請採收機團隊助陣，每袋咖啡果收費巴西幣 7 黑奧，比人工採收每袋 15 黑奧節省一半。更重要的是，機械採收效率高速度快，不致發生人工採收太慢造成許多熟爛廢棄果，增加額外成本。

巴西高科技的田園管理系統更讓人大開眼界，人工智能的地下化滴灌系統，可確保精準施肥與灌溉。管理員坐在控制室裡即可讀取栽植場的溫度、土壤濕度，何時該灌溉、何時該補肥、要補多少等重要數據，都顯示在電腦螢幕上，堪稱世界最尖端的田間管理系統。

印象最深刻的是聖保羅州與米納斯交界的熱里夸拉鎮（Jeriquara）一座 220 公頃的高科技咖啡莊園，90％採用高科技灌溉、施肥系統，平均單位產量 3,000 公斤／公頃，但最高產的地塊竟然高達 136 袋／公頃（8,160 公斤／公頃），令人咋舌，但這在巴西還不是最高的單位產量紀錄。印象中最高紀錄將近 9,000 公斤／公頃。

除了機械化採收、先進灌溉系統之外，巴西單位產量遠高於他國的第三個法寶是培育抗病耐旱的高產新品種。巴西咖啡以短小精幹、抗病耐旱、不占栽植空間的混血改良型為主，諸如 Catuaí 系列、Obatã IAC 1669-20，很

適合高密度栽植。2020年巴西的咖啡面積242萬公頃，種了72.5億株咖啡樹，平均栽植密度高達2,996株／公頃，這也是世界之冠。別小看這些高產量品種，在巴西CoE前10名榜單，這些改良新品種是常客，杯測分數90以上並不稀奇，可謂商業與精品兩相宜。

巴西多年來致力提升單位產量，降低生產成本，產出更廉價咖啡以利擴大全球市占率，各產國無不備感壓力。從圖表〔10-13〕可看出巴西咖啡的單位產量大幅領先其他競爭國。

巴西咖啡競爭力世界之最，但氣候變遷惡化中，巴西氣候乾燥高海拔山林不多，數十年後受創程度將高於其他產國，巴西政府口頭上雖嚴厲駁斥咖啡產業面臨危機的論調，也不願對是否遷移產地做出回應，但實際上早在半世紀前，巴西農學機構已搶先培育抗病、耐旱、高產新品種，除了提高單位產量外，更重要的是因應暖化危機。若說巴西不重視全球暖化也不盡然。

〔10-13〕知己知彼，各產國單位產量

單位：公斤／公頃

產國	單位產量	產季	產國	單位產量	產季
巴西			薩爾瓦多	314	
1. 一般咖啡田平均	2,008.8		衣索匹亞	820	
2. 高科技咖啡田平均	3,000-4,000		肯亞	348	
3. 高科技咖啡田最高	>8,000		印尼（羅豆與阿拉比卡）	510	2020年
哥倫比亞	1,230	2020年	越南（96%羅布斯塔）	2,820	
宏都拉斯	1,328		印度		
			1. 羅布斯塔	1,004	
哥斯大黎加	1,024		2. 阿拉比卡	468	
瓜地馬拉	843				
秘魯	744		台灣	921	2019年

（＊資料來源：ICO, USDA, 嘉義農試所）

巴西持續進化的新品種和高科技咖啡田能否協助咖農安然度過氣候變異，到了本世紀末依然保住世界最大咖啡產國的美譽？這是個有趣話題，咖啡迷玩香弄味之餘，不妨嗑牙卜卦一番吧！

哥倫比亞篇

哥倫比亞僅次於巴西，是世界第二大阿拉比卡產國，兩國素有瑜亮情結，哥國更經常指責巴西利用「彈性咖啡田」和貨幣貶值等伎倆提高出口競爭力。兩國栽植環境截然不同，哥倫比亞山高林茂、雨量豐沛、地勢崎嶇，小農居多，無法仿效巴西平坦農地最擅長的機械化採收與大型灌溉系統，因此生產成本遠高於巴西。

赤道經過哥國南部，全國一年四季皆是咖啡產季；北部地區的產季以 9-12 月為主，但安蒂歐基亞省南部除了主產季 9 至 12 月外，還有 4 至 5 月的副產季。而中部地區夾在南北半球產季的過渡區，雨季多元，本區具有南北半球 4 種不同類型的產季。赤道以南則為單一產季，集中在 3-6 月。哥國不乏高海拔山林，因應氣候變遷的本錢雄厚，未來因暖化而損失的低海拔咖啡田約 20-30％，算是輕傷，遠低於巴西的 60％。

| 金三角生鏽，主產區挪移 |

過去哥倫比亞咖啡大部分產自卡爾達斯省、里薩拉爾達省、金迪奧省，若連結這三省的首府曼尼薩雷城（Manizales）、佩雷拉城（Pereira）、亞美尼亞城（Armenia），可成為一個三角形，這三省因而被譽為哥倫比亞咖啡的黃金三角地帶。2011 年聯合國教科文組織將哥國的卡爾達斯省、里薩拉爾達省、金迪奧省以及考卡山谷省，指定為「世界遺產」（World Heritage），並稱這四個省為「永續且高生產力文化景觀的傑出典範，是全世界咖啡種植區強而有力的像徵。」其中有 3 個省就出自三角地帶。

　　然而，近年哥國為了因應氣候變遷並尋找更低廉的勞動成本，主力產區已從幅地較小的黃金三角地帶移轉到成本與氣候更有競爭力的東南部薇拉省、中部托利瑪省和北部安蒂歐基亞省。哥倫比亞咖啡前三大產地依序為薇拉、安蒂歐基亞、托利瑪。

　　2018 年起，這三省的合計產量已高占哥倫比亞總產量的 46％，遠高於三角地帶的 16.5％。三角地帶的咖啡產區有部分轉型為觀光咖啡園，用以宣傳哥國的咖啡文化景觀；而東南部的薇拉省、中部托利瑪省，以及北部的安蒂歐基亞省，勞動成本較低，氣候濕潤涼爽，已接棒成為哥國新主力產區。

〔10-14〕哥倫比亞產區圖

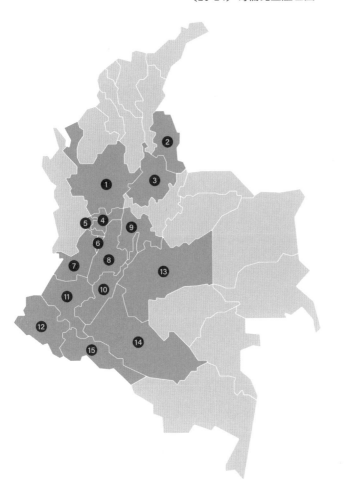

1　安蒂歐基亞省 Antioquia

2　北桑坦德省 Norte de Santander

3　桑坦德省 Santander

4　卡爾達斯省 Caldas

5　里薩拉爾達省 Risaralda

6　金迪奧省 Quindío

7　考卡山谷省 Valle del Cauca

8　托利瑪省 Tolima

9　昆迪納馬卡省 Cundinamaca

10　薇拉省 Huila

11　考卡省 Cauca

12　娜莉妞省 Nariño

13　梅塔省 Meta

14　卡奎塔省 Caqueta

15　普圖馬由省 Putumayo

季節錯亂，高海拔倒吃甘蔗

在南美產國中，地理環境優越的哥倫比亞、秘魯、厄瓜多爾並列為氣候變遷受創較輕的產國，但近年哥國咖農已明顯感受到環境改變的壓力。CIAT 的研究告指出，哥倫比亞產區的年均溫每 10 年上升 0.3℃，年雨量會增加，陰天增多，山區日照從上世紀中葉至今已減少了 19％，這對咖農有何實際影響？

美國普渡大學的研究生前往哥倫比亞中北部里薩拉爾達省考察氣候變遷對咖農的影響程度。調查結果：90％咖農認為年均溫明顯上升，74％認為乾季拖長有惡化趨勢，另有 61％認為暴雨增加，過去雨季的雨量平均分配在 3 個月，而今卻集中在 1 至 2 周內降完，嚴重侵蝕山坡，增加土石流頻率。

氣候變遷讓哥國咖農最有感的是花期與結果周期改變，問卷調查中高達 91％的受訪者明顯感受到咖啡生理周期亂了套；過去咖啡花期結束後就是夏天來臨，咖啡果鮮紅欲滴就到了冬天採收時節，但從 2008 年以後，咖啡花不按時序綻放，咖農不知何時是春天或夏天，乾濕季也不照每年的節奏報到，很難掌握栽植、剪枝、採收與後製的時間，每年 40％的產量受影響。另有 75％咖農認為蟲害增加了，而認為咖啡生理病變增加的有 59％。這 10 多年來氣候變異影響咖啡生理周期，造成產量減少，品質下滑，且高溫高濕易引發病蟲害，額外增加了生產成本，嚴重壓縮應有的利潤，這還不算國際豆價連跌 3 年的損失。

但卻有咖農因禍得福。金迪奧省薩倫托鎮小有名氣的日落莊園（Finca El Ocaso）老咖農帕提紐一語道出氣候變遷對哥倫比亞利弊互見的影響，他說：「1987 年我買下這塊 18 公頃、海拔 1,850 米農地，打算開發成咖啡園，當時大家都笑我瘋了，咖啡種在海拔這麼高的低溫地區，容易有寒害，小心血本無歸。前幾年產量確實很低，入不敷出，經營得很辛苦，好在我大女兒建議朝觀光咖啡園發展，勉強維持下去。但近 10 多年這裡的氣溫明顯回升，光照充足，愈來愈投阿拉比卡所好，產量與品質明顯提升，一切出乎意料漸入佳境。反倒是之前笑我傻、罵我瘋的人，他們的莊園海拔太低，高溫

影響咖啡生理周期，咖啡品質與產量下滑，收入銳減而退出市場，這裡低於 1,300 米的莊園，都準備種改種水果、可可或耐熱作物。這 30 多年來的變化太大了！」

〔10-15〕哥倫比亞主產區的味譜與產季

	地區	味譜
北部	以北半球產季為主，集中在 9-12 月但安蒂歐基亞省南部為雙產季：主產季 9-12 月，副產季 4-5 月	
	安蒂歐基亞省（Antioquia）	柑橘、水果韻、甜感
	北桑坦德省（Norte de Santander）	巧克力、低酸、曼特寧調
	桑坦德省（Santander）	煙草、低酸、曼特寧調
中部	雨季複雜，具南北半球混合式四種產季，首都波哥大所在的昆迪納馬卡省有四種產季。 （一）：主產季 9-12 月，副產季 4-5 月　　（三）：主產季 3-6 月 （二）：主產季 3-6 月，副產季 10-11 月　（四）：主產季 9-12 月	
	卡爾達斯省（Caldas）	水果韻、草本、中等酸質與 Body
	里薩拉爾達省（Risaralda）	水果韻、草本、中等酸質與 Body
	金迪奧省（Quindío）	水果韻、草本、中等酸質與 Body
	考卡山谷省（Valle del Cauca）	水果韻、草本、中等酸質與 Body
	托利瑪省（Tolima）	柑橘、水果韻、甜感、酸質強
	昆迪納馬卡（Cundinamaca）	杏仁、香草、柑橘、柔酸
東南部	因雨季不同有 3 種型態產季 （一）：9-12 月 （二）：9-12 月主產季，4-5 月副產季 （三）：3-6 月主產季，10-11 月副產季	
	薇拉省（Huila）	葡萄酒酸質、花果韻、酸甜震
南部	單一產季　3-6 月	
	考卡省（Cauca）	柑橘、花韻、甜感
	娜莉妞省（Nariño）	柑橘、酸甜震

叛軍繳械，被遺忘的產地釋出

30 年前哥倫比亞最高年產量可突破 100 萬噸，1991-1992 年產季創下了 107.88 萬噸新高紀錄，但此後每況愈下，甚至 2008 至 2013 年產量連續 3 年腰斬，跌到只剩 40 到 50 多萬噸新低量，原因很複雜包括氣候不佳、鏽病爆發、豆價太低、品種轉換青黃不接。哥倫比亞咖啡種植者總會（FNC）指出，1990 年至今，哥國咖啡面積已減少了 20%。

2013 年以後，FNC 協助咖農執行技術化咖啡作物計畫，全國 86 萬公頃咖啡田，已有將近 80 萬公頃做出善意回應，嘗試在咖啡田栽種抗病、高產、風味不差的新品種卡斯提優（Castillo），逐漸汰換高齡低產的老品種，並學習新農法，提高栽種密度，2019 年每公頃產量提升到 1,230 公斤，已比 10 年前的 828 公斤／公頃，高出 48.6%，而 2014 至 2020 年的咖啡年產量已攀升到 70 至 80 多萬噸，雖然比起 30 年前的 100 萬噸還有一段差距，但 FNC 有信心在未來幾年內可達到年產 100 萬噸的目標。

FNC 敢這麼說是有根據的。2016 年末，哥倫比亞革命武裝力量「人民軍」（Fuerzas Armadas Revolucionarias de Colombia–Ejército del Pueblo，簡稱 FARC）終於放下武器和哥倫比亞政府達成和平協議，終止 1964 年以來長達 50 多年的叛亂。內戰期間很多咖農不是棄田逃命就是在槍口威脅下，改種古柯樹，提煉古柯鹼為 FARC 賺取軍費。

哥國政府預估 FARC 盤據的南部和東南部各省恢復和平，荒蕪咖啡田重整投產後，全國咖啡年產量可增加 40%，全球水洗阿拉比卡供應量可因此增加 13%；以哥國目前年產 80 多萬噸咖啡來算，叛亂省未來相繼投產後，可增加 30 多萬噸生豆，要達成年產 100 萬噸以上的目標，如無天災人禍干擾，並非難事。

記得 2000 年，我和幾位業者獲邀參訪 FNC 位於波哥大總部並出席一場國際咖啡研討會，當時我們要求順便參訪咖啡園，但主辦單位以山區叛亂游擊隊出沒，不安全為由，只肯帶我們參訪波哥大附近的小咖啡園，一路上

都有持搶軍人戒護。很高興多年後終於傳來和平消息，但諷刺的是和平紅利也產生負效，哥倫比亞貨幣彼索 2017 年以來強勢上漲，不利咖啡出口，而叛亂各省回歸後，大興土木、勞動人口奇缺，大幅增加咖啡採收成本。

近年當局大力輔導昔日被 FARC 盤據的東南部偏遠山區農民，希望他們盡早恢復生產。這些因內戰而被遺忘的咖啡產區包梅塔省（Meta）、卡奎塔省（Caqueta）、普圖馬由省（Putumayo），請參圖表〔10-14〕。

以卡奎塔省為例，1990 年代的咖啡田面積 11,000 公頃，但在 FARC 控治下，咖啡田只剩 2,500 公頃，其餘全轉種古柯。2017 年政府接收輔導後，2019 年咖啡田已增加到 4,000 公頃，復原速度很慢，因為咖啡田全是老品種，鏽病嚴重，每公頃產量只有 250 公斤，FNC 聘請顧問協助這 3 個偏遠省分，整頓咖啡田，改種抗鏽病的卡斯提優，提高單位產量。

目前全世界只有巴西和越南的咖啡年產量突破 100 萬噸，而哥國這 3 個被世人遺忘的產地釋出後，將成為哥倫比亞躍上年產咖啡 100 萬噸新里程碑的秘密武器。多虧哥國近年釋出的高產新品種，以及咖農配合更新品種，才能在咖啡面積減少情況下，產量逆勢回升，如果這 3 省全力投產後，哥國的咖啡戰力必將大增。

近年全球咖啡供過於求，低豆價時期多於高豆價。然而，氣候變遷逐年惡化，如果阿拉比卡對乾熱氣候的適應力未能提升，當臨界點到來，氣候因素勢必重創全球咖啡產量。哥倫比亞不乏高海拔山林地，屆時可能是少數仍有能力增產的國家。

秘魯篇

近 30 年來，拉丁美洲咖啡產國薩爾瓦多、墨西哥、哥斯大黎加、厄瓜多爾、玻利維亞和加勒比海地區，因豆價走低、氣候變遷或國內政經因素干擾而紛紛減產，幅度達 10 %-80 % 不等。養在深山人未識的秘魯咖啡卻在這

段期間逆勢增產，從 1990 年的 56,220 噸，大幅增產到 2019 年的 290,656 噸，增幅高達 416.9％。目前秘魯咖啡產量在拉丁美洲僅次於巴西、哥倫比亞和宏都拉斯，且直逼墨西哥，甚至有超前之勢，秘魯可望取代墨西哥成為拉丁美洲第四大產國。秘魯咖啡的產量與品質在氣候變遷和豆價低迷數年後，逆勢躍進，意義重大。

〔10-16〕秘魯咖啡主力產區圖

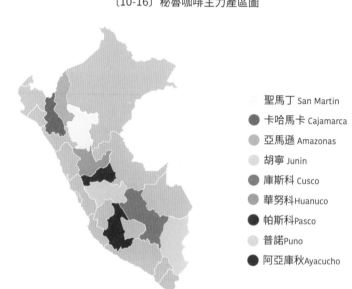

- 聖馬丁 San Martin
- 卡哈馬卡 Cajamarca
- 亞馬遜 Amazonas
- 胡寧 Junin
- 庫斯科 Cusco
- 華努科 Huanuco
- 帕斯科 Pasco
- 普諾 Puno
- 阿亞庫秋 Ayacucho

昂首步出國債陰影

平原、高原、山脈、叢林、雨林交錯，地貌多變的秘魯，早在 18 世紀中葉已引進咖啡，遲至 19 世紀末至 20 世紀初，在英國勢力影響下，才建立以出口為導向的咖啡栽植業。秘魯為償還積欠英國的龐大債務，而讓出鐵路、礦產和咖啡園的所有權給英國。20 世紀初英國人擁有秘魯 200 萬公頃咖啡田，所產咖啡豆外銷歐洲抵債。數十年後英國人陸續出脫秘魯咖啡田，大面積的咖啡田分割成無數小單位賣給小農，英國勢力撤離後，秘魯咖啡也失去外銷管道與歐洲市場，進入很長一段無人聞問的沉寂歲月。

直到 2000 年以後，秘魯咖啡的潛力被公平交易（Fair Trade）、永續好咖啡（UTZ）、雨林聯盟（Rainforest Alliance）等國際認證機構相中，全力輔導外銷，成為世界有機咖啡的重要產國。2010 年後秘魯政府大力輔咖農邁向精品咖啡之路，才逐漸打開國際能見度。

產區北移，產量暴增

秘魯屬於南美安斯斯山脈產區，產地位於山脈東側南緯 5-15˚ 之間，產季在 3-9 月，近似東鄰的巴西，但秘魯的咖啡海拔較高，多半集中在 1,200-2,000 公尺，酸質與明亮度優於巴西豆。秘魯和南鄰的玻利維亞同屬高山秘境產國，30 年來兩國咖啡機遇大不相同；秘魯猶如倒吃甘蔗漸入佳境；玻利維亞卻因山路阻隔，欠缺出海口，咖啡必須運到秘魯或智利才能出口，加上咖啡鏽病嚴重而每況愈下。玻利維亞的咖啡年產量從 1990 年代的高峰期 9,480 噸，重跌到近年的 4,800 噸上下，跌幅高達 49.36％。秘魯咖啡卻在相同的 30 年內，增產 416.9％，非常亮眼。

過去，秘魯咖啡主力產區在中部胡寧區（Junín Region）的錢查馬尤省（Chanchamayo），以及南部的庫斯科（Cusco），近年為了增加產量，逐漸轉移到北部的 3 個省區：聖馬丁（San Martin）、卡哈馬卡（Cajamaca）、亞馬遜（Amazonas）。

根據秘魯商務處資料，2019 年秘魯生產 363,360 噸帶殼豆，去殼後約 290,656 噸生豆。秘魯咖啡近年的最大產區在北部的聖馬丁，2019 年生產量 68,351 噸生豆居全國之冠；中部的胡寧落居第二，產量 64,344 噸；北部卡哈馬卡第三，產量 57,435 噸；北部亞馬遜第四，產量 34,274 噸；南部的庫斯科第五，產量 22,611 噸。數字會說話，近年秘魯咖啡主力產區已挪移到北部的聖馬丁、卡哈馬卡、亞馬遜，北部產區的年產量已高占秘魯咖啡總產量 43％，中部的胡寧、帕斯科、華努科約占總產量 34％，南部的庫斯科、普諾、阿亞庫秋約占 23％。

秘魯咖啡產區北移的原因有三：

1. 氣候變遷與鏽病：中部胡寧雨林區因暖化潮濕而引發鏽病，咖農開闢北部亞馬遜、聖馬丁、卡哈馬卡新產區，分散風險，提高咖啡產量。

2. 掃蕩古柯樹：昔日有不良農民在北部亞馬遜與聖馬丁山林栽種古柯樹，提煉古柯鹼獲利豐厚，當局為了維持山區生態環境，大力掃除古柯樹並祭出獎勵咖啡農辦法，吸引大批農民從良轉作咖啡。

3. 北部勞工與土地成本低廉：聖馬丁、亞馬遜、卡哈馬卡的生產成本低於中南部胡寧與庫斯科。咖農為了較低廉的勞工與土地成本，轉進北部產區，乃大勢所趨。

聖馬丁海拔低，易受暖化影響

北部的聖馬丁、亞馬遜、卡哈馬卡已躍為秘魯咖啡的主力產房，這些產區挺得過逐年惡化的氣候變異嗎？國際農林研究中心（International Center for Agroforestry Research，簡稱 ICRAF）以及 CIAT 等機構，對北部 3 個重要產區進行多年研究，2017 年聯署發表《氣候變遷對秘魯咖啡產業鏈的影響》（IMPACTO DEL CAMBIO CLIMÁTICO SOBRE LA CADENA DE VALOR DEL CAFÉ EN EL PERÚ）。

重要結論是，秘魯地貌多變，各咖啡產區有不同的微型氣候，未來受暖化影響程度互有差異。氣候模式預估 2030 至 2050 年，全球氣候進一步暖化，秘魯北部的卡哈馬卡、亞馬遜產區影響較輕微，只損失 13％ -14％ 的低海拔咖啡田，但聖馬丁平均海拔較低，將損失 40％ 的咖啡田。聖馬丁是秘魯最大產區，宜趁早規劃應變措施。

．亞馬遜產區的咖啡海拔介於 412-3,087 米，平均海拔 1,246 米

．卡哈馬卡產區的咖啡海拔介於 470-3,023 米，平均海拔 1,400 米

・聖馬丁產區的咖啡海拔介於 200-1,947 米，平均海拔只有 734 米

該報告指出，北部海拔太高不宜咖啡的冷涼地區，未來將有 10％左右因暖化而受益，出現咖啡契機，尤其是 2,500-3,000 米的地區可望成為新興產區。未來 10 至 30 年間，秘魯北部產地因氣候變異，估計有 40％面積的氣溫、雨量不同於今日但仍然適合種咖啡。

在拉丁美洲產國中，秘魯受到氣候變遷的影響程度相對較輕。

〔10-17〕2030-2050 年秘魯北部產地氣候區變動情況

單位：公頃

氣候類型	亞馬遜區		卡哈馬卡區		聖馬丁區	
氣候區穩定	441,110	31%	537,751	36%	849,148	23%
氣候區改變	581,139	41%	622,365	41%	1,112,268	30%
氣候區契機	184,261	13%	156,085	10%	242,503	7%
氣候區喪失咖啡適宜性	201,356	14%	191,821	13%	1,479,673	40%
合計	1,408,116	100%	1,508,021	100%	3,683,592	100%

（＊資料來源：IMPACTO DEL CAMBIO CLIMÁTICO SOBRE LA CADENA DE VALOR DEL CAFÉ EN EL PERÚ）

卡哈馬卡花果韻、甜感突出

秘魯遲至 2017 年才開始辦理 CoE 賽事，2017-2021 年 CoE 的贏家多半出自卡哈馬卡、胡寧、庫斯科、亞馬遜，其中以卡哈馬卡上榜的優勝豆最多，這與該產區的花果韻、酸質與厚實甜感有關。秘魯產區較為封閉，以傳統品種鐵比卡、波旁、卡杜拉、卡杜阿伊為主，當局近年大力輔導咖農，也引進藝伎、抗鏽病卡蒂姆，以及雜交第一代「中美洲」（Centroamericano，亦稱 H1），這些品種均出現在 2017-2021 年秘魯 CoE 87 分以上的優勝金榜上。

｜身世離奇的冠軍豆｜

2019 年秘魯 CoE 最高分 92.28 的冠軍豆，出自北部卡哈馬卡產區海拔 1,800 米的娜魯酷瑪莊園（La Lúcuma）。有趣的是這支冠軍豆品種欄最初註記是馬歇爾（Marshell），但在後頭加註波旁變種（Bourbon Mutant），即 Marshell（Bourbon Mutant），引起不小風波，因為世上沒有馬歇爾這個品種，而且波旁變種族譜裡找不到「馬歇爾」名稱。評審團成員之一、2019 年世界盃冠軍咖啡師韓國女咖啡師 Jooyeon Jeon 對這支身世不明、血緣如謎的冠軍豆讚譽有加，她在賽後的講評說：「這支神秘的冠軍豆為秘魯咖啡開拓了前所未有的新味域，每位評委都說不曾喝過這麼豐富的味譜，大家都在問這到底是什麼品種？此品種將為秘魯咖啡產業跨出一大步。」

評審團對這支擊敗藝伎的不知名冠軍豆，風味描述為：「甘藷，蜜餞栗子，覆盆子，熱帶水果，茉莉花，麥芽，可樂果，烤棉花糖，甜煙草，黑櫻桃，烤桃子，肉桂，木瓜，芒果，丁香。」

而國外媒體權宜之計以波旁變種報導這支冠軍豆，刪掉了無人知曉的馬歇爾。這支冠軍豆果真是波旁變種嗎？檢驗過 DNA 嗎？為何娜魯酷瑪莊園敢用名不見經傳的 Mashell（Bourbon Mutant）品種名稱參加這麼重要的賽事？我覺得事有蹊蹺，便請台灣的秘魯咖啡代理商維啦怡森（Vela Ethan）向秘魯商務處或 CoE 主辦單位詢問詳情。

冠軍得主、娜魯酷瑪莊園的女主人麗莎娜（Grimanés Morales Lizana）一五一十說出事情的曲折。

早在 1997 年她已發覺園內有幾株健壯多產的咖啡樹，性狀與園內其他咖啡大不同，起先並未特別關注，直到 2011 年園內咖啡染上公雞眼病（Ojo de Gallo，即女莊主說的 Ojo De Pollo），災情慘重，唯獨這幾株外貌不同、身世不明的咖啡樹沒事，照樣花果怒放產量豐，其他的鐵比卡、波旁全染

病減產。此後女莊主特別重視這個抗病且高產量品種，並以她公公名字「Marshell」為不知名的品種命名，全園也汰弱留強，分批改種神奇的抗病品種 Marshell。

2016 年女莊主得知秘魯 2017 年要開辦 CoE 賽事，於是開始為參賽暖身，並請杯測師為園內的幾個品種鑑味，盲測分數最高的竟然是她之前命名的抗公雞眼病品種 Marshell，由兒子法蘭克林（Franklin Chinguel Morales）以另一座莊園羅美里尤（Finca el Romerillo）之名參加 2018 年 CoE，但深怕品種欄寫上籍籍無名的 Marshell 會被人譏笑，當時很多咖農指指點點，認為 Marshell 可能就是波旁，於是法蘭克林在 2018 年 CoE 的品種欄寫上波旁（Bourbon）。啼聲初試不負眾望，以 89.58 高分贏得第三名。

2018 年評委對這支波旁的風味描述為：「糖蜜，花香和香料，洋甘菊，玫瑰，檸檬，辛香，茶感，荔枝，覆盆子，小紅莓，綠茶，茉莉花香，萊姆，草莓，甜香料。」

2018 年首戰即贏得第三名，信心大增，決定再戰 2019 年 CoE，女莊主改以娜魯酷瑪莊園之名參賽，而且品種名稱加進公公的大名 Marshell，品種名稱就從 2018 年的波旁改為 Marshell（Bourbon Mutant）。此做法也獲得 CoE 賽務人員認可，沒想到 2019 年再戰，居然以 92.28 高分打掛一票藝伎、波旁、鐵比卡、卡杜拉（Caturra）、卡杜阿伊（Catuai）聯軍，奪下 2019 年冠軍榮銜。而產自南部庫斯科海拔 2,100 米，風味具有優勢的藝伎和波旁混豆以 91.44 分屈居第二名。評審和咖農都想知道風味絕佳的 Marshell 究竟是何方神聖，果真是波旁變種嗎？

賽後，CoE 主辦單位為了取信大眾，將 Marshell 的葉片寄到美國的世界咖啡研究組織（WCR）檢驗 DNA，驗明正身，讓品種之謎水落石出。奪冠之後，娜魯酷瑪也計畫在園內加種一萬株 Marshell，增強戰力！

石破天驚！Costa Rica95 打掛藝伎

3 個月後，WCR 基因鑑定報告出爐，跌破大家眼鏡，這支贏得 2018 年秘魯 CoE 第三名的「波旁」，緊接著 2019 年折服藝伎而奪冠的 Marshell，竟然是 20 多年前早已問世卡蒂姆族群中的 Costa Rica95，娜魯酷瑪的神秘品種終於認祖歸宗了。CoE 官網也把誤植的冠軍豆品種名稱 Marshell（Bourbon Mutant）更正為 Costa Rica95，並通知所有咖農和評委。

但我覺得此事件還有兩個值得探討的亮點。第一個是 Costa Rica95 對大部分的鏽病有抗力，但此品種和鐵比卡和波旁一樣，都很容易感染公雞眼病，為何娜魯酷瑪的 Costa Rica95 對公雞眼病有抗力？

公雞眼病是拉丁美洲慣用的俗稱，其學名為為 *Mycosphaerella coffeicola*，也稱美洲葉斑病（American Leaf Spot Disease），此病除了攻擊咖啡葉片也會侵蝕咖果內的種子，不同於葉鏽病。公雞眼病的病原體是在中南美洲熱帶、亞熱帶叢林以及原始森林發現的一種真菌，因為全球暖化而更加活躍，侵襲了包括阿拉比卡與羅布斯塔在內的 150 多種植物。不過疫情仍侷限於拉丁美洲；非洲和亞洲尚未發現。

根據 WCR 的咖啡品種資料庫，以及中美洲的咖啡種植技術開發和現代化區域合作計畫（PROMECAFE）的研究報告，目前對公雞眼病有抗力的阿拉比卡與羅布斯塔並不多。羅布斯塔對公雞眼病有抗性的是 *C. canephora* T3561 以及 *C. canephora* T3751。

阿拉比卡除了衣索匹亞的汝媚蘇丹（Rume Sudan）、E10、E12、E18、E16、E26 具有抗性外，其餘品種包括卡蒂姆族群，如 Costa Rica95 和血緣相近的 T8867、Lempira、Catisic 均為公雞眼病的高風險族群。中美洲文獻甚至指出卡蒂姆族群比卡杜阿伊更容易感染公雞眼病。

為何 Costa Rica95 有違諸多研究報告，竟然對公雞眼病產生抗性，難道已進化出抵抗公雞眼病的機制？這就很值得秘魯農科單位進一步深究，有可

能追出娜魯酷瑪莊園的 Costa Rica95 更有價值、可供大用之處。

第二個亮點是，2019 年是 Costa Rica95 大顯神威的一年，除了秘魯的 Costa Rica95 贏得 CoE 冠軍外，墨西哥 CoE 的第 7 名以及第 19 名的品種也是 Costa Rica95，盲測分數都在 87 分以上。2019 年以前各國 CoE 優勝金榜的品種欄，不曾出現 Costa Rica95，為何 2019 年特別多，頗耐人玩味。

秘魯 Costa Rica95 很有肯亞味

之前我曾喝過幾次中美洲的 Costa Rica95，風味普普，杯測分數在 79.5-82 分區間，酸質不低，略帶木質調，不甚喜歡。但我和秘魯咖啡代理商維啦怡森接洽過程，有幸喝到娜魯酷瑪的 Costa Rica95，真的很不一樣，味譜很肯亞，酸質剔透明亮，甜感厚實，莓果調略帶花韻。跟過去喝過的卡蒂姆家族揮之不去的草腥、澀嘴、苦口與木質，截然不同。

在氣候變遷與紐約阿拉比卡期貨低迷多年的雙利空衝擊下，秘魯咖啡卻能逆勢增產四倍，而且娜魯酷瑪莊園內的 Costa Rica95 可能獨具特異功能，進化出抵抗公雞眼病的能力。另外，2020、2021 秘魯 CoE 冠軍豆出現藝伎與珍稀的 SL09 品種，這些亮點增加了藏在深山人未識的秘魯咖啡在精品界的能見度。秘魯咖啡是值得咖友高度關注的後起之秀！

第十一章

變動中的咖啡產地
——中美洲

　　中美洲產地指北美的墨西哥與中美地峽等 7 個咖啡產國：瓜地馬拉、貝里斯、薩爾瓦多、宏都拉斯、尼加拉瓜、哥斯大黎加和巴拿馬。中美產地這 8 國的咖啡年產量 120 萬噸，如果只算阿拉比卡，高占全球產量 1/5；如果合計羅布斯塔，則中美產地 8 國只占全球總產量 1/10，產量雖然遠不及南美洲，但中美洲以高檔精品豆見稱，地位重要。

　　夾在墨西哥和哥倫比亞中間，狹窄的中美地峽7國，東臨加勒比海，西濱太平洋；面向加勒比海一面氣候較潮濕，朝向太平洋一側較乾燥。中美乾旱走廊（Central American Dry Corridor），即太平洋一側的熱帶乾燥森林，貫穿中美地峽7國，乾季向來較長，易發生旱災。中美地峽因太平洋周期升溫的聖嬰現象與降溫的反聖嬰現象，加上與加勒比海以及全球暖化複雜的交互作用，氣候更為異常，旱季與雨季更為極端，月均雨量低於50mm的乾季動輒長達4個月以上，雨季來臨又暴雨成災，近30年來中美洲農業區已淪為氣候變遷的重災區，尤其是三角地帶的瓜地馬拉、薩爾瓦多、宏都拉斯等災情最重。

〔11-1〕中美乾旱走廊

1　墨西哥

2　瓜地馬拉

3　薩爾瓦多

4　宏都拉斯

5　尼加拉瓜

6　哥斯大黎加

7　巴拿馬　　　　　—— 分水嶺　　中美乾旱走廊

太平洋　　　　　加勒比海

＊中美乾旱走廊，即熱帶乾燥森林所貫穿的中美地峽7國，乾季較長，是氣候變遷的重災區。

（＊資料來源：The Central American Dry Corridor: a consensus statement and its background）

2016 年以來又碰到國際咖啡價格跌破生產成本，數十萬計的農民，其中有許多是咖啡農，向北遷移，進入墨西哥伺機非法入境美國討生活，惹惱美國川普總統，他下令斥巨資修築高牆阻擋中美洲湧入的移民潮。美國邊境巡邏隊（United States Border Patrol）指出，2019 年在美墨邊界逮捕非法移民的人數創下 10 年來新高；2011 年被捕的偷渡客有 86％來自墨西哥，但到了 2019 情況不同，有 81％來自氣候變遷受創最重的瓜地馬拉、宏都拉斯和薩爾瓦多。中美洲難民潮與氣候變遷脫不了關係。

2018 年世界銀行的報告預估，未來 30 年墨西哥和中美洲至少有 130 萬人因氣候變異、農作物歉收、經濟拮据、家暴、治安敗壞而逃離家園，偷渡美國和加拿大。

2018 年的研究報告《氣候變遷對中美洲咖啡生產的影響》指出，1950 年至今，中美洲年均溫已上升 0.5℃；全球氣候模式預估 21 世紀結束前，中美洲年均溫還會上升 1-2℃。中美洲產區目前適合種咖啡的面積到了 2050 年將有 30％喪失適宜性，另有 30％需對生產系統進行大幅度調整，其餘 30％較不受影響，只需小幅提升適應性即可。研究也發現氣候變遷的影響程度與海拔高低有關係，未來 30 年中美洲的咖啡海拔至少要提高 200 米，即 1,400 米以上才有較佳的適宜性，1,200 米以下咖啡田的適宜性劇降，宜盡早規劃轉作可可、酪梨等較耐熱的替代作物，減少咖農損失。

1990 年代至 2020 年，中美洲七大產國的咖啡產量只有宏都拉斯和尼加拉瓜逆勢躍增，其餘五國減產趨勢明顯，請參圖表〔11-2〕。

宏都拉斯面臨極端氣候與豆價低迷多年的衝擊，目前的咖啡平均年產量已比 1990 年代提高 172.3％，意義重大，要歸功宏國農政當局高度重視咖啡產業，強力輔導咖農因應氣候變遷，獲得成效，咖啡已成為宏國最大的出口農產品。尼加拉瓜產量雖然比 30 年前增長 152％，但主要是 1990 年代的基期太低，近年似已觸頂下滑中，未來增長潛力不如宏國。

薩爾瓦多近況不佳，30 年來的產量跌幅竟高達 64.3％，至今仍無止跌跡象，距離跌幅 100％，即年產量歸零不遠矣，遠景堪慮。

精品咖啡界重量級的巴拿馬與哥斯大黎加，30 年來產量跌幅也高達四成左右，主要是生產成本大增，商業豆價格不振，兩國積極轉進量少質精高價賣的極品豆，成功區隔市場闖出一片天。

〔11-2〕中美 7 大產國 30 年來產量增減表

單位：千袋

國名	1990-2000 平均年產量	2010-2020 平均年產量	增減
宏 都 拉 斯	2147.5	5848.1	172.3%
墨 西 哥	4820.5	3938.4	-18.3%
瓜 地 馬 拉	4116.8	3628.7	-11.9%
薩 爾 瓦 多	2428.2	865.8	-64.3%
尼 加 拉 瓜	859.3	2167.4	152.2%
哥 斯 大 黎 加	2577.4	1556.7	-39.6%
巴 拿 馬	199	113.8	-42.8%

（＊資料來源：根據 ICO, USDA 中美產地年產量數據，核算 1990-2000 以及 2010-2020 的平均年產量）

宏都拉斯篇

記得二、三十年前，精品咖啡開始盛行時，中美洲的哥斯大黎加、瓜地馬拉、薩爾瓦多是精品玩家朗朗上口，超級「性感」的名字，但宏都拉斯並不在芳名錄內。當時宏都拉斯咖啡農尚無精品咖啡意識，不重視後製與乾燥細節，缺香乏醇，風味呆板，以低價商業豆為主，品質在中美洲墊底。當時宏都拉斯農民甚至偷運咖啡到瓜地馬拉，冒充他國咖啡賣得更好價錢。30 年後，醜小鴨變天鵝，宏國成功提升質量，躍為全球舉足輕重的咖啡大國，是尋豆師競相巡訪的精品產地！

近年宏都拉斯已躍為中美洲第一大咖啡產國，在拉丁美洲僅次於巴西和哥倫比亞，為第三大產國。2011 年宏國產量首度突破 30 萬噸關卡，產量超越墨西哥，成為中美第一大產國；2016 年再破 40 萬噸大關，2016 和 2017 年宏國連續兩年產量超過衣索匹亞，成為世界第五大咖啡產國，但 2018-2020 年又被衣索匹亞超前，宏國退居全球第六大產國。咖啡產值約占宏都拉斯農業生產總值的三分之一，是僅次於製造業的第二高價值出口商品。

氣候智能農業建功

當局高度重視並大力扶持咖啡產業。1970 年成立並於 2000 年私有化的宏都拉斯咖啡研究院（Instituto Hondureño del Cafe，簡稱 IHCAFE），多年來致力輔導咖農提升田間管理、後製、發酵與乾燥技術，教導咖農土壤保濕農法、遮蔭樹、防風林、滴灌系統、生物炭等技術，並協助咖農改種抗病耐旱高產新品種，為氣候變異減災。氣候智能農業（The Climate-Smart Agriculture）在宏國推廣已見成效，咖啡質量大幅提升。

2020 年 4 月當局推出咖啡紅利政策，免費提供肥料給 9 萬多名中小型咖農，降低咖農因全球疫情而增加的負擔。宏國勞動成本是拉丁美洲最低的國家，加上年輕世代樂於投入，以上因素造就近年咖啡質量大躍進。

但未來的挑戰仍嚴峻，諸多氣候模式皆指出，宏國是中美洲三大重災區之一。宏都拉斯的咖啡產區恰好位於中美乾旱走廊，預估本世紀中葉，宏國的年均溫會再上升 1.6-1.9℃，西部產區升溫幅度大於東部；乾旱、暴雨與洪水的頻率增加。鏽病、公雞眼病和果小蠹是近年宏國最常見病蟲害，這和升溫、潮濕有關，未來還會更嚴重。由於咖啡海拔不高，2018 年 WCR 年度報告預估未來 30 年宏都拉斯目前的咖啡田將有 57％喪失適宜性。

宏都拉斯咖啡依海拔高度分為三類：900 米以下為標準級咖啡（Standard）；

900-1,300 米為高山咖啡（High Grown）；1,300-1,800 米為極高海拔咖啡（Strictly High Grown）。近年咖啡產區普遍升溫，宏國 900 米以下已不適合種咖啡是這 10 多年來標準級咖啡明顯減少的主因，低海拔咖啡田已轉型改種可可等作物增加收入。

截至 2020 年，宏都拉斯的咖啡都種在 1,800 米以下地區，未來宏都拉斯要降低全球暖化的威脅，進一步提升咖啡質量，必須往 1,800 公尺以上更高海拔發展，但法規明定 1,800 米以上的山林為保護地不准開發，近年宏國開始倡議修改高山林地法規，開放 1,800 以上的高海拔區，協助咖啡產業更上一層樓，但遭環保人士抗議，經濟與環保正在宏國角力中。

由於宏國的咖啡海拔普遍不高，為了控制暖化引發的病蟲害，咖啡農聽從 IHCAFE 建議，勇於改種抗病新品種。從宏國 CoE 優勝金榜可看出新品種戰績頗亮眼；2017 年以後的宏都拉斯 CoE 賽事，杯測 87 分以上的優勝金榜品種欄，常見得到 Parainema、Lempira、Catimor、IHCAFE90、Ruiru11 等風味潛力廣受質疑的抗病品種，竟然與藝伎、卡杜拉、帕卡斯、波旁、鐵比卡等風味優勢品種分庭抗禮。宏都拉斯咖農在品種選擇上遠比其他中美洲產國更為開放進取。這要歸功於 IHCAFE 多年來的宣導與致力培育抗病耐旱品種；2017 贏得宏都拉斯 CoE 冠軍，一炮而紅的抗鏽、抗根腐線蟲、抗炭疽的高產品種 Parainema，正是該咖啡研究機構的傑作。

| 宏都拉斯六大產區 |

咖啡是宏國最重要農作物，全國 18 個州有 15 州產咖啡。10 多年前瓜地馬拉將全國分為八大產區，以利行銷。近年宏都拉斯也跟進，依據各產地不同的風土將宏國分為六大咖啡產區，互別苗頭（請參圖表〔11-3〕）。

〔11-3〕 宏都拉斯六大產區

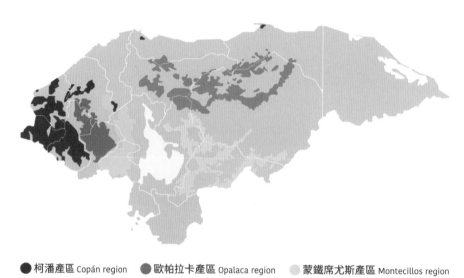

● 柯潘產區 Copán region   ● 歐帕拉卡產區 Opalaca region   ○ 蒙鐵席尤斯產區 Montecillos region

柯馬亞瓜產區 Comayagua region   帕萊索產區 El Paraiso region   ● 阿嘉塔產區 Agalta region

1. 柯潘產區 (Copán region)

　宏國西部產區與瓜地馬拉接壤。本產區橫跨柯潘省、歐克鐵培克省（Ocotepeque）、連彼拉省（Lempira）、柯特斯省（Cortés）、聖塔芭芭拉省（Santa Barbara）。

‧海拔：1,000-1,500 米

‧年雨量：1,300-2,300 毫米

‧溫度：11.5-22.3℃

‧收穫季：11-3 月

‧味譜：巧克力韻，口感圓滑，平衡感佳，餘韻深深

2. 歐帕拉卡產區 (Opalaca region)

　在柯潘產區右側，橫跨聖塔芭芭拉省、印提布卡省（Intibuca）、連彼拉省。

‧海拔：1,100-1,500 米

- 雨量：1,400-1,950 毫米

- 溫度：14.2-21.4℃

- 收穫季：11-2 月

- 味譜：悅口明亮的酸質，葡萄與黑莓香氣平衡酸味，甜蜜尾韻，咖啡體較低。

3. 蒙鐵席尤斯產區 (Montecillos region)

在歐帕拉卡產區右側，橫跨拉帕茲省（La Paz）、柯馬亞瓜省（Comayagua）、聖塔芭芭拉省。以拉帕茲省首府馬卡拉（Marcala）為名的馬卡拉咖啡（Café de Marcala）是宏都拉斯第一個獲官方認可的咖啡原產地名稱。2015 年世界盃冠軍咖啡師澳洲沙夏‧賽提斯（Sasa Sestic）的宏都拉斯咖啡農場就設在本產區！

- 海拔：1,200-1,600 米

- 雨量：1,300-2,300 毫米

- 溫度：12-21.2℃

- 收穫季：12-4 月

- 味譜：活潑明亮的水果酸甜味，如柑橘、桃子，餘韻悠長，口感柔滑。

4. 柯馬亞瓜產區 (Comayagua region)

在蒙鐵席尤斯產區東側，橫跨柯馬亞瓜省、法蘭西斯科摩拉桑省（Francisco Morazan）。

- 海拔：1,000-1,500 米

- 雨量：1,350-1,700 毫米

- 溫度：14-22℃

- 收穫季：12-3 月

- 味譜：酸甜如柑橘，巧克力尾韻，奶油口感。

5. 帕萊索產區 (El Paraiso region)

位於柯馬亞瓜產區東側，橫跨帕萊索省以及一部分的喬盧提卡省（Choluteca）和奧蘭喬省（Olancho）。2017 年宏都拉斯 CoE，抗病混血新品種 Parainmea 以 91.81 高分打掛波旁、帕卡斯、卡杜阿伊老品種，贏得冠軍，並以 124.5 美元／磅售出，創下宏國咖啡最高記錄拍賣價，來自本產區。

· 海拔：1,000-1,400 米

· 雨量：950-1,950 毫米

· 溫度：16-22.5℃

· 收穫季：12-3 月

· 味譜：柑橘酸質與甜香，口感滑順，餘韻綿長。

6. 阿嘉塔產區 (Agalta region)

位於宏國的中北部產區，橫跨奧蘭喬省、尤羅省。

· 海拔：1,000-1,400 米

· 雨量：1,300-1,950 毫米

· 溫度：14.5-22.5℃

· 收穫季：12-3 月

· 味譜：熱帶水果風味，酸味較高，巧克力與焦糖尾韻。

瓜地馬拉篇

自 1990 年以來，瓜地馬拉咖啡的產量一直是中美地峽七國的一哥；第二波知名重焙名店皮氏咖啡（Peet's Coffee）、星巴克，不約而同以高海拔瓜地馬拉為重要配方。然而 2010 年以後瓜國產量下滑，被後起之秀宏都拉斯超前，氣候變遷、鏽病肆虐、豆價走低、火山爆發，交相來襲，挫低瓜地馬拉的咖啡產能。

　　瓜地馬拉、宏都拉斯、薩爾瓦多、尼加拉瓜均身陷中美乾旱走廊，被列為氣候變遷重災區，但瓜國的咖啡海拔較高，應變本錢較厚，2018 年 WCR 年度報告預估瓜國目前的咖啡田到了 2050 年將有 30％失去適宜性，情況比乾旱走廊內的其他 3 國好些。據美國邊境巡邏隊指出，近年偷渡美國的非法移民，主要來自中美乾旱走廊的受害國，被捕遣返的非法移民以瓜地馬拉人數最多，有很多是來自咖啡產區的窮困咖農。

　　2012 年中美爆發嚴重鏽病，瓜地馬拉咖啡園更新復原的進度緩慢，2010-2020 的年平均產量只有 217,722 噸，已比 2000-2010 年鏽病爆發前的年平均產量 236,028 噸，下跌 18,306 噸。除了鏽病外，氣候變異持續惡化，高溫少雨，咖啡豆的密度與重量降低，昔日瓜地馬拉 4.55 公斤咖啡果可產 1 公斤帶殼豆，而今卻要 4.85 公斤咖啡果才能產出 1 公斤帶殼豆，影響咖農的收入。火山活動也帶來不小農損，2018 年阿卡特南果產地（Acatenango）的佛耶科火山（Fuego Volcano）爆發，熔岩與灰塵摧毀 4,000 公頃花期中的咖啡。

　　而國際豆價持續低迷，對生產成本較高的瓜國咖農造成傷害。根據美國農業部資料，2019 年瓜國咖農生產一袋 60 公斤生豆的成本為 190-230 美元（143.9-174.2 美分／磅），雖然瓜地馬拉咖啡品質高於期貨標準，市場需求殷切，即使紐約阿拉比卡期貨市場的評鑑機制給予每袋溢價 30 美元，每袋成交價提高到 170-190 美元（128.8-144 美分／磅），但許多小農生產成本高，被迫賠本賣豆。2020 年 7 月，瓜地馬拉宣布已啟動退出 ICO 的法律程序，以抗議該組織失去維穩豆價的功能。

　　生產高海拔極硬豆見稱的瓜地馬拉，品種以風味優雅的藝伎、帕卡馬拉、波旁、卡杜拉、馬拉卡杜拉（Maracaturra）、象豆、卡杜阿伊、鐵比卡、帕卡斯為主。重視品質的基本教義派咖農，不願栽種不易得獎的抗病高產「野種」，多年來瓜國 CoE 優勝金榜的品種欄，全是上述容易染鏽病的美味品種，看不到帶有羅豆基因的混血品種，此情況和宏都拉斯、秘魯、巴西和哥倫比亞大異其趣。近年瓜國 CoE 的冠亞軍豆多半由藝伎與帕卡馬拉輪

替，尚未出現抗病品種奪冠的紀錄。

然而，2012 年鏽病大爆發，瓜國咖啡產量頓減 20％以上，瓜地馬拉國家咖啡協會（Anacafé，簡稱「瓜地馬拉咖協」）大力宣導咖農試種抗鏽品種以減少損失，並於 2014 年釋出卡蒂姆與帕卡馬拉混血的新品種「瓜地馬拉咖協 -14」（Anacafé-14），這是該協會選拔多年的抗鏽耐旱又美味的國產品種。在農政單位積極推廣下，瓜國咖農對抗病品種的接受度這 5 年來明顯提升，根據 Anacafé 統計，2019 年瓜國栽種的品種中，抗病的卡蒂姆、莎奇姆（Sarchimor）、咖協 -14、馬塞耶薩（Marsellesa）合計占總咖啡樹的 32.28％，比率不低。

卡杜拉仍是瓜國種最多的品種，高占 25.67％；至於頻頻贏得 CoE 冠亞軍的藝伎與帕卡馬拉，占比極低，各占 0.21％與 0.87％，此二美味品種的產量低於卡杜拉 20-30％，瓜國咖農是為了比賽奪大獎而種。

〔11-4〕2019-20 年產季瓜地馬拉咖啡品種占比圖

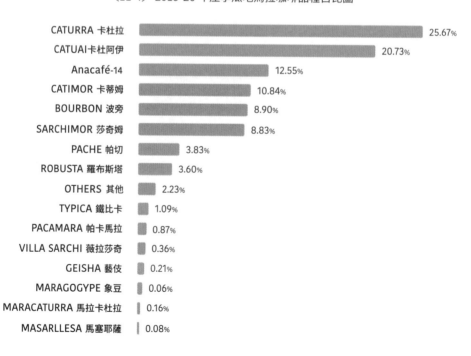

│ 火山八大產區 │

瓜地馬拉是中美洲火山最多國家,有 37 座火山,其中的佛耶科火山(Volcan Fuego)、帕卡雅火山(Volacan Pacaya)、桑提阿奎多火山(Volcan Santiaguito)目前還很活躍,不定時噴發。八大咖啡產區中有五大產區的風土深受火山釋出的礦物影響,土壤肥沃,火山一旦爆發經常造成農損。八大產區中只有西北部的薇薇高原(Highland Huehue)、中北部的柯班雨林(Rainforest Coban)、東北部的新東方(New Oriente)較不受火山影響,其餘 5 個產區的地質與土力均受到塔夫穆柯火山(Volcan Tajumulco)、阿提特蘭火山(Volcan Atitlan)、佛耶科火山、阿瓜火山(Volcan Agua)、桑提阿奎多火山、帕卡雅火山很大的影響。

〔11-5〕瓜地馬拉八大產區

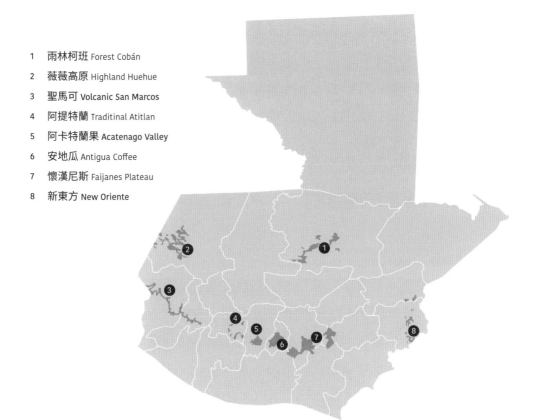

1　雨林柯班 Forest Cobán
2　薇薇高原 Highland Huehue
3　聖馬可 Volcanic San Marcos
4　阿提特蘭 Traditinal Atitlan
5　阿卡特蘭果 Acatenago Valley
6　安地瓜 Antigua Coffee
7　懷漢尼斯 Faijanes Plateau
8　新東方 New Oriente

308

1. 安地瓜 (ANTIGUA)

安地瓜是典型的火山咖啡，也是瓜國最負盛名的產地，周遭有 3 座火山，佛耶科火山、阿卡特蘭果火山、阿瓜火山，咖農在安地瓜周邊的山坡種咖啡，土壤肥沃，日夜溫差大。本產區是八大產區雨量最少，較乾旱的地區，幸好有輕而多孔的火山浮石，有助保持土壤水份。本區名氣響亮售價較高，其他產區經常偷運咖啡果子到安地瓜後製，並以安地瓜之名銷售。安地瓜咖啡協會於 2000 年成立，建立安地瓜產地認證制度與標章。咖啡風味，平衡豐富，溫和順口。

· 海拔：1,300-1,680 米
· 雨量：812-1,219 毫米
· 採收期：1-3 月

2. 阿卡特蘭果 (ACATENAGO VALLEY)

位於安地瓜西邊，距離佛耶科與阿卡特蘭果兩座火山很近，火山地質明顯。本區廣達 9,663 公頃，全在清瑪特蘭果省（Chimaltenango）境內。最高海拔接近 2,000 公尺，酸質比安地瓜霸道，是 CoE 優勝榜的常客。

· 海拔：1,290-1,980 米
· 雨量：1,219-1,828 毫米
· 採收期：12-3 月

3. 阿提特蘭 (TRADITINAL ATITLAN)

位於阿卡特蘭果產區的西邊，阿提特蘭是瓜國 5 個火山地質產區中，土壤有機物含量最豐的一區。經阿提特蘭產區認證的咖啡，90％出自環繞阿提特蘭湖邊的火山坡地。白天的微風吹拂湖面涼冷湖水，形成有利咖啡的微氣候。

· 海拔：1,500-1,680 米

・雨量：1,828-2,337 毫米

・採收期：12-3 月

4. 懷漢尼斯 (FAIJANES PLATEAU)

位於安地瓜產區東邊，深受活火山帕卡雅影響；火山浮石土壤、高海拔、雨量豐、濕度變化大、活山活動頻繁。晨間霧氣重，中午散盡，陽光普照，適宜曬豆不需乾燥機。咖啡酸質突出，咖啡體佳。

・海拔：1,350-1,800 米

・雨量：1,524-3,048 毫米

・採收期：12-2 月

5. 聖馬可士 (VOLCANIC SAN MARCOS)

瓜國最西邊的產區，火山環繞，也是八大產區溫度和濕度最高的一區，年雨量可達 5,000 公釐，雨季來得早，花期也比其他產區更早。採收後的水洗處理需借助烘乾機，以免回潮發霉。酸質明亮略帶花韻。

・海拔：1,290-1,800 米

・雨量：4,060-5,080 毫米

・採收期：12-3 月

6. 薇薇高原 (HIGHLAND HUEHUE)

位於西北部的薇薇高原，與中北部的雨林柯班、東北部的新東方，並列為瓜國三大無火山活動的產地，同時也是瓜國海拔最高的產區，是 COE 優勝榜與冠軍豆的常客。從墨西哥 高原吹來的暖風，使得本區不致發生霜害，咖啡可種到 2,000 米左右。高海拔與氣候的可預測性高，有助產出高品質咖啡。酸質與咖啡體高，近似紅酒。

- 海拔：1,500-2,000 米
- 雨量：1,219-1,422 毫米
- 採收期：1-4 月

7. 雨林柯班 (FOREST COBAN)

綿綿細雨長達 9 個月，年雨量達 4,000 公釐，致使咖啡花期零亂，每年有 8 至 9 個花期，增加採收麻煩。濕氣較重，採收後的製程需使用烘乾機，本區有不少實驗性乾燥技術，製作出水果風味的好咖啡。

- 海拔：1,290-1,680 米
- 雨量：3,048-4,060 毫米
- 採收期：12-3 月

8. 新東方 (NEW ORIENTE)

瓜國最東邊的產區，雨豐雲多。本區已無火活動，土壤是由早期火山活動留下的變質岩構成，礦物質平衡。本區土質不同於仍有火山活動的產區。咖啡體佳，風味平衡，饒富巧克力韻。

- 海拔：1,290-1,680 米
- 雨量：1,828-2,030 毫米
- 採收期：12-3 月

☰ 哥斯大黎加篇

早在 1779 年，哥斯大黎加的中部山谷已引進咖啡，1808 年規劃商業化生產，1820 年開始出口咖啡，是中美洲最早擁有完善咖啡產業的國家。19 世紀中葉，咖啡成為該國主要出口農產品，素以高品質揚名國際。然而，近 30 年來，哥斯大黎加的咖啡產量因氣候變遷、病蟲害、低豆價、更多建設

更少咖啡的土地開發政策,而節節走低,產量從 1990 年的 153,720 噸跌到 2020 年的 88,380 噸,跌幅高達 42.5%。在大環境的衝擊下,哥國的產量雖然不易提升,占全球咖啡總產量只有區區的 0.83%,但 2000 年以來咖啡農改走量少質精高價賣的高經濟價值路線,對全球精品咖啡的影響力不減反增,堪稱精品咖啡產國的典範。

年甚一年的氣候變異與病蟲害是哥國咖農最大的痛。據研究報告《中美與南美洲北部降雨與極端溫度的改變,1961-2003》(Changes in precipitation and temperature extremes in Central America and northern South America, 1961–2003)指出,1901 至 2000 年,哥斯大黎加的平均溫度已上升了 0.5-1℃,且 1970 年以來,溫暖的天數每 10 年增加 2.5%,未來旱澇與颱風侵襲頻率增加。諸多研究報告預估 2050 年哥國將有 30-38% 的咖啡田喪失可耕性;未來 30 年內種咖啡的海拔必須從 1,200 米升高到 1,600 米,而目前不宜咖啡的 2,500 米高海拔區,屆時將出現適宜性。

升溫除了帶來鏽病,也助長果小蠹繁殖;2000 年以前,哥斯大黎加還未發現果小蠹,2001 年開始出現蹤跡,政府機構的研究指出,2003 年哥國感染果小蠹的莊園已達 6%,這比鏽病更難防治,也會造成更大的損失。拉丁美洲咖啡產國 2003 年以後已全數淪陷。

量少、質精高價賣

30 年來產量減少四成,但哥斯大黎加絕非病貓,反而更為精實,在高價值的精品咖啡領域大展身手;2000 年發起微處理廠革命(Micro-mill Revolution),2006 年發明蜜處理,2014 年開風氣之先,以厭氧發酵咖啡打進 CoE 金榜,引領咖啡後製技法邁向第四波浪潮(詳見第三部)。美國國際開發署(USAID)2010 年指出,哥斯大黎加 60-80% 的產量專攻中高價位的精品市場,比率之高冠全球。

哥國咖啡產業精實化的趨勢愈來愈明顯，哥斯大黎加咖啡學院（Instituto del Café de Costa Rica，簡稱ICAFE）指出，都會區逐漸擴大，犧牲了咖啡面積，2000-2014年中南部高產量咖啡專區的面積，15年內減少30％；咖農人數也逐年下降，2017-2018年產季的全國咖農人數共計41,339人，到2018-2019產季降至38,804人。有趣的是，咖農人數減少但小型處理廠的數目卻逐年增加，2017-2018產季全國有259座處理廠，2018-2019產季增加到272座，顯見自己的咖啡自己處理，既節省成本亦可提高品質做出差異化，這股微處理廠革命方興未艾。

在精品圈享有高口碑的哥斯大黎加咖啡，在一般商業豆的紐約阿拉比卡期貨市場也挺吃香。期貨市場的評鑑機制常給予哥斯大黎加商業豆高於盤價的溢價待遇，助哥國咖農撐過多年的低豆價時期。ICAFE指出，2016至2019等4個產季的哥國商業豆，期貨市場每袋60公斤的平均價都高於145美元（110美分／磅），2019-2020年每袋平均價提高到155.7美元（117.95美分／磅），每磅都高於盤價10-20美分。咖啡品質、產地可溯性、友善環境的生產方式，如獲得好的評等，期貨市場的機制也會給商業豆溢價的報酬；但是多數哥國咖農仍堅持品質差異化的精品之路，所得利潤遠高於期貨市場。

紐約期貨市場對精品級生豆雖訂有溢價的報償，但較之期貨市場以外的交易系統，仍有不小落差，每磅甚至差到60美分以上。

圖表〔11-6〕是塔拉珠產區艾塞里與阿斯科塔社區農業生產者協會（The Asociación de Productores Agropecuarios de las Comunidades de Acosta y Aserrí，簡稱ASOPROAAA），2014-2015年產季，精品級生豆自產自銷的出口報價與當時期貨市場的溢價對比。

〔11-6〕 ASOPROAAA 自產自銷 VS. 紐約期貨價

單位：美分／磅

級別（杯測分數）		紐約阿拉比卡期貨價	自家出口價
傳統精品	(80-83)	119-129	170-200
基本精品	(84-85)	131-140	200-220
標準精品	(86-87)	170-181	220-230
頂級精品	(>88)	200-230	237 以上

＊ 2014-2015 產季報價

倡行減災，樹立典範

為了減緩氣候變遷對本國咖啡產業的影響，哥斯大黎加率先執行「全國適當減災措施」（Nationally Appropricate Mitigation Actions，簡稱 NAMA）將全國溫室氣體排放量降低到 2020 年以前的水準，為各咖啡產國立下典範。ICAFE 指出，農業每年排放 460 萬噸二氧化碳，占哥斯大黎加全國排放量的 37％，而農業 25％ 的二氧化碳，即 115 萬噸來自咖啡產業。

咖啡產業排放的溫室氣體主要來自農場肥料產生的一氧化二氮和二氧化碳，另一個是來自處理廠的甲烷和二氧化碳。多年來 ICAFE 輔導咖農高效率使用肥料，減少一氧化二氮的排放；改善處理廠烘乾咖啡的燃燒系統，並多採用太陽能乾燥設備，減少廢氣排放量；改善廢水處理技術，減少甲烷排放。這些減災措施已獲聯合國資助。

解除羅布斯塔 30 年禁令？

拉丁美洲從非洲進口羅布斯塔，結果不慎感染果小蠹疫情，1988 年哥斯大黎加頒令禁止羅布斯塔入境，也不准咖農栽種風味粗糙的羅豆，以免損及哥國生產高檔精品豆的形象。然而，2001 年哥國產區不幸染上果小蠹，

13 年的果小蠹圍堵政策失敗後，卻依然不准咖農種植羅布斯塔。近 10 多年來，高溫乾旱、雨量失衡愈來愈嚴重，1,000 公尺以下的咖啡田已種不出優質阿拉比卡。ICAFE 遂援引 1988 年禁止羅豆入境的檢疫問題已不復存為由，率先發難，建議國家咖啡議會（National Coffee Congress）解禁羅布斯塔並開放低海拔咖啡田種植羅豆，因為低海拔的阿拉比卡鏽病嚴重，而羅豆對鏽病有抵抗力，且國際市場對羅豆的需求增加，可增加農民收入。

幾經討論，很多咖啡農和官方代表仍然擔心羅豆引進，有損哥斯大黎加高達 60％以上產量專攻價精品市場的形象，2016 年國家咖啡議會在咖農強大壓力下，繼續禁止境內種植羅豆。2018 年 ICAFE 再度提議解禁羅豆，並提出配套措施，只開放未種植阿拉比卡的地區做為羅豆栽植場，以避免兩物種相互交染，至於該種那些品系的羅豆以及栽植場址，均由 ICAFE 評估控管。2018 年 2 月，國家咖啡議會終於取消 30 年禁令，農業部也准許種植羅布斯塔，但目前尚待哥斯大黎加總統核可才准執行（截至 2022 年 5 月本書截稿為止，哥國總統尚未批准本案）。

我個人挺樂見其成，哥斯大黎加可用最擅長的後製發酵技術為羅豆增香添醇，想像一下紅蜜羅豆、黑蜜羅豆、低溫厭氧、雙重厭氧發酵羅豆的味譜，能不讓人口水直流嗎？

｜哥斯大黎加八大產區｜

據 ICAFE 最新普查，哥斯大黎加的咖啡面積 93,697.3 公頃，以中南部的洛桑朵斯區（Los Santos Zone）種植面積最廣，達 27,944.3 公頃，馳名世界的塔拉珠咖啡就位於此區。以下是哥斯大黎加咖啡的八大產區。

1. 塔拉珠產區 (Tarrazú)

指聖荷塞省（San José）的 4 個縣，塔拉珠、鐸塔（Dota）、里昂柯鐵卡斯楚（León Cortés Castro）、阿塞里（Aserrí）。咖啡精華區在聖羅倫佐（San

Lorenzo）一帶。2018 年塔拉珠產區鐸塔縣唐卡伊托莊園（Don Cayito）的蜜處理藝伎贏得 CoE 冠軍，並以 300 美元／磅成交，創下各國 CoE 線上拍賣的最高價！

- 海拔：1,200-1,900 米
- 採收期：11-3 月
- 味譜：酸質高，典型的水果酸甜震，有桃李和柑橘香氣

2. 中部山谷產區 (Central Valley)

位於塔拉珠的左側山谷區，是哥國咖啡最早發跡地，火山地質。

- 海拔：20％介於 900-1,630 米，80％介於 1,000-1,400 米
- 採收期：11-2 月
- 味譜：柔酸、可可、熱帶水果、中等咖啡體

3. 三川產區 (Tres Rios)

位於塔拉珠西北與中部山谷東北部交界的狹小地區，火山土壤有機質豐富。

- 海拔：1,200-1,650 米
- 採收期：11-3 月
- 味譜：咖啡體厚實，中等酸質，黑糖香氣，風味溫順平衡

4. 西部山谷產區 (West Valley)

位於中部山谷西邊，是哥國風味最多元的產區。海拔較低，本區咖啡常打進 CoE 87 分以上的金榜名單內。

- 海拔：700-1,600 米
- 採收期：10-2 月
- 味譜：低酸但甜感與咖啡體佳，香草、乾果與可可韻很適合濃縮咖啡。

5. 瓜納卡斯特產區 (Guanacaste)

西部山谷以西的低海拔區。

・海拔：600-1,300 米

・採收期：7-2 月

・味譜：咖啡體與酸質較低，堅果木質韻，甘苦巧克力調性。

6. 奧羅希產區 (Orosi)

夾在塔拉珠北部與圖里艾巴產區之間。

・海拔：1,000-1,400 米

・採收期：9-3 月

・味譜：中等酸質與咖啡體，略帶可可與花果韻。

7. 圖里艾巴產區 (Turrialba)

位於奧羅希產區以北，知名的熱帶農業研究暨高等教育中心（The Tropical Agricultural Research and Higher Education Center，簡稱 CATIE）設在本區。是拉丁美洲培育咖啡新品種的重要基地，該中心保有半個多世紀前採自衣索匹亞珍稀的野生咖啡種原，種原編碼均以 T 開頭，乃 Turrialba 的第一個字母，譬如 GeishaT2722。

・海拔：500-1,400 米

・採收期：7-3 月

・味譜：低海拔咖啡韻，低酸木質調，甘苦巧克力與堅果味。

8. 布倫卡產區 (Brunca)

位於塔拉珠以東的低海拔產區。

・海拔：600-1,700 米

・採收期：8-2 月

・味譜：低酸、堅果、蔗甜，口感溫和。

〔11-7〕哥斯大黎加八大產區

1　● 塔拉珠產區 Tarrazú

2　● 中部山谷產區 Central Valley

3　○ 三川產區 Tres Rios

4　● 西部山谷產區 West Valley

5　○ 瓜納卡斯特產區 Guanacaste

6　● 奧羅希產區 Orosi

7　▨ 圖里艾巴產區 Turrialba

8　● 布倫卡產區 Brunca

巴拿馬篇

　　核彈級的水果炸彈──巴拿馬藝伎（簡稱巴伎），產量少、售價高，是量少質精高價賣的最佳典範，比起哥斯大黎加更勝一籌。巴伎酸甜震的滋味、橘香蜜味花韻濃的香氣，熱銷 16 年，售價迭創新高。巴伎可能是氣候變遷下的少數受益者！

|小而彌堅，聲譽崇高|

1990-2000 年巴拿馬咖啡 11 年平均年產量達 199 千袋（11,940 噸），但到了 2010-2020 年，11 年平均年產量劇降到 113.8 千袋（6,828 噸），30 年內產量大減了 42.8％；巴拿馬咖啡產量少，還不及巴西或印尼一座大型咖啡農場一年的出口量。如果以巴拿馬 1990 年代最高年產量 1994-1995 產季的 248 千袋（14,880 噸），來與 2010 年代最低年產量 2017-2018 產季的 105 千袋（6,300 噸）相比，跌幅更驚人，高達 57.7％。耐人玩味的是，巴拿馬咖啡產量重跌至此，只占全球產量 0.076％，但咖啡產業卻小而彌堅，在全球精品咖啡界享有崇高聲譽。

2020 年巴拿馬最佳咖啡（BOP）線上拍賣會，索菲亞莊園（Finca Sophia Olympus）冠軍水洗藝伎，在亞洲買家搶標下，以 1,300.5 美元／磅成交，打破 2019 年艾利達莊園（Elida Estate）創下的 1,029 美元／磅紀錄，又改寫 BOP 歷來最高拍賣價，也比 CoE 線上拍賣最高價紀錄 2018 年哥斯大黎加塔拉珠產區的蜜處理藝伎 300 美元／磅，高出一大截。

巴拿馬咖啡以美味品種為主，包括卡杜拉、卡杜阿伊、帕卡馬拉、鐵比卡、象豆、藝伎，以及極少量的小摩卡。2020 年 BOP 線上拍賣的 36 支藝伎賽豆合計 3,600 磅（1,636 公斤），只占巴拿馬咖啡總產量 0.024％，難怪玩家搶翻天。巴拿馬咖啡年產 6,000 多噸的出口額只占巴拿馬農產品輸出額的 2％而已，香蕉和鳳梨才是巴拿馬主力農產品，分別高占農產品出口總額的 27％與 13％。

巴伎栽植，一山還比一山高

雖然並不在中美乾旱走廊主要受災區內，但全球暖化已對巴拿馬農業造成傷害，咖啡也不例外。30 多年來咖啡農最有感的是，原本固定時序的乾濕季全亂了套，不是乾季太長就是雨季提早來，致使花期與果子成熟期零

星散亂，大幅增加採收成本。更糟的是，溫度太高，土壤濕度太低，常造成花朵提早凋謝或落果損失，尤其是 1,200 米以下的咖啡田，最為嚴重。

雨季拖太長，加上高溫，助長病蟲害，過去咖啡田最常見的是鏽病，而炭疽病主要侵襲其他水果，而今高溫高濕不但招來了咖啡炭疽病，也提供果小蠹溫床，低海拔高溫區一年可繁殖好幾代，災情較重，高海拔低溫區只能繁衍一代，災情尚可控制。

溫室效應對巴拿馬咖啡田儘管有千百害，卻暗藏一利。30 年前沒人敢把咖啡種在 1,800 米的地塊，因為低溫、霜害與強風，會抑制咖啡正常生長，產量極低不符經濟效益，當時 1,600 米已是巴拿馬咖啡的海拔上限。翡翠莊園最先發現藝伎必須種到 1,500 米以上才能引出繽紛花果韻的秘密，也是第一個挑戰 1,700 米高海拔成功的莊園。但近幾年，氣候變得較溫和，使得巴拿馬 1,800 至 2,100 米的某些高地，出現了咖啡適宜性，幾座設在 2,000 米左右的藝伎栽植場，戰績彪炳，恐將掀起藝伎韻要更迷人就要種更高的比高風潮。

近 4 年 BOP 戰績是最好的證明；2018、2019 連續兩年贏得 BOP 日曬、水洗冠軍，堪稱四冠王的艾利達莊園，其綠頂藝伎種植海拔介於 1,700 至 2,200 米；2020 年 BOP 日曬冠軍得主瓜魯莫莊園（Guarumo Coffee Farm）的黑豹藝伎海拔 1,800 米以上；2017 年索菲亞水洗藝伎首次贏得 BOP 冠軍，2020 年索菲亞水洗藝伎再披黃袍，第二度贏得 BOP 冠軍，海拔更高達 1,850 至 2,175 米。這批後起之秀的種植海拔均高出老將翡翠莊園 100 至 300 米。全球暖化反而暗助巴伎取得更多的高海拔避難天堂，增醇養味。

玻瑰蝶擁擠，新地塊浮現

巴伎傳統栽植場集中在巴拿馬西部奇里基省（Chiriqui）巴魯火山（Volcán Barú）東側的玻瑰蝶（Boquete），以及巴魯火山西側的沃肯（Volcán），巴魯

火山高達 3,474 米，1,800 米以上的山林地不少，是巴伊對抗全球暖化的避難所。然而，玻瑰蝶已過度開發，農地不是賣給開發商就是種滿水果、咖啡或供畜牧用，已無多餘的耕地。近年甚至發生咖啡農潛入巴魯火山國家公園保護區內，非法種植藝伎數十公頃的重大違規事件，遭到取締。巴拿馬精品咖啡協會只好呼籲咖啡農不要做出有損藝伎形象的壞事。

玻瑰蝶是 2004 年翡翠莊園藝伎初吐驚世奇香、一炮而紅的發跡地，10 多年來掀起搶種熱潮，但也使得巴魯火山東側的玻瑰蝶、西側的沃肯合法咖啡農地開發殆盡，而巴魯火山國家公園保護區又不得開發，於是近幾年咖農另闢戰場，轉向沃肯以北至哥斯大黎加交界處的合法林地發展。另外，沃肯西側與哥斯大黎加接壤的雷納西緬托（Renacimiento）也有新闢的藝伎栽植場運作中（請參圖表〔11-8〕巴拿馬三大產區）。

沃肯以北林地、沃肯以西雷納西緬托，這兩個新闢的藝伎栽植場，名氣雖遠不及玻瑰蝶響亮，但 2020 年 BOP 的索菲亞莊園冠軍水洗藝伎就種於沃肯北邊。同年，瓜魯莫莊園的冠軍黑豹日曬藝伎則出自雷納西緬托，這兩個新興產區有雙冠軍加持，前景看俏，足與巴伊傳統產區玻瑰蝶分庭抗禮。

〔11-8〕巴拿馬咖啡三大產區

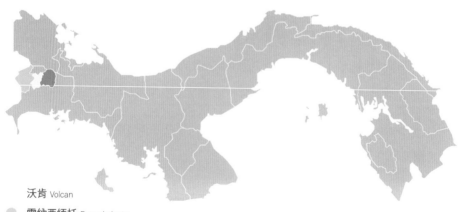

沃肯 Volcan

雷納西緬托 Renacimiento

玻瑰蝶 Boquete

減災二寶：農林間作與生物刺激素

巴拿馬西部奇里基省的山林野趣與田園景觀，吸引北美和歐洲高階知識份子前來置產或養老，翡翠、索菲亞等知名莊園的股東和負責人均來自歐美，素質很高，精通多國語言，擅長管理與行銷。例如他們發現氣候變遷已影響咖啡正常生長，有些咖啡農於是採用農林間作、生物刺激素來減災。

索菲亞、騾子莊園（La Mula）的共同創辦人荷蘭裔的咖啡專家威廉·布特（Willem Boot）就是採行農林間作，咖啡種在高海拔林木的底下有許多好處；不需砍樹以保持原有生物的多樣性、降低病蟲害、固定大氣中的二氧化碳、夏天降溫多天保溫、有助水土保持、可緩解極端氣候對咖啡的壓力。農林間作最大缺點是產量低，卻很適合量少質精高價賣的巴伐產銷模式，但對巴西、哥倫比亞、越南以量制價的模式就不宜採行。索菲亞等莊園採用的農林間作模式，類似衣索匹亞傳統的森林咖啡栽植系統。

農林間作有助改善咖啡日漸惡化的外部環境，而生物刺激素則可改善咖啡自身的健康，並提高對極端氣候的適應力。生物刺激素既非農藥，亦非傳統肥料或生長調節劑，而是植物的「應激維生素混合物」，生物刺激素的載體多元，包括腐植酸、海藻萃取物、甲殼素、胜肽、微生物等，可以葉片噴施也可根部澆灌。高品質的生物刺激素可刺激植物生長，提高產量，減少肥料使用，提高對環境壓力的抗性。諸多研究指出，農林間作與生物刺激素有助降低全球暖化對咖啡的壓力。

第十二章

變動中的咖啡產地
——亞洲

　　1960 至 1990 年代，第二波咖啡浪潮大行其道，眾咖啡迷獨沽餘韻深深的重焙味譜。印度與印尼特有的低酸、渾厚、堅果、香料、樹脂、藥草、木香、泥土與巧克力甘苦韻，蔚為風潮。然而，千禧年後，掀起第三波咖啡浪潮，重焙失勢，淺焙神起；酸香花果韻、酸甜震、乾淨度、嘴裡放煙火的水果振幅，取代第二波悶香、渾厚的甘苦調。在第三波主導的精品咖啡市場，亞洲豆不復昔日盛況，遠不如一、二十年前那麼受歡迎。未經第二波重焙洗禮的年輕一代杯測師、咖啡師，多半對亞洲豆常有的塵土味、藥草、悶香調，敬謝不敏。

亞洲咖啡日漸失寵，在台灣市場尤為明顯。數字會說話，根據財政部關務署統計資料，印尼數十年來一直是台灣進口咖啡生豆量最多的產地，但2016 年以後，巴西迎頭趕上成為台灣進口量最多的咖啡產國。近年台灣的印尼生豆進口量下滑幅度不小，從 2015 年的 6,284 噸，跌到 2019 年的 4,183噸，銳減了 33.43％，創下 10 多年來進口印尼豆的新低量，預料會被哥倫比亞趕上。在短短 5 年內，印尼從過去台灣最大的咖啡進口國跌到第二甚至退居第三名（請參圖表〔12-5〕），亞洲咖啡式微的態勢極為明顯。

｜羅豆高占全球 60％｜

近 10 多年來，亞洲咖啡在高檔精品界有被邊緣化趨勢，反觀以酸香花果韻見長的非洲、拉丁美洲豆，符合第三波咖啡美學的「味譜正確」，躍為精品咖啡主要產房。亞洲豆在精品界失寵，至少有以下三大要因：

（一）拉丁美洲和非洲精品咖啡年度盛事 CoE、BOP、TOH（Taste Of Harvest）優勝豆的線上拍賣會，大幅提高拉美與非洲豆的聲望和質量。但亞洲產地遲遲未舉辦這類國際規格的精品豆大賽，頓失威望與宣傳櫥窗，成了精品咖啡的化外之地；印尼遲至 2021 年底才辦成首屆 CoE，急起直追。

（二）2020 年世界前 10 大咖啡產國依序為：1. 巴西、2. 越南、3. 哥倫比亞、4. 印尼、5. 衣索匹亞、6. 宏都拉斯、7. 印度、8. 秘魯、9. 墨西哥 10. 瓜地馬拉。其中亞洲咖啡占 3 席。然而，亞洲三大主力產國越南、印尼與印度，均以羅豆為主，合計高占全球羅豆產量 60％ 左右，但阿拉比卡產量未見起色，甚至減產；越南、印尼、印度合計的阿拉比卡產量只占全球阿拉比卡的 3.9％。亞洲豆身處以阿拉比卡為尊的精品市場，失去話語權並不令人意外。（請參圖表〔12-1〕）

（三）亞洲阿拉比卡味譜跳 tone，好惡隨人。尤其是印尼林東一帶的曼特寧，常有股中藥、仙草、樟樹、樹脂味，但咖啡體厚實，很另類的風味，投好

一些人，但亦有很多年輕玩家避之唯恐不及。一般亞洲豆酸味較低，但偶爾也會喝到酸質很高的印尼曼特寧、印度或越南阿拉比卡。亞洲咖啡的乾淨度落差很大，可能是失寵原因之一。但這不表示印尼、印度或越南就沒有驚豔級的阿拉比卡，我不時喝到杯測 85 分以上的曼特寧、蘇拉維西，其乾淨甜、豐富度、黏稠度與甜感均優，多花點時間尋貨，會有大驚喜。

〔12-1〕越南、印尼、印度：阿拉比卡與羅布斯塔產量表

單位：千袋，每袋 60 公斤

	2015/16	2016/17	2017/18	2018/19	2019/20
越南 Arabica	1,100	1,100	1,026	1,064	1,100
越南 Robusta	27,830	25,600	28,274	29,336	30,200
越南 Arabica 占比	3.8%	4.1%	3.5%	3.5%	3.5%
越南 Robusta 占比	96.2%	95.9%	96.5%	96.5%	96.5%
印尼 Arabica	1,500	1,300	1,000	1,200	1,250
印尼 Robusta	10,600	9,300	9,400	9,400	9,450
印尼 Arabica 占比	12.4%	12.3%	9.6%	11.3%	11.7%
印尼 Robusta 占比	87.6%	87.7%	90.4%	88.7%	88.3%
印度 Arabica	1,725	1,583	1,583	1,583	1,330
印度 Robusta	4,075	3,617	3,683	3,724	3,560
印度 Arabica 占比	29.4%	30.4%	30.1%	29.7%	27.2%
印度 Robusta 占比	70.6%	69.6%	69.9%	70.3%	72.8%
全球 Arabica	86,340	101,526	94,044	103,700	93,826
全球 Robusta	66,599	60,178	64,601	71,190	73,110
Arabica 占比	56.45%	62.79%	59.28%	59.30%	56.20%
Robusta 占比	43.55%	37.21%	40.72%	44.87%	43.80%

	2015/16	2016/17	2017/18	2018/19	2019/20
越南、印尼、印度 Robusta 全球占比	63.82%	64%	64%	59.6%	59.1%
越南、印尼、印度 Arabica 全球占比	5%	3.9%	3.8%	3.7%	3.9%

＊資料來源：參考 ICO, USDA 數據，核算整合編表

全球羅豆增產，可望掀起鑑賞浪潮？

過去全球阿拉比卡與羅布斯塔產量，約成 7 比 3，但近 10 多年由於越南和印尼羅豆增產，全球阿豆與羅豆產量拉近，成為 6 比 4。圖表〔12-1〕的數據顯示越南、印尼和印度合計的羅豆產量高占全球羅豆的 60％左右，亞洲這三大產國在羅豆市場擁有呼風喚雨的話語權，若能聯手舉辦羅豆版的 CoE 或 BOP 線上拍賣會，應可改善羅豆的形象與威望，提升精品界對羅豆的接受度，或可掀起鑑賞精品羅豆的新浪潮。

海拔 600-1,000 米，處理精湛的水洗羅豆，其乾淨度、堅果甜感、柔酸甚至花果韻，令人驚豔難忘。精品級的羅豆產量稀少，卻很值得深耕與開發。「變化是生活的調味品」，如果喝膩了阿拉比卡水果炸彈味譜，換換口味改喝甘甜玄米茶韻又不酸嘴的精品羅豆，是不錯的享受，鑑賞百味總比獨沽一味更有趣！

上表〔12-1〕可看出越南羅豆產量仍持續成長，但阿豆卻停滯不前；印度產量雙雙下跌趨勢；2010-2020 年印尼咖啡產量雖比 1990 年代高出 39％，但 2016 年以後產量也下滑，尤其是印尼阿豆在 2016 年以前的年產量仍維持在 9 萬噸左右，但 2016 年以後重跌 27％，僅剩 6、7 萬噸，遠低於過去數十年阿豆的產量水平。印尼阿拉比卡產量下跌應該與國際豆價走跌以及氣候變遷有關。

印尼與非洲聯手拯救咖啡族

印尼、印度和越南在精品咖啡市場的聲望與市占率雖遠不及非洲和拉丁美洲，但印尼對氣候變異的耐受度卻遠高於印度、越南和拉丁美洲。諸多研究報告指出，印尼與巴布紐幾內亞是亞洲的輕災產區，而越南與印度則是重災區。全球暖化持續 30 年後，即 2050 年印尼的亞齊、蘇拉維西、東爪哇，以及非洲的衣索匹亞和肯亞，仍有適合種咖啡的廣大山林地，可紓解拉丁美洲的減產，負起拯救全球咖啡族的重責大任。

|氣候變遷：亞洲產地的重災與輕災區|

全球暖化對亞洲咖啡產地影響多大？5 年來已有不少研究報告出爐。綜合以下 3 篇科研報告：《氣候變遷對全球阿拉比卡主要產地適宜性的預測變化》（Projected Shifts in *Coffea arabica* Suitability among Major Global Producing Regions Due to Climate Change）、《誰是氣候變遷的贏家與輸家？印尼阿拉比卡當前與未來氣候適宜性的建模研究》（Winner or loser of climate change? A modeling study of current and future climatic suitability of Arabica coffee in Indonesia），以及 2018 年 WCR 年度報告，可歸納出 30 年後印度將因全球暖化而損失 60％以上的咖啡田，越南將喪失 40％以上咖啡田，印尼將流失 30％以上咖啡田，巴布亞紐幾內亞災情最輕只損失 18％的咖啡田。

阿拉比卡產值高於羅布斯塔，因此科研報告多半以阿拉比卡產區為主，針對羅豆產區的評估報告極少。羅豆對高溫耐受度稍優於阿豆，但對低溫的抗性就不如阿豆。近年拉丁美洲、亞洲和非洲的低海拔阿拉比卡產區因暖化對品質與產量造成影響，而改種羅豆的案例非常多，成功與失敗兼而有之。羅布斯塔對高溫的耐受度並不如想像，30℃ 以上高溫連續幾月，就會重創羅豆的產量與品質。很多人以為全球暖化沒關係，改種耐高溫的羅布斯塔照樣有咖啡可喝的想法並不實際。阿拉比卡如果因暖化摧殘而絕跡，羅布斯塔的大限不遠矣，這是咖啡族該有的正確認知。

印尼篇

〔12-2〕印尼群島產區圖

①-⑩ 印尼阿拉比卡主產地

1 亞齊｜塔瓦湖、蓋優高原、亞齊曼特寧	6 帝汶
2 蘇北省｜托巴湖、林東曼特寧	7 馬馬薩阿拉比卡
3 爪哇	8 卡洛西阿拉比卡
4 峇里	9 托拉賈阿拉比卡
5 弗洛勒斯	10 巴布亞
	11 巴布亞紐幾內亞

｜因應氣候變遷，本錢雄厚｜

　　印尼是全球最大的群島國家，西起東經 95°的蘇門答臘，東抵東經 141°的巴布亞省，主要列島包括蘇門答臘、爪哇、峇里、弗洛勒斯、帝汶（西帝汶屬印尼，東帝汶已獨立）、加里曼丹（婆羅州南部）、蘇拉維西、巴布亞（新幾內亞島東經 141°以西屬印尼巴布亞省，東經 141°以東獨立為巴布亞紐幾內亞）。印尼國土橫跨亞洲、大洋洲與南北半球，氣候和地貌多元，可供咖啡遷移避難的山林地很多，因應全球暖化的本錢雄厚！

　　蘇門答臘是印尼阿豆與羅豆最大產地，高占 60％以上產量；蘇門答臘北部的亞齊特區與蘇北省海拔較高，主產阿豆；蘇門答臘南部海拔較低，溫濕度較高，尤其是楠榜省 (Lampung) 是印尼羅豆的主力產區。爪哇是第二大

產地,阿豆與羅豆約占印尼 16％。蘇拉維西主產阿豆,約占印尼咖啡總產量 7％,其餘由弗洛勒斯、峇里、西帝汶、巴布亞產出。

曼特寧的古早味與新口味

蘇門答臘的阿拉比卡慣稱曼特寧,主產於西北部的亞齊特區以及亞齊東南方的蘇北省;亞齊產區指塔瓦湖 (Lake Tawar) 附近山區以及蓋優高原（Gayo Highland）,包括中亞齊縣（Central Aceh）、班納梅利亞縣（Bener Meriah）、蓋優祿縣（Gayo Lues）。

而蘇北省產區指托巴湖（Lake Toba）為中心的周邊山區。曼特寧傳統產區在蘇北省托巴湖南邊的林東地區 (Lintong Nihuta district),特殊的濕刨處理法以及當地微生物的發酵造香機制,使得咖啡體厚實,常有樟樹、樹脂、中藥或仙草的辛香味和巧克力、焦糖香氣。亞齊遲至 1924 年才從蘇北省引進阿拉比卡,也稱曼特寧,味譜比林東曼特寧明亮,藥草味也沒那麼重。換言之,蘇北省托巴湖一帶所產的曼特寧為古早味,而亞齊塔瓦湖或蓋優高原所產曼特寧則為新口味。

氣候變遷：印尼產區的贏家與輸家

贏家：亞齊、蘇拉維西、東爪哇
輸家：蘇北省、弗洛勒斯、峇里

近 10 多年來,學界開始重視全球暖化對農作物的影響,拉丁美洲是世界最大咖啡產房,非洲是咖啡發源地,因此有關氣候變遷對拉美與非洲咖啡產地的影響與評估報告,不勝枚舉。但相對而言,亞洲產地的評估報告就少了很多,學術界重視拉美與非洲甚於亞洲,極為明顯。

我讀到有關氣候變遷如何影響亞洲產地的科研報告只有以下 3 篇,《氣候變遷對全球阿拉比卡主要產地適宜性的預測變化》、《誰是氣候變遷的贏

家與輸家？印尼阿拉比卡當前與未來氣候適宜性的建模研究》，以及 2018 年 WCR 的年度報告。彙整這 3 篇有關印尼產地評估的結論，氣候變遷惡化到 2050 年，亞齊、蘇拉維西與東爪哇仍有不少山林地保有咖啡適宜性，是印尼產地的最大贏家；反觀蘇北省、峇里、弗洛勒斯喪失最多咖啡田，是最大輸家。

根據全球氣候模式的預測，2050 年印尼亞齊咖啡產區的年均溫將再上升 1.7℃，蘇北省上升 1.8℃，蘇拉維西、爪哇、弗洛勒斯、峇里將上升 1.7℃。年均降雨量，亞齊將增加 345mm、蘇北省將增加 151 mm、蘇拉維西將增加 264mm；弗洛勒斯、爪哇、峇里的年均降雨量將減少 40-60mm。降雨量增加未必是好事，因為咖啡需要有 2 至 3 個月的乾季，來誘出更多的花苞，如果乾季的雨量太大將不利花苞的形成與未來的產果量。蘇拉維西近年太潮濕，有些產區的單位產量竟然小於 150 公斤／公頃。

雨林聯盟、CIAT、雪梨大學的研究員根據全球氣候模式、適合阿拉比卡正常生長的條件、印尼阿拉比卡產區與非傳統產區的氣候變化情景，編製圖〔12-3〕，預測 2050 年印尼六大產區適宜咖啡生產的面積變化表。

林東曼特寧香消玉殞中

圖表〔12-3〕的 (一) 項，目前產區適宜面積，是指目前印尼傳統咖啡產區內，氣候與地質上適合種咖啡的面積，但不表示這些面積全部用來種咖啡，有些面積種了其他作物或閒置中。本項以蘇北省面積最大，其次依序為亞齊、蘇拉維西、峇里、弗洛勒斯、東爪哇，合計適宜種咖啡的總面積廣達 359,600 公頃。

(二) 項，目前產區之外適宜面積，是指目前傳統咖啡專區之外，也就是非咖啡產區在氣候與地質上也適合種咖啡的面積。前三名依序為蘇北省、亞齊與蘇拉維西，合計面積 324,336 公頃。

（三）項，目前產區 2050 年仍有適宜面積，是指氣候變異惡化到 2050 年，傳統咖啡產區內尚可種咖啡的面積。本項的六大產區適合種咖啡的面積大幅減少，蘇北省從（一）項的 210,749 公頃縮減到（三）項的 22,643 公頃，減幅高達（五）項的 -89%（22,643-210,749 ／ 210,749 = -89%），依此類推，六大產區到了 2050 年咖啡產區內適宜種咖啡的總面積銳減到只剩 57,284 公頃，合計減幅高達（五）項的 -84%！

但本項中唯一增加面積的是東爪哇，從 6,589 增加到 6,774 公頃，增幅達（五）項的 +3%。原因有二：1. 目前東爪哇專區實際種咖啡的面積仍比本區實際上適合咖啡的面積小很多；2. 高海拔林地因暖化升溫使得原本不宜咖啡的冷涼山林增加了適宜性。

（三）項最底下的合計面積加上（四）項最底下的合計面積，表示 2050 年印尼咖啡產區內以及傳統產區之外，適合種咖啡的面積仍有 240,220 公頃，雖然比目前適合咖啡的總面積 683,936 公頃［（一）項合計 +（二）項合計）］大減了 65%，但如果以目前印尼阿拉比卡平均每公頃單位產量 500 多公斤來算，未來適合種咖啡的面積雖只剩下 240,220 公頃，但要維持印尼當前阿拉比卡年產 6 萬至 9 萬噸的產量，綽綽有餘（240,220 x 500 = 120,110 公噸）。若要維持 9 萬噸的阿豆年產量，其實只需 186,000 公頃就夠了。數字會說話，這表示印尼只要提高單位產量，阿豆未來仍有很大的成長潛能，如果 2050 年印尼阿豆的單位產量能提高 1,000 公斤／公頃，即可產出 24 萬噸，或可紓緩拉丁美洲咖啡 30 年後的缺口！

（六）項，目前產區 2050 年適宜面積合計變動率 %，是指氣候變異到了 2050 年，（三）項 +（四）項的總面積，減掉（一）項面積，再與（一）項面積的比值，也就是到了 2050 年該產區適宜種咖啡的總面積與目前的面積比值。

以亞齊為例，（三）項的 4,808 公頃加上（四）項的 51,956 公頃，再扣掉（一）項的 51,318 公頃，得到 5,446 公頃，也就是到了 2050 年亞齊在咖啡區

內與咖啡區外適合咖啡的總面積 5,446 公頃，反而比（一）項目前產區適合種咖啡的面積多出 11％！依此類推，2050 年蘇拉維西的總合咖啡可耕地也比（一）項增加 106％，東爪哇則增加 6％，因此到了 2050 年亞齊、蘇拉維西與東爪哇躍為印尼阿拉比卡的最大贏家，而蘇北省、弗洛勒斯和峇里則淪為輸家，其中弗洛勒斯喪失的咖啡可耕地高達 98％，是最大輸家。

值得一提的是，玩家耳熟能詳的蘇北省托巴湖南邊的林東曼特寧經典產區，在全球氣候模組分析下，到了 2050 年適合種咖啡的面積恐將大幅縮小，甚至消失，托巴湖周邊地區因升溫與高濕，將損失 80％以上的咖啡田，尤其是托巴湖的東北邊、東側與南邊，影響最大，30 年後只剩下西側仍可種咖啡。經典的林東曼特寧可能被晚輩亞齊曼特寧瓜代。

〔12-3〕2050 年印尼 6 大產區氣候與地質仍適宜咖啡生產的面積變化評估

單位：公頃

	（一）目前產區適宜面積	（二）目前產區之外適宜面積	（三）目前產區 2050 仍有適宜性面積	（四）目前產區之外 2050 仍有適宜性面積	（五）目前產區 2050 年適宜面積變動%	（六）目前產區 2050 年適宜面積合計變動%
蘇北省	210,749	122,496	22,643	47,140	-89	-67
亞　齊	51,318	106,808	4,808	51,956	-91	+11
蘇拉維西	46,029	57,629	15,405	79,437	-67	+106
弗洛勒斯	16,518	24,128	230	85	-99	-98
峇　里	28,518	7,464	7,424	4,095	-74	-59
東爪哇	6,589	5,811	6,744	233	+3	+6
合計	359,600	324,336	57,284	182,936	-84	-33

（＊資料來源：Winner or loser of climate change? A modeling study of current and future climatic suitability of Arabica coffee in Indonesia）

＊適宜面積不包括法定的森林保護區

印尼單位產量太低，競爭力有待提升

根據 ICO、印尼官方以及美國農業部資料，2010 至 2020 年印尼咖啡平均年產量 10,815 千袋（648,900,000 公斤），有收穫咖啡田面積 1,210,000 公頃，平均單位產量只有 536 公斤／公頃，印尼羅豆單位產量約 600-700 公斤／公頃，阿豆甚至低於 500 公斤／公頃。印尼咖啡單位產量不但遠低於巴西、哥倫比亞等拉美產國，甚至低於 2019 年嘉義農試所公布的台灣咖啡單位產量 921 公斤／公頃。

印尼咖啡的單位產量遠低於拉丁美洲產國，原因如下：

1. 咖啡只是大多數印尼咖農的次要收入，為了降低生產成本，甚少投放肥料與農藥。印尼產區普遍的做法是，鮮果或帶殼豆的收購盤商為了優先取得收購權，先為咖農墊付肥料與農藥以提高產量，然後再從收購的款項扣除之前的支出。但大多數未受盤商青睞的咖農只好看天吃飯。

2. 咖啡苗多半是向其他較有育苗經驗的咖啡農購買，但其純度、健康狀況與相關遺傳性狀，並無保障。農政單位很少提供咖農高產量且抗病力強，有品質認證的優異品種。

3. 各島的雨季有延緩到來的趨勢，影響花期與產果量。

全年皆是收穫季

印尼跨越南北半球，各產區乾濕季與採收季各殊，全年皆可收穫咖啡。

蘇門答臘採收期：10 至 4 月

爪哇、峇里採收期：4 至 10 月

蘇拉維西採收期：6 至 12 月

巴布亞採收期：5 至 8 月

西帝汶採收期：5 至 9 月

★ 　　　　　　　　　　**越南篇**

| 羅豆霸主戮力優化阿豆 |

　　短短 30 年內越南咖啡產量從 1990-91 年產季的 1,310 千袋（78,600 噸，約占世界產量 1.4 ％），爆增到 2019-2020 年產季的 31,300 千袋（1,878,000 噸，約占世界 18.2 ％），產量增加 23 倍。越南羅豆高占本國咖啡產量的 96.5 ％，是世界最大羅豆產國，也是世界第二大咖啡產房。然而，全球持續暖化，年均溫上升，降雨型態改變；旱季變長、暴雨成災、病蟲害肆虐，是抑制越南咖啡產量繼續增長的主因。2019 年 4 月，保護國際組織（Conservation International）以及 CIAT 的研究指出，越南是亞洲咖啡產地的重災區，預計越南目前適合種羅布斯塔的面積 84,326 平方公里（8,432,600 公頃），到了 2050 年可能喪失將近 50 ％，縮減到 46,473 平方公里（4,647,300 公頃），將危及全球羅豆的供需，所幸當局超前部屬，大力培育或引進對極端氣候有耐受性的新品種，趨吉避凶，降低農損。

無性繁殖打造強悍羅豆大軍

　　早在 1857 年，法國傳教士已將阿拉比卡引入越南北部山區，1908 年又引進羅布斯塔和賴比瑞卡至中南部地區。1986 年越南效法中國改革開放政策，大力扶植中部高地的咖啡產業，主攻抗病力強的羅布斯塔，而今咖啡占越南農業出口額 15 ％，更高占中部高地的國內生產總值 30 ％。越南羅豆主力產區在中部高地 (亦稱西部高地) 的多樂省、林同省、得農省，占咖啡總面積 88%，更高占總產量 95 ％，其餘在南部地區。阿拉比卡產區星散於中北部與北部偏遠山區。

　　越南的羅豆主要來自印尼爪哇，大致可分為兩大品系；一為豆粒較小、品質較高、抗病力較差、產量低且種植量較少的原型羅布斯塔；另一種為高產量高抗病力，較大顆的羅豆。1990 年以後，中部高地各省大肆種植羅豆，西部高地農林科學院（Western Highlands Agriculture & Forestry Science

Institute）等諸多研究機構，以混血雜交培育許多高產量、高抗病力的羅豆品種，然而，若以混血品種的種子來繁殖，會出現遺傳變異性，為了維持優良品種的遺傳穩定性，將雜交第一代 (F1) 改以無性繁殖的克隆苗 (即體細胞培育下一代)，或用嫁接、扦插方式，維持品種的純度，從而建立一支高抗性、高產量的強悍羅豆大軍。

以組織培養、嫁接、扦插、分株等無性繁殖造出的越南羅布斯塔新品種均冠上 TR 的編號，諸如 TR4、TR5、TR6、TR7、TR8、TR9、TR11、TR12、TR13、TR14、TR15 或 TRS1。目前越南栽植最多的克隆苗是 TR14、TR15，此二品種對氣候變遷的適應力很強，另外 TRS1 對移植他地或復耕的環境適應力極佳，這 3 個品種是越南羅豆的主力。

品質方面，經國際精品咖啡協會 (SCA) 評鑑，TR11 與 TR13 最突出，兩品種的杯測分數介於 81-82，是精品級的越南羅豆。

越南高產量的羅豆品種，單位產量可達 3.5 噸／公頃以上，世界之最，但近年受升溫與乾旱影響，2017-2020 年的單位產量徘徊在 2.7-2.9 公噸／公頃，雖然越南是單位產量最高的咖啡產國，但在氣候異常的掣肘下，單位產量似乎到頂，有下滑的趨勢。

引進 F1 強化阿拉比卡戰力

羅豆最大產房也沒忘了提升阿豆戰力，目前正以風味更優、對極端氣候更有適應力的 F1 汰換老邁 Catimor，改善越南阿豆的國際形象。2017 年法國 CIRAD、咖啡貿易巨擘 ECOM、為農林系統培育咖啡（BREEDCAFS）、illycaffè 等機構與越南農業科學研究院（VAAS）合作，在北部較涼爽的山羅省、奠邊省試種中美洲頗受好評的 F1 包括 Centroamericano（H1）和 Starmaya（血緣請參第五章圖表〔5-1〕），並以越南卡蒂姆為對照組。

越南是亞洲最先試種明日咖啡 F1 的產國。越南 12 名咖農種植的 4,800 株 F1，2020 年首穫，由專家進行物理性與化學成分分析，並在法國、義大利

和越南進行杯測，結果出乎意料的好，北部二省 F1 示範農場的單位產量竟然比越南卡蒂姆高出 10-15 ％，杯測平均分數亦在 82 以上，未來有 85 分潛力，明顯優於姆咖啡。F1 帶有衣索匹亞野生咖啡的基因，是針對農林栽植系統而培育的明日咖啡，必須有遮蔭樹才長得好，迥異於越南卡蒂姆無遮蔭的全日照系統。2019 年山羅省異常寒冷而降霜，對照組的卡蒂姆全數凍傷損失慘重，反觀 F1 卻挺過寒害，專家認為雜交第一代抗逆境能力優於一般品種是原因之一，另外，農林間植系統較能抵抗乾熱與寒害侵襲也是要因。

F1 在越南北部通過實戰考驗，目前農政單局正啟動新品種核可作業，準備擴大栽種並淘汰卡蒂姆。另外，還在中北部的廣治省、中部羅豆要塞的林同省不同海拔區試種 F1 高達 4 萬株，如果通過考評，將引進中部高地。越南阿豆的品質可能因此鹹魚翻身。

〔12-4〕越南產區圖

北部山羅省、奠邊省試種 F1 明日咖啡成功，正擴大引進中北部廣治省與中部林同省實戰試種。

阿拉比卡 Arabica

羅布斯塔 Conilon / Robusta

● 北部山區

中北部

中部高地

1　崑嵩省 KON TUM

2　嘉萊省 GIA LAI

3　多樂省 DAK LOK

4　得農省 DAK NONG

5　林同省 LAM DONG

6　平福省 BINH PHUOC

7　同奈省 DONG NAI

｜台灣產地，世界縮影｜

根據《2011 年台灣氣候變遷科學報告》，百年來台灣暖化情形頗為嚴重，寶島年平均溫在 1911 至 2009 年間，上升 1.4℃，增溫速度相當於每 10 年上升 0.14℃。相較於全球的百年升溫 0.74℃，也就是每 10 年升溫的平均值為 0.074℃，台灣年均溫上升的速度是全球的 2 倍。更糟的是，近 30 年（1980 至 2009）台灣升溫明顯加快，每 10 年升幅為 0.29℃，幾乎是百年升溫趨勢值的兩倍；西部人口稠密的台北、台中、高雄都會區比花東地區升溫更明顯。降雨方面，台灣百年來總雨量並無顯著的增減，但總降雨日數卻明顯減少，大豪雨日數在近 30 年明顯增多，但小雨日則是大幅減少，換言之，一旦下雨就偏向大雨或豪雨型態，朝向極端降雨的災害性天氣型態發展。台灣咖啡栽植面積雖小，約 900 至 1,000 公頃，卻是全球產地遭受暖化衝擊的縮影。

台灣咖啡年產量約 1,000 噸，每公斤生豆市價姑且以 1,500 元計，總產值不過 15 億台幣，產值不高，向來未受農政當位重視，至今尚無氣候變異對台灣咖啡產區的衝擊及如何調適與減災的研究報告。然而，咖農的感受最切實，我訪談中南部幾位咖農，進一步瞭解台灣產區受暖化影響的程度。基本上，高海拔 (1,000-1,450 米) 的影響明顯輕於 500 公尺以下低海拔產區，不少咖農為減災，往更高海拔發展，這與拉丁美洲與衣索匹亞情況不謀而合。

我曾訪談古坑、阿里山、東山、屏東、南投不同海拔區的咖農，雖然各莊園地理位置不同，受暖化影響因地而異，但大家的共識是，如果和 20 年前相比，氣候愈來愈難預測，乾濕節令失序，溫度確實上升，降雨形態有極端化傾向，久旱不雨或暴雨數日的頻率增加，但這兩年颱風提早轉向，旱季有延長趨勢。病蟲害方面，果小蠹為害最烈，尤其是年均溫較高的低海拔地區受害最重。

極端氣候，寶島咖農調適有道

亞洲咖啡雖不復昔日魅力，但台灣咖啡卻異軍突起，近年全國賽優勝莊園吸引不少國內外買家。氣候變異雖然增加管理上的成本，但高素質的台灣咖啡農卻能因地制宜，做出必要的調適與減災。

以南投仁愛鄉海拔 1,450 米，台灣國產精品咖啡評鑑優勝榜中海拔最高的森悅高峰莊園為例，莊主吳振宏說：「2020 年和前幾年相比，雨量減少了，白天最高溫度高出 1℃ 以上，因雨水少溫度無法長時間處在較低溫，升溫使得咖啡成熟速度加快，結果量增加，但果實顆粒較小且瑕疵豆也明顯增多，咖啡轉紅速度快了 45 天。2021 年第一批次採收是 9 月中旬，以前採收時間約在 10 月底 11 月初左右，成熟期變短，造成咖啡果實（目數）變小，2020 年 85％ 都是 18 目以上，但 2021 年 18 目以上只剩下 65％ 到 70％ 左右，所幸並未影響品質，仍打進全國賽優勝榜。病害有防治還好但果蠅數量明顯增加。溫度上升容易感染介殼蟲及煤煙病，造成些困擾。這裡海拔較高，果小蠹災情輕微。但雨水較少，樹勢沒有以往那麼旺盛，但還是可以借助滴灌技術克服；即在田裡埋管線，定時定量將水和肥料輸送到根部。」

寒害是高海拔最大的痛，2021 年 1 月森悅高峰有幾天最低溫只有 1℃，又逢產果期，損失 20％ 產量，調適之道是盡量把咖啡種在喬木下，夏天可遮陽，冬天可保暖。吳莊主發現，有大樹庇護的咖啡不易凍傷，反觀種在空曠處沒有樹蔭保護的咖啡多半嚴重凍傷。但種在樹下容易光照不足，產量減少，必須花時間為遮蔭的大樹修枝，補足光照。

吳莊主寄望暖化能逐年降低寒害影響。他種蘭花的學弟看好高海拔增香提醇的潛力，將 500 株藝伎種在南投清境海拔 1,550 米處的鏤空蘭花棚架內，寒流來襲再鋪上透明塑膠布，形成一個溫室，可增溫 3℃ 避寒，至今藝伎情況挺好，這可能是寶島最高咖啡園。或許持續幾年的暖化升溫效應，會使高海拔更適宜種咖啡。

位於古坑鄉石壁，海拔 1,200 米的嵩岳咖啡負責人郭章盛說：「經 20 多年的觀察，漸進式緩慢的暖化，我覺得影響並不明顯，動植物也會逐漸馴化適應。倒是極端氣候的衝擊較大，不可預期的極冷（霜雪）、極旱、冬季多雨……等異常天候對農作的影響較大！但每年開始採收的時間並沒有逐年提早，有幾年甚至延後。咖啡園的花期並無明顯的提早，這裡海拔高，比較不受暖化升溫影響。」嵩岳是全國咖啡評鑑的常勝軍。

寒害與地形有密切關係，阿里山的香香久溢莊園、台中東勢的龍咖啡，海拔 900-1,100 米，不算太高，但位於山谷或河谷地，濕氣與水氣較重，寒流來襲，易有霜害，農損不小，應避免種在山谷或河谷地區。阿里山鄒築園、卓武山、南投向陽咖啡、林園咖啡，近年也另闢更高海拔的栽植場，往高處種是一股不可逆的趨勢。

阿里山海拔 1,200 米的自在山林咖啡園指出，近幾年氣候變遷日益嚴重，每年的氣候變化無法預期，過去未慎選的栽植場很難克服今日升溫與缺雨的影響，未來要更謹慎評估場址的選擇。花期與可收獲量，跟日照或雨量有很大關係，日照不足，溫度過高，雨季太長，都會導致產量下降，而近幾年較常出現雨量少，日照強烈，溫度過高，造成結果數量大增，粒徑偏小，品質雖然差異不大，全國賽一樣打進優勝榜，但豆粒較小賣相稍差，必需用修枝方式，讓隔年咖啡豆粒徑增大，然而，剪枝卻容易讓產量減少，為了品質這是必要措施。近年升溫明顯，病蟲害日益嚴重，然而，種植面積若是控制在能顧及的範圍內，可以盡早多次清園防範，避免臨田感染，應可有效防治。氣候變遷大幅增加田間管理的開銷、難度與工時，但高海拔產區的病蟲害、高溫落果或減產的災情，遠小於低海拔。

海拔 700 米，不高也不低的台南大鋤花間指出，近年乾濕季較為極端，若高溫碰到高濕很容易染上炭疽病，增加管理上的麻煩。就中海拔而言，雨量多寡的影響會比氣溫來得大，中海拔的優勢是不管酷暑或寒冬，溫度對咖啡樹來說都還是舒適的，不像高海拔怕寒流，低海拔怕酷暑，這是中

海拔的環境優勢。但最怕的是雨量太多或是太少，太多容易病害、或根泡爛、熟果容易裂。雨水太少，咖啡容易枯死，肥份無法順利進入土壤被根部吸收。氣候異常是很大的挑戰，如何調適減災，有賴更費心的田間管理。大鋤花間是台南東山景點知名的咖啡餐廳，咖啡自產自焙自銷，東山地區的莊園均採此模式經營，很有特色。

|台灣進口生豆排行榜|

2019 年台灣進口的生豆重量前六名依序為巴西、印尼、哥倫比亞、衣索匹亞、瓜地馬拉、尼加拉瓜。近 10 多年來印尼一直是台灣進口量最大的產國，每年進口量維持在 5 千至 6 千多噸水平，但 2016 年以後開始大幅下滑，2019 年跌到 4,183 噸，未來可能被哥倫比亞超車。（請參圖表〔12-5〕）

近 10 年台灣進口生豆量以衣索匹亞與拉丁美洲增幅最大，衣索匹亞從 2010 年的 528 噸增長到 2019 年的 3,750 噸，成長 612％；哥倫比亞從 2010 年的 705 噸增加到 2019 年的 4,043 噸，成長 473％；巴西從 2010 年的 3,248 噸增加到 2019 年的 7,590 噸，成長 134％；尼加拉瓜更從 2010 年的 157 噸暴增到 2019 年的 2,257 噸，成長 1,300％。耐人玩味的是印尼的咖啡產量並未減少，但台灣進口的印尼豆卻從 2016 年後開始下滑，至 2019 年已跌了 33.43％，較之進口量持續增長非洲豆與拉美豆，尤顯突兀。

如換算每公斤的進價，則以牙買加最貴，高達 1,292.8 台幣／公斤，這與藍山有關，雖然近年喝藍山的人減少但價格仍高；其次是巴拿馬，應與藝伎有關，雖然巴拿馬咖啡出口量仍以卡杜拉或卡杜阿伊為主。每公斤進價前十名依序為牙買加、巴拿馬、葉門、厄瓜多爾、肯亞、哥斯大黎加、墨西哥、蒲隆地、泰國、衣索匹亞。每公斤進價最低的是越南，只有 60.2 台幣／公斤，這與越南以羅豆為大宗有關。

〔12-5〕2019 年台灣進口生豆排行榜

國名	台幣（千元）	公噸	台幣／公斤
巴西	633,982	7,590.366	83.5
印尼	499,804	4,182.918	119.5
哥倫比亞	436,043	4,043.374	107.8
衣索匹亞	533,479	3,749.613	142.3(10)
瓜地馬拉	338,941	3,127.927	108.4
尼加拉瓜	185,364	2,257.067	82.1
越南	79,962	1,329.216	60.2
寮國	77,524	955.58	81.1
哥斯大黎加	155,951	694.046	224.7(6)
宏都拉斯	68,124	578.18	117.8
薩爾瓦多	61,077	538.85	113.3
印度	34,765	488.01	71.2
肯亞	59,680	249.923	238.8(5)
烏干達	14,616	219.54	66.6
巴拿馬	121,010	196.927	614.5(2)
其他大洋洲	14,480	163.645	88.5
盧安達	22,631	161.947	139.7
巴布亞紐幾內亞	19,189	151.994	126.2
馬拉威	17,580	130.251	135
坦桑尼亞	13,535	124.604	108.6
中國大陸	12,202	122.343	99.7
秘魯	12,202	103.612	117.8
蒲隆地	7,339	42.815	171.4(8)

國名	台幣（千元）	公噸	台幣／公斤
緬甸	2,189	25.448	86
泰國	3,579	24.359	146.9(9)
墨西哥	4,086	23.537	173.6(7)
厄瓜多爾	5,734	16.252	352.8(4)
牙買加	12,178	9.42	1,292.8(1)
葉門	2,632	4.744	554.8(3)

（＊資料來源：依據財政部關務署統計，核算編表）
＊每公斤均價前 10 名表列在括號內

｜人均咖啡消費量突破 2 公斤｜

根據 ICO 統計資料，台灣進口咖啡生豆量，從 1990 年的 146 千袋（8,760 噸）躍增到 2018 年的 789 千袋 (47,340 噸)，可算出 28 年內暴增 440％（請參圖表〔12-6〕）。如以 2020 年台灣總人口 23,566,471 來算，2017 年台灣人均咖啡消費量已突破 2 公斤大關，達到 2.17 公斤／人，2018 年略降到 2.01 公斤／人，寶島的咖啡人均消費量已連續兩年超出 2 公斤，距離歐美日的咖啡人均量超出 4 公斤／人，還有一大段落差，但台灣喝咖啡風氣日盛，未來還有很大成長空間。

台灣本產咖啡逆勢吃香

台灣每年自產咖啡豆約 1,000 噸，進口生豆約 5 萬噸，即自產量是進口量的 1/50，由於生產成本高，過去很多業內人士看衰台灣豆。但近年台灣咖啡逆勢而為，品質大躍進，連帶提升了性價比，全國賽優勝莊園豆的產量供不應求，愈來愈多的都會區咖啡館賣起台灣咖啡，搶喝寶島咖啡蔚為風尚。

台灣處於全球暖化較嚴重的熱區，目前位於中高海拔的咖啡園尚能調適，

但未來挑戰勢必更嚴峻，有待農政單位趁早規劃應變與輔導之策。就咖啡栽植環境而言，寶島是全球珍稀的高緯度海島豆，台灣咖啡至今已有 130 多年栽培歷史，若數十年後因氣候變遷而香消，台灣故事將失落精彩的一頁！

2019 年正瀚生技風味物質研究中心與國際精品咖啡協會 (SCA) 合辦感官壇，由 SCA 麾下的咖啡科學基金會（CSF）執行總監彼得（Peter Guiliano）主持盛會。在彼得穿針引線下，正瀚生技有意將中美洲經過多年實戰風評

〔12-6〕28 年來台灣進口生豆總量表

千袋，每袋 60 公斤

1990	146	2005	325
1991	184	2006	295
1992	173	2007	358
1993	157	2008	319
1994	213	2009	360
1995	166	2010	453
1996	210	2011	470
1997	254	2012	476
1998	268	2013	557
1999	318	2014	583
2000	402	2015	667
2001	443	2016	698
2002	478	2017	851
2003	491	2018	789
2004	361	2019	834

（＊資料來源：國際咖啡組織（ICO））

甚佳的 F1 諸如 Centroamericano、Starmaya 等明日咖啡引進台灣試種,但新冠疫情拖延進度,預料疫情平息後,F1 可望引進寶島試種。

〔 第三部 〕

咖啡的後製與
發酵新紀元

700 年來咖啡後製技法歷經四大浪潮洗禮！超級
精品豆不可或缺的萬人迷成分檸檬烯、甲基酯化
物、草莓酮，正是水果炸彈主要來源，已躍為第
四波浪潮的新寵。有機酸、醇類、胺基酸、醣類
等前驅芳香物，均與後製發酵與種子代謝有關係，
超級精品豆的性感尤物將在第四波浪潮追根究底
下，陸續解密現形！

第十三章

後製發酵理論篇：
咖啡的芳香尤物

　　咖啡迷人的檸檬烯、草莓酮、甲基酯化物，源自種子的新陳代謝、萌發反應，還有種子外部微生物發酵造味，以及烘焙的酯化反應與梅納反應，環環相扣，淬鍊出嗅覺閾值很低，極易感知的性感尤物。

　　一切先從咖啡果子構造圖說起。咖啡果由外而內分為：1. 果皮 2. 果肉、3. 膠質層（果膠）4. 種殼（羊皮層）5. 種皮（銀皮）6. 生豆（胚乳）7. 胚芽。咖啡果採收後，除日曬法直接全果發酵乾燥外，其餘需經過去皮、發酵、脫除果膠（水洗）或連膠帶殼（蜜處理法），乾燥至含水率降至 10-12%，可安全儲存，接獲訂單再刨除種殼，此一繁瑣工序統稱為後製。

〔13-1〕咖啡果剖析圖

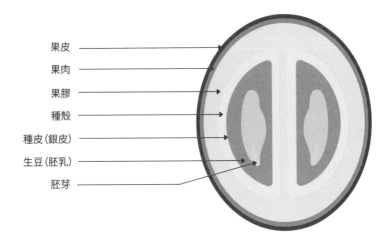

果皮
果肉
果膠
種殼
種皮（銀皮）
生豆（胚乳）
胚芽

｜5 種基本處理法的屬性｜

從 1400 年至今，咖啡後製技法的演進與流行依序為日曬→水洗→濕刨法→去皮日曬→機械脫膠→蜜處理→厭氧發酵→菌種發酵、添加物（各技法的大略發展年代在後文詳述）。

顧名思義，日曬即全程日曬不碰水，水洗即水下發酵後洗淨果膠。長久以來各種處理法並無統一定義，直到 2015-2016 年美國精品咖啡協會（SCAA）生豆課程，首度以咖啡乾燥時所保留的最外層構造，來定義各種後製法的屬性，已廣為業界採用。咖啡豆的後製根據乾燥方式，可分為以下 5 種基本款：

1. 日曬法：連皮帶果的全果乾燥，耗時最久，發酵入味程度最高，亦稱果皮乾燥法。乾燥時最外層的結構是果皮，即可歸類為日曬法。

2. 去皮日曬（蜜處理）：去掉果皮以淨水短暫沖洗或不沖洗，豆殼殘留些許果膠，進行乾燥，此法源於巴西，後來哥斯大黎加將去皮日曬改良為不碰水、不沖洗，保留更多果膠，如同蜂蜜附在種殼上進行乾燥，故稱蜜處

理法。這兩款姊妹處理法又稱果膠乾燥法，發酵入味程度低於日曬。乾燥時最外層結構為果膠，即可定義為去皮日曬或蜜處理。

3. 水洗法：果子去皮後，黏答答帶殼豆入水下發酵並洗除果膠，稱濕式水洗。另有不入水下發酵，以黏答答帶殼豆直接發酵，稱為乾式水洗。濕式或乾式水洗法清洗果膠後，以乾淨帶殼豆進行乾燥，發酵入味程度低於去皮日曬、蜜處理與日曬。水洗又稱為「種殼乾燥法」。乾燥時最外層結構為種殼，即可歸類為水洗法。

4. 濕刨法：果子去皮後進行濕式或乾式發酵，再洗淨果膠，短暫晾乾至生豆含水率仍高達 25-35 %，即提早刨除種殼，僅以生豆進行乾燥，加快乾燥進程，發酵入味程度低於上述 3 種處理法。但種殼提早刨除，容易染上雜味，印尼午後多雨，首創此法加速乾燥，又稱為生豆（種子）乾燥法。乾燥時最外層結構為去殼豆（生豆），即可歸類為濕刨法。

5. 機械脫膠法：去皮後黏答答帶殼豆不必入水槽發酵，直接以脫膠機磨除果膠後，以乾淨的帶殼豆進行乾燥，發酵程度最低。此法和水洗法都是以帶殼豆進行乾燥，最大差別是機械脫膠不需發酵，優點是降低發酵不當的風險，但缺點是風味清淡。

以上處理法的發酵入味程度依序為：

日曬＞蜜處理＞去皮日曬＞水洗＞濕刨法＞機械脫膠法。

發酵愈重，酒酵味與醬味愈重；發酵愈低愈雲淡風輕，過猶不及。低海拔咖啡的芳香前驅物較少，可借助發酵程度較高的日曬與蜜處理，增香提醇更易喝到微生物代謝物的風味；反之，高海拔咖啡本質較佳、前驅物較豐，採用水洗更易喝到乾淨的地域之味。

若在日曬、蜜處理或水洗過程中，抑制氧氣含量即為「厭氧處理」，若接種特殊菌種即為「菌種發酵」。厭氧與菌種發酵，旨在掌控微生物類別並提高其代謝物的風味，是近年挺火紅的另類處理法。

|解析精品咖啡的造味秘密|

咖啡果子一旦採收下來，生豆所含的糖類、蛋白質、脂肪、胡蘆巴鹼、有機酸、酯類、醇類、醛類、酮類、萜烯類等風味前體，已因品種、海拔、風土、氣候和田園管理決定了一大半，剩下的另一半風味物則由採收後的製程：發酵、乾燥、烘焙與萃取來決定其良劣。

小小咖啡果猶如一座化學廠，果膠層含有葡萄糖、半乳糖、果膠酸酯、蛋白質、有機酸；而包在果膠內的咖啡豆化學成分更複雜，含有數百種物質，多半是前驅芳香物，諸如纖維素、半纖維素、葡萄糖、果糖、半乳糖、蔗糖、脂質、咖啡醇、固醇、三酸甘油酯、蛋白質、咖啡因、胡蘆巴鹼、綠原酸、非揮發性有機酸（檸檬酸、蘋果酸、乳酸、奎寧酸）、揮發性有機酸（甲酸、乙酸、丁酸、己酸、異戊酸）。光是生豆就含有 200 種揮發性成分，經過烘焙的熱解、聚合、梅納、焦糖、酯化反應，生成 1,000 多種揮發性化合物，一杯千香萬味的黑咖啡，所含有芳香物超過紅酒、茶、巧克力與香草，是成分最複雜的飲料。

烘焙是咖啡製程最大的造香機制，然而，烘焙所需的前驅芳香物，許多來自採收後的兩大生物代謝過程：1. 種子適度萌發的風味代謝物；2. 微生物發酵的風味代謝物。換言之，後製過程種子與微生物代謝物多寡與良莠，直接影響烘焙催香的結果。從鮮果到一杯咖啡的製程，莊園端的發酵與乾燥是僅次於烘焙的第二大造香機制！

|1. 種子適度萌發|

不同於溫帶的穀物或豆科植物，咖啡是熱帶作物，咖啡種子並無休眠期且不耐久存，咖啡果子含水率高達 50％以上（果膠 85％、乳胚 51％），果熟後去掉果皮，甚至摘下果子都可啟動咖啡豆發芽的新陳代謝機制。研究發現咖啡種子在水洗或日曬階段，新陳代謝極為活躍，糖類、有機酸、胺

基酸的濃度不斷變化；儲備的碳水化合物、蛋白質、脂質等大分子營養開始分解，釋出低分子量的養分為發芽熱身，進而影響咖啡前驅芳香物的含量與組成。諸多研究[註1]指出，咖啡種子在後製過程的短暫萌發反應，因處理法不同而有截然不同代謝物，直接影響水洗與日曬咖啡的味譜。

然而，後製過程引動的萌發代謝反應，過猶不及；萌發過度耗盡養分反而使風味走空；萌發不足，風味前體無法順利轉化為風味物質，亦不利生豆品質。如何確保生豆在後製過程中適度萌發，是值得深入探索的後製新課題。

2019 年正瀚生技研發部《後製過程保持種子活性確保風味前驅物能完全轉換成風味物質》研究報告，兩項實驗結果都證明後製過程保持種子活性，使之適度萌發可確保風味前體更完整轉化為風味物，提高杯測分數。

註1：《Transient Occurrence of Seed Germination Processes during Coffee Post-harvest Treatment》、《New Aspects of Coffee Processing:The Relation Between Seed Germination and Coffee Quality》、《Overview on the mechanisms of coffee germination and fermentation and their significance for coffee and coffee beverage quality》

種子萌發與新後製法的實驗

正瀚實驗一

材料處理：

選用台灣嘉義的阿拉比卡果實為材料。去皮後在 25°C環境，無水發酵 24 小時，並以清水洗淨，接著將材料分為四批，一批直接 40°C乾燥作為對照組，其他三批施以 100 ppm GA 促進種子萌動，並分別催芽 3、6、10 天，再予以 40°C乾燥，可溶性糖與有機酸分別以 UPLC 及 HPLC 測定。

結果：

施用 GA 並催芽 3 天的杯測分數為 82.75，另外催芽 6 天與 10 天的杯測分數均為 81.50，都高於對照組直接乾燥未催芽的 80.50。觀察蔗糖、葡萄糖與果糖含量，發現蔗糖隨催芽時間拉長而下降。葡萄糖與果糖在發酵過程中升高，隨後於催芽開始後逐漸降低。蘋果酸的含量在萌發第三天時達到最高峰。

正瀚實驗二

正瀚新後製方法（全果低溫乾燥）：

為確保後製過程中種子可以保持活力，研究員讓全果保持在低溫（10-15°C）的特製機子內脫水，不加熱不吹風，約 30 至 40 天乾燥至含水率 10-12%。同批次的果實請農民自行後製，作為對照組（傳統日曬）。杯測方法根據 SCA 規範進行。

結果：

使用不加熱的低溫乾燥後製法可確保種子活性，復水催芽 17 天之萌芽率為 57.8%，反觀傳統日曬處理及水洗處理之種子，復水催芽的萌芽率分別為 5.6% 及 2.2%，可見使用正瀚的方法能使種子活性維持。低溫乾燥組的杯測分數為 84.25，明顯優於傳統日曬對照組的 81.25 分。

結論與觀點：

實驗證明種子適度的萌動對於風味的提升有幫助。實驗一，催芽第三天當葡萄糖與果糖正開始下降，且蘋果酸大量產生時，是施以 40℃乾燥抑制萌發的最佳時機，以免過度發芽耗損風味前體。而蘋果酸正好也是呼吸作用中的重要中間產物。實驗二，正瀚開發的新後製法，即全果低溫乾燥可保持種子的活性並提升咖啡風味。兩項實驗證明後製過程中讓種子保持活性並適度的萌動相當重要，因為相關的代謝活動有助風味前體轉化為風味物質。

（＊資料來源：正瀚生技研發部。本研究部分內容已於 2019 年 5 月正瀚生技園區舉辦「兩岸盃 30 強精品豆邀請賽」的國際咖啡論壇發表。）

這兩個實驗有其連貫性，實驗一證明維持種子活性，適度萌發後再進行乾燥，會比直接加熱乾燥抑制種子萌發，更有助風味代謝物的產生。其中以催芽第三天，即呼吸作用檸檬酸循環的蘋果酸產物大增時，是進行加熱乾燥的最佳時機，以免萌發過頭，風味前體降解為成其他代謝物。

實驗二以特殊機子的低溫全果乾燥來維持種子活性，杯測分數高出對照組傳統日曬 3 分，意義重大。另外，低溫全果乾燥的種子，復水催芽 17 天的發芽率高達 57.8%，而傳統日曬與水洗復水萌芽率很低，分別只有 5.6 % 及 2.2 %，證實了低溫後製法有助保持種子活性，更完整將風味前體轉成風味物質。

傳統日曬豆需 2 至 3 周完成乾燥，但不曬太陽或不用烘乾機的低溫全果乾燥（攝氏 10-15℃），要花 40 天左右。這不禁讓我想起印尼的不曝曬蔭乾日曬豆，以及巴拿馬 Elida 莊園的厭氧慢乾法，味譜乾淨豐富且酒酵味極低，這與正瀚開發的低溫慢乾日曬，有異曲同工之妙；也就是低溫慢乾可保持種子活性，確保風味前驅物完全轉化為風味物的實踐。

日曬韻 vs 水洗韻：種子短暫萌發代謝物不同

近年德國布倫瑞克工業大學（Technical University Braunschweig）植物生物學研究所、荷蘭瓦赫寧恩大學暨研究中心（Wageningen Universiteit en Research centrum）的國際植物研究所，以及雀巢公司，針對後製過程引動咖啡種子短暫萌發的新陳代謝反應，進行相關研究[註1]，結果不約而同指出，不同處理法引動生豆不同模式的萌發與應激反應，進而影響日曬與水洗的味譜。

水洗法先去果皮再進行水下發酵，引動咖啡種子發芽的新陳代謝反應；葡萄糖、果糖大量消耗，短短幾天銳減 90％，而且種子的蛋白質水解為谷胺酸、冬胺酸、丙胺酸等游離胺基酸，為烘焙提供梅納反應的前驅物。反觀不碰水的日曬處理法的萌發反應較慢，日曬豆的葡萄糖與果糖含量並未大量耗損，但游離胺基酸含量明顯少於水洗豆。日曬豆在長時間乾燥逆境刺激下，谷胺酸大減，合成大量的 γ-氨基丁酸（GABA），此成分帶有紅棗與肉味。日曬豆的 GABA、單糖含量均高於水洗豆，但游離胺基酸少於水洗豆，是日曬與水洗豆風味差異的要因之一。基本上，水洗豆風味較乾淨、酸質較高，而日曬豆風味較龐雜、柔酸、黏稠感與酒酵味較重，這跟日曬豆的單糖含量較豐有關。

科學家以異檸檬酸裂合酶（ICL）以及 β-微管蛋白 （β-tubulin）做為咖啡種子萌發反應的標誌，諸多研究發現水洗法的第一天，即去皮後入水槽發酵 24 小時，已引動種子萌發的代謝反應；第二天取出帶殼豆進行乾燥，此時種子的萌芽代謝反應達到最高峰，生豆含水率在 25％ 以上，仍有相當的活性；但第三天後隨著水洗豆乾燥進程加快，水洗豆的新陳代謝與活性逐漸走弱，直到種子含水率降至 12％ 以下，生豆的新陳代謝停止，活性進一步走衰。

換言之，水下發酵咖啡豆的萌發反應只有短暫的 3-6 天，進程依序為第一天去皮引動萌發機制，發酵 12-24 小時；接著第二天取出帶殼豆清洗時，萌發反應最高；第三天晾曬乾燥的初期，萌發反應不弱，但豆體含水率降至

45％以下，萌發反應轉弱並出現應激反應，產生 GABA，乾燥第六天含水率降至 25％以下，萌發反應劇降趨微。由於水洗的乾燥進程較快，GABA 產物並不多。

反觀日曬豆，不需去果皮浸水，直接晾曬乾燥，發芽機制啟動較緩慢。研究發現日曬豆的發芽反應較遲緩，從日曬的第一天至第五天，萌發的代謝強度循序漸增，直到第六至第七天才達到水洗豆第二天萌發反應的高峰，然後日曬豆的代謝與活性隨著含水率下降而逐漸走弱，如同水洗豆含水率降至 12％以下，新陳代謝停止，種子活性劇降。但全果日曬的乾燥時間較長，需 14 至 20 天左右完成，因此產生的 GABA 代謝物多於水洗豆。

後製過程中，不同處理法引動不同的萌發模式，進而產生不同的風味代謝物，如何保持生豆在後製過程的活性，確保風味代謝物更完整的轉化，有助提升生豆品質，這方面學界所知仍有限，是近年科學家努力探索的新領域。

肯亞 72 小時水洗 vs 機械脫膠：泡水延長風味物轉化

機械脫膠法在拉美和亞洲產區頗為盛行，我在哥倫比亞和雲南看到咖農以脫膠機磨除果膠後，又將帶殼豆引入水槽浸泡數小時至 10 多小時，為何要多這道工序？因為機械脫膠可節省 10 多小時的發酵時間，但磨除膠質體後直接晾曬乾燥就會抑制種子的活性，從而減少萌發代謝物的轉化，不利風味物的累積，因此機械快速脫除果膠雖省去發酵的變因與工時，但一般會再增加數小時至 10 多小時帶殼豆浸泡淨水後再晾曬或烘乾，以延長萌發的代謝反應與風味物的轉化。另外，肯亞知名的 72 小時水洗法，也有異曲同工之妙，洗淨帶殼豆後再入水槽浸泡 10 幾小時後再取出晾曬，亦可延長萌發反應與風味物的轉換，提升味譜豐富度。

・ **肯亞 72 小時水洗之一**

去除果皮 → 水下發酵 24 小時 → 取出沖洗 → 乾式無水發酵 12-24 小時 → 沖洗 → 帶殼豆再泡淨水 12-24 小時

・肯亞 72 小時水洗之二

去除果皮 → 水下發酵 12 小時 → 取出沖洗 → 第二次水下發酵 12-36 小時 → 取出沖洗乾淨 → 帶殼豆泡淨水 16-24 小時

肯亞 72 小時有多種版本，第二種稱「雙重水下發酵」。肯亞 72 小時水洗與中南美、衣索匹亞和亞洲水洗法最大不同，在於多了一道浸泡帶殼豆工序，然後再晾曬，學理上可解釋為增加種子萌發時間，提升風味物的轉化。

然而，物極必反，過猶不及。咖啡豆在後製過程短暫的萌發，酶促反應使大分子營養分解為小分子並釋出有機酸與芳香酯等風味物，有助提升咖啡品質，但萌發過度不但會耗盡養分使風味走空，也會使風味前體轉化成其他成分，產生反效果。舉個實例，台灣水洗豆脫膠後並不適合浸泡太久，尤其是低海拔生豆，洗淨帶殼豆再泡水數小時雖可降低木質味，但浸泡太久，超過 6 小時，風味物易流失淪為乏香的呆板豆。高海拔的台灣水洗豆一般不追加泡水工序以免流失風味物。處理法並無四海皆準的工序與參數，需視生豆條件與環境而調整，這是後製發酵難學難精之處。

| 2. 微生物發酵 |

除了種子適度萌發，微生物發酵更是後製造味的重要機制。發酵有多種內涵，在生化領域被狹窄定義為缺氧情況下分解碳水化合物並獲得能量的新陳代謝過程；在食品界則泛指微生物在有氧或缺氧環境下，將碳水化合物（糖或澱粉）轉化為醇類或有機酸，並獲得能量的代謝過程。簡單的說，發酵就是微生物將大分子營養分解為小分子養分，並產生多種代謝物質，對人類有益稱發酵，若危害人體健康則稱腐敗，所以發酵菌種的選擇攸關成敗。

咖啡和酒類、麵包、泡菜、火腿、優酪乳一樣，製程都需經過發酵，我們每天喝入的咖啡芳香物，除了來自生豆短暫萌發的代謝物外，還有更多前驅芳香物來自微生物發酵的代謝物，諸如醇類、酯類、醛類、酮類、糖醇、有機酸等，並滲進種殼內的生豆，參與烘焙的熱解、梅納、焦糖與酯化反應，造就一杯千滋百味的黑咖啡。

黏附在咖啡種殼上的膠質是一種富含半乳糖、葡萄糖、果糖、乳糖和有機酸的水凝膠，無法用水洗除，需經過微生物分解後再用淨水搓除，要不就要採用全果發酵，曬乾後再用去殼機刨除種殼。然而，參與傳統水洗與日曬發酵的微生物因含氧量多寡而有不同的族群，進而產生不同代謝物，影響咖啡風味。

氧氣決定發酵形態

氧氣含量決定微生物的發酵形態，傳統水下發酵或近年盛行的密閉容器厭氧發酵，是在缺氧環境進行，菌種以厭氧的乳酸菌為主（乳酸發酵），其次是厭氧的酵母菌（酒精發酵）。厭氧或兼性厭氧微生物的代謝物以乳酸、醋酸、乙醇（酒精）、糖醇、乙醛、二氧化碳、熱能和水為主。然而，在有氧環境，好氧的醋酸菌進行醋酸發酵，將酒精轉化成醋酸。另外，黴菌多半是好氧菌，發酵不當容易遭到赭麴黴菌污染，產生致癌的赭麴毒素A。微生物在有氧與缺氧環境的發酵造味機制極為複雜。

有氧環境／有氧發酵／醋酸發酵／葡萄糖酸：

· 醋酸發酵＝醋酸桿菌＋乙醇（酒精）→醋酸＋能量
· 醋酸桿菌科的葡萄糖桿菌屬則將葡萄糖分解為葡萄糖酸

缺氧環境／厭氧發酵／乳酸發酵、酒精發酵：

· 乳酸發酵＝乳酸菌＋糖→乳酸＋能量

· 酒精發酵 = 酵母菌 + 糖 → 乙醇 + 二氧化碳 + 水

這還沒完，乳酸發酵因菌屬的不同，可分為同質乳酸發酵與異質乳酸發酵，釋出不同的風味代謝物：

· 同質乳酸發酵 → 乳酸是唯一代謝物，風味較單純

菌屬包括：*Pediococcus*（足球菌屬）、*Streptococcus*（鏈球菌屬）、*Lactococcus*（乳酸球菌屬）、*Vagococcus*（徘徊球菌屬）。

· 異質乳酸發酵 → 代謝物除了乳酸外，還有酒精、甘露醇、乙醛、醋酸、丁二酮、二氧化碳，香氣較豐富

菌屬包括：乳酸桿菌屬（*Lactobacillus*，兼具同質與異質發酵）、明串球菌屬（*Leuconostoc*）、有孢子乳酸菌（*Sporolactobacillus*）、腸球菌屬（*Enterococcus*）、肉品桿菌屬（*Carnobacterium*）、四體球菌屬（*Tetragenococcus*）、雙歧桿菌屬（*Bifidobacterium*）。

另外，大部分的乳酸菌是兼性厭氧，亦可在有氧環境生存，但在無氧狀態生長情況較佳。另有少數專性厭氧乳酸菌如在有氧環境容易中毒，活力銳減。

酵母菌也有許多是兼性厭氧，也就是在有氧環境進行有氧呼吸，繁殖旺盛，只產生極少的酒精，但在缺氧環境改行無氧呼吸，繁殖力較弱，卻可進行酒精發酵產生更多的酒精。這也有例外，有些特異的酵母菌即使在有氧情況下，只要有葡萄糖存在，會以酒精發酵取代有氧呼吸，直到葡萄糖耗盡才會啟動分解其他糖類的機制，並非所有的酵母菌必須在缺氧下才行使酒精發酵。酵母菌和乳酸菌除了製造酒精、乳酸、醋酸、糖醇、酯類、醛類等風味前體，還會產出檸檬酸、蘋果酸等有機酸，微生物是人小鬼大的異世界。

日曬法的菌相比水洗複雜

全果日曬含有果肉與果膠，因此菌相比水洗法更複雜，除了細菌、酵母菌、乳酸菌外，日曬處理法還多了好氧又耐旱的黴菌。細菌是最不耐旱的微生物，水活性[註2]降至 0.9 以下，多數細菌無法存活，因此乾燥過程中最先出局的是乳酸菌、腸桿菌、醋酸菌等細菌。但酵母菌（真菌的一類）比細菌更耐旱，多數酵母菌可撐到水活性降至 0.87，再降下去，多數酵母菌會被淘汰，剩下最耐旱的黴菌；多數黴菌可挺到水活性降至 0.8，但有少數乾性黴菌在 0.65 低水活性下仍可存活，日曬果若受潮或乾燥不當，很容易出現白白的發霉菌絲，這是黴菌的傑作，亦可能遭赭麴黴菌污染。

缺氧或密閉式的厭氧發酵，環境較單純，較不會出現好氧的害菌，這也是近年厭氧發酵大行其道的要因！

|種子內外造味機制總匯|

生機勃勃的咖啡種子因各種處理法的含氧量與乾燥方式各異而有不同的代謝反應，進而產生不同的代謝物，此乃種子內的造味機制；而種子外部的果皮、果膠則有微生物參與有氧或無氧發酵，這是種子外的造香機制。咖啡的後製造味即是這兩大複雜機制的總和。過去的咖啡後製聚焦於種子外部的發酵，近年學界開始重視種內的代謝反應，種子內外一起論述才能透徹理解後製造味的全貌，若再加上烘焙的焦糖、梅納與酯化反應，咖啡的造香鏈就更複雜有趣。

註2：簡單的說，食品中有兩種水，一種是結合水，另一種是游離水；前者和胺基酸、糖和鹽結合，微生物無法利用；後者是未和其他物質結合的自由水，微生物靠此為生。水活性指食品中自由水（游離水）的多寡，微生物無法靠結合水過活，需仰賴游離水生存。水活性愈高表示結合水愈低，游離水愈高，愈有利微生物生存；水活性愈低，表示結合水愈高，游離水愈低，愈不利微生物生存。

　　傳統日曬、去皮日曬、蜜處理，是在有氧缺水環境進行，且乾燥脫水的時間較長，生豆所含的葡萄糖、果糖、酒精、醋酸、γ-氨基丁酸（GABA）、胡蘆巴鹼、綠原酸、咖啡因濃度會高於水洗豆。這是因為：1. 種子的有氧呼吸效率高，消耗較少的單糖（即保留更多的單糖）；2. 全果日曬、蜜處理保留較多的果皮、果膠等養分供微生物發酵，生成更多的酒精；3. 好氧醋酸菌將酒精氧化為醋酸；4. 乾燥期較長，種子應激反應產生更多的 GABA；5. 無水處理法不會沖掉或水解綠原酸、胡蘆巴鹼和咖啡因。

　　反觀傳統水洗法是在水下缺氧環境進行，水洗後的生豆所含葡萄糖、果糖低於日曬和蜜處理，但水洗豆的蛋白質水解成更多的游離胺基酸，而且檸檬酸、乳酸、糖醇（赤藻糖醇）含量亦高於日曬和蜜處理。兩處理法各有千秋。

鮮紅漿果厭氧發酵後褪色為黃褐色，這與花青素受發酵液 pH 改變與酒精的影響有關。
（圖片提供／聯傑咖啡黃崇適）

種子內部（乳胚）：有氧呼吸轉為厭氧發酵，提供酯化反應必要原料

　　水洗豆所含葡萄糖與果糖低於日曬和蜜處理，過去說法是水洗豆的單糖被水沖濾掉了，但近年研究報告[註3]糾正此論點，並指出傳統水洗在水下少氧環境進行，加上微生物發酵產生二氧化碳，使得水下含氧量大減，咖啡種子在缺氧壓力下，原本的有氧呼吸會轉為厭氧的酒精發酵或乳酸發酵，這是植物組織在缺氧下產生能量的機制，但是有氧呼吸可產生 36 個 ATP 能量，而厭氧的酒精發酵或乳酸發酵只產生 2 個 ATP，即產能效率遠低於有氧呼吸 18 倍，因而消耗乳胚中大量的葡萄糖、果糖。這是水下發酵或密閉式厭氧發酵的生豆，其葡萄糖與果糖低於有氧日曬、蜜處理的主因。請參圖表〔13-2〕與〔13-3〕。

　　圖表〔13-2〕德國布倫瑞克工業大學所做的研究，發現坦桑尼亞與墨西哥咖啡經過水洗處理後，果糖與葡萄糖含量大減 80-90％，殘存量只及對照組未處理新鮮生豆含量的 10-20％。而日曬豆的果糖與葡萄糖卻比水洗豆高出 10 至 20 多倍。另外，日曬豆的果糖和葡萄糖含量卻與未處理的新鮮生豆，不分軒輊，甚至還高一點，這證明了日曬豆的有氧呼吸並未大量耗損這兩種單糖，而水洗豆在缺氧下改行厭氧發酵，消耗大量果糖與葡萄糖。

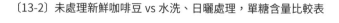

〔13-2〕未處理新鮮咖啡豆 vs 水洗、日曬處理，單糖含量比較表

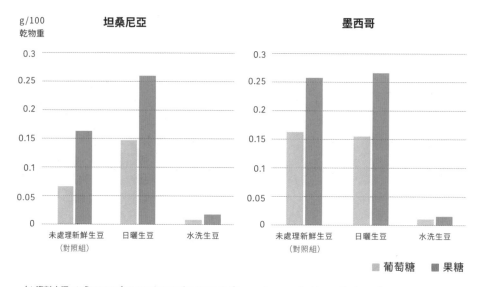

（＊資料來源：Influence of processing on the content of sugars in green Arabica coffee beans）

註 3：

1. Sven Knopp, Gerhard Bytof, Dirk Selmar,《Influence of processing on the content of sugars in green Arabica coffee beans》

2. D. SELMAR, G. BYTOF, S.E. KNOPP, A. BRADBURY, J. WILKENS, R. BECKER,《Biochemical Insights into Coffee Processing: Quality and Nature of Green Coffees are Interconnected with an Active Seed Metabolism》

　　圖表〔13-3〕同一研究比較日曬、水洗和半水洗，其蔗糖、果糖、葡萄糖的變化，結果發現蔗糖在各式處理法中相當穩定，變化極微；而葡萄糖、果糖在日曬的含量最豐，但在水洗豆減幅最大，超過 80％，至於半水洗的減幅恰好介於日曬與水洗之間。

　　然而，種子因缺氧而改行的厭氧發酵卻產生較多的酒精與乳酸代謝物，進而提供酯化反應更多原料，生成水果韻的芳香酯（稍後詳述），這可能是水洗豆與密封容器的厭氧發酵，易有豐富水果韻的重要機制之一！

〔13-3〕蔗糖、果糖、葡萄糖在三種處理法的含量比較

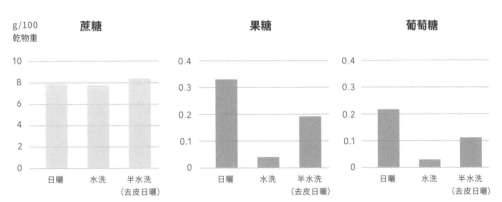

（＊資料來源：Influence of processing on the content of sugars in green Arabica coffee beans）

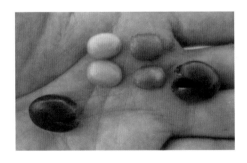

左上為鮮紅果取出的未發酵生豆；
右上為厭氧發酵後，果皮的花青素
浸染帶殼豆為褐黃色。
（圖片提供／聯傑咖啡黃崇適）

種子外部：微生物發酵造味

　　最近在哥倫比亞、巴西的研究[註4]發現，參與咖啡發酵的細菌超過 80 個屬。

傳統水洗與日曬的菌叢明顯有別；水洗以厭氧的乳酸菌最多，其次是酵母菌，而日曬以好氧的醋酸菌、葡萄桿菌最多，其次是兼性酵母菌，雖然亦見乳酸菌但在有氧環境活力較差，貢獻遠不如水下或缺氧環境。

咖啡果的表面滿佈葉叢間的腸桿菌、真菌和土壤的微生物，一旦去除果皮，果膠溢出，菌相丕變，發酵型的乳酸菌、酵母菌逐漸得勢。水洗發酵槽的細菌初期以腸桿菌最多，其代謝物 2,3 丁二醇、丁酸都是不良風味物，所幸發酵 12 時後，隨著發酵池 pH 值漸小，酸性漸增，腸桿菌失勢，厭氧耐酸的乳酸菌與酵母菌如魚得水逐漸取得水洗槽發酵主導權，其中以異質乳酸發酵的明串球菌屬（*Leuconostoc*）、兼具同質與異質乳酸發酵的乳酸桿菌屬（*Lactobacillus*）、同質乳酸發酵的乳酸球菌屬（*Lactococcus*）三者最強勢，前二者造味的豐富度優於乳酸球菌屬。而真菌類的釀酒酵母是水槽內僅次於乳酸菌的微生物，以畢赤酵母屬（*Pichia*）、球擬假絲酵母屬（*Starmerella*）最多，而這些酵母的代謝物包括酒精、乙醛等。水洗槽內以同質與異質乳酸菌以及酵母菌的代謝物為主，諸如乳酸、醋酸、酒精、甘露醇、甘油、乙醛、酯類、甚至出現微量的雜醇油（high alcohols）。

水洗槽內發酵液的酸化主要來自厭氧的異質乳酸菌分解單糖產生的乳酸與醋酸，乳酸菌屬中以乳酸桿菌屬最耐酸，進入發酵後期酸度大增，該菌屬取得主控權。而發酵槽內含量頗豐的甘露醇來自異質乳酸菌分解果糖產生的代謝物。酵母菌也參與發酵產生酒精、甘油、肌醇、乙醛與某些酯類，但發酵池中的酵母菌屬不如乳酸菌龐雜。這些微生物的代謝物或多或少會滲入種殼內的乳胚，成為風味前體。

註 4：Ana C. de Oliveira Junqueira, Gilberto V. de Melo Pereira, Jesus D. Coral Medina, María C. R. Alvear, Rubens Rosero, Dão P. de Carvalho Neto, Hugo G. Enríquez & Carlos R. Soccol.《First description of bacterial and fungal communities in Colombian coffee beans fermentation analysed using Illumina-based amplicon sequencing》。

　　傳統日曬法的微生物更為龐雜多樣，以兼性酵母菌最多，其次是好氧的醋酸菌、葡萄桿菌，雖也見乳酸菌但在有氧環境下活力不佳，影響力遠不如水下的厭氧發酵。日曬的果皮亦出現布魯氏科菌（Brucellaceae）等多種好氧菌。日曬乾硬的果皮與果膠最常見的微生物代謝物為醋酸、糖醇、葡萄糖酸和酒精。

巴拿馬知名咖啡莊園Elida Estate多次拿下Best of Panama（BOP）冠軍，此為Elida莊園的厭氧發酵桶。（圖片提供／聯傑咖啡黃崇適）

　　2017與2019年多國學者聯署發表，兩篇有關後製過程微生物族群與其代謝物對咖啡品質影響的研究報告[註5]指出，傳統日曬處理法因酵母菌、醋桿菌和葡萄桿菌的出現，增加乾燥果皮中的醋酸、酒精、甘油和葡萄糖酸的濃度，而生豆也可測得這些成分，表示上述微生物代謝物緩慢滲進種殼內的生豆；而傳統水洗池內微生物的代謝物如有機酸、糖醇等也會滲進生豆內，進而影響生豆品質。根據上述研究，諸多風味前體在日曬法的果皮、種子，以及水洗法的果膠、種子，其消長變化如下：

‧蔗糖‧果糖‧葡萄糖

　　這3種糖類在水洗與日曬的消長情況，（註3）與（註5）的報告有些出入；相同的是水洗豆果糖和葡萄糖含量低於日曬豆；不同是（註3）報告的蔗糖含量極穩定，水洗與日曬都不會減少，但（註5）的報告卻指出蔗糖在水洗

與日曬過程均會逐漸減少，但相較於單糖的大減，蔗糖相對穩定。持平而論（註 5）的報告是 2017-2019 年發表，應該比（註 3）在 2005-2014 年發表的報告更精確。綜合上述研究，可確定水洗豆的葡萄糖與果糖含量低於日曬豆，至於蔗糖則相對穩定，雖然日曬與水洗也有減少，但蔗糖減幅遠低於單糖。

・甘露醇・素藻糖醇・肌醇・阿拉伯糖醇・木糖醇・山梨糖醇・甘油

有些酵母菌和乳酸菌分解單糖會產生以上的糖醇。糖醇雖然不是糖但具有某些糖的屬性，會活化舌頭甜味受體而有甜味，入口吸熱，有清涼感，可作甜味劑或代糖，常見於發酵物中。

水洗發酵的果膠，含量最豐的糖醇依序為甘露醇＞甘油＞肌醇，但發酵乾燥後，水洗豆的糖醇含量改變為肌醇＞赤藻糖醇＞甘露醇＞甘油。日曬法的結果不同，發酵中的日曬果皮，糖醇含量依序為甘油＞甘露醇＞阿拉伯糖醇＞肌醇，但發酵乾燥後日曬豆的糖醇含量變為肌醇＞甘油＞甘露醇。兩種處理法的糖醇類別不同，水洗豆多了一味赤藻糖醇，但相同的是兩處理法生豆的糖醇均以肌醇最多，即俗稱的維生素 B8[註5]。

・檸檬酸・蘋果酸・葡萄糖酸・乳酸・奎寧酸・醋酸・琥珀酸・乙醇

有機酸與醇類是合成芳香酯必備的前驅物，更是製造水果炸彈的原料。

註 5：

1. Sophia Jiyuan Zhang, Florac De Bruyn, Vasileios Pothakos, Gonzalo F. Contreras, Zhiying Cai, Cyril Moccand, Stefan Weckx, and Luc De Vuyst.《Influence of Various Processing Parameters on the Microbial Community Dynamics, Metabolomic Profiles, and Cup Quality During Wet Coffee Processing》。

2. Sophia Jiyuan Zhang, Florac De Bruyn, Vasileios Pothakos, Gonzalo F. Contreras, Zhiying Cai, Cyril Moccand, Stefan Weckx, and Luc De Vuyst.《Exploring the Impacts of Postharvest Processing on the Microbiota and Metabolite Profiles during Green Coffee Bean Production》

3. 上述作者群中的張紀元（Jiyuan Zhang）是西安人，與夫婿 Florac De Bruyn 同在歐洲從事微生物與咖啡後製的研究工作。兩人曾於 2019 年 7 月正瀚生技主辦的國際咖啡論壇有一場講座，並參訪附近的百勝村咖啡農場。

果膠在水槽發酵 12 至 24 小時，產生有機酸和醇類。水洗槽有機酸含量依序為乳酸＞醋酸＞葡萄糖酸＞琥珀酸＞奎寧酸＞檸檬酸＞蘋果酸。然而，發酵完成取出生豆晾曬，進入有氧環境，種子含水率尚未降至 25 ％新陳代謝關閉前，約有 3-6 天的活性可進行有氧呼吸與檸檬酸循環，產生琥珀酸、蘋果酸、醋酸和檸檬酸等代謝物。水洗豆有機酸含量依序為檸檬酸＞奎寧酸＞蘋果酸＞乳酸＞醋酸[註5]；而日曬豆的排名為檸檬酸＞奎寧酸＞蘋果酸＞醋酸＞葡萄糖酸。日曬豆比水洗豆多了葡萄糖酸而且醋酸也稍多於水洗豆，這和好氧醋酸桿菌將酒精氧化為醋酸，以及好氧葡萄桿菌將葡萄糖轉為葡萄糖酸有關。有趣的是全果日曬的果皮含有少量乳酸，但更裡層生豆的乳酸含量就更少。

巴西研究機構 2016 與 2019 年發表的兩篇報告[註6]，以高效液相層析（HPLC）檢測幾款咖啡生豆有機酸含量，發覺含量最高的依序為檸檬酸（1.25-1.57 ％）、蘋果酸（0.44-0.57 ％）、奎寧酸（0.19-0.34 ％）、琥珀酸（0.15-0.37 ％）、乳酸（0.06-0.12 ％）、醋酸（0.05-0.1 ％）。以上有機酸只有醋酸具揮發性可由嗅覺感知，其餘皆無氣味。人類對醋酸的嗅覺閾值不高，只需 0.48-1ppm[註7] 即可感知。上述有機酸除了奎寧酸、琥珀酸帶有苦澀外，其餘先酸回甜，是精品豆迷人酸甜震的重要成分。

水洗豆的酒精只在發酵初期微幅提升，這可能來自缺氧壓力下種子短暫啟動酒精發酵，以及種子外部的酵母菌分解果膠的單糖產生酒精並滲入豆體內，但含量不多，正常發酵的水洗豆只含少量酒精，不致出現酒酵味。

註 6：Development and validation of chromatographic methods to quantify organic compounds in green coffee (Coffea arabica) beans》。作者：Wilder Douglas Santiago, Alexandre Rezende Teixeira 等。《The relationship between organic acids, sucrose and the quality of specialty coffees》。作者：Flávio M. Borém, Luisa P. Figueiredo, Fabiana C. Ribeiro 等。

　　日曬豆因發酵時間較長，酒精含量高於水洗豆，但日曬豆乾燥初期酒精上揚又被好氧醋酸菌氧化為醋酸，因此日曬豆的醋酸含量高於水洗豆。人類嗅覺對酒精（乙醇）的感知閾值並不低，需 10ppm[註7] 才可感知酒氣，日曬豆與水洗豆最大不同在於日曬有股撲鼻的酒酵味。生豆不只含有乙醇，還含有多種醇類，據研究指出生豆 80％的揮發性成分來自醇類、呋喃類、醛類與酯類，可見醇類對咖啡氣味的影響有多大。

　　整體而言，日曬豆的有機酸比水洗豆多出一味葡萄糖酸，且醋酸明顯高於水洗豆，但日曬豆喝起來的酸味卻比水洗豆柔和，原因可能出在日曬豆的糖分較多，且成分較複雜，因此中和了酸味的感知；再者水洗豆糖分較少因而放大酸的感知。另外，日曬豆的咖啡因、綠原酸、咖啡酸（綠原酸降解物）、胡蘆巴鹼含量高於水洗豆，這些成分帶有苦澀，水洗豆之所以含量較低，可能與沖洗、浸泡有關[註5]。水洗豆在乾燥前追加的浸泡工序雖可延長種子活性使更多前驅物轉化成風味物質，但不宜浸泡太久，以免流失更多風味。最後，研究證實機械脫膠的半水洗法可追加浸泡工序，彌補未發酵的不足。

耶加雪菲產區的厭氧熱發酵增溫曝曬現場。　厭氧發酵冷水降溫池。　厭氧式汙水處理生物反應槽。

（圖片提供／聯傑咖啡黃崇適）

註7：《Odor Threshold Determinations of 53 Odorant Chemicals》

|第四波萬人迷尤物：檸檬烯、草莓酮、甲基酯化物|

檸檬烯、草莓酮與甲基酯化物是製造水果炸彈必要芳香物；檸檬烯在咖啡花朵果實生豆與發酵池可測得；草莓酮則來自烘焙的梅納反應；甲基酯化物來自烘焙的酯化反應。這 3 種揮發性芳香物的嗅覺閾值都很低，只需微量即可爽到嗅覺，是近年被鑑定出來的咖啡尤物。

超級精品豆的關鍵：檸檬烯

胺基酸、有機酸、糖類、醇類、醛類、酯類都是香醇咖啡的風味前體，早在 10 多年前第三波咖啡浪潮席捲全球，業界已知曉這些成分的重要性，但林林總總失之籠統。而今科學家已鑑定出杯測 87 分甚至 90 分以上超級精品豆不可缺的萬人迷成分——檸檬烯（Limonene），已躍為第四波精品浪潮的新寵。

2013 年由法國 CIRAD、義大利 Illycaffé 與美國 WCR 合作，耗時 5 年研究於 2018 年波特蘭國際咖啡科學會議（ASIC Conference）發表的報告《檸檬烯：阿拉比卡芳香品質的育種目標》（Limonene：A target for *Coffea arabica* aromatic quality breeding）[註8] 指出，檸檬烯是區分 87 分以上超級精品豆與 80 分以上一般精品豆最關鍵的芳香成分，未來只需一片咖啡葉即可檢驗出某株咖啡或某品種是否具有合成檸檬烯的基因，進而達成精準育種的目標。

研究員蒐集 60 支品質不等的樣品豆，請烘豆師、咖啡師統一烘焙與萃取，並複製成 3 組共 180 杯黑咖啡，由一批訓練有素的聞香師、杯測師盲測，並進行風味描述與核實。經專業的評等，樣品最後區分為商業級、精品級與

註 8：作者群：Christophe Montagnon, CIRAD-DRS-VALO（FRA）· Lonzarich Valentina, Illycaffé（ITA）· Neuschwander Hanna, WCR（USA）· Suggi Liverani Furio, Illycaffé（ITA）· Navarini Luciano, Illycaffé（ITA）

超級精品 3 等級，在先進的氣相層析質譜儀（GC-MS）協助下，科學家從黑咖啡成分對應到熟豆成分，再溯源到咖啡生豆的成分，發覺超級精品至少含有 2 種以上迷人成分，而生豆有沒有檸檬烯與含量多寡，是區分超級精品與另 2 個等級最明確的芳香物。87 分以上超級精品所含的檸檬烯明顯多於一般精品與商業豆。

檸檬烯是單萜類化合物，具有強烈香氣來保護植物免受蟲害，常見於柑橘與檸檬的果皮，具抗氧化效果，適量攝取對人體有益。人類嗅覺對檸檬烯的反應極為靈敏，只需 38ppb（0.038ppm）[註9] 的微量，即可感知其迷人香氣。

據（註 4）的研究指出，水洗發酵槽內醇類、醛類、酯類和酸性物揮發氣體的消長，非常複雜，有些化合物在發酵初期出現，但隨後又大幅衰減，這可能是蒸發或被微生物在代謝途徑用掉了。然而，又有些醇類、醛類、酯類、萜烯類如 1-己醇、2-庚醇、壬醛（玫瑰、橙花味）、乙酸異戊酯（香蕉味）、檸檬烯、芳樟醇，卻隨著發酵時間而增加，這可能跟微生物的活動有關，尤其是常見於釀造葡萄酒、啤酒、醒麵、優酪、起士，擅長製造低分子量風味物的酵母，諸如畢赤酵母屬（*Pichia*）、念珠菌屬（*Candida*）以及乳酸菌中的 *Lactobacillus*、*Lactococcus*、*Leuconostoc* 以及 *Oenococcus* 等菌屬，貢獻最大。最新研究發現這些微生物亦主導咖啡發酵進程，他們對咖啡風味的影響有多大，尚需進一步研究與評估，這也是咖啡後製第四波浪潮的重責大任！

發酵槽檢測出檸檬烯，更重要的是有補到生豆嗎？該研究以哥倫比亞南部娜莉妞省海拔 1,959 米的傳統水洗豆為樣本，以 GC-MS 檢測發酵 48 小時的水洗豆以及對照組未發酵的同批次新鮮生豆，發現兩樣本的檸檬烯含量差異不大（圖表〔13-4〕），這表示生豆發酵後，檸檬烯含量並無有意義的增減。檸檬烯存在某些咖啡的花果與種子內，也可能來自咖啡果摘下後啟動萌發反應而生成的代謝物，更奇的是此一揮發芳香物竟能挺過烈火烘焙，

存在熟豆中。換言之，只要生豆含有檸檬烯，就能挺過發酵、乾燥與烘焙的煎熬。目前科學家仍在研究咖啡那些基因與檸檬烯的合成有關係，以及檸檬烯出現在生豆的機制，一旦有結果，將來只需檢測葉片即可得知某品種是否具有超級精品的潛力。

可喜的是，2020 年的研究發現 F1 新銳品種中的 H1、Starmaya，所含的檸檬烯明顯高於上世紀叱吒風雲的 Caturra。

〔13-4〕GC-MS 檢測哥倫比亞娜莉妞水洗豆揮發成分的濃度（訊號面積 10^5）

化合物	香氣感	未發酵新鮮生豆	發酵生豆
檸　檬　烯	甜香、柑橘	2.96 ± 1.32[a]	2.48 ± 0.54[a]
3- 甲基丁酸	水果酸甜香	16.85 ± 1.9[a]	20.70 ± 4.5[b]
2- 甲基丁酸	水果酸甜香	4.99 ± 1.6[a]	5.21 ± 0.9[a]
乙　　　醛	水　果　味	0.06 ± 0.02[a]	0.55 ± 0.04[b]
苯　乙　烯	甜香、花味	4.78 ± 0.83[a]	10.00 ± 5.27[a]

＊兩樣本右上角皆出現 a，表示差異不大，若分別出現 a 與 b，表示有差異。
＊苯乙烯也出現在咖啡種子、肉桂與花生中。
（＊資料來源：《First description of bacterial and fungal communities in Colombian coffee beans fermentation analysed using Illumina-based amplicon sequencing》）

酯化反應煉出萬人迷的甲基酯化物

2018 年美國與日本科學家在波特蘭國際咖啡科學會議發表的《甲基酯化物決定咖啡風味的品質》（Methyl esterified-components determine the coffee flavor quality）[註10] 進一步闡述酯化反應對咖啡造香的重要性。

註 9：《Measurement of Odor Threshold by Triangle Odor Bag Method》

註 10：本報告由美國 Hawaii Agriculture Research Center、日本 Suntory Global Innovation Center Limited 的科學家聯署發表。正瀚生技派研究員出席聽講。

研究員蒐集 13 支品質不等的瓜地馬拉水洗豆，在 GC-MS 儀器與杯測師協助下，發現黑咖啡的甲基酯化物 3- 甲基丁酸甲酯（3-Mthylbutanoic acid methyl ester）、己酸甲酯（Hexanoic acid methyl ester）的含量與杯測分數成高度正相關，這些酯化物是草莓主要芳香物。同時做一項實驗，在黑咖啡添加 3- 甲基丁酸甲酯，與未添加的對照組進行杯測，結果對照組在總分 4 的評分中只得到 2 分，而添加 5ppb 與 10ppb 的實驗組分別得到 3 分與 3.5 分，在風味描述中發現添加 3- 甲基丁酸甲酯可增加咖啡的水果韻與乾淨度，頗討好杯測師。

研究員從黑咖啡的成分溯源到同批熟豆，也在熟豆中測得 3- 甲基丁酸甲酯，再往前溯源同批發酵中以及尚未發酵的生豆成分，卻斷鏈了，只測到 3- 甲基丁酸（又名異戊酸），並未測得 3- 甲基丁酸甲酯，推論此芳香酯是在烘豆過程中由醣類裂解出的甲醇，再與生豆自含的 3- 甲基丁酸發生酯化反應而生成 3- 甲基丁酸甲酯，即有機酸與醇類作用，產生芳香酯。

酯化反應：A 酸＋B 醇 ⇌ A 酸 B 酯＋水
3- 甲基丁酸＋甲醇 ⇌ 3- 甲基丁酸甲酯＋水

甲醇和乙醇雖為醇類，但在烘焙中的變化不同，乙醇在烘焙中遞減走衰，而甲醇卻揚升，且甲醇在生豆中含量極微，因此甲醇被視為甲基酯化物的首要前驅物。研究員在精密的 GC-MS 協助下，發現生豆僅含微量甲醇，但烘焙後，熟豆的甲醇濃度大增六倍，坐實了 3- 甲基丁酸甲酯是在烘焙中由甲醇與 3- 甲基丁酸作用生成的推論。

研究員又進行一項實驗（圖表〔13-5〕），以甲醇噴在生豆上，烘焙後的熟豆果然測得濃度更高的 3- 甲基丁酸甲酯，證實了甲醇是此芳香酯的關鍵前驅物。本實驗未噴甲醇的對照組生豆，烘焙後的熟豆只含微量 3- 甲基丁酸甲酯與己酸甲酯（Hexanoic acid methyl ester），但噴了甲醇 1 毫升、2 毫升、3 毫升的實驗組生豆，烘焙後熟豆甲基酯化物含量可劇升十倍之多，這證明

生豆的甲醇含量與熟豆的甲基酯化物的含量成高度正相關。

〔13-5〕生豆甲醇含量影響熟豆甲基酯化物的產量

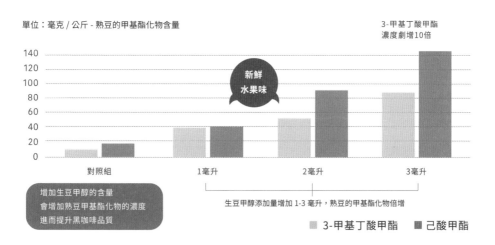

（＊資料來源：Methyl esterified-components determine the coffee flavor quality）

　　生豆的甲醇含量極微，但發酵過程除了產生乙醇外亦可能產生甲醇，這跟菌種篩選有關，研究[註11]指出酵母科酵母屬（*Saccharomyces*）麾下的釀酒酵母（*S.cerevisiae*）分泌的果膠甲酯酶（pectin methyl esterase）在發酵中能將膠質水解為甲醇和果膠酸，這是提升甲醇含量進而提高熟豆甲基酯化物較自然的良方。

有關甲基酯化物的研究可得到以下結論：

1. 甲基酯化物是提高咖啡品質的關鍵成分之一，不只提升水果韻也提高乾淨度。芳香酯的嗅覺閾值很低，容易感知其迷人香。

2. 生豆不含甲基酯化物，需靠烘焙的酯化反應來淬鍊。

3. 令人訝異的是，甲醇在烘焙中，透過醣類的熱解而發展出來，是甲基酯化物的關鍵前體。這和乙醇在烘焙中衰減恰好相反。

4. 發酵前選對酵母菌種，即可透過發酵增加生豆的甲醇含量進而提升熟豆的甲基酯化物。

5. 烘焙過程產生許多揮發物，濃度雖然很低不致影響健康，但習慣每爐抽出豆杓聞味數次，日積月累的風險值得留意。

吃一頓台菜，探得日曬豆摩卡韻的機制之密

有趣的是，早在前述研究報告發表的前一年，我請 Dr. Mario 吃一頓地道台菜，獲得日曬豆產生摩卡韻機制的第一手資訊，也跟酯化反應有關係！

2017 年 CQI 的 Dr. Mario 在屏東咖啡後製課程提到日曬豆拜酯化反應之賜，比水洗豆多一股摩卡韻，也就是草莓、藍莓與酒韻。聽到這句話，我熱血沸騰。因為多年來我一直懷疑咖啡的水果韻可能來自酯化反應的芳香酯，但一直查不到相關資料，於是舉手發問請 Dr. Mario 詳述相關機制，但老師為了趕課，只說可參考他的博士論文《後製加工對阿拉比卡日曬風味的影響》（Effect Of Processing On The Flavors Character Of Arabica Natural Coffee），不過全文可能要再等幾年校方才會出版。

上完一周的實作課程返回台北，在課程主辦方台灣咖啡研究室人員陪同下，我請 Dr. Mario 吃一頓台菜，酒酣耳熱之際，我逮住機會向他請益酯化反應如何塑造摩卡風味，老師一時興起果然全盤托出，還拿幾張衛生紙，

在上面寫滿相關的化學反應，讓我們先睹為快。有趣的是此一酯化反應在發酵與乾燥階段已開始進行，但在烘焙烈火催化下會產生更多的芳香酯。

Dr. Mario 在衛生紙上寫了有許多化學名詞，我看了頭皮發麻，怕有誤解於是又請教邵長平博士，終於解開日曬豆摩卡韻的機制：

「日曬豆摩卡韻是由纈胺酸（Valine）、白胺酸（Leucine）、異白胺酸（Isoleucine）三種胺基酸分解代謝產生的 2-甲基丁酸（2-methyl butanoic acid）、3-甲基丁酸（3-methyl butanoic acid）為前驅物。另外，果膠發酵產生的乙醇，再與上述兩種有機酸發生酯化反應，而產生 2-甲基丁酸乙酯（Ethyl 2-methylbutanoate）以及 3-甲基丁酸乙酯（Ethyl 3-methylbutanoate），從而造出迷人的摩卡日曬味譜。但並非所有的日曬豆都能產生上述的芳香酯，必須在適切的全果發酵與乾燥條件下，才可促使關鍵性的三款胺基酸降解為必要的有機酸，從而與乙醇發生酯化反應。」

摩卡韻的芳香物和前段所述 2018 年國際咖啡科學會議揭櫫水洗豆的尤物 3-甲基丁酸甲酯、己酸甲酯同為甲基酯化物，但不同的是日曬豆摩卡韻的成分是 2-甲基丁酸乙酯、3-甲基丁酸乙酯，關鍵前驅物為胺基酸分解的 2-甲基丁酸、3-甲基丁酸，再與乙醇發生酯化反應。水洗和日曬的關鍵芳香物甲基酯化物也常見於草莓、鳳梨、蘋果、藍莓等水果，以及葡萄酒中。

咖啡的草莓酮來自梅納反應

草莓除了甲基酯化物、乙基酯化物，還有一個非酯類的草莓酮（furanone 又稱 furaneol）也是製造咖啡水果炸彈的尤物。早在 1960 年代學界已發現樹莓、草莓、鳳梨、番茄富含的草莓酮，亦可透過烘焙的梅納反應即胺基酸與糖類反應來產生，濃度高時會有焦糖香氣，濃度低會有水果韻，人類對草莓酮的嗅覺閾值極低，只需 10ppb 就可感知其香味。

總括而言，檸檬烯來自咖啡豆新陳代謝與發酵時的微生物活動、甲基酯

化物來自烘焙的酯化反應、草莓酮來自烘焙的梅納反應，而這些尤物的前驅物——有機酸、醇類、胺基酸、醣類，均與後製發酵與種子代謝有關係，超級精品豆的性感尤物將在第四波咖啡浪潮追根究底的探索下，陸續解密現出原形！

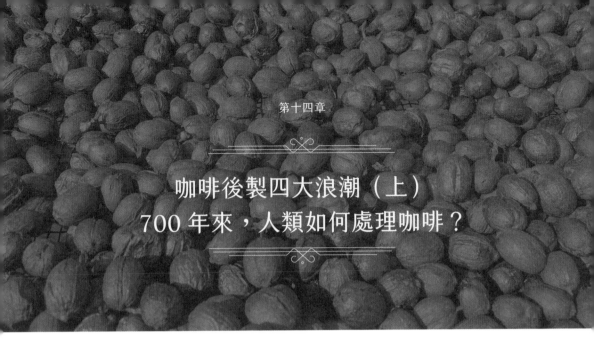

第十四章

咖啡後製四大浪潮（上）
700 年來，人類如何處理咖啡？

　　咖啡後製意指鮮果採收後的加工製程，包括去皮、發酵、乾燥、篩選分級、儲存熟成以及刨除乾硬種殼或果皮。後製的良劣直接影響咖啡品質與價值。前一章提到發酵與乾燥過程若能保持種子活性，適度代謝，將有助風味物質順利轉換，亦可提高杯測分數；然而，過猶不及，萌發過度則會耗損風味物。發酵乾燥過程種子適度萌發與風味的關係是近年後製研究的前衛領域，目前所知仍有限，尚待科學家進一步探索，其結果或有可能掀起第五波浪潮。

　　本章則先聚焦 1400 至 2021 年的後製演進，這 700 年來咖啡的發酵與乾燥技法經歷四大浪潮洗禮：

第一波浪潮：1400-1850，日曬獨尊

第二波浪潮：1850-1990，日曬式微，水洗當道

第三波浪潮：1990-2013，半水洗、去皮日曬、微處理革命、蜜處理崛起、日曬復興

第四波浪潮：2014-2020 年代，發酵檢測器神起、厭氧發酵、冷發酵、熱發酵、接菌發酵、添加物爭香鬥醇

數百年來咖啡後製在日曬、水洗兩大基礎上分化演進，並衍生出去膠機半水洗、果膠分解酶水洗、去皮日曬、蜜處理、厭氧發酵、冷發酵、熱發酵、接菌發酵、添加物等新招，增醇鬥豔好不熱鬧。第一波與第二波後製浪潮旨在去除果膠、降低生豆含水率，方便長期儲存與運送，風味並非首要考量。直到第三波以後才改良發酵與乾燥技術，製造水果炸彈，提升商品價值。基本上前三波仍侷限在有氧發酵與快速乾燥，但進入第四波變本加厲，短短幾年迸出厭氧發酵、厭氧有氧雙重發酵、冷發酵、熱發酵、慢速乾燥、接菌發酵、添加物等特殊發酵法，花招繁多不亞於釀酒術，一舉將第三波水果炸彈提升到核彈級，因而引發基本教義派與前衛派就後製之味與地域之味的大論戰！

最近 15 年的研究報告皆指出，不同的後製技法會引動種子以及微生物不同的代謝反應，而影響種子的化學成分，進而牽動感官與杯測分數[註1]。如前章所述日曬豆的 γ - 氨基丁酸（GABA）高於水洗豆，水洗豆的游離胺基酸高於日曬豆，而且好氧菌與厭氧菌的代謝物不同，這都會反應在感知上，咖啡後製對味譜的影響既深且廣。

註1：

1.《Influence of processing on the generation of γ-aminobutyric acid in green coffee beans》, European Food Research Technology, vol. 220, no. 3-4, pp. 245–250, 2005.

2.《Transient occurrence of seed germination processes during coffee post-harvest treatment》, Annals of Botany, vol. 100, no. 1, pp. 61–66, 2007.

3.《Influence of Various Processing Parameters on the Microbial Community Dynamics, Metabolomic Profiles, and Cup Quality During Wet Coffee Processing》, 2019.

第一波浪潮 1400-1850

| 日曬獨尊，不堪回首的雜味 |

咖啡飲料的前身「咖瓦」（Qahwa）1400 年以後首度出現在中東文獻，開啟日曬咖啡浪漫史。1850 年水洗法在加勒比海島國問世前，歐洲從葉門、爪哇、拉美進口的咖啡全是日曬處理的熟豆或生豆，換言之，在這長達 450 年裡全球喝的全是日曬豆。

日曬法是保留全果、崇尚自然、未侵入性、歷史最悠久的古老後製法，採下熟紅的鮮果，平鋪在屋頂或地上曬乾並儲存備用。1400 至 1750 年間，葉門是全球唯一的阿拉比卡出口地，曬乾的咖啡果如同貨幣，咖農自用或銷售時以臼杵搗碎硬果皮和種殼，取出咖啡豆。然而，1750 年以後，荷蘭、法國、英國、葡萄牙在海外的殖民地擴大咖啡產量，低價搶市，葉門咖啡一蹶不振，1800 年葉門咖啡跌到只占全球產量 6％，千禧年後更慘跌到只占 0.1-0.05％。葉門曾經壟斷全球咖啡貿易，而今卻淪為邊緣產國！

深處內陸，地利之便遠遜葉門的衣索匹亞，雖然是阿拉比卡發源地，但遲至 19 世紀後半葉（1850 年以後）始有少量咖啡輸出。衣國官方最早的咖啡出口記載是在 1920 年，約 12,000 噸，東西兩半壁各 6,000 噸，不過當時還沒有耶加雪菲、西達莫、吉馬等知名產區名稱，出口生豆僅有兩大品項：

1. Harar（哈拉）：衣索匹亞大裂谷以東的古城，咸信葉門咖啡源自哈拉。
2. Abyssinian（阿比西尼亞）：衣索匹亞大裂谷以西的咖啡統稱。

在 1850 水洗法問世前的 400 多年歲月，全果日曬是各產國的唯一處理法，優點是不耗水、不必去皮脫膠，以整顆飽含養分的果子發酵與乾燥，可招引更多微生物參與分解或造味，若發酵管控得宜其豐富度、甜感、咖啡體（Body）高居各種處理法之冠，且酸味較柔和。但最大缺點是體積過大、占空間、乾燥期與工時較長，操作不當很容易回潮發霉或過度發酵，產生礙

口的酒酵味與雜味，乾淨度不如水洗。舊世界的衣索匹亞與葉門氣候乾燥，至今仍以日曬為主流後製法。

古早味的日曬 Qahwa 或土耳其咖啡，強調濃稠、焦香與甘苦巧克力味，迥異於今日流行的明亮酸香花果韻，從古早味的特殊煮法可略知一二，中深焙咖啡豆研磨得細如麵粉，通常需加入小豆蔻、糖或香料調味煮沸，而且不過濾咖啡渣，味道濃烈。1650 年以後，倫敦、維也納、巴黎和威尼斯已出現咖啡館，且配方與煮法遵循回教世界盛行的 Qahwa 或土耳其咖啡，但歐洲人喝不習慣，1683 年維也納的藍瓶咖啡館（Blue Bottle Coffee House）主人柯奇斯基（Franz George Kolschitzky, 1640-1694）加以改良，以濾布濾掉咖啡渣並用牛奶調味，此一創新喝法大受歐人歡迎，成了濾泡咖啡與牛奶咖啡的祖師爺，加速咖啡在歐洲普及化。

早年的日曬處理工法較粗糙不若今日講究，風味遠不如今日美味。咖農為了便宜行事，摘下的果子未經篩選，熟果與未熟果直接堆疊在地面不防潮的草蓆上晾曬，很容易被塵土污染或受潮，甚有咖農捨不得淘汰瑕疵果，竟集中一起做日曬，常因過度發酵、污染而產生酸臭、酒精、塵土或醬味，為日曬豆烙上次級品的印記。

1850 年代水洗法問世後，日曬豆逐漸成了次級品的代名詞，上等的鮮果多半採水洗法，淘汰的次等果子才用來做日曬，被污名化的日曬咖啡步入好長的黑暗歲月。相信 50 歲以上老一代咖啡人感受尤深，猶記 1980-1990 年代很不容易買到風味乾淨、花果韻豐富的日曬豆。印尼、巴西的咖農習慣將水洗槽浮選淘汰的未熟或瑕疵果集中起來晾曬，供國內或國外低端市場，助長了日曬豆的惡名。但黑暗期仍有少數製作較精良的日曬豆，諸如葉門首都沙那西邊的產區 Matari，衣索匹亞的哈拉、西達莫、耶加雪菲，是 20 多年前老咖啡迷比較有可能喝到的美味日曬豆。然而，品質並不穩定時好時壞，要喝到悅口日曬豆需靠運氣，既期待又怕受傷害是當年喝日曬豆奇妙的心境，至今回味無窮。

日曬豆式微直到千禧年後才出現復興契機；從美國學成歸國的衣索匹亞工程師阿杜拉‧巴格西（Abdullah Bagersh）改造日曬工法，在耶加雪菲附近的霧谷（Mist Valley）生產超級精品日曬豆，乾淨豐厚的花果韻豔驚全球，接著美國科羅拉多州的烘豆師布洛斯基（Joseph Brodsky）遠赴衣索匹亞「深造」，並成立高端日曬品牌 Ninety Plus，專售杯測 90 分以上衣索匹亞與巴拿馬日曬藝伎，兩人成功提高日曬豆身價並洗刷其污名，這部分將在後面第三波詳述。

第二波浪潮 1850-1990

｜水洗盛行，污染河川｜

1720 年代歐洲海權強國荷蘭、法國、葡萄牙、英國將咖啡移植到加勒比海諸島和中南美的屬地，起初也是採用全果晾乾的日曬法，但加勒比海各島多雨潮濕，日曬的工期長且容易回潮發霉，不利大量生產。1730 年代加勒比海的西印度群島首度出現去皮去膠因地制宜的水洗處理法，但未形成風潮，1850 年代水洗法開始風行牙買加，當時稱為「西印度處理法」，水洗可縮短晾曬工期且風味較乾淨，此後拉美除了巴西仍兼用日曬、水洗外，其他產國棄日曬改採水洗法。

非洲產國引進水洗法的時程很晚，遲至 1970 年代衣索匹亞的首座水洗處理廠才在耶加雪菲誕生，水洗更能彰顯耶加迷人的檸檬皮、花韻與酸甜震滋味，風靡歐美。雖然今日衣索匹亞仍以日曬為大宗，但水洗豆已相當普及，東半壁產區 Gedeo、Sidama、Guji、Bale，以及西半壁的 Limmu、Illubabour、Kaffa Godere、Yeki、Welega、Bench Maji、Gimbi、Awi、Zege 亦見水洗豆出口。記得 10 年前東半壁的古產區哈拉曾出口極少量水洗豆，但近年乾旱嚴重，哈拉日曬豆大減產，水洗豆更不可能出現。

至於東非肯亞、坦桑尼亞，1900 年以來亦以水洗為主流，日曬豆極罕見。

水洗法以帶殼豆晾乾，速度比全果晾乾的日曬法更快更省事，適合大量生產且不占空間，酸甜震味譜廣受歐美基督教世界歡迎，盛行至今不輟。水洗的最大缺點是浪費水資源，製造大量污水。

水洗法經過 100 多年演進，衍生多種型態諸如有水發酵、無水發酵、肯亞 72 小時水洗、濕刨法、去膠機半水洗、果膠分解酶（Pectinase）水洗等。

・有水發酵（水下發酵、濕式發酵）

一般做法是白天採摘的鮮果先在透氣袋內全果發酵一夜，待果體軟化，第二天清晨，再入水槽剔除未熟或瑕疵浮果，取出沉入槽底的優質果子，以去皮機刨掉果皮，再將黏答答的帶殼豆放入水槽發酵脫膠，水至少要高於豆表，換水多次，大約 12-36 小時，可脫除果膠，環境溫度和脫膠速度成正相關，10℃以下低溫微生物活力低較難發酵，易有草腥味。

檢視發酵是否完成，可用雙手搓搓帶殼豆，發出近似小石頭撞擊聲且不再黏滑，表示脫膠完成。取出帶殼豆洗淨膠質，由於已去皮去膠，帶殼豆乾燥速度快於全果日曬。

・無水發酵（乾式發酵）

去除果皮的帶殼豆放進槽內或桶內，不加水自然發酵脫膠後再用大量清水沖洗乾淨，稱為乾式發酵。含有果膠的帶殼豆直接曝露在空氣中，溫度較高，發酵與脫膠速度快於水下的濕式發酵。乾式與濕式發酵，環境不同，有以下幾個可能差異值得留意：

1. 濕式發酵是在水下低氧環境進行，菌相較單純，由厭氧的乳酸菌、酵母菌主導乳酸與酒精發酵。

2. 未密封的乾式發酵是在有氧環境進行，菌相較複雜，包括好氧的醋酸菌、葡萄桿菌、腸桿菌、黴菌、兼性乳酸菌與酵母菌。醋酸可能高於水下發酵。

3. 乾式發酵的咖啡種子在有氧環境進行有氧呼吸，效率較高，保留較多糖類；

而濕式發酵的咖啡豆在缺氧逆境下改行無氧呼吸效率較低，乳胚消耗較多糖類，但水解出更多的游離胺基酸（請參前一章研究報告）。乾式發酵較節水省事，愈來愈多產國包括台灣採用。

有水發酵、無水發酵、肯亞 72 小時等傳統水洗，需透過微生物分解果膠後再用淨水沖洗，統稱全水洗法（full-wash），最大優點是悅口的酸甜震味譜、晾乾速度快、適合大量生產，但也有不少缺點譬如發酵時間不易捏拿，需承當發酵不當的風險，耗水量大並產生廢水嚴重污染河川。

據哥倫比亞國家咖啡研究中心（Cenicafé）的研究指出，傳統全水洗法耗水量驚人，每生產一袋 60 公斤生豆平均耗掉 3,240 公升淨水，而發酵產生的酸性物、醇、醛等有機物造成環境很大負擔。然而，節水的半水洗法早在 20 世紀初期已問世，但效果不佳。

・磨除果膠半水洗法暖身

20 世紀初葉已出現不需發酵直接以機械力磨除果膠的處理設備，耗水較少又稱為半水洗法（semi-wash），1912 年申請專利的 Urgelles Devices 是以砂子或木屑為磨料，設計很複雜，還能將帶殼豆與部分砂子和膠質分離，使用上仍不方便，雖未見風行但研發省水不需發酵去膠的半水洗機已踏出第一步。

1950 年代新穎的去除果膠半水洗機爭相出籠，夏威夷農業實驗站開發出去除果膠機（Demucilaging Machine）、英國廠商在各產區大力行銷的 Aquapulpa，以及德國製的 Raoeng Pulper，百花齊放但毀譽參半，雖然磨掉了果膠但機械力也咬傷生豆造成瑕疵豆，仍無法普及。直到 1990 年代哥倫比亞後製機具製造商 Penagos，以及巴西 Pinhalense 不約而同開發出更精密，不傷生豆又節水的果膠磨除機（Demucilager），此後不需發酵脫膠的高效率半水洗法才開始廣為流行，時程約在 1990 年代，即第二波未至第三波的交會期。

・果膠分解酶大流行，亦有缺點

另外，還有一種可大幅縮短發酵時間且較為省水的果膠分解酶，20 世紀中葉以後廣為中南美產國使用。1953 年 10 月美國老牌的咖啡月刊《茶與咖啡貿易雜誌》刊登一則 Benefax 果膠分解酶廣告：

為你的咖啡後製做好品管

快速發酵的新科技協助咖農一臂之力

Benefax 果膠分解酶確保快速有效的發酵品管

供應全球咖農使用

Benefax 是半世紀前有名的果膠分解酶廠牌，可節省 6 至 8 小時水洗時間，協助咖農一天內即可完成採收、去皮、發酵與沖洗作業。傳統水洗光是入水槽發酵就耗掉 12-36 小時，不可能一天內完成水洗。分解酶使用方便，果子去皮後在乾發酵或濕發酵的槽內加入少量分解酶粉末混合攪拌均勻，幾小時內即可脫膠沖洗乾淨，可提高發酵槽使用頻率，降低盛產期等待入槽水洗的鮮果大塞車曝露在豔陽下而報廢的成本，而且快速脫膠亦可減少過度發酵的風險，風味較乾淨，果膠分解酶半世紀前已盛行於巴西、哥倫比亞等大產國。

今日，分解酶仍未退流行，知名品牌 Cofepec、Ultrazym Pectic Enzyme，在各產國都買得到，約 50 分鐘至幾小時內可完成脫膠與水洗，大幅縮減工時成本，雖然風味也不差，但台灣有些農友反應果膠分解酶的水洗豆不耐久存，風味流失較快，一般水洗豆存放得宜可保存一年，但果膠分解酶水洗豆不到半年，風味強度與豐富度明顯走弱，目前台灣咖農採用的不多。

從 1400 至 1950 年間的漫漫 500 多年歲月，咖啡產業不論在後製發酵、烘焙或沖煮仍停留在知其然不知所以然的經驗傳承上，而非一門科學，各種技法欠缺科學論述與佐證。直到 1960 年代東非工業研究組織（East African

Industrial Research Organization）的科學家為文論述：「咖啡果膠的發酵並不只是一種化學反應而已，而是由微生物與咖啡本身酵素所控制。」首度揭開了咖啡發酵的神秘面紗。

然而，科技輔助咖啡發酵的演進卻極緩慢，就連半世紀前開始用來節省咖啡發酵時間的果膠分解酶添加劑，也不是針對咖啡而研發，而是舉手之勞取自果汁、啤酒的澄清劑。直到咖啡的第三波，科技力介入咖啡發酵的鑿痕才愈益明顯！

第三波浪潮 1990-2013

｜省水減污、微處理革命、蜜處理崛起與日曬復興｜

後製第三波浪潮雖僅短短 20 多年，卻多姿多彩，多樣性與創造性顛覆第一波與第二波數百年來的演進。省水減污大作戰是第三波後製浪潮要義，高效率半水洗、去皮日曬、微處理革命、蜜處理崛起、日曬復興，均在第三波浪潮大鳴大放。

第二波盛行的全水洗不但浪費水資源還嚴重污染河川，為咖啡產國製造大麻煩。Cenicafé 的資料指出[註2]，傳統全水洗平均每生產 1 公斤帶殼豆耗用 40 公升淨水，一袋 60 公斤生豆，至少耗水 2,400 公升，如果哥國一年生產 16.7 百萬袋生豆，至少耗掉 4,600 萬立方公尺的水量，這足以供應一座有 84 萬住民的小城市，每人每天用水 150 公升的一年總用水量。更頭疼的是咖啡後製廢水造成河川優氧化，危及動植物生態。

哥倫比亞半水洗：節水率逾 80%

早在 1980 年代 Cenicafé 與哥倫比亞大學著手研發省水又能提高品質與咖

農收益的半水洗法，於 1996 年問世的新型態半水洗加工模組，包括高效磨除果膠機以及污水處理設施，整套系統取名為「生態水洗暨副產物處理」，簡稱為「BECOLSUB」，模組中最受矚目的是機械力去膠機，磨除果膠後即可直接晾曬帶殼豆，大幅節省發酵、滌洗用水，生產 1 公斤帶殼豆的耗水量不到 1 公升。

今日哥倫比亞已逾 50％咖農採用節水減污科技，即使去皮後仍採全水洗亦可將過去每袋生豆耗水 2,400 公升大減到只需 400 公升，哥國第三波全水洗較之傳統水洗的節水率高達 83％。

如果改採半水洗法，去膠機完全磨除果膠，不需泡水直接晾曬，則省水率更高。以哥倫比亞農業機具製造商 Penagos 暢銷的生態咖啡水洗精實機組系列（Ecological Coffee Wet Mill Compact Unit，西文簡稱 UCBE）為例，每公斤鮮果只耗用 0.2 公升水即可脫膠，換言之以半水洗生產一袋 60 公斤生豆需 300 公斤鮮果，卻只耗用 60 公升水，又比改良式全水洗的 400 公升用水節省 85％。

阿里山的鄒築園 2021 年進口一套 Penagos UCBE-1500 半水洗機組，每小時可處理 1.5 噸鮮果。2016 年我參訪雲南朱苦拉古咖啡園也看到一台 Penagos 的 ECOLINE 半水洗機，很適合當地較乾燥的環境。

Penagos 的 UCBE 系列機組含一台去膠機，可完全磨除膠質，耗水量稍大於只需部分去膠的去皮日曬或蜜處理。各種處理法的耗水量因機具廠牌與使用方式，出入頗大，但耗水量的排名為：傳統全水洗 > 改良式全水洗 > 去膠機半水洗 > 去皮日曬（蜜處理）> 傳統日曬。

註 2：ECOLOGICAL PROCESSING OF COFFEE AT THE FARM LEVEL

〔14-1〕各種處理法耗水量比較

公升水 / 公斤生豆

傳統全水洗	40-75 liters/kg
改良式（循環利用）全水洗	4-10 liters/kg
機械完全去膠半水洗	1-6 liters/kg
去皮日曬或蜜處理	0.8 liters/kg
傳統日曬	0 liters/kg

（＊資料來源：彙整 Cenicafé、Beyond Wet and Dry: Breaking Paradigms in Coffee Processing、Ecological Processing of Coffee At Farm Level）

全水洗、半水洗大論戰：巴拿馬藝伎的選擇

咖啡種子在後製過程常因碰撞、磨擦、割傷、高溫而失去活性，有損咖啡品質。Cenicafé 經過多年調校的 BECOLSUB 系統，已大幅減少機損豆比例，去皮機、去膠機處理的種子平均發芽率仍高達 98.3％與 98.9％，即種子喪失活力的比率很低，介於 1.7-1.1％。1995-1996 年哥倫比亞 FNC 的咖啡品管中心以及紐約的咖啡公司，聯合評鑑 Cenicafé 半水洗與傳統全水洗的咖啡品質，結果難分高下，但半水洗具有省工時、成本的優勢，聲名鵲起，此後廣為各產國採用。

然而，20 年來去膠機半水洗掀起正反兩派大論戰；半水洗擁護派認為全水洗徒增發酵風險無助風味提升，去膠機半水洗節水省時又提高乾淨度，可增咖農收益，是最佳處理法；但反對派卻批評去膠機半水洗「少了發酵，缺香乏醇」！

水洗法該不該保留發酵工序？學院派則認為去膠機半水洗在除膠後，直接晾曬會抑制種子的適度萌發，建議完全去膠後最好再多增一道浸泡清水的工序，適度延長種子的萌發，有助前驅物更完整轉化為風味物質，然後再晾曬（請參見前一章）。傳統水洗與去膠機半水洗在業界掀起激辯至今仍

無定論。

有趣的是，多年前巴拿馬曾邀請杯測師為傳統全水洗與去膠機半水洗藝伎盲測評分，結果跌破大家眼鏡，半水洗的均分竟然高於全水洗。愈來愈多巴拿馬水洗藝伎捨棄全水洗，改用去膠機半水洗，風味依舊迷人，諸如知名的狄波拉（Finca Deborah）、翡翠莊園等，並未因改採半水洗而失去巴伎的花果風華。

然而，並非所有的巴拿馬莊主都擁護半水洗，贏得 2016、2018、2019 BOP 藝伎水洗組冠軍的艾利達莊園（Elida Estate），老闆韋佛（Wilford Lamastus）2019 年在一項訪談中指出，他愈來愈懷疑去膠機半水洗的機械力包括高速旋轉的離心力對種子造成的壓力與傷害，一定程度上會減損咖啡在杯品或日後的風味潛力，「這幾年我最好的藝伎批次已不用去膠機半水洗而改用老派的全水洗，也就是純手工水洗法！」

對於半水洗，至今仍有不少雜音，我個人則認為高海拔或藝伎等本質較佳的咖啡無需借助發酵畫蛇添足，大可採用不需發酵的去膠機半水洗，更能彰顯地域與品種的本質風韻，但使用前務必調校妥當，以免機械力傷了豆子。至於低海拔本質較差的咖啡，最好善用發酵來增加風華。

巴西式半水洗：CD、去皮日曬、半日曬都是一家人

巴西較乾燥，早年以日曬法為主，但日曬果未經浮選剔除未熟或過熟果，品質遠不如全水洗。1950 年代巴西坎皮納斯農業研究院（IAC）為了提升巴西咖啡品質，開始研發介於日曬與水洗之間的第三種處理法：半水洗法（semiwashed processing），即去掉果皮與部分膠質層，經短暫沖洗後裹著殘留膠質的帶殼豆進行晾曬，比傳統日曬更省工時，當時巴西稱此法為「去皮櫻桃」（Cereja Descascada，簡稱 CD）。巴西氣候乾燥很適合晾曬表面含有少量膠質的帶殼豆，其他潮濕的產國採此法則容易回潮發霉。1960 年巴

西科學家在生豆適度萌發與杯品的研究中發現，半水洗的 CD 雖然未入水發酵，亦可啟動種子萌發反應，效果如同全水洗一般（Ferraz et al., 1960）。

1980 年代南米納斯幾位咖農使用 IAC 開發的 CD 處理法進行商業化生產，品質廣獲好評。1990 年代巴西知名的農業設備公司 Pinhalense 為 CD 開發出半水洗處理系統，此法開始風行巴西，更名為較順口的去皮日曬（Pulped natural），生產每袋 60 公斤生豆只需 48 公升水，平均每公斤僅耗水 0.8 公升，且品質獲得國際烘焙大廠肯定，繼日曬與水洗之後，刨除部分膠質的去皮日曬與完全除膠的哥倫比亞 BECOLSUB 半水法，幾乎同步上市，分食節水大商機。

去皮日曬處理系統最特殊的是有一套高科技篩選裝置，咖啡果先經過精密設計的擠壓裝置，熟果子較軟，其內的帶殼豆輕易被擠出，而未熟果較硬過不了關被剔除，從而完成生熟果的選別。被擠出的帶殼豆仍殘存部分果膠，不浸水即進行晾曬，故名去皮日曬，但此法比全水洗和哥倫比亞半水洗更節水，亦稱半水洗，成為 1990 年代以來最具巴西特色的處理法。

1999 年巴西首辦 CoE 賽事只設立去皮日曬組，可見其受重視的程度，直到 2012 才加設日曬組，20 多年來去皮日曬躍為巴西主流處理法。歐美亦有人稱去皮日曬為「半日曬」（Semi-dried Processes），這不難理解，因為去皮日曬去掉果皮，僅以膠質層裹著帶殼豆晾曬，這比傳統日曬少了果皮，「半果」曬乾的速度稍快於全果，故又名半日曬。但半日曬稱呼容易混淆，不如去皮日曬傳神。千禧年後，哥斯大黎加又將去皮日曬改良為更精密可調控去膠厚薄度的蜜處理。

去皮日曬與完全去膠的半水洗最大不同是，去皮日曬的帶殼豆仍殘存部分果膠，晾曬過程發酵入味的程度大於完全去膠的哥倫比亞半水洗。後者的果膠刮除得更乾淨，且帶殼豆在晾曬前多半會先浸泡淨水，稍延長種子的萌發反應以彌補無發酵的缺憾。

然而，去皮日曬並無四海皆準的工序，今日不少咖農以一般去皮機刨除果皮與部分果膠，直接晾曬，但乾燥控制得宜效果亦佳，一般亦稱蜜處理。今日的去皮日曬與蜜處理形同姊妹處理法。

哥斯大黎加微處理革命，顛覆傳統生產模式

1990 年代哥斯大黎加年產 14-18 萬噸咖啡豆，產量不低，但往後 30 年間因土地開發政策、環保與氣候變遷掣肘，咖啡產量腰斬一半，2020-2021 年只產 8.8 萬噸。昔日盛景雖難復，但哥國並未因產量劇跌而失去對精品界的影響力。千禧年後哥國小農發起微處理革命（Micromill Revolution），咖啡產業更加精實化，小而彌堅。第三波盛行的蜜處理甚至第四波火紅的厭氧發酵，都與微處理革命息息相關。近 20 年來哥國是全球後製浪潮的推濤者，對精品咖啡後製技法、生產方式，有著顛覆性的影響力。

1821 年以後，咖啡成為哥斯大黎加主要輸出品，帶動全國經濟、政治、文化與民主發展。至今哥國咖農仍以小農為主幹，92％咖農的耕地不到 5 公頃，小農為了省事，鮮果採收 24 小時內送交咖啡合作社代為後製與出口。合作社核實咖農交付的鮮果數量，先預付一半款項，另一半要待半年後生豆出口的成交價，也就是紐約阿拉比卡期貨價確定後再支付咖農。哥國有將近 100 座咖啡合作社，其中私人企業、跨國企業、咖農合資成立各占三成左右，這些大型合作社將小農繳交的鮮果混合處理，甚至在一批劣質果混入品質較佳的鮮果，平衡風味，這種處理模式主攻品質均一、無特色的商業豆市場，這是哥斯大黎加咖啡傳統生產方式。換言之，咖農產量愈大收入愈豐，品質優劣並不重要。

咖啡合作社經常在度量衡動手腳占便宜，雖引發爭議但在咖啡行情大好的歲月，影響不大。然而，1989 年管控各國產銷配額的國際咖啡協議瓦解，巴西與越南大肆增產，豆價一蹶不振，咖啡期貨從 1997 年 276.4 美分／磅的高峰盤跌到 2001 年的 42.6 美分／磅。巴西越南生產成本低底子厚尚可硬

撐，但其他產國的咖農賣愈多賠愈多，生計難維持。不巧的是，千禧年後哥斯大黎加制訂新的環保法規，強制各莊園執行更嚴格的清洗，大幅增加咖農成本。國際咖啡期貨大跌，哥斯大黎加咖農賣鮮果收入不夠種咖啡的開銷，被迫刪減肥料等田間管理的支出，咖啡的產量品質亦如江河日下。

・螢火蟲莊園點燃微處理革命火苗

窮則變變則通，哥國知名塔拉珠產區桑切斯（Sanchez）家族經營的螢火蟲莊園（La Candelilla Estate），在 2000 年 12 月開出第一槍，放棄大型合作社的會員資格，自立門戶創立螢火蟲微處理坊（La Candelilla Micromill），喊出：「自己的咖啡自己製，提高品質創造價值！」並從巴西和哥倫比亞進口處理設備，自產自銷的利潤遠高於賣鮮果給大型合作社。

幾年間數家莊園跟進設立微處理坊，這些莊園規模不大，年產量約 10 來噸，不超過 70 噸，他們不惜向銀行貸款 1 至 2 萬美元採購中小型的水洗後製設備，互相切磋發酵技法，也為鄰近莊園提供客製化的後製服務。甚至規模更小的莊園也合資添購後製設備，共同使用。幾年內哥斯大黎加各產區的微處理坊林立，成了大型咖啡合作社的勁敵。

・微處理革命的旗手 —— Exclusive Coffee

螢火蟲莊園是微處理坊的點火者，法蘭西斯科・梅納（Francisco Mena）則是微處理革命的旗手，2008 年梅納創立獨家咖啡（Exclusive Coffee）專營哥斯大黎加精品豆出口，他奔波各產區獵豆，驚覺各莊園添購小型機具更用心處理自家咖啡，這是過去未見現象，咖啡品質與咖農收益大幅提升，因此梅納率先以「微處理革命」一詞詮釋這股沛然成形的新趨勢。

梅納是為微處理革命添柴加火的催化人。昔日大型合作社壟斷後製發酵技術，不鼓勵小農進一步學習，甚至不肯分享國外通路與市場資訊，小農「愈呆」愈易掌控，弱勢的咖農只好賣鮮果給合作社，糊口度日，合作社則靠後製加工獲利豐厚。

提高哥國精品豆質量，有助獨家咖啡的精品豆出口業務，梅納於是聘請專家為咖啡農授課，從土壤分析教起，以免下錯肥料補錯身，還教導咖農知香辨味、杯測、品種與風土、氣候變遷如何減災、後製發酵與機具操，無所不教。小農後製發酵與田間管理技術得以大躍進。表面上看，20 年來哥國咖啡產量一蹶不振，但實地查訪，卻更為精實，微處理坊崛起使哥國咖啡產業脫胎換骨，量少質精的微批次利潤高，反而更有競爭力。

過去咖農只盼風調雨順大豐收，賣出鮮果好領錢，偏偏收入微薄無力為提升品質進行必要投資，也不知自家咖啡賣到那裡去，更不知如何維繫與消費國或烘焙廠的關係。但咖農轉進微處理坊，自我意識覺醒，主動學習各種優化品質的農藝，還需懂得行銷、經營客戶與產銷成本，從傳統咖農變身為咖啡企業家，每天的工作與壓力倍增，但年收入也數倍於昔日。目前哥國已有一兩百家主攻高端市場的微處理坊，成功降低 2016-2020 年咖啡期貨暴跌的衝擊。2021 年 6 月，獨家咖啡還破天荒為微處理坊的微批次辦一場國際拍賣會，Geisha、San Roque Kenia、F1、Typica Mejorado、Catuai 繽紛品種盡出爭豔，雙重水洗的藝伎冠軍豆最後以 185.25 美元／磅成交。梅納看好高端的微處理坊商機，也捲起衣袖經營咖啡農場。

微處理革命對小農振聾發聵，產生以下龐大效益：

1. 增加價值：銷售自家處理的生豆，利潤遠高於昔日販售鮮果給咖啡合作社。雖然轉進微處理坊的頭一兩年，因添購機具與學習新技藝，成本與風險最高，但度過風險期效益浮現，利潤倍增，更有餘力為下一季的品質預做投資，進入永續的良性循環。

2. 歸屬感與認同感：過去賣給合作社的鮮果都和其他咖農的鮮果混合在一起後製，難以追蹤去向，對自家產品毫無認同感。而今小農取回控制權，可以嘗試各種技法，生產自家特色與辨識度的咖啡，甚至價值更高的微批次，打造自己的品牌。

3. 自信心：銷往海外的生豆均冠上自家莊園名稱，獲得國外客戶正面回饋，自信心大增。

・合作社與微處理坊的鬥爭方興未艾

微處理坊興起，主攻精品豆市場，而大型合作社主攻商業豆市場，照理兩者的市場明顯區隔，井水不犯河水，應可和平共存。但合作社不甘心，也想染指精品市場，為鮮果祭出優質優價的分級制，試圖分化微處理坊。

然而，道高一尺魔高一丈，微處理坊卻將每產季品質最差的首批與最末一批採收的果子賣給合作社，每季中間的優質批次則留給自家高檔微批次使用。此做法惹惱 CoopeDota、CoopeTarrazu 等大型合作社，訴諸法律規定合作社會員必須將每季所有鮮果賣給合作社，一旦加入微處理陣營就必須放棄合作社的會員資格，不容許合作社會員選擇性販賣鮮果的不道德行為。微處理對合作社是一個敏感又威脅性字眼，兩者的競爭更趨白熱化。近年哥國的咖農已分成兩派，獨家咖啡旗下的微處理擁護者或是傳統合作社的支持者，形同水火。

目前還有很多產國諸如肯亞、衣索匹亞等，仍採行類似哥斯大黎加大型咖啡合作社收購小農鮮果的生產模式。但各產國的條件不同，哥國的微處理革命能在其他產國發酵進而質變嗎？尚待觀察。

台灣咖農多半採多角化經營，兼營茶葉、水果、檳榔、民宿或咖啡館，生豆產量並不多，年產數百公斤至幾公噸，很少超過 10 噸，多數咖農自己處理鮮果，自產自銷，近似哥斯大黎加的微處理坊。台灣咖啡年產量約 1,000 噸上下，產量少尚無大型合作社的產銷模式。

世界第四大處理法：哥斯大黎加蜜處理始末

千禧年後哥斯大黎加咖啡產量劇跌，占全球總產量從千禧年初期的 1.8％下滑到 2020-2021 產季的 0.85％。就產量而言，哥國已無足輕重但其創意後

製技法卻對全球精品咖啡產生宏大影響，尤其是色澤與發酵程度不同的蜜處理，繼日曬、水洗、半水洗之後，躍為世界第四大處理法，也成為各產國競相模仿的技術，精品咖啡的味域與興奮度再次擴大。哥斯大黎加氣候潮濕並非蜜處理的好環境，幸虧薄霧莊園蜜處理奪冠軍帶風向以及大地震缺水之賜，蜜處理才有今日盛況。

可以這麼說，沒有微處理革命的玩香弄味就沒有今日蜜處理盛況。2000前後從巴西傳進哥斯大黎加的去皮日曬，恰逢微處理革命之始，小農相互切磋各種實驗性後製技法，哥國咖農發現調整果膠刨除厚度、晾曬時間、環境濕度、帶殼豆堆疊厚度、翻動頻率，即可營造不同程度的發酵風味，工序較巴西去皮日曬更講究、繁瑣，風味更豐滿，改良版的去皮日曬於焉誕生，取名蜜處理。

・百蜜爭豔：白蜜、黃蜜、紅蜜、黑蜜、葡萄乾蜜處理

哥斯大黎加微處理坊的咖農發覺殘留果膠層愈厚、日照愈少、鋪層愈厚、乾燥期愈長，則帶殼豆色澤愈深且發酵入味程度愈高，反之則乾燥速度愈快，發酵入味程度愈低，帶殼豆顏色愈淺。哥倫比亞咖啡機具公司 Penagos 開發出的精密去皮機，以高壓水霧去除果皮，落到哥國小農手裡，成了蜜處理利器，可隨心所欲調控果膠刨除的厚度在細微的公差內，讓咖農有更大的玩「膠」弄味空間。但台灣咖農卻發現不必這麼麻煩添購精密去皮機，以一般去皮機去掉果皮後，調整晾曬或烘乾時間、翻動頻率、遮蔭、乾濕度，也可製出發酵程度不同的各種蜜處理。

哥斯大黎加蜜處理至少衍生出白、黃、紅、黑、葡萄乾等 5 大款。

白蜜：果膠幾乎全部刨除，不留果膠的帶殼豆直接晾曬，乾燥速度最快，如同水洗泛白的帶殼豆，風味最乾淨，彰顯水洗豆酸甜震味譜。

黃蜜：殘存的果膠層厚於白蜜，乾燥速度慢於白蜜，曬乾的帶殼豆成黃色且發酵入味程度高於白蜜。

　　紅蜜：果膠層厚於黃蜜，乾燥慢於黃蜜，而成紅褐色，發酵入味高於黃蜜。

　　黑蜜：果膠層最厚，最不易晾乾，耗時最久，發酵程度最高而成黑褐色。風味大好大壞皆有，若酒酵味控制得宜，豐富度最高，也是最易失敗的蜜處理，風味近似日曬豆。以上 4 款蜜處理的發酵入味程度，隨著色澤愈深而增加。黑蜜製作難度最高，或因殘留果膠最厚、日照最短等因素導致乾燥時間延長而增加劣化或發霉的風險。蜜處理最麻煩的是前幾天要不停翻撥黏答答的帶殼豆，以免沾黏結塊，不易均勻乾燥。

　　葡萄乾蜜處理：哥斯大黎加還盛行另一種結合日曬和蜜處理的葡萄乾蜜處理法。「葡萄乾」在巴西咖啡用語指掛在枝頭鮮紅色的熟果，暫不採摘，再等一至兩周果皮成暗紫色、起皺如葡萄乾再採下來，風味更濃郁。巴西日曬盛行此法。不過，哥國微處理坊的葡萄乾蜜處理則大不同且更為講究：鮮紅果採下後先經浮選，淘汰未熟與過熟果，優質果平鋪晾曬 2 到 3 天，果皮起皺如葡萄乾再去掉果皮，保留半乾的果膠晾曬，即經過全果與蜜處理兩階段雙發酵，製程複雜費工。塔拉珠產區卡內特（Carnet）微處理坊有名的巴哈、莫札特、貝多芬、蕭邦等音樂家系列，即以此法煉出近似水果糖與花韻的咖啡，在台灣銷路甚佳。只是音樂家系列的香氣太豐富了，是否還有未公諸於世的另類技法，令人好奇。

　　微處理革命雖然造就了蜜處理技法，然而，哥斯大黎加氣候潮濕並不適合蜜處理法發展，若沒有薄霧莊園的蜜處理咖啡奪得冠軍的加持與大地震缺水的覺悟，蜜處理恐難在哥斯大黎加順利崛起，甚而風靡全球！

・薄霧莊園：蜜處理宗師

　　2006 年哥國中央山谷產區朱奎山薄霧莊園（Brumas del Zurqui）的蜜處理豆贏得哥國「黃金收穫」（Cosecha de Oro）精品豆大賽冠軍，打響了蜜處理威名，薄霧莊園負責人胡安拉蒙（Juan Ramon Alvarado）被譽為蜜處理宗師。胡安拉蒙的曾祖父於 1890 年創立該莊園，鮮果向來直接賣給合作社，但 2000 年咖啡期貨大跌，胡安拉蒙決定跟進螢火蟲莊園設立自家微處理坊，

提升品質並擴展海外市場。2001 年薄霧微處理坊的首批微批次透過哥國知名咖啡研究機構 CARTIE 送到義大利，蜜處理厚實的咖啡體廣獲好評，2002 年薄霧的蜜處理進軍亞洲市場，日本是最大客戶。當時哥國只有兩家微處理坊，而今暴增到 150 至 200 家！

2007 年哥斯大黎加開辦首屆 CoE 競賽精品豆線上拍賣會，前二十五名優勝莊園的處理法仍以去膠機半水洗、全日曬、全水洗居多，但第四與第十三名是採用前衛的蜜處理法引起國際買家高度關注。然而，哥國氣候遠比巴西潮濕，蜜處理晾乾不易稍有不慎易回潮發霉，敢貿然嘗試者不多，仍未成氣候。

・禍中藏福，蜜處理因大地震缺水而崛起

禍兮福之所依，2008 年 1 月哥國發生大地震重創水電設施，咖農紛紛研習不耗水的處理法，蜜處理因而走紅普及。2012 年蜜處理宗師胡安拉蒙的另一座咖啡農場薩莫拉（Zamora），所產重度發酵的黑蜜奪得哥國 CoE 冠軍，這是蜜處理首度制霸 CoE，證明哥國雖然潮濕但管控得宜的蜜處理仍可製出絕美風味。2013 年蜜處理又蟬聯 CoE 冠軍，出自費德爾莊園（Fidel），此後不碰水的蜜處理超車全水洗、去膠機半水洗和日曬，成為最具哥斯大黎加特色的後製法。

2020 年哥斯大黎加 CoE 前二十六名金榜，蜜處理高占其中 12 名，占比高達 46％！由於蜜處理去掉果皮與果肉只保留膠質晾曬，相對於全果日曬少了兩層結構，且晾乾速度快於傳統日曬，故而又稱半乾燥或半日曬（semi-dry），但此稱呼徒增困擾，建議還是用蜜處理較妥。

・第三波最大贏家：Micromill & Microlot

天佑哥斯大黎加，微處理坊遍地開花恰逢第三波精品咖啡浪潮席捲全球，重視產地履歷的微型烘焙坊（Micro Roaster）與直接貿易在歐美與亞洲大行其道，烘豆師、咖啡師與尋豆師親訪產國採購稀世奇豆，而微處理坊的精

品豆履歷清楚，正中下懷，每磅高出期貨價 150 美分以上，所在多有，還供不應求。微處理坊與微型烘焙坊相互輝映。巴拿馬藝伎、哥斯大黎加微處理坊，以及量少質精高價賣的微批次（Microlot），成為第三波最大贏家。

日曬復興，核彈級水果炸彈問世：衣索匹亞霧谷與巴拿馬 90+

日曬處理法強勢回歸是第三波後製浪潮的重頭戲，衣索匹亞海歸派工程師阿杜拉 ‧ 巴格西（Abdullah Bagersh）創立艾迪朵霧谷（Idido Mist Valley），以及美國烘豆師布洛斯基（Joseph Brodsky）打造的 90+（Ninety Plus）精煉核彈級日曬豆，一舉洗刷日曬處理法百年污名，雙雙躍為日曬復興的推濤造浪者！

半個世紀來全球知名的烘焙大廠或熟豆品牌不知幾凡，如 illy、Lavazza、Starbucks、Stumptown、UCC 等。然而，遲至千禧年後，原料端的生豆產業才出現世界級的名牌──艾迪朵霧谷與 90+。創業之始這兩大生豆名牌捨棄精品界主流的水洗法，逆勢主打難度更高，難登大雅之堂的日曬法，重塑日曬豆乾淨豐美新味譜，歪打正著創造高端市場新需求。

・衣索匹亞精湛日曬之父：阿杜拉巴格西

阿杜拉是推動日曬咖啡精緻化，由剝而復的最大功臣。早在 1940 年代阿杜拉的祖父薩蘭‧巴格西（Salem Bagersh）已在衣索匹亞首都經營咖啡豆貿易並以 Bagersh 為品牌，是衣國第一家私營的生豆出口商。1980 年代阿杜拉在美國完成工程師學業，1991 年衣索匹亞社會主義軍政府下台，政權更迭新政府展現新氣象，加上阿杜拉的父親去世，他決定放棄在美國的工程師職業返回衣國協助家族咖啡事業。10 年間他卻經歷咖啡期貨暴漲暴跌的震撼教育，1997 年飆漲到 273 美分／磅，此後一路崩跌到 2001 年 33 美分／磅，家族的生豆貿易風險很高。阿杜拉乃決定改走超級精品路線，提高產品價值區隔市場，減低咖啡期貨的衝擊，以重建家族咖啡品牌 Bagersh。

　　長久以來，業界執迷於只有水洗法才能做出乾淨的精品咖啡，優質鮮果全供水洗法，至於瑕疵果、次級品或季尾批次則貶為日曬法。但阿杜拉記憶中衣索匹亞古法日曬也能做出乾淨豐美的絕品，日曬之所以被污名化主要是咖農草率行事所致，他堅信以全果進行發酵與乾燥的日曬法只要嚴格篩除瑕疵果，其味譜潛力、可塑性應大於去皮去膠的水洗法。阿杜拉為了印證自己的論點，生產心目中的超級日曬豆，1999 年投資艾迪朵的一座水洗處理廠，就位在蓋狄奧區（Gedeo Zone）的兩個咖啡縣耶加雪菲與柯契爾附近。

　　阿杜拉在此進行一系列日曬製程實驗與優化；諸如精選熟紅鮮果、以通風防潮高架網棚晾曬免受塵土與濕氣侵染、前 48 小時勤翻動日曬果均勻脫水、中午為日曬果遮蔭降溫並減低紫外線傷害、調整堆疊厚度控制乾燥速度、挑除晾曬過程的瑕疵果、比重與色別篩選……後製流程之嚴謹不輸耶加 Grade1（G1）水洗（分級制請參見本章最末）。衣國古法日曬的咖啡果不需經過水洗流程的浮選機制，不易挑除未熟果或瑕疵果，因此阿杜拉在晾曬過程增加多道挑除瑕疵果的工序，提高乾淨度。簡而言之，瑕疵盡除味自美！

　　2002 年阿杜拉心目中的的超級日曬微批次問世，艾迪朵清晨常飄起夢幻般迷霧，故以「艾迪朵霧谷」命名。這支劃時代日曬絕品的水果韻亮曬鮮明，時而綻放花香，新味譜豔驚全球精品界，在此之前幾乎沒有人相信日曬咖啡竟能吐露繽紛花果韻。阿杜拉的艾迪朵霧谷一推出即破天荒獲評為衣索匹亞 G1 和 G2 級日曬，衣國日曬品質躍進新紀元，一洗世人對傳統日曬的偏見。過去，衣索匹亞日曬豆瑕疵豆太多，一直被歸類為商業級的 G4 或 G5，連 G3 都罕見，艾迪朵霧谷是衣國日曬豆有史以來的第一支榮獲精品級 G1 和 G2，在此之前只有少數耶加或西達馬精緻水洗獲評為 G1，也為衣國日曬豆出了口怨氣。

　　艾迪朵霧谷 G1 日曬豆推出幾年內贏得諸多大獎，在歐亞消費大國廣受歡迎，2007-2008 年躍為精品界無人不曉的日曬名牌。衣國各大處理廠競相

仿傚艾迪朵霧谷的精湛日曬工法，此後 G1 或 G2 日曬豆在市面上逐漸增多，售價高於同等級水洗。阿杜拉打鐵趁熱又經手附近兩座處理廠 Beloya 與 Michile，除了日曬亦生產水洗。咖啡袋打上 Bagersh、Idido Mist Valley、Beloya 即代表衣索匹亞核彈級精品生豆！

然而，2010 年以後艾迪朵霧谷愈來愈難買到，原來已易手更名為 Aricha 處理廠。2008 年衣索匹亞商品交易所（ECX）成立，往後幾年所有咖啡豆必須集中至首都的 ECX 交易，處理廠不得私自出口生豆，阿杜拉日正當中的艾迪朵霧谷日曬可能因此被迫退出市場。2017 年以後 ECX 採納歐美精品界意見，恢復處理廠可直接販售生豆以提高精品豆的溯源性，近年市面上也出現艾迪朵霧谷或 Aricha 品牌，但已非出自阿杜拉之手。

阿杜拉的家族咖啡事業 SA Bagersh PLC 仍繼續運作，朝多角化經營，轉進精品生豆貿易，目前仍是衣國第五大咖啡出口公司。該家族還有一個熟豆出口品牌 Tarara Coffee。2020 年 Bagersh PLC 還被 CoE 指定為衣索匹亞首屆 CoE 線上競標賽豆的官方出口代理人。

2015 年阿杜拉出任非洲精緻咖啡協會（African Fine Coffee Association）主席，目前身兼 ECX 的監事。阿杜拉雖不再經手處理廠業務，但他已為衣國立下核彈級精品日曬一絲不苟的生產流程，遺緒影響至今。不過，這幾年衣國有些處理廠也模仿水洗法，先為鮮果進行浮選剔除瑕疵果，再取出沉入槽底的優質鮮果晾曬，可減少雜味，但大多數衣國日曬仍採不浮選的古法晾曬，擔心鮮果浸水會流失風味並增加乾燥的變數。鮮果日曬前該不該浮選，仍無定論，各有堅持。

總之，如果沒有阿杜拉帶動衣索匹亞精緻日曬浪潮，全球玩家至今可能還在喝 G4、G5 商業級日曬！

・90⁺ 的衣索匹亞情緣：萬味之母在產地而非烘焙廠

為核彈級日曬興風揚波的第二人，就是出生美國威斯康辛州的布洛斯基。

他踵武阿杜拉，成功打造另一個主攻精緻日曬的世界級名牌 90+，聲稱只賣杯測 90 分以上的極品。布洛斯基擅長創新與行銷，甚至有人稱他是咖啡界的伊隆·馬斯克（Elon Musk）！

1990 年代布洛斯基還在念高中、大學時已迷上咖啡，常和兄長用爆米花機烘咖啡。1998 年他研讀美國老牌尋豆師 Kevin Knox 所著的《咖啡概要》（Coffee Basics），被一句話深深吸引：「衣索匹亞咖啡饒富藍莓與檸檬韻……」於是買了衣索匹亞咖啡來試，果然喝出莓果與檸檬皮香氣，大為感動遂以咖啡為終身志業。2002 年他在家族協助下，在科羅拉多州的丹佛市創立 Novo Coffee 專賣衣索匹亞熟豆。但他發覺衣索匹亞咖啡最大問題是品質很不穩定，即使同等級的咖啡也時好時壞，購買衣國生豆要碰運氣，有一半機會買到名實不符的品質。

2005 年機會來了，布洛斯基趁著到衣索匹亞擔任生豆賽評審，順便探究衣國品質飄乎不定的原因。他訪問咖農並參觀各處理廠，很快找到原因；原來咖農賣給處理廠的鮮果價格都一樣，因此失去改善品質的誘因，經常將品質與海拔不同的鮮果湊合一起賣給處理廠，而且各處理廠加工技術良莠不齊，這都是生豆品質參差的要因。

身為烘豆師的布洛斯基，過去一直以為咖啡風味良劣繫於烘豆師與咖啡師的手藝，但 2005 年衣索匹亞之旅帶給他莫大啟示，深深體悟萬味之母在產地，「味譜的優劣早已根植於產地的農場端，而非傳統認知的烘焙廠或咖啡館！」

接下來的 4 年間，他奔波於衣索匹亞與美國；產季則留在衣索匹亞跟著咖農一起後製，就地挑選最有風味潛力的批次進口到科羅拉多州的 Novo Coffee，換言之，烘焙廠選料的戰線延長到產地。在產地做好後製加工，即可解決下游端烘豆師的困擾，基於此理念 2006 年布洛斯基創立 90+ 品牌。此後他轉戰產地搞定生豆品質，烘焙廠業務由家族處理。

·日曬復興第三大功臣：BOP 增設日曬組

他很慶幸認識了阿杜拉優秀的後製團隊，並合作開發一系列膾炙人口的核彈級日曬豆諸如 Beloya、Nekisse、Hachira、Kemgin，價格雖昂貴卻在亞洲市場很吃香，逐漸打響知名度。布洛斯基創業之初得到阿杜拉團隊的技術協助才有今日的 90+，布洛斯基至今日仍和阿杜拉維持很好的關係。

2007 年以後，布洛斯基將上述精緻日曬豆分享給巴拿馬咖農，在此之前中美產國仍視日曬為不入流的處理法，水洗才是王道。但核彈級日曬豆豐美乾淨的味譜大開巴拿馬咖農眼界，開始學習嚴謹的日曬工法。這也反應在 BOP 賽事，1996 年至 2010 年長達 14 年的 BOP 只有水洗組，在咖農建議下 2011 年開始增設日曬組，這股精湛日曬浪潮再從巴拿馬輻射到周邊的拉美產國，消費市場對環保省水的精湛日曬豆需求愈來愈大，日曬處理法終於否極泰來。

衣索匹亞海歸派阿杜拉影響到美國烘豆師布洛斯基，再引動 BOP 增設日曬組，進而帶動全球日曬復興，可謂脈絡分明。幾年後獨沽水洗法的哥倫比亞 CoE 大賽金榜也出現罕見的日曬豆！

·90⁺ 顛覆性後製發酵絕技

布洛斯基在衣索匹亞雖與阿杜拉後製團隊合作愉快，但 2008 年 ECX 成立，私人公司不得出口生豆，第三波盛行的產地直接貿易困難重重，所幸這些年來布洛斯基在衣國學到不少後製技術，已有本事自力生產。

2009 年布洛斯基向銀行貸款 160 萬美元買下巴拿馬巴魯火山西側海拔 1,500-1,700 米，距哥斯大黎加只有 15 英里，占地 200 公頃的一塊牧牛區 Silla de Pando，做為 90+ 的第一座咖啡園，取名為 90+ 藝伎莊園（Ninety Plus Gesha Estate）並廣植遮蔭樹以利往後藝伎與衣索匹亞品種的生長。2013 年布洛斯基又買下海拔稍低，介於 1,200-1,500 米的 Piedra Candela，取名為 90+ 坎德拉莊園（Ninety Plus Candela Estate），專門種植衣索匹亞引進的品種，

主攻價位較親民的揚升系列（Ascent）。2019 年他又在巴魯火山西側一個火山口附近買下占地 70 公頃、海拔 1,800 米的地塊，取名 90+ 巴魯莊園（Ninety Plus Barú Estate），這是 90+ 麾下第三座咖啡園，但尚未投產，未來將主攻美國較平價的市場，而高價位的 90+ 藝伎莊園的高端產品則主攻亞洲市場。

90+ 優質高價位的形象深植人心，即使 2013 年以後開發的 90+ 坎德拉莊園系列產品價位較親民，目前共有 3 支升揚系列包括 Drima Zede、Kemgin、Kambera，但每公斤生豆至少 150 美元起跳，也不便宜。不過升揚系列比起 90+ 藝伎莊園最昂貴的創辦人藝伎系列，每公斤生豆在 6,000-11,000 美元算是小巫見大巫。創辦人系列幾乎全採用專利創新的全果發酵技法，但製程他對外界卻守口如瓶。10 多年來 90+ 除了採用擅長的日曬外，還有水洗、蜜處理、菌種發酵、厭氧發酵、冷發酵、熱發酵、複合式發酵，各種顛覆性或實驗性技法令人眼花撩亂，這將在下一章第四波浪潮論述。

2009 年布洛斯擁有了第一座莊園，但藝伎生長慢，直到 2014 年才開出第一批產量，在產量開出前幾年，他手頭拮据，雖廣邀業界大咖參觀藝伎園，但仍無人投資。2014 年世界盃沖煮大賽希臘好手鐸馬提歐提斯（Stefanos Domatiotis）選用 90+ 的藝伎贏得冠軍，接下來幾年的世界盃沖煮賽、世界賽風賽、世界咖啡調酒賽，至少有 9 名好手用 90+ 的系列產品奪下冠軍殊榮，奠定 90+ 品牌的世界級地位，再貴還是有利基在。

15 年來 90+ 品牌建立在後製與味譜創新的顛覆性技術，布洛斯基很少在公開場合談論他的後製研發團隊與發酵技法，但阿杜拉與布洛斯基「精煉」的咖啡，讓生豆的出處不只是產國而已，更冠上生豆的品牌與莊園名稱，如同葡萄酒釀自那個酒莊或產自那個葡萄園一般。艾迪朵霧谷與 90+ 對提升生豆與咖農的地位，發揮關鍵性影響，絕品咖啡的榮耀不再由烘豆師或咖啡師獨攬。

｜弄懂衣索匹亞複雜的咖啡分級制｜

衣國產區分散東西兩半壁，品種繁浩，種植系統又分為森林、半森林、田園、農林間植和大型栽植場，還有日曬和水洗處理法，加劇衣國生豆分級的難度，堪稱世界最複雜的分級制！

近 20 多年來衣國咖啡豆的評等經多次調整，有愈來愈嚴的趨勢，這與精品浪潮有關。千禧年之前，衣國以瑕疵豆多寡做為評等標準，2008 年衣國商品交易所（ECX）成立，咖啡生豆的評價更為系統化，可分為初級評鑑（Preliminary Assessment）與進階的精品評鑑（Specialty Assessment）兩大階段，初級評鑑先為水洗與日曬生豆評出低等級（Under Grade）與商業級。但初評的商業級得分較高的 G1、G2 兩個等級，即可進入精品級評等，再次杯測 ≧ 85 分可獲精品一級（Specialty1 or Q1），杯測 80 至 84.75 分則給精品二級（Specialty2 or Q2）的精品級別。換言之，衣國生豆分低等級、商業級與精品級三大類（評等流程請參圖表［14-2］至［14-8］）。

ECX 有關咖啡生豆級別的評定經過 2010、2015、2018 這 3 次微幅調整，以下表格根據 2022 修正版編繪。初評包括兩大項：1. 生豆評價占 40％；2. 杯測評價占 60％，據以定出低等級與商業級。

看表［14-2］水洗生豆評價包括瑕疵豆評等占 20％，外觀形狀 5％、顏色 5％，氣味評等占 10％，合計 40％。值得一提的是 ECX 2010 年版本，一級瑕疵[註3] 的顆數 0 才能拿 10 分，但 2015 年後的版本卻修改為 1 顆以下即可拿 10 分，這應該和 2010 年版本是根據每 300 克生豆為準，以後增加為每 350 克有關。二級瑕疵[註4] 則以瑕疵豆重量占每 350 克受檢生豆的重量比來衡量。出口等級的生豆含水率必須低於 12％，而且大於 14 目（直徑 14/64 英寸）的生豆重量必須超過樣本總重量的 85％。

註 3：一級瑕疵指全黑豆、全酸豆、真菌染豆、嚴重蟲害豆、摻雜異物等
註 4：二級瑕疵指半黑豆、半酸豆、未熟豆、輕微蟲害豆等

〔14-2〕初評：水洗生豆瑕疵、形狀、顏色、氣味評價，占 40%

生豆評價 40%									
瑕疵豆 20%				外觀形狀 5%		顏色 5%		氣味 10%	
一級瑕疵 （顆數） 10%	分數	二級瑕疵 （重量） 10%	分數	品質	分數	品質	分數	品質	分數
1	10	≦5%	10	非常好	5	淺藍	5	乾淨	10
2-5	8	≦8%	8	好	4	淺灰	4	普通乾淨	8
6-10	6	≦10%	6	普通好	3	淺綠	3	極少雜味	6
11-15	4	≦12%	4	一般	2	雜色	2	輕微雜味	4
15-20	2	≦14%	2	太小	1	褐色	1	中度雜味	2
>20	1	>14%	1					強烈雜味	1

　　水洗豆初評的杯測評價包括乾淨度、酸質、咖啡體、味譜等 4 項，合計 60%：

〔14-3〕初評：水洗豆杯測評價

杯測評價 60%							
乾淨度 15%		酸質 15%		咖啡體 15%		風味 15%	
品質	分數	品質	分數	品質	分數	品質	分數
乾淨	15	突出	15	厚實	15	好	15
普通乾淨	12	普通突出	12	中等厚實	12	普通好	12
一杯瑕疵	9	中等	9	普通	9	中等	9
二杯瑕疵	6	柔酸	6	輕度	6	尚可	6
三杯瑕疵	3	缺酸	3	薄弱	3	不好	3
逾三杯瑕疵	1	未感知	1	未感知	1	未感知	1

　　水洗生豆外觀與物理性評價表 [14-2] 的分數加上 [14-3] 水洗豆杯測評價的分數，即可定出水洗商業豆的級別 [14-4]，得分最高的 G1 與 G2，有機會進入表 [14-8] 精品級評鑑。

〔14-4〕初評：商業級水洗生豆級別

級別	總分（生豆評價＋杯測評價）
第一級 (G1)	≧ 85
第二級 (G2)	75-84
第三級 (G3)	63-74
第四級 (G4)	47-62
第五級 (G5)	31-46
低等級（帶殼）	15-30
低等級（未帶殼）	15-30

[14-5] 日曬生豆瑕疵豆包括一級瑕疵與二級瑕疵評分占比各 15％，以及氣味占比 10％，合計 40％。一級瑕疵低於 5 顆得 15 分，但二級瑕疵是根據每 350 克生豆，二級瑕疵所占的重量百分比來算。衣國日曬豆未經水槽浮選，因此未熟豆或瑕疵豆較多，評等標準也比水洗寬鬆。

〔14-5〕初評：日曬生豆瑕疵、氣味評價，占 40%

生豆評價 40%					
瑕疵豆 30%				氣味 10%	
一級瑕疵（顆數）15%	分數	二級瑕疵（重量）15%	分數	品質	分數
<5	15	<5%	15	乾淨	10
6-10	12	<10%	12	普通乾淨	8
11-15	9	<15%	9	極少雜味	6
16-20	6	<20%	6	經微雜味	4
21-25	3	<25%	3	中度雜味	2
>25	1	≧ 25%	1	強烈雜味	1

[14-6] 日曬豆杯測評價項目與計分如同水洗豆，並無任何變更。即 [14-6] ＝ ＝ [14-3]

〔14-6〕初評：日曬豆杯測評價，占 60%

杯測評價 60%							
乾淨度 15%		酸質 15%		咖啡體 15%		風味 15%	
品質	分數	品質	分數	品質	分數	品質	分數
乾淨	15	突出	15	厚實	15	好	15
普通乾淨	12	普通突出	12	中等厚實	12	普通好	12
一杯瑕疵	9	中等	9	普通	9	中等	9
二杯瑕疵	6	柔酸	6	輕度	6	尚可	6
三杯瑕疵	3	缺酸	3	薄弱	3	不好	3
逾三杯瑕疵	1	未感知	1	未感知	1	未感知	1

日曬豆外觀與物理性評價的分數加上杯測分數，即表 [14-5] 加上表 [14-6] 的分數，可訂出初評日曬商業豆的級別 [14-7]。值得注意的是，2018 年版 ECX 初評日曬商業豆級別 G1（91-100 分）、G2（81-90 分）、G3（71-89 分）均可升入進階評，再次杯測確定品質能否獲得 G1 或 G2 的精品級。但 2022 年版 ECX 修正為初評的日曬級別只有 G1（≧ 85 分）、G2（75-84）的日曬豆才有資格升到進階評，此標準如同水洗豆，顯見衣國對日曬豆的評鑑標準與水洗豆漸趨一致！

〔14-7〕初評：商業級日曬生豆級別

級別	總分（生豆評價＋杯測評價）
第一級 (G1)	≧ 85
第二級 (G2)	75-84
第三級 (G3)	63-74
第四級 (G4)	47-62
第五級 (G5)	31-46
低等級	15-30

據 2022 修訂版本，初評的水洗與日曬商業豆獲得 G1（≧ 85 分）與 G2（75-84 分）的樣本可升入進階評，如果進階評的杯測分數≧ 85 分，且初評總分≧ 80 分的樣本，則可獲得精品一級（即 Specialty1 簡稱 Q1）的最高級別，如果杯測分數落在 80-84.75 分，可獲得精品二級（即 Specialty2 簡稱 Q2）的次高級別，請參表 [14-8]。Specialty1（Q1）與 Specialty2（Q2）是 ECX 咖啡合同最高品質的級別，但衣國出口咖啡的麻布袋上仍以 G1 與 G2 代表，更次等的商業級別為 G3 至 G5。

〔14-8〕進階評：精品級水洗與日曬級別

級別	級別決定因素	
	初評級別與總分	精品級根據杯測分數評定
Q1	G1 與 G2 總分≧ 80	≧ 85
Q2	G1 與 G2	80-84.75

初評結果的商業級水洗豆在生豆評價與杯測評價總得分 > 80 的 G1 與 G2，可進入精品級的杯測評價，如果再次杯測分數≧ 85，則可獲得最高級精品 Q1 即 G1。其中杯測分數落在 80-84.75，可獲評為次級精品 Q2 即 G2。

另外，如果初評中 G2 的杯測分數 > 45（總分 60 分），亦可被推薦進入精品級評價。若初評的生豆與杯測評價總分 > 80，進入精品級評價未能獲得最高級 Q1，亦可獲評為次級精品 Q2 即 G2。

• ECX 訂出下限價維護市場秩序

2020 年 1 月，衣索匹亞咖啡與茶管理局（The Ethiopian Coffee and Tea Authority）頒布新指令，將以全球咖啡交易價的加權平均值為基礎，制定每天交易的每磅最低下限價，出口咖啡不得低於此價格，以減少不履行合約與低報價等違約事件。咖啡占衣國總出口值將近 40 ％，2008 年 ECX 成立後，

衣國咖啡、芝麻、小麥、玉米、白腰豆等商品全納入管控，10 多年來褒貶不一，但咖啡出口量從 2008 以來已增加 48％以上，居功甚偉。

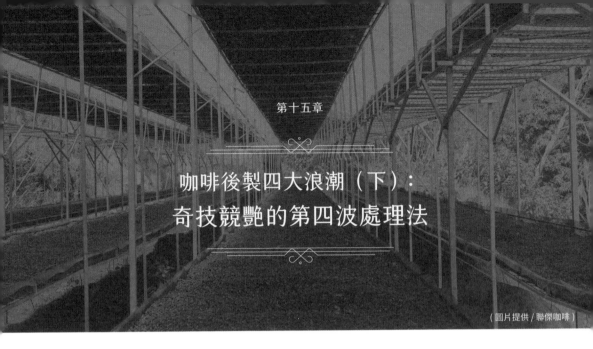

第十五章

咖啡後製四大浪潮（下）：
奇技競艷的第四波處理法

（圖片提供 / 聯傑咖啡）

第四波浪潮 2014-2020 年代

特殊處理法崛起
厭氧發酵、冷發酵、熱發酵、接菌、添加物、厭氧低溫慢乾、發酵解讀神器

2014 年以後，咖啡後製技法邁入第四波新紀元；前三波盛行的日曬、水洗（有水、無水發酵）、去膠機半水洗、去皮日曬、蜜處理、除了有水發酵是在低氧環境，其餘均在有氧環境進行。直到 2014 年首見密閉容器阻絕空氣的厭氧蜜處理打進哥斯大黎加 CoE 優勝榜，咖啡的厭氧時代於焉降臨，點燃各大產國「窒息式」發酵熱潮。更甚者，厭氧冷發酵、熱發酵、接菌發酵和添加物，亦在此時爭相出籠，滿足精品市場求新求變的需求。

短短不到 10 年，市場蹦出諸多奇門「煉香術」，引發基本教義派與前衛派大辯論：「我們喝的究竟是咖啡的本質風味、微生物代謝味，或是添加物之味，該不該規範發酵的摻入物？」另外，以科技協助咖農解讀發酵程度，譬如糖度計、酸度計、發酵大師等檢測工具，以及乾燥速率的科學研究，在當下的第四波浪潮尤為盛行。第四波提升咖啡發酵的可控性，取代過去看天意發酵！

| 多端多樣、打造差異化的煉香術 |

第四波多端多樣的煉香術包括厭氧水洗、厭氧日曬、厭氧蜜處理、雙重厭氧發酵、有氧厭氧雙發酵、冷發酵、熱發酵、接菌與添加物等處理法，令人眼花。咖啡是文化，更是一種生活方式與流行，不可能長久不變。各莊園和處理廠不斷尋找新技法，打造差異化為烘焙師和市場添香助興。咖啡後製往往因生產者一個小轉彎、小巧思、小創意或小實驗而小兵立大功，成為新技法的造浪者。咖啡的厭氧發酵即為最佳典範。

厭氧發酵並不是什麼飛天鑽地新發明，早在千百年前人類已會隔離氧氣醃泡菜，釀酸奶與美酒。耐人玩味的是，咖啡產業為控制含氧量而採用密閉容器、抽真空或灌入二氧化碳在缺氧環境下發酵，卻是這幾年才盛行的新招。縱觀 1400 年以來的咖啡後製史，第一至第三波浪潮尚未見厭氧發酵一語；厭氧發酵以及二氧化碳浸漬法躍為後製顯學，吃香竄紅至今還不到 8 年。

全球瘋厭氧！ WBC 頂尖咖啡師厭氧大作戰

2018 年阿姆斯特丹舉辦的 WBC 大賽，前六名至少有 5 位的賽豆用厭氧發酵法，火熱程度可見一斑。前六名頂尖咖啡師的賽豆發酵法如下：

1. 冠軍，波蘭女咖啡師 Agnieszka Rojewska 採用 2015 年冠軍咖啡師沙夏開發的二氧化碳浸漬衣索匹亞水洗豆。

2. 季軍，瑞士咖啡師 Mathieu Theis 以哥斯大黎加的 Caturra 拼配 Catuai，全果密封厭氧發酵 20 小時，造出肉桂、柑橘與李子風味。

3. 殿軍，希臘咖啡師 Michalis Katsiavos 用巴拿馬 Finca Deborah 藝伎，全果厭氧發酵 62 小時，取出去皮後，帶殼豆再一次厭氧發酵 24 小時，也就是前段全果厭氧，後半段厭氧蜜處理，以雙重厭氧發酵造出豐富乳酸味譜。

4. 第五名，加拿大咖啡師 Cole Torode 以哥倫比亞藝伎與 Sidra（衣索匹亞地方種）併配豆。處理方式：全果密封營造厭氧的乳酸與酒精發酵，提高 Body 與 Winey 風韻。

5. 第六名，紐西蘭咖啡師 John Gordon 亦用衣索匹亞厭氧發酵豆出戰。

　　至於亞軍，荷蘭咖啡師 Lex Wenneker 是用哥倫比亞藍色山巒莊園（Finca Cerro Azul）採 Natural XO 處理法的藝伎，造出帶有干邑白蘭地風味。據該莊園的說法：「Natural XO 處理法是精選糖度 18 的鮮果，在不鏽鋼槽內預先靜置發酵（但並未言明是否密封厭氧），溫度控制在 25-30℃，發酵時間 36-48 小時，再入烘乾機 48 小時，脫除大部分水分終止發酵，再移到戶外晾曬，約兩周時間慢速脫除剩餘水分，直到咖啡果含水率降至 11％。」但此做法我滿腹狐疑，因為鮮果在 25℃ 以上不算低溫的有氧環境下靜置發酵 36 至 48 小時，如無其他配套，容易有嗆鼻的酒精與醬味，莊主可能尚有其他重要細節未透露。

　　厭氧發酵在 2018 年 WBC 大爆發，各產國也跟風推出厭氧水洗、厭氧日曬、厭氧蜜處理、雙重厭氧、有氧厭氧雙發酵、二氧化碳浸漬等各種仿自釀酒的發酵法，這是第三波不曾見過的異象；若說第四波咖啡後製浪潮是在玩弄釀酒與泡菜的發酵技法，並不過分。

　　這股厭氧風也吹到非洲，非洲精品咖啡協會（AFCA）主辦的「收穫的味道」（Taste of Harvest）2019、2020 年總冠軍的衣索匹亞 Adorsi 與 Konga 賽豆，均採厭氧日曬，我喝過這兩支非洲總冠軍豆，如果說第三波的有氧日曬是

水果炸彈，那麼這兩支第四波厭氧日曬就是核彈級水果炸彈。

2021 年 WBC 特殊處理法高占八成以上，傳統處理法不到二成

到了 2021 年世界盃咖啡師大賽（WBC），更可看出傳統處理法式微，非傳統處理法爭相競豔；來自全球的 38 位義式咖啡高手，所用的賽豆高達 80％以上是實驗性的特殊處理法，其中以厭氧最多，至於傳統的日曬、水洗和蜜處理占比不到 20％，足以反映第四波特殊處理法的火紅盛況。

〔15-1〕2021 年 WBC 初賽、半決賽、決賽，生豆產國、物種／品種、處理法統計表

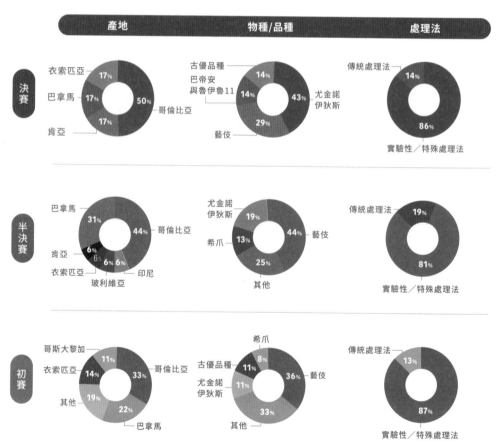

（＊資料來源：André Eiermann）

打進 WBC 決賽的賽豆，產自哥倫比亞高占 50％，衣索匹亞、巴拿馬、肯亞各占 17％。更跌破大家眼鏡的是打進前六名決賽占比最高的物種，竟然不是阿拉比卡，而是阿拉比卡的母本——2 倍體的尤金諾伊狄絲（*C. eugenioides*）高占 43％！更勁爆的是，前三名好手都用尤金諾伊狄絲，昔日常勝軍阿拉比卡的藝伎今年只占 29％，衣索匹亞古優品種占 14％，肯亞的巴帝安（Batian）與魯依魯 11（Ruiru 11）拼配豆占 14％。4 倍體阿拉比卡被 2 倍體尤金諾伊狄絲打趴，是歷來首見！

厭氧咖啡濫觴地：2014 哥斯大黎加 CoE

提到近年紅得發紫的厭氧咖啡，國外媒體或咖啡刊物均認為是塞爾維亞裔澳洲冠軍咖啡師沙夏‧賽斯提（Saša Šestić）2015 年以二氧化碳浸漬（Carbonic Maceration，簡稱 CM）的賽豆贏得世界盃咖啡師大賽冠軍，啟動厭氧咖啡浪潮。然而，這是仗勢說法。據我考證，厭氧咖啡濫觴於 2014 年哥斯大黎加 CoE，「始作俑者」是籍籍無名的咖啡奇人路易士（Luis Eduardo Campos）。他研究厭氧咖啡比沙夏早了好幾年！

‧低海拔厭氧：初吐芬芳打進 CoE 優勝榜

我於千禧年後開始關注每年 CoE 與 BOP 賽事的優勝名單，以掌握品種、後製與產地的新趨勢，2014 年驚覺哥斯大黎加 CoE 第七名的鑽石莊園（El Diamante），採用崇高咖啡公司（Café de Altura）[註1] 開發的厭氧發酵技法，這是拉美各產國 CoE 首度出現厭氧賽豆打進優勝榜。也因此我個人尊奉 2014 年為厭氧咖啡元年應不為過。雖然路易士早在 2009 年已開始鑽研厭氧發酵，

註 1：2004 年哥斯大黎加 500 多位小農面臨低豆價與氣候變遷的挑戰，合力成立崇高咖啡（Café de Altura of San Ramón Especial S.A），研發新的農藝技術協助咖農減災，並創新後製法提升品質，開發國際市場。路易士在崇高任職多年，該公司有兩大外銷咖啡品牌；其中的「詩人」（El Poeta）豆源來自西部山谷，「巨嘴鳥」（El Tucan）來自中央山谷、三川、塔拉珠，台灣亦有進口。Café de Altura 旨在協助旗下的咖啡農成為企業家。

但唯有在權威的賽事獲獎才能證明自成一派的實力。

　　厭氧咖啡 2015 年再接再厲，哥斯大黎加鑽石莊園、雞爪莊園／北天使莊園（Finca Pata de Gallo ／ Finca Angeles Norte）亦採用崇高公司的厭氧發酵法，分別贏得 CoE 第四名、第五名。2016 年山丘莊園（El Cerro）引進崇高公司的厭氧蜜處理技法，以 91.03 高分贏得哥國 CoE 第三名，厭氧咖啡連年得獎，聲名大噪。而路易士就是為崇高公司開發厭氧發酵的靈魂人物。

　　路易士在崇高公司任職多年，2009 年開始研發蜜處理以外的發酵法，但仍聚焦在厚厚的果膠上，咖啡過去盛行的發酵法除了水下發酵外，其餘皆暴露在空氣中，招來各路好氧菌參與分解大業，菌種複雜不易控制，他於是嘗試密封式隔絕氧氣的厭氧發酵，一方面使菌相更單純有助掌控發酵變因與進程，另方面缺氧環境的發酵速度變慢，可延長果膠與生豆「你儂我儂如膠似漆」的造味時間，如同泡菜和釀酒。但他的做法與沙夏最大不同是密封後不注入 CO_2。

　　杯測發現厭氧發酵的 Body、水果韻與酸質更為豐厚，這正是低海拔咖啡所欠缺的優質味譜。於是崇高公司指導海拔 1,300 米左右的莊園試做，2014 年以來，鑽石等多家低海拔莊園以厭氧發酵參加競爭激烈的 CoE，竟和藝伎或 1,600 米高海拔莊園分庭抗禮打進優勝榜，實戰證明厭氧發酵可豐富低海拔的味譜。2020 年路易士又開發熱發酵新技法，將在稍後論述，說他是奇人恰如其份。

　　路易士之前任職的崇高公司指導鑽石莊園厭氧蜜處理的做法如下：

　　挑選糖度 20°Brix 以上的鮮果，去皮後將含膠的帶殼豆置入不鏽鋼容器，再補入同等級鮮果刨下的果膠至少要蓋滿容器內的帶殼豆，富含糖分的果膠是厭氧菌的食物，然後密封發酵，並監測容器內的溫度、pH、壓力、糖度等參數，至少發酵 25 小時以上，發酵後再取出帶殼豆晾曬。這就是初試啼聲的厭氧蜜處理，製程比有氧蜜處理更為複雜耗時，卻為低海拔咖啡爭

了一口氣。

2014 年厭氧發酵在哥國 CoE 取得佳績後，開始流行，厭氧處理法幾乎年年打進優勝榜，2019 年哥斯大黎加 Don Dario 莊園的厭氧日曬藝伎錦上添花奪下冠軍。從 2007 年至今，哥斯大黎加 CoE 優勝榜的後製法包羅萬象，有日曬、全水洗、去膠機半水洗、蜜處理、厭氧水洗、厭氧蜜處理、厭氧日曬、雙重厭氧、厭氧有氧混合，堪稱發酵怪招最多的產國。在哥斯大黎加帶動下，近年各產國 CoE 常見厭氧發酵名列前茅，「窒息式發酵」成了第四波浪潮的新寵！

二氧化碳浸漬法：一戰成名，低海拔推廣有成

繼 2014 年厭氧蜜處理在哥斯大黎加 CoE 展露鋒芒後，2015 年塞爾維亞裔澳洲冠軍咖啡師沙夏征戰西雅圖世界盃咖啡師大賽（WBC），選用哥倫比亞知名咖啡企業家卡密羅（Camilo Merizalde）旗下雲霧莊園（Las Nubes）[註2] 的非洲野生品種蘇丹汝媚，並以澳洲釀酒師提姆・寇克（Tim Kirk）的二氧化碳浸漬法增加該美味品種的酸甜震與花果韻，一舉奪冠，成功的將釀酒術引進咖啡產業，又為咖啡的窒息式發酵法打了一劑強心針。二氧化碳浸漬法是葡萄酒慣用的釀造術，源自法國勃艮第南部薄酒萊產區（Beaujolais），沙夏率先將此技法引用到咖啡，亦有人稱為紅酒處理法。

2018 年 5 月沙夏送我簽名大作《咖啡冠軍》（The Coffee Man：Journal of A World Barista Champion，台灣 2020 年出中譯版），書中揭露二氧化碳浸漬水洗豆製作重點如下：

註 2：2000 年卡密羅在哥倫比亞考卡省創立庇護所莊園（Santuario），「收容」一些被中南美棄種的美味老品種波旁。2009 年又在稍北的考卡山谷省設立完美（La Inmaculada）、薄霧（La Nubes）、蒙塞拉特（Monserrat）3 座莊園，專精種植珍稀的美味品種蘇丹汝媚、藝伎、尖身波旁、尤金諾伊狄絲等。沙夏奪得 2015 年 WBC 冠軍，卡密羅功不可沒。沙夏走下 WBC 頒獎台，第一個要找的人就是卡密羅，並感謝他的奇異品種蘇丹汝媚。

1. 容器：選用容易清洗不易沾染細菌的不鏽鋼容器，底部最好有輪子，方便在不同恆溫的房間進出與發酵。容器有個氣閥，可排出剩餘的氧氣或因發酵而產生的二氧化碳。

2. 溫度：不同溫度可造出不同風味，在較低溫 4-8℃ 發酵可提升酸質；在較高溫 18-20℃ 發酵可提高甜感。在不同溫層的房間發酵多久，這是沙夏最高機密。

3. 密封：去皮的帶殼豆置入密封容器以淨化菌種；好氧菌被淘汰，留下厭氧的乳酸菌、酵母菌與腸桿菌，可增加花果韻、酸質和咖啡體。

4. 二氧化碳：容器密封後灌入二氧化碳，好氧菌難以存活，可大幅減緩醣類的分解速度，pH 下降的速度也會較慢，也就是說可延長發酵時間。在缺氧環境下，即使在 22℃ 偏高溫環境，發酵時間可長達 3 天，如有低溫配合，發酵時間可以更長。二氧化碳浸漬可增加花果的香氣。

簡單的說，鮮果去皮後將含膠的帶殼豆置入不鏽鋼容器密封，並注入二氧化碳，好氧菌無法生存，改由乳酸菌與酵母菌主導。發酵完畢取出帶殼豆沖洗乾淨並晾曬，即為水洗版的二氧化碳浸漬豆。

二氧化碳浸漬法除了水洗版亦有蜜處理版；發酵後的帶殼豆從容器取出，不沖洗直接晾曬即為蜜處理，也就是說前半段為二氧化碳浸漬，後半段為有氧環境；亦可置入全果進行二氧化碳浸漬，發酵後取出果子不去皮，直接晾曬即為日曬版。

2019 年我居間協調下，正瀚生技免費以氣相層析質譜儀為沙夏的各款二氧化碳浸漬咖啡分析化學成分，但因雙方約定，化驗結果不便公開。

沙夏的 CM 技法，
為低海拔豆帶來高分希望！

2008 年沙夏的首家咖啡館 Ona Coffee 在澳洲坎培拉開業，是當地首家走極品路線的咖啡館。他為了永續維持與拉美、非洲和亞洲咖啡農的關係，於 2012 年啟動產地計畫（Project Origin）協助咖農改善品質，並以超出公平交易與雨林聯盟 50%的價格採買，互蒙其利。

沙夏 2015 年征戰 WBC 所用的賽豆蘇丹汝媚，出自哥倫比亞考卡山谷省（Valle de Cauca）海拔高達 1,600-2,100 米的雲霧莊園，贏得冠軍後他迫不及待將二氧化碳浸漬法（簡稱 CM）推廣到各產地，尤其是先天不良的低海拔產區，盼能以 CM 提高杯測分數。他先在宏都拉斯、巴拿馬、尼加拉瓜 3 座持有股份的低海拔莊園，以風味普普的 Caturra、Catuai、Catimor 進行 CM 實驗，由於品種不同，果膠與乳胚成分也不同，加上水土氣候互異，無法套用之前蘇丹汝媚的 CM 發酵參數，幾經多次失敗與修正，終於捉出各合作莊園最適切的參數，成功拉升低海拔咖啡的酸質、花果韻與咖啡體。

以 2021 年尼加拉瓜 CoE 為例，海拔 1,380 米 Los Pirineos 莊園的 Catuai 採用沙夏輔導的 CM 日曬技法，以 90.21 分奪得第三名，相較於冠軍 90.96 種在 1850 米高海拔的水洗美味品種 Pacamara 亦不遑多讓。而海拔僅 1,300 米 San Jose 莊園的 Caturra 也以 CM 日曬獲 89.71 贏得第七名，相較於第四名種在 1,700 米高海拔的水洗藝伎 90.11 分，並不遜色。

低海拔 Los Pirineos 和 San Jose 的 CM 日曬做法，鮮果先經過水槽浮選，剔除瑕疵果，因品種與水土不同，接下來做法有些出入，Los Pirineos 二氧化碳浸漬的時間較短，但以高架棚晾曬的果子鋪層較厚。San Jose 二氧化碳浸漬的時間較長，但以高架棚晾曬的果子鋪層較薄。

這 6 年來沙夏與歐美學術機構合作，修正低海拔非美味品種的 CM 發酵參數，經 CoE 實戰證實了低海拔並非原罪，只要加強田間管理與因地制宜的後製發酵，仍可大幅改善低海拔缺香乏醇的宿命。哥斯大黎加與尼加拉瓜的成功案例為低海拔莊園帶來新希望。

厭氧咖啡的款式、參數與味譜

厭氧發酵短短不到 8 年至少發展出密閉不抽真空、密閉抽真空、注入二氧化碳、接菌厭氧、加料浸漬厭氧、常溫厭氧、低溫厭氧與加熱厭氧等諸多款式，令人眼花撩亂。

在缺氧環境下，好氧的壞菌被淘汰，菌相更為單純，改由厭氧的酵母菌與乳酸菌取得發酵主導權，分解醣類並釋出酒精、有機酸、醛、酯等芳香代謝物，在缺氧環境亦可減少風味物氧化。厭氧發酵的速度比有氧發酵慢許多；咖啡漿果在有氧環境或低氧的水下發酵，一般約 12-36 小時可完成。然而密封的厭氧發酵彈性大多了，最短 10 多小時，如果溫度與缺氧環境控制得宜最長可達 9-10 天還不致出現發酵過頭的酸敗或醬味。

厭氧最常見的發酵時間約 40 小時至 10 天，我喝過厭氧發酵 10 天仍美味悅口的好咖啡，譬如阿里山鄉茶山村的卓武山莊園常溫（20℃）厭氧 226 小時水洗 SL34，以及衣索匹亞谷吉 240 小時厭氧日曬。若在有氧環境發酵這麼久，肯定出現嗆鼻的惡味。

咖啡厭氧發酵比傳統有氧發酵更費時耗工，由酵母菌與乳酸菌主導的厭氧造味，更能彰顯乳酸、酒精、醛、酯類代謝物大合奏的香氣與滋味，恰似養樂多、可爾必思、優格、水果酸甜震的律動感以及厚實咖啡體，頗投好求新求變的咖啡市場，已躍為第四波最具代表性後製法。厭氧咖啡有以下多端款式：

1. 厭氧日曬：厭氧發酵速度較慢，一般會精挑糖度較高的鮮紅果供酵母菌、乳酸菌足夠的醣類食物。多數咖農在厭氧發酵前會先將鮮果入水槽，一方面淘汰瑕疵浮果，一方面清洗果子表面溢出的汁液，減少害菌，提高乾淨度。但也有咖農認為不需多此一舉，因為好氧的害菌一旦進入缺氧環境難以存活作怪。拉丁美洲一些水資源較豐的產國多半先過水清洗再做厭氧，東非較乾燥地區則以不過水為主。

　　厭氧日曬不難，將鮮果密封入塑膠袋或化學桶、不鏽鋼槽皆可，並在蔭涼處發酵，由於酵母菌不會游動，每天滾動發酵桶有助均勻發酵。然後再取出發酵完成的潮濕果子直接晾曬或烘乾即為厭氧日曬。嚴格來說果子取出後接觸空氣，在乾燥至含水率降至 11-12％，細菌和霉菌失去活性以前，仍有可能摻混少許的有氧發酵，但果子的醣類食物已不多，有氧發酵的代謝物應該遠低於厭氧，故一般仍以厭氧視之。

　　厭氧發酵有抽真空與不抽真空兩種形式，台灣莊園規模較小，大多用克難式的塑膠袋或化學桶來做厭氧，亦有少數咖農密封後再抽真空，營造缺氧或無氧環境，品質更穩定，但該不該抽真空目前尚無定論，有待日後的科研報告來印證。拉美和印尼產量大的產國，是將鮮果密封進不鏽鋼容器，幾乎滿載但並未抽真空，因為厭氧發酵產生 CO_2，好氧菌會窒息而死，如果未加裝排氣閥泄壓，發酵完成開封時會發出爆聲，有點危險。

　　記得 2018 年 6 月，正瀚生技全球研發總部在南投開幕，邀請 SCA 首席研究官彼得‧朱利安諾（Peter Giuliano），以及加州戴維斯分校咖啡中心總監威廉‧萊斯坦帕教授（William Ristenpart）前來演講。我陪同兩位遠道而來的嘉賓參訪附近的百勝村咖啡園，並鑑賞我指導試做的厭氧日曬，兩位專家對於海拔只有 500 米的鐵比卡竟能有豐富的酸甜水果韻有點吃驚，問我如何發酵的。我說這是克難式厭氧，全果置入厚塑膠袋並擠出空氣，在袋子的最上端綁緊，預留產氣膨脹的空間以免爆掉，好氧的害菌在缺氧與 CO_2 的袋內難以生存作亂。但萊斯坦帕教授說沒抽真空，嚴格說這不算厭氧發酵。幾個月後百勝村在簡嘉程協助下，引進可抽真空的發酵筒，更穩定的大量生產厭氧咖啡。

　　拉美的莊園規模較大，慣以容量較大且加裝排氣閥、溫控設備的不鏽鋼釀酒槽或起士發酵槽來生產厭氧咖啡，並檢測漿果或槽內發酵液的酸度與糖度還有溫度與發酵時數，做為停止發酵的重要參考。各莊園因品種、氣候、水土、菌相與鮮果的糖度不同，終止發酵的酸度、糖度與發酵時數，

不可能一致。

2. 厭氧水洗： 鮮果去皮後將帶殼豆置入密閉容器進行厭氧無水發酵，參考環境溫度、發酵時數、發酵汁液酸度與糖度的減幅以及客戶對發酵程度的偏好，取出發酵畢的帶殼豆沖洗乾淨，進行晾曬或烘乾，即為厭氧水洗。

3. 厭氧蜜處理： 前半段如同厭氧水洗，但哥斯大黎加的厭氧蜜處理會再添入同等級鮮果的果膠入桶，增加厭氧菌的食物，完成發酵取出帶殼豆，不需過水沖洗，直接晾曬或烘乾殘餘果膠的帶殼豆，即為厭氧蜜處理。

4. 雙種厭氧發酵： 熟紅鮮果置入發酵槽密閉，發酵進行一半取出咖啡果，去皮後將含膠的帶殼豆再置入密閉容器，進行後半段厭氧發酵，再取出晾曬或烘乾，共經過全果與去皮的兩階段厭氧發酵，發酵入味程度較高。

5. 有氧厭氧雙重發酵： 鮮果採下先在透氣袋內進行隔夜 10 多小時的全果有氧發酵，第二天早上置入密閉容器做厭氧發酵，再取出晾曬或烘乾。前半段有氧發酵（醋酸），後半段厭氧發酵（乳酸）的雙重發酵，亦有全果、水洗與蜜處理多種款式，可平衡醋酸發酵與乳酸發酵的風味。有氧厭氧雙重發酵的速度比純厭氧發酵快許多，總時數約 40-60 小時。亦有咖農反過來，先全果厭氧進行一半，取出果子去皮再進行有氧蜜處理，玩法多端。

· 厭氧發酵的時數

沒有標準也無硬性規定，因為各莊園的海拔、溫度、果膠成分、菌相都不同，不可能有四海通用的發酵時數，但常見的厭氧發酵時數介於 40 小時至 10 天（240 小時），出入頗大，溫度愈高發酵進程愈快，可酌情縮短時間，溫度愈低發展愈慢，則可酌情延長時間。

· 厭氧發酵的酸度區間

pH4 的酸度是 pH7 的 1,000 倍，而咖啡果膠的酸度約在 pH5.5 上下，拉美產國的厭氧咖啡都會參考發酵液或發酵中咖啡果膠的酸度，結束發酵的酸

度多半降至 pH4.5 至 pH4 的小幅區間，酸度已成為厭氧咖啡的重要參考值。百勝村厭氧日曬發酵完成的酸度約在 pH4.2 左右，每座莊園不盡相同。

・厭氧發酵的糖度區間

糖度計除了用來測鮮果的糖度外，也可用來檢測發酵後糖度的降幅做為停止發酵的參考，因為微生物已將果膠的醣類轉化為其他代謝物。

但是糖度計的變數比酸度計大，因為每批鮮果的糖度不一，有的莊園以糖度 18 左右的鮮果來做厭氧，有些則嚴選糖度 22 以上來做，初始的糖度不同，會影響發酵結束的糖度。以哥斯大黎加拉楚梅卡微處理坊（La Chumeca Micromill）為例，挑選糖度介於 22–25°Bx 的鮮果來做厭氧日曬，糖度降至 16°Bx 終止發酵，這是該莊園奉行的參數。而我們在百勝村試做的厭氧日曬，初始糖度 19°Bx，降至 12°Bx 即終止發酵。如何捉出各莊園各品種停止發酵的糖度值，是個硬工夫，唯有勤記錄各項參數與事後的杯測鑑味，才能捉出自家莊園各種處理法、品種、不同糖度的鮮果發酵後，糖度降多少才是停止發酵的參考點。

控制得宜的厭氧發酵可提升水果韻

2022 年巴西米納斯聯邦大學（Federal University of Minas Gerais）、拉夫拉斯聯邦大學（UFLA）聯合發表的科研報告《自然誘導咖啡厭氧發酵：對微生物族群、化學成分、咖啡感官品質的影響》（Self-induced anaerobiosis coffee fermentation（SIAF）: Impact on microbial communities, chemical composition and sensory quality of coffee）指出，科研人員對米納斯州 4 個咖啡產區 Monte Carmelo、Três Pontas、Carmo de Minas、Lajinha 進行自然誘導咖啡厭氧發酵（SIAF），在未接菌的厭氧日曬、厭氧去皮日曬的發酵槽鑑定出 380 種微生物，包括 149 種偏好 25-35℃ 的嗜中溫菌（*Mesophilic Bacterium*）、147 種乳酸菌、84 種酵母菌。其中乳酸菌包括植物乳桿菌（*Lactiplantibacillus* plantarum）、腸系膜樣明串珠菌（*Leuconostoc mesenteroides*）、泡菜常見的食竇魏斯氏菌（*Weissella cibaria*）；酵母菌包括葡萄汁有孢漢遜酵母（*Hanseniaspora uvarum*）等。厭氧微生物的代謝物除了眾所周知的乳酸、醋酸、醇類、醛類、酯類外，還包括糖類、綠原酸、葫蘆巴鹼。報告的結論是自然誘導咖啡厭氧發酵（SIAF）對微生物行為產生積極影響，為咖啡造出更強烈的水果韻味！

|知名莊園的厭氧與特殊發酵實戰參數|

各莊園的水土、氣候、海拔、品種、菌相與果膠成分與製作流程各殊，發酵參數不可能相同。以下各莊園厭氧與特殊發酵實戰參數，僅供參酌。

〔15-2〕棕櫚樹與大嘴鳥英雄系列：厭氧、有氧混合發酵參數

發 酵 前 數 據	
°Bx 糖度	18
pH 酸鹼值	4.8
帶殼豆溫度	22°c
發 酵 時 間 參 數	
厭氧發酵（乳酸發酵）	37 小時
有氧發酵（醋酸發酵）	32.5 小時
總發酵時間	69.5 小時
發 酵 完 成 參 數	
°Bx	10
pH	3.9
帶殼豆溫度	19°c
乾 燥 參 數	
高架棚	310 小時
烘乾機（不超過 38°C）	85 小時
帶殼豆含水率	10.2%

哥倫比亞 ▨▨

棕櫚樹與大嘴鳥，厭氧有氧混合發酵

哥倫比亞棕櫚樹與大嘴鳥莊園（La Palma & El Tucan，簡稱 LPET）素以特殊處理法與奇異品種聞名於世，其產品常被各國咖啡師用來參加世界盃咖啡師大賽與世界盃沖煮大賽。圖表 [15-2] 是 LPET 以 Catuai 先厭氧（乳酸發酵）後有氧（醋酸發酵）的雙重發酵參數。

鮮果先進行 37 小時密封式厭氧乳酸發酵，開封後去掉果皮，帶殼豆在有氧下進行約 32.5 小時的醋酸發酵，前段厭氧時間稍長於後段的有氧發酵，總發酵時間約 69.5 小時，但仍需視環境溫度而調整。

鮮果發酵前的糖度為 18°Bx，發酵後降至 10°Bx，這是因為糖分被乳酸菌和酵母菌消耗掉，並產生乳酸、醋酸、蘋果酸等多種有機酸，酸鹼值從發酵前的 pH4.8 降至發酵後的 pH3.9，酸度將近增加 10 倍。

再來比較 LPET 最高檔的傳奇系列厭氧日曬 Sidra 的相關參數，鮮果密封厭氧發酵前的糖度 16°Bx，經 70 小時厭氧發酵後降至 11°Bx；而發酵前酸鹼值 pH5.3，發酵後降 pH4.2。請留意前述兩例鮮果發酵前的糖度不高，分別只有 18°Bx 與 16°Bx，原因出在鮮果採下後，在等待厭氧發酵前已在透氣袋中靜置數小時，微生物已分解一些糖分。

巴西 ▨▨

厭氧葡萄乾蜜處理，創下巴西 CoE 最高價

巴西是農藝科技與資源最雄厚的咖啡產國，不遺餘力開發抗病、高產新品種以及機械化採收。由於氣候較乾燥，1990 年代以來 90％以上的巴西咖啡採用日曬或去皮日曬法，1999 至 2011 年巴西 CoE 賽事只設去皮日曬組，直到 2012 年才增設日曬組，但 2019 年起不再分組，水洗、蜜處理、厭氧各路處理法百花齊放出現在巴西 CoE 優勝榜，好不熱鬧。

其實，早在 2019 年以前，厭氧處理法已在巴西開花結果了。2017 年巴西喜哈朵產區海拔不到 950 米的佳園咖啡農場（Fazenda Bom Jardim）黃波旁，用葡萄乾處理混搭厭氧與有氧，以 92.33 高分贏得巴西 CoE 去皮日曬組冠軍，並以 130.2 美元／磅成交，創下巴西精品豆線上拍賣的新高紀錄。做法如下：

成熟的鮮紅咖啡果暫不採摘，多等 1 至 2 周讓熟果從紅轉紫表皮起皺再採下，此法巴西稱為葡萄乾處理。但葡萄乾採後需經水槽浮選，撈除過熟或破損的浮果，再將優質果子置入密封的容器，由卡車載到森林自然降溫，厭氧發酵 36 小時，再取出去皮，以高架網棚晾曬。換言之，前半段為全果厭氧發酵，後半段為有氧蜜處理。少莊主是一位農藝學家開發出此新技法。

• 乳酪發酵槽改裝成厭氧咖啡發酵槽

巴西既是世界最大咖啡產國也是第四大乳製品產國，將乳酪發酵槽改裝成厭氧咖啡發酵槽一點也不奇怪。2014 年哥倫比亞咖啡企業家卡密羅將他的咖啡庇護所理念帶到巴西，並與在米納斯州頗負盛名的精品咖啡開發商卡莫咖啡（Carmo Coffees）合資成立 100 公頃的南方庇護所莊園（Santuario Sul）[註3]，種植藝伎、蘇丹汝媚、粉紅波旁、SL28 等 20 多款巴西罕見的美味品種，被譽為巴西最有姿色的咖啡花園。

幾年後新品種開花結果，卡密羅偕同哥斯大黎加後製專家伊凡（Ivan Solis）參訪巴西卡莫咖啡麾下的 10 多家莊園，並協助研發適合巴西風土的發酵法，發覺巴西農場隨處可見的雙層不鏽鋼乳酪發酵槽很管用，即改裝為厭氧咖啡發酵槽，伊凡將乳酪發酵槽的溫控系統修改為厭氧咖啡發酵的溫度區間，幾經測試，效果奇佳，不需另外進口厭氧發酵槽設備。

註 3：2010 年起，哥倫比亞咖啡企業家卡密羅向拉美產國輸出他的庇護所理念，在哥斯大黎加與 Facusse 家族合資成立三奇蹟莊園（Café Tres Milagritos）專精種植衣索匹亞品種、波旁與新銳的 F1。2014 年又在巴西米納斯州和知名的卡莫咖啡合資成立占地 100 公頃的南方庇護所莊園，種植美味品種並開發特殊處理法。

　　巴西厭氧咖啡的發酵參數與哥斯大黎加、哥倫比亞不同，一般巴西莊園發酵的 pH 降到 4.5、糖度降至 8˚Brix，即表示發酵造味完成，然而，在其他產國包括台灣，pH 降至 4 左右，糖度降至 10-12˚Brix，才會開封。發酵參數並無四海統一的標準，常因各國品種的果膠成分、水土、溫度變化、乾濕度、菌種的不同而有不小差異！

台灣 🇹🇼

2017 年厭氧咖啡元年，助台豆提香增醇！

　　記得 2013 年我受邀到海拔僅 400-600 米的南投國姓鄉百勝村休閒咖啡農場輔導，當時杯測分數不到 80 分，低海拔先天不足的味譜一樣不缺，諸如木質、低酸、風味與咖啡體淡薄。低海拔咖啡每 100 粒生豆的平均重量與細胞數量都低於高海拔咖啡，尤其水洗豆發酵入味程度較低，很容易露出低海拔的缺陷風味。經建議改採發酵程度較高的日曬或蜜處理，擦脂抹粉一番，風味確實改善很多，杯測可到 83 分。

　　我注意到 2014-2017 年厭氧發酵在哥斯大黎加與巴西 CoE 優勝榜大放異彩，直覺可引進台灣，嘉惠低海拔莊園，2017 年 1 月我告知百勝村的蘇莊主，拉美低海拔莊園正流行厭氧發酵，戰果輝煌，百勝村不妨試作看看。蘇莊主半信半疑問：「沒有氧氣萬物無法生存，該如何發酵？」我費一番工夫解釋發酵的意義與乳酸菌、酵母菌在缺氧環境更具造味活力。

　　勇於嘗鮮的蘇莊主決定試做一批厭氧日曬鐵比卡。初次很克難直接將鮮果放進厚塑膠袋，擠出空氣綑緊上端並預留發酵脹氣的空間。但低海拔的百勝村冬天午後常超過 22℃，我建議可用冷藏，但不要低於 10℃ 以下，以免厭氧菌活動力太低無法發酵而出現草腥味。我們試作 4 組，包括全果低溫厭氧發酵 3 天、4 天、5 天，以及傳統有氧日曬做為對照組。蘇莊主做完後靜置一個月。4 月天我邀幾位杯測師到百勝村為以上 4 組評分，盲測結果發現厭氧發酵 4 天最令人驚豔，分數 84.75；花果韻豐厚，酒酵味極低，酸質

與 Body 明顯提升，喝來像精湛處理的高海拔豆，且低海拔咖啡常有的木質味幾乎不見了。

蘇莊主以這批厭氧日曬參加 2017 年 5 月南投咖啡賽贏得第二名；9 月又以厭氧日曬參加台灣精品咖啡評鑑，得 84.35 勇奪第三名，只比冠軍低了 0.19 分，這是歷來第一次低海拔咖啡打進全國賽前三名，冠軍和亞軍都是 1,200 米以上的高海拔咖啡，百勝村因此被譽為低海拔之王！

冠軍咖啡師簡嘉程為百勝村設計的抽氣式厭氧發酵桶。

咖啡師、杯測師、烘豆師齊聚咖啡園向咖農學習後製技法，進一步了解咖啡生豆的生產流程。

然而，塑膠袋不方便厭氧咖啡量產。具有電子工程學歷的台灣冠軍咖啡師簡嘉程，2018 年為百勝村設計一款抽氣式厭氧發酵筒，將全果或帶殼豆入筒再加點酵素密封後，打開蓋上的氣閥以馬達抽出剩餘氣體，筒壁因而內縮，再關閉氣閥，確保咖啡在缺氧下發酵。發酵筒體積較大只能放在戶外蔭涼處發酵，無法冷藏，發酵時間縮為 40-60 小時，視氣溫而定；但酵母菌不會移動，因此每天要滾動筒子幾次確保發酵均勻。控制式的厭氧發酵雖然麻煩但品質穩定風味更豐，百勝村此後全改為厭氧發酵。

2019 年 7 月在正瀚生技園區舉辦的兩岸盃 30 強精品豆邀請賽，百勝村是 30 強中海拔最低者，最後百勝村厭氧鐵比卡日曬竟以 84.231 分贏得第八名，還擊敗兩岸一票高海拔莊園。

　　於是，台灣咖啡界在 2017 年以後吹起厭氧風，生豆進口商爭相引進非洲、拉美的厭氧咖啡，此後台灣各大咖啡評鑑常見厭氧咖啡勝出。為了穩定厭氧咖啡的品質，百勝村訂製較大型控溫冷藏櫃，朝微處理坊精緻路線邁進，並與海拔 700-800 米的咖農契作美味品種藝伎。2021 年 8 月南投咖啡評鑑，百勝村低溫厭氧蜜處理藝伎以 85.25 分贏得第五名，這是百勝村首度突破 85 分門檻。而南投向陽咖啡的林言謙，用海拔 1,000 米的厭氧水洗藝伎以 85.8 分奪得冠軍。兩莊園均為厭氧藝伎，發酵參數如下：

百勝村：鮮果去皮，帶殼豆入發酵筒並抽真空，發酵筒移入 15-16℃恆溫冷藏櫃，低溫厭氧發酵 60 小時取出，pH4.02、12°Brix，再晾曬或烘乾。

向陽：鮮果去皮，密封帶殼豆並在 18℃恆溫厭氧發酵 72 小時，取出沖洗乾淨再晾曬或烘乾。

台灣咖啡在國際競標創紀錄！

　　1999 年首屆 CoE 在巴西舉辦，迄今有 13 個產國辦理 CoE 賽事暨線上拍賣會。為獎勵更多優秀咖農並推廣 CoE，2002 年卓越咖啡聯盟（Alliance For Coffee Excellence，簡稱 ACE）成立，經費主要由巴西精品咖啡協會（BSCA）捐助，20 年來 CoE 賽事與拍賣會辦得有聲有色，被譽為咖啡界的奧林匹克。2020 年 CoE 與 ACE 分割為兩個獨立不相隸屬的非營利機構，以便籌措更多的外部資金供兩個獨立機構使用。既有的賽事、技術培訓、杯測師與咖農教育和相關研究由 CoE 負責，而 ACE 則專責會員、市場，並開發更多類型且公正的拍賣會，ACE 典藏精品咖啡國際競標（ACE Private Collection Auctions，簡稱 PCA）乃應運而生。

　　在 PCA 的架構下，不曾執行 CoE 或 PCA 賽事的國家、地區或莊園只要符合相關條件亦可透過 ACE 平台舉辦生豆賽與國際競標，經 3 位以上專業杯測師評鑑，超過 86 分以上的精品豆且瑕疵豆符合 SCA 嚴格規範，即可進入國際競標。PCA 為微型產區、莊園與傑出咖農提供一個走向國際的機會。

　　過去台灣不曾參加 CoE，但在台灣咖啡研究室負責人林哲豪奔走爭取下，2021 年與 ACE 合辦第一屆典藏台灣精品咖啡國際競標賽（2021 Taiwan PCA）經海內外 24 位評審評分，有 9 支台灣精品豆杯測分數逾 86 分符合線上拍賣資格。嘉義卓武山咖啡園先常溫後低溫的日曬藝伎以 89.77 分奪冠，在 PCA 以 500.5 美元／磅售出，打破 2018 年哥斯大黎加 CoE 拍賣會 Don Cayito 莊園蜜處理藝伎創下 300.09 美元／磅的天價紀錄，也就是說卓武山日曬藝伎締造 CoE 22 年來或 ACE 平台最高的拍賣價紀錄。亞軍琥珀社咖啡園的 SL34 傳統日曬，88.4 分以 72.5 美元／磅售出，卓武山的厭氧低溫蜜處理藝伎以 88.36 分贏得第 3 名，以 84.5 美元／磅成交，可謂雙嘉臨門。卓武山贏得 PCA 冠軍與季軍的 2 支精品豆後製參數如下：

・卓武山冠軍雙溫層日曬藝伎：鮮果先在戶外日曬 2 天再移入冷藏櫃以 4-8℃ 低溫發酵 2 天後，用烘乾機以 45℃ 乾燥 5 天完成。這支冠軍日曬全程以有氧發酵，先在戶外日曬 2 天後移入冷藏庫低溫熟成 2 天，可抑制過度發酵的酒酵味與雜味，即室溫與低溫雙溫層總發酵時間 4 天再以機子烘乾 5 天，終止發酵。

・卓武山季軍低溫厭氧蜜處理：鮮果去皮，含膠的帶殼豆密封入桶，在冷藏櫃內以 4-8℃ 低溫厭氧 3 天後取出厭氧豆平舖層架上，在冷藏櫃內吹風乾燥 1 天後進烘乾機以 45℃ 乾燥 3 天。換言之，低溫厭氧發酵 3 天，再加上低溫有氧發酵 1 天，發酵 4 天後才進烘乾機終止發酵，是低溫厭氧與低溫有氧混合式發酵。

　　2013 至 2021 年，ACE 已在尼加拉瓜、夏威夷、坦桑尼亞、葉門和台灣辦理多場 PCA。但台灣咖啡產量小，2021 Taiwan PCA 符合 86 分以上的拍賣批次，總共只有 540 磅，相較於 CoE、PCA 符合拍賣資格的精品豆動輒數千磅甚至一萬磅以上，寶島咖啡可謂量小質精高價賣的典範。2021 台灣 PCA 的買家來自台灣、大陸、美國、日本、法國、加拿大、沙烏地阿拉伯，聯手將每磅平均價拉高到 94.5 美元，比均價第二高葉門 PCA 的 54.43 美元／磅，高出 40.07 美元，也創下 CoE 與 PCA 平均價的新高紀錄。

2021 Taiwan PCA 啼聲初試，不但創下 ACE 與 CoE 拍賣平台 20 多年來的最高價，也寫下最高平均價紀錄，此事驚動農糧署，特地舉辦記者會報佳音。

寶島咖農素質高
創新發酵百花齊放

2021 年 11 月我在台北南港的茶酒咖啡大展會場買到卓武山幾款特殊發酵咖啡，包括 SL34 常溫厭氧 226 小時水洗、藝伎真空無氧水洗、鐵比卡真空無氧水洗、SL34 貴腐日曬、藝伎貴腐日曬。真沒想到區區台灣，咖啡產量只占全球產量的 0.01%，竟發展出如此多樣發酵技法，其中有幾款的乾淨度與豐富度已逾精品級水準，寶島咖農素質極高，創新力與提升品質的能力較之拉美和非洲產國，有過之無不及。

卓武山貴腐日曬藝伎初試啼聲即贏得 2020 年台灣精品咖啡評鑑金質獎（第九名）。貴腐日曬命名過程相當有趣，少莊主許定燁以藝伎鮮果試做慢速乾燥，竟然長出白白的粉末物，但拿起來輕輕一抹，白色物掉下來，他當時嚇一跳心想完蛋了這批藝伎漿果發霉全毀了！但隱約聞到一股香香的味道就捧起漿果聞聞，卻有一股酒心巧克力的香甜味，這白色物到底是何物？於是拿些樣本請正瀚生技化驗，結果是真菌中的米麴菌，也就是日本和中國用來釀造清酒、黃酒、甜麵醬和味噌的微生物，不會危害健康。少莊主又查了些資料，發現這些漿果上的白粉末很像葡萄上的果粉，而匈牙利和法國也有一種利用微生物發酵的貴腐葡萄甜酒，遂以貴腐為新發現的慢乾日曬法命名。

但值得注意的是，貴腐葡萄酒的真菌是灰葡萄孢菌（*Botrytis cinerea*），不同於卓武山貴腐日曬的米麴菌。貴腐慢乾日曬的製作法如下。

卓武山貴腐日曬：整個製程直接日照時間只有 5-6 小時，乾燥時程長達 360 個小

時，全紅的鮮果會發生有趣的顏色轉換，覆蓋一層白色的麴菌，有幾分像貴腐製程的染菌葡萄。為了控制麴菌不至於過度孳生而影響到最後的成品，每天必須每 3-5 小時查看溫濕度並做調整，而且不斷地翻動床架上的咖啡果使其均勻乾燥。最後再以烘乾機乾燥，終止發酵。

這不禁讓我想起幾年前上馬利歐博士的後製課，他說至今喝過最棒的咖啡不是酵母菌或乳酸菌發酵的，而是來自真菌發霉的美味，但他賣關子沒明說是那種真菌，可能是怕我們玩過頭，不小心染上要命的赭曲黴菌（*Aspergillus ochraceus*）二級代謝物赭麴毒素 A（Ochratoxin A）危害到健康。各種處理法中以有氧日曬較容易感上赭曲黴菌，尤其是潮濕悶熱的環境，務必留意。

近年國際盛行的特殊處理法在台灣大行其道，開花結果了！

| 冷發酵與冷熟成：延長種子活性，抑制過度發酵 |

較高溫會加快發酵，較低溫則抑制發酵。正瀚生技的發酵實驗也證明在 10-15℃ 較低溫發酵與乾燥，可延長咖啡種子活性，有助風味前體轉化為風味物（請參見第十三章）。低溫發酵或冷熟成是近 6 年各產國盛行的發酵技法，但尚無一個硬性的低溫區間，我蒐集的低溫發酵實戰紀錄，有 10℃ 以下，亦有 10-15℃ 的區間。可以肯定的是低溫不可能低到結霜或結凍，以免凍死有生命力的種子。記得 5 年前台南東山有位咖農聽到低溫發酵，竟然將鮮果置入冷凍庫結冰後再取出解凍後製，造出難以入口的草腥咖啡。咖啡後製的低溫發酵仍有許多機制未明，尚待進一步的科研報告。低溫發酵制霸各大賽事所在多有。

・巴拿馬 90⁺：以冷發酵助岩瀨由和奪日本 WBC 冠軍

巴拿馬 90+ 宣稱是最早採用冷發酵的莊園；2015 年日本咖啡師岩瀨由和採用它們的冷發酵藝伎贏得該年日本咖啡師大賽冠軍，事後 90+ 老闆布洛斯基宣稱這可能是全球首見的冷發酵咖啡：

先將鮮果密封入袋，浸入 10℃ 的冷溪中，每天翻動兩次，冷發酵時間長達 10 天。開封後果皮呈暗紫色，亦可加工成冷發酵版的日曬、蜜處理或水洗豆，有香檳酒的風味。

・台灣卓武山：「一路發」水洗，是最早的冷發酵咖啡？

其實，卓武山老闆許峻榮早在 2011-2012 年已推出 168 小時低溫水下發酵咖啡，曾多次贏得台灣生豆賽大獎，並戲稱為「一路發咖啡」。卓武山的低溫發酵至少比 90+ 早了 3 至 4 年，全球最早量產低溫發酵咖啡的產地可能在台灣！

記得 2013-2014 年我為了寫《台灣咖啡萬歲》一書，走訪數十家台灣咖啡園。參訪卓武山時，許莊主告訴我這裡海拔 1,200 米，冬天後製發酵的氣溫常低到 6-10℃，水下發酵至少要耗上 168 小時才能完成脫膠，雖然耗工但風味頗佳，也常得獎，索性稱之為一路發水洗法。

但 168 並非卓武山最耗時的後製法，卓武山發酵時間最長的是 2021 年推出的常溫（20℃）厭氧 226 小時水洗；開封取出帶殼豆，發酵液酸度降到 pH3.7，低於一般的 pH4-4.5 區間，但發酵液聞起來微酸嘗起來甜感明顯，像可爾必思。密封厭氧發酵會比水下低氧以及有氧的無水發酵更為耗時，這不令人意外。

・日本 Key Coffee：全果低溫熟成，增蔗糖含量 1%

2017 年 11 月日本近百年歷史的老牌 Key Coffee 宣布，該公司在印尼蘇拉維西托拉賈（Toraja）的咖啡農場開發出低溫熟成技術，鮮果採收後不必急於去皮，先以未達冷凍的低溫來冷藏咖啡果，研究發現這種低溫熟成技術可使鮮果的蔗糖含量從原先的 6.35％，增加到 7.35％，且有機酸與胺基酸亦上揚，烘焙後的香氣與甜感明顯上升，但 Key Coffee 對此技法透露不多，並為它取個雙關語 Key Post-Harvest Processing（關鍵的收穫後加工）。此後 Key Coffee 高端的托拉賈咖啡均改用全果冷熟成處理法。台灣 key coffee 有售，取名為冰溫熟成咖啡。

·哥倫比亞白山莊園：引領哥國冷發酵風潮

被譽為哥倫比亞粉紅波旁發跡地的白山莊園（Finca Monteblanco）位於薇拉省南部聖安道夫鎮（San Adolfo）海拔 1,730 米雲霧繚繞的山頭上而得名。白山莊園在後製發酵也很有一套，首開哥倫比亞冷發酵風潮。

莊主羅德里戈（Rodrigo Sanchez Valencia）和技術團隊發覺糖度太高的鮮果在常溫下後製，很容易出現過度發酵的瑕疵味，於是嘗試低溫的冷發酵專門侍候糖度 28°Brix 左右的鮮果。按照莊主的說法，冷發酵旨在抑制發酵，經過多次實驗才捉出該園區冷發酵最佳參數，2015 年開始用來處理糖度較高的微批次。冷發酵有水洗與日曬兩種版本：

1. 冷發酵水洗：將糖度 28°Brix 的鮮果去皮後，黏答答帶殼豆置入超級氣密袋 GrainPro，再放進 10-13℃的冷藏櫃，進行 70 至 76 小時的低溫厭氧發酵，取出後沖洗乾淨以高架網棚晾曬。此法不但可延長生豆與果膠接觸時間也可避免過度發酵的惡味，還可增加迷人的甜味。

2. 冷發酵日曬：糖度 24-26°Brix 的鮮果先進行浮選，將零瑕疵果子直接置入超級氣密袋 GrainPro，再放進 12-15℃的冷藏櫃°進行 52 小時厭氧低溫發酵，取出果子晾曬。低溫可防止糖度過高的果子發酵太快而出現惡味。

·高海拔享有低溫發酵優勢？

高海拔均溫較低可延長咖啡果的成熟期，有助風味發展，諸多文獻亦發現咖啡的綠原酸、咖啡因等與苦澀相關的風味前體會隨著栽植海拔增高而降低，而生豆的蔗糖、有機酸含量、每單位面積的細胞數量、風味強度又與海拔高度成正相關，因此高海拔的杯測分數普遍優於低海拔，此乃環境使然。高海拔的優勢可能還不僅此，多年來我一直懷疑高海拔較涼爽，菌相可能不同於低海拔，這或許也是優勢之一。

果然，2021 年巴西拉夫拉斯聯邦大學（Universidade Federal de Lavras）發表《咖啡種植的海拔導致自然誘導厭氧發酵微生物族群與代謝化合物的改

變》（The Altitude of Coffee Cultivation Causes Shifts in the Microbial Community Assembly and Biochemical Compounds in Natural Induced Anaerobic Fermentations）論文指出，研究員對巴西米納斯州與聖埃皮里圖州交界處的卡帕羅（Caparaó region）精品咖啡專區所做的研究發現，該地區不同海拔高度自然誘發，且未接菌的厭氧咖啡發酵槽的微生物族群不盡相同，從而產生不同的風味代謝物；800-1,000 米的低海拔溫度較高，微生物族群最豐，酒精代謝物多於 1,000-1,400 米較高海拔。而 1,000-1,400 米高海拔微生物的有機酸、酯類、醛類代謝物較多；1,400 米高海拔的甲基桿菌屬（*Methylobacterium*）非常活躍，可能是檸檬酸代謝物較高的原因；另外，大陸東北酸菜發酵液常見的耐寒酵母菌（*Cystofilobasidium*），竟然是卡帕羅 1,400 米高海拔厭氧咖啡發酵的要角。近年，學界開始探索紅得發火的厭氧咖啡相關機制，未來將有更多資料公諸於世，值得期待。

| 熱發酵、熱衝擊，火苗已燃 |

既然有冷發酵，反其道的熱發酵就不足為奇，多元化是咖啡第四波後製浪潮特有現象。巴拿馬90+、哥斯大黎加後製奇人路易士是熱發酵的先行者。熱發酵是較晚近出現的後製法，不若厭氧、冷發酵、菌種發酵那麼普及，但火苗已燃。

熱發酵旨在加速發酵進程，縮減發酵時間並增加風味強度，一旦失控很容易釀出刺鼻酒酵味與雜味。常見的做法是將鮮果或去皮的帶殼豆密封入黑色塑膠袋或不鏽鋼容器短暫曝曬在豔陽下，或用 40-70℃ 溫熱水浸泡，加速發酵。

• 哥斯大黎加火燄山：獨門熱發酵技術

2015 年哥斯大黎加後製奇人路易士離開崇高公司又與另一位莊主合資成立火燄山微處理坊（Cordillera Del Fuego）以及蕁麻莊園（Finca La Ortiga），

專營微批次特殊發酵咖啡，諸如厭氧發酵以及路易士獨創的熱發酵法（Thermal Process 或稱 Termic Fermentation、Thermic Process）。

熱發酵是路易士獨門技術，他始終認為咖啡的萬味之源不在乳胚而在厚厚的膠質層，有關熱發酵的細節他透露不多，目前只知道有兩個版本：

1. 去皮的帶殼豆連同額外加入的果膠密封入袋，在豔陽下短時間曝曬，升溫至 70℃ 完成路易士所稱的熱衝擊（焦糖化），再置入密封的不鏽鋼容器進行數十小時溫和的厭氧發酵，監控溫度與酸度。厭氧發酵產生 CO_2，高壓使得發酵液的風味物滲入豆殼內的種子。在大量酒精產生前停止發酵，開封時要小心高壓的氣爆，取出潮濕的帶殼豆進行晾乾。熱發酵咖啡會有熱帶水果與肉桂風味。

2. 路易士的實驗發現，在厭氧發酵槽加入 80℃ 熱水，熱衝擊使甜味滲入豆體，發展出草莓、小豆蔻、肉桂、紅棗、茴香、雪松、荷蘭薄荷等特殊風味（但他並未透露流程與細節）。

熱發酵尚未大流行，產量不多，但火燄山的熱發酵咖啡 2021 年 8 月由德國 100 多年歷史的老牌農產品貿易集團 Touton Group 麾下的精品咖啡部門 Touton Specialties[註4] 經銷熱發酵蜜處理（Honey Termic Fermentation）以及熱發酵日曬豆（Natural Termic Fermentation）。但我至今尚未喝過，難以置評。

・瓜地馬拉救濟莊園：熱發酵藝伎奪下 CoE 冠亞軍

熱發酵也在瓜地馬拉奏凱歌，海拔高達 1,850 米的救濟莊園（El Socorro）熱發酵藝伎，2020 年以 91.06 高分勇奪瓜國 CoE 冠軍、2021 年同款處理的藝伎以 90.1 贏得 CoE 亞軍，錦上添花。

註 4：創立於 1848 德國的 Touton Group，專營可可、咖啡、香草、香料進出口貿易，2017 年成立精品咖啡部門進軍微批次、特殊處理的高檔咖啡市場。

2000 年該莊園第三代掌門狄耶哥（Diego de la Cerda）接棒後，一改家族過去慣用的冷泉發酵，改以溫水發酵。他發覺豔陽下採摘的鮮果溫度高達 38℃，如果以 10℃ 冰冷的山泉水直接浸泡發酵，有生命的種子溫度一下掉了近 30 度，會產生兩大問題：冷撞擊有損種子活性，以及低溫拖長發酵時間。這都不利風味的表現，於是改以接近鮮果採下溫度的 38℃ 溫水進行水下發酵，讓種子溫度自然的緩降下來，不但將發酵周期控制在 24-48 小時內，同時減少發酵後的失重率，亦可維持種子的密度，進而改善風味。狄耶可表示，此一實驗性做法在實戰中獲得印證，自從更改溫水發酵後，至今已 12 次打進瓜國 CoE 優勝榜，其中 2007、2011、2020 更奪下冠軍。

熱發酵讓我想到水果常用的溫湯法，木瓜、芒果、香蕉採收後浸入 55-60℃ 熱水數十秒可以抗病、抗氧化並延長保存期。咖啡的熱發酵仍在起步階段，相關機制仍不明，恰與冷發酵背道而馳，熱發酵能否形成下一波浪潮尚待觀察。有趣的是，台灣已見熱發酵，2021 年台北南港咖啡展，已見花蓮的熱發酵咖啡，但酒味重了點，仍有進步空間。

・90+ 的拿手絕活：熱厭氧發酵（Hot Anaerobic Fermentation）

主推藝伎、衣索匹亞古優品種以及特殊處理法的 90+，對於自家開發的處理法向來守口如瓶。強烈花果韻、味域寬闊的 90+ 咖啡，辨識度如同她的價位一樣高，很多咖友喝了 90+ 而跌進超級精品的深坑。90+ 產品中有不少是採用厭氧、熱發酵、接菌或複合式發酵，打造超乎精品豆的繽紛味譜；傳統水洗、蜜處理和日曬在 90+ 的豆單反而少見。90+ 經典的 Drima Zede、Lotus、Ruby 系列均採用熱厭氧重度發酵，以提高風味強度，但發酵時間短於常溫與低溫厭氧。

Drima Zede：創辦人布洛斯基 2013 年在衣索匹亞為了改善乏香品種的風味表現，採用密封升溫的全果重度發酵技法，效果顯著，故以衣索匹亞蓋迪奧（Gedeo）產區的方言「最佳方法」（Drima Zede）命名之。而今巴拿馬 90+ 海拔稍低栽植場的衣索匹亞品種或風味普普的 Caturra 均以此法增強風

味。2014 與 2015 年,熱厭氧發酵技法也應用到巴拿馬藝伎,並開發出知名的蓮花(Lotus)藝伎與紅寶石(Ruby)藝伎,後者以豆體泛紅而得名。這兩款熱厭氧藝伎均以密封全果,控制升溫的重度發酵為之,但至今未透露相關細節。

巴拿馬:BOP 仙拚仙,厭氧慢乾、除濕機暗房慢乾

勞斯萊斯等級的最佳巴拿馬(BOP)大賽藝伎組,2019 年起也吹起厭氧風。艾利達莊園(Elida Estate)老板拉瑪斯特斯(Wilford Lamastus)經過多年實驗的厭氧慢乾日曬(Natural Anaerobic Slow Dry,簡稱 Natural ASD)藝伎,2019 年以 95.25 高分奪得日曬藝伎組冠軍,不但創下 2004 至 2021 年以來 BOP 藝伎組最高分紀錄,並以 1,029 美元／磅售出,改寫 2004 至 2019 年以來 BOP 的最高成交價。這兩年衣索匹亞與拉美也跟風推出不少厭氧慢乾咖啡。

這支厭氧慢乾日曬藝伎的熟豆送往 CR 評鑑,獲 98 高分,又創下 1997 年以來 CR 的最高評分。一鳴驚人的艾利達厭氧慢乾做法如下:

過去艾利達的傳統日曬藝伎,是將鮮果運下山,在較高溫的低海拔區進行乾燥,加速脫水速度以提高乾淨度並減低酒酵味,約 10-20 天可達含水率 10-12 % 標準。然而,艾利達技術團隊幾經實驗,發覺在低溫的環境晾乾,雖然延長乾燥的時間,風味卻更豐富。2019 年艾利達改用厭氧慢乾(ASD)處理法,將鮮果密封 5-6 天,約 120 至 144 小時進行厭氧發酵,取出發酵好的果子篩選後再運往更高海拔的低溫區進行慢速乾燥,全果低溫乾燥長達 40 天比傳統日曬乾燥天數多一倍。換言之,ASD 的做法與過去運到山下的快速乾燥恰好相反。

・Guarumo 黑豹微批次:暗房蔭乾法奪 2020 年 BOP 日曬藝伎冠軍

繼 2019 年艾利達厭氧慢乾之後,2020 年日曬藝伎組亦由特殊慢乾法勝出奪冠,位於巴拿馬西部與哥斯大黎加接壤的藝伎新產區雷納西緬托

（Renacimiento，請參第十一章），瓜魯莫莊園（Guarumo）的黑豹日曬藝伎微批次（Geisha Black Jagua Natural Limited）破天荒以不曝曬不加熱，只靠除濕機蔭乾制霸藝伎日曬組，但莊主遲至 2021 年才對外具實說出做法：

鮮果置入房內的大型抽屜，不見陽光也不加熱烘乾，房內加裝大型除濕機降低相對濕度以利晾乾，還有一個大風扇循環房內的空氣。這和傳統日曬或用乾燥機加熱的乾燥方式大異其趣；因為暗房裡沒有陽光大部分細菌不能存活，不用烘乾機沒有熱氣就少了濕氣，這可降低不易掌控的變數有助提高咖啡的乾淨度。

莊主哈特曼（Ratibor Hartmann）解釋說：「乾燥是後製過程工期最長最易出錯的環節，很多人認為需用高溫加速乾燥，這是錯的，因為高溫通常伴隨著濕氣。10 年來我的團隊一直實驗新的乾燥法，直到 3 年前才掌握不見陽光不加熱的蔭乾技術。在暗房裡晾乾，沒有陽光，少了害菌污染，這是我們多年來從失敗中學到的寶貴經驗。」

無獨有偶，正瀚生技早在 2019 年嘗試不加熱不曬太陽的處理法，只將鮮果置入有除濕功能的特製櫃子內，並控制在 10-15℃的低溫下慢速乾燥，此法有助種子在乾燥進程仍保持活性，使風味物順利轉換（請參第十三章）。這和艾利達的慢乾法以及瓜魯莫的除濕機蔭乾法有異曲同工之妙！

更有趣的是，2020 年 BOP 賽豆的介紹，瓜魯莫莊園冠軍黑豹微批次日曬藝伎僅有隻字片語的籠統敘述：

「挑選熟透的鮮果，日曬 28 天（慢速乾燥），相對濕度 64％，環境平均溫度 20℃，靜置熟成 60 天。」

2020 年該莊園並未據實以告，拖了一年直到 2021 年莊主哈特曼才全盤托出他研究 10 年經過無數次失敗，直到 3 年前才逐漸掌握除濕機輔助全果蔭乾技術，2020 年初試啼聲即拿下 BOP 日曬冠軍，2021 年也以同樣技法贏得 BOP 日曬組第二名佳績。瓜魯莫不見陽光的蔭乾法屬於全果乾燥，照 SCA 處理法的分類，參加日曬組應該沒問題。BOP 藝伎組向來是最有看頭的仙

拚仙，各莊園都有一批技術團隊協助開發後製新技法。

　　有德國和捷克血統的哈特曼是第三代咖啡農，他除了瓜魯莫外還有哈特曼莊園（Finca Hartmann）以及我的小農場（Mi Finquita）。2020 年奪冠的黑豹微批次有其典故，這批藝伎並非出自巴拿馬藝伎的傳統產區 Boqute，而是種在巴拿馬與哥斯大黎加交界的藝伎新區雷納西緬托，海拔 1,800 米人跡罕至的拉阿米斯塔德國際公園（Parque Internacional La Amistad）這裡常見黑豹出沒且園內盛產一種藥用植物瓜魯莫，故以之為名。

| 接菌發酵：成本重、爭議大，專攻高端系列 |

　　延長食品保質期、創新味譜與口感、有利健康，乃發酵的三大目的。千百年來人類的美酒、酸奶、起士、火腿、泡菜、麵包、豆瓣醬、臭豆腐等美味全靠肉眼看不著的微生物煉香造味。發酵是最客氣的說法，實際上這些美食在人類鑑賞前，微生物早已搶先入肚「排泄」出分子重組的代謝物，人類吃下會中毒稱腐敗菌（害菌）代謝物，入肚後不生病有益健康則稱為益菌（好菌）代謝物。1837 年德國動學家許旺（Theodor Schwann）等人率先為文指出發酵是酵母菌所為，並在顯微鏡下發現酵母菌是有生命的微生物，靠著無性的出芽生殖產生子代。但此說卻遭到一批化學家抨擊為無稽之談，他們認為發酵只是一種簡單的化學反應無關微生物。此爭議直到 1850-1860 年代才由法國微生物兼化學家巴斯德（Louis Pasteur）以實驗推翻化學家所謂的「自然發生論」，進一步證實酸奶、泡菜與美酒等美味出自乳酸菌、酵母菌等微生物的代謝物。

　　數百年來咖啡的發酵遠不如葡萄酒講究，長久以來消費者也不認為咖啡是發酵飲品。打開大門迎接隨風而來的任何微生物參與發酵盛宴、拋擲微生物骰子看天意發酵、不需過度管控，是 700 多年來咖農對後製發酵的主流態度。然而，近 10 年為了創造差異化而踵武釀酒業篩選菌株控制發酵的咖農有增加趨勢，接菌發酵成為第四波後製浪潮難度最高、成本最重、爭議最大的後製法。

・SCA 辦講座剖析接菌發酵的發展與遠景

2018 年 SCA 特意舉辦「接種酵母菌受控制發酵的潛力」（The Potential of Controlled Fermentation Through Yeast Inoculation）座談會，深入探討這股新趨勢，並邀請巴拿馬翡翠莊園的瑞秋（Rachel Peterson）、薩爾瓦多女咖農兼企業家艾達（Aida Batlle）、加拿大發酵菌種百年大廠拉曼（Lallemand Inc.）專精咖啡與可可發酵菌株專家羅倫（Laurent Berthiot）、任職 Cirad 的咖啡育種專家班諾特（Benoit Bertrand）、反文化咖啡的尋豆師提摩西（Timothy Hill），以及美國釀酒公司史考特實驗室（Scott Laboratories）執行長查哈利（Zachary Scott），一起暢談他們對咖啡菌種發酵的實務經驗。

座談會結論是：1. **控制得宜的接菌發酵雖有助改善生豆品質但成本高普及不易；2. 高海拔美味品種接菌的加分效果不如低海拔一般商業品種。**

這幾位橫跨咖啡、釀酒、發酵菌株的專家認為近 20 年來菌株的基因鑑定與風味物分析，已能精準找出有利咖啡發酵的菌株，優質菌株至少要滿足 4 要件：1. 能夠分解果膠；2. 對發酵產生的酒精與酸度有耐受性；3. 能夠壓制病原真菌的孳生；4. 產生的代謝物對感官有加分效果。

・商用菌株面市，要價不菲

菌種大廠拉曼公司看好接菌發酵在咖啡後製的潛力，協同史考特實驗室從全球商用的 70 支釀酒酵母選出 20 支，在三大洲數十個咖啡產國進行多年接菌發酵的實務操作與評估，從中選出最佳的 4 種菌株，由拉曼公司新創立的 Lalcafé 咖啡菌株品牌行銷以下產品：Lalcafé Intenso（提升花果韻與 Body）、Lalcafé Oro（對溫度起伏適應力強）、Lalcafé Cima（增強柑橘韻與明亮度）、Lalcafé BSC（降低害菌風險，提高乾淨度），共有四款不同功能的釀酒酵母供咖啡發酵用。

2017 年以來，瑞秋的翡翠莊園與艾達的吉力馬札羅莊園經多年試用上述菌株，已推出多款接菌發酵咖啡。這兩位知名咖農認為控制得宜的接菌發酵確實可提高生豆品質與儲存期，但一切都還在起步階段，仍有許多問題

待克服，各菌株對不同咖啡品種、海拔、處理法仍有差異。最大障礙是成本太高，平均每磅生豆成本將因此增加 1.4 美元，消費市場能否接受？因此，今日的接菌發酵仍以高端精品豆為主，諸如翡翠莊園藝伎、90+ 藝伎、棕櫚樹與大嘴鳥「生物創新處理法」（Bio-Innovation Process）等高價位產品。

然而，最需要接菌的卻不是高海拔本質佳的藝伎，因為杯測 86 分以上的藝伎用了菌種發酵的杯測分數不見得高於自然發酵，雖然呈現味譜會有所不同。最需借助菌種篩選與精準發酵來增香提醇的反而是低海拔莊園的一般商業品種以及羅豆，這些咖啡的風味基準低，接菌的加分效果較顯著，但恐無力負擔接菌的高成本。低海拔莊園或羅豆接菌後提升的價值能否高過成本的增加，進而創造立基，至今仍無定論。

接菌發酵應用在咖啡產業仍有不小爭議，尤其不見容於崇尚自然發酵的基本教義派，這情況如同上世紀的釀酒業，剛開始的接菌發酵並不順利，遭到崇尚自然的衛道人士圍剿，直到 1980 年代以後，更精準的接菌發酵才在釀酒業遍地開花。曾任職於史考特實驗室的菌種發酵專家露西亞（Lucia Solis），以自己培養的菌種在中南美洲接案，協助咖農接菌提升品質，她堅信咖啡後製終將步上釀酒業接菌普及化的後塵，這只是遲早的問題。

・90+ 藝伎 227 批次接種特殊菌株

接菌發酵咖啡已在世界盃賽事或線上拍賣會立下彪炳戰功。台灣咖啡師王策 2017 年贏得世界盃沖煮賽冠軍的 90+ 藝伎 227 批次（Batch#227）在 90+ 自辦線上拍賣會以每公斤 5,001.5 美元（2,273.4 美元／磅）售出，創下全球生豆拍賣價的新高紀錄，轟動咖啡江湖，直到 4 年後的 2021 年 BOP 大賽線上拍賣會努果莊園（Finca Nuguo）的冠軍日曬藝伎以 2,568 美元／磅成交，才打破 227 批次保持多年的紀錄。

227 批次採用 90+ 自己開發，融合接菌、全果泡水與低溫厭氧三面向的專利發酵技法；生豆顏色並不均勻，每粒豆參差褐黃與淡綠色塊，並不美觀，這與特殊發酵有關。創辦人布洛斯基難得透露若干細節如下：

　　鮮果採下剔除瑕疵果，不去皮的全果直接置入密封的水槽並接種巴拿馬 90+ 藝伎莊園發現一種可提升藝伎風味的菌株一起浸泡，在冷氣房內厭氧發酵 72 小時，再取出濕淋淋的全果進行日曬乾燥。

　　90+ 227 批次的專利發酵法已用來生產常規產品，取名為 Carmo，每公斤生豆售價高達 440 美元。90+ 有不少高端產品也採用接菌發酵，我高度懷疑其產品標示「創新／專利」（Innovation/Proprietary）處理法的高端系列，譬如創辦人精選系列（Founder's Selection）皆用到接菌發酵技術。

・棕櫚樹與大嘴鳥莊園：接菌彰顯地域之味

　　前面提到哥倫比亞棕櫚樹與大嘴鳥莊園（簡稱 LPET）以厭氧發酵、美味品種 Sidra、Geisha 打造的傳奇系列（Legendary）、英雄系列（Heroes）聞名於世，2019 年韓國女咖啡師 Jooyeon Jeon 以 LPET 厭氧 48 小時的日曬 Sidra 贏得世界盃咖啡師冠軍。2021 年 LPET 又推出研發 3 年的生物創新處理法（Bio-Innovation Process），以科技彰顯自家莊園以及契作莊園的本地菌株呈現的地域之味，是當今最前衛的接菌處理法。

　　LPET 以生物創新處理法與自家莊園的美味品種 Sidra、Geisha 發揮造味的相乘效果，另外也以此法協助契作莊園的一般商業品種 Caturra、Castillo 提升品質與價值。

・生物創新處理法

　　這是結合實驗室與田間最具科技味的新銳處理法。2018 年以來 LPET 與波哥大頂尖的生物植物實驗室（BioPlant Laboratorio）合作分析自家與契作莊園有機土壤與發酵液的微生物群，從中找出最適合各莊園增香提醇的菌株；各莊園水土與微型氣候不同，微生物組成不盡相同，透過顯微鏡與科技進一步了解肉眼看不著的異世界。實驗室從各莊園送來的樣本篩選出能夠製造乳酸等有機酸的葛蘭氏陽性菌（乳酸菌）和各種酵母的最佳組合，接著調配「飼料」餵養這批造味微生物，再將之接種到原先的環境，進行觀察，一旦發現接種的微生物可主導發酵並在發酵過程表現良好，就表示已經選

出最能代表各自風土的微生物組合，且各莊園的菌株配比皆不完全相同。

　　換言之，這是從莊園到實驗室再接種到各有機莊園的後製處理法，取之莊園的菌株用之莊園的發酵，以科技彰顯各自的地域之味。生物創新處理法是 LPET 履行有機農業的原則，以厭氧發酵為之：

　　先將實驗室精選出的微生物組合做為發酵「湯頭」，再與嚴選的熟果一起密封發酵 100 小時（約 4 天），取出果子直接晾曬即為生物創新的厭氧日曬版（Bio-Innovation Anaerobic Natural）；取出果子去皮沖洗掉殘餘膠質則為生物創新的厭氧水洗版（Bio-Innovation Anaerobic Washed）。2019 年此處理法開始用在自家的藝伎、SL28、Sidra，以及合作莊園的 Castillo 等品種，是新銳處理法，而使用過的發酵液則做為堆肥滋補土壤，不斷循環利用。

·選對酵母、處理法，增添咖啡風華

　　接菌發酵已廣為釀酒業採用，是一門很成熟的技術，但咖啡產業遲至第四波後製浪潮才出現較多鑽研此領域的文獻，咖啡的接菌發酵終見曙光。2020 年巴西拉夫拉斯大學（UFLA）與先正達農作物保護科技公司（Syngenta Crop Protection）聯署發表《發酵條件對咖啡接種酵母菌的感官影響》（Influence of Fermentation Conditions on The Sensorial Quality of Coffee Inoculated With Yeast）結論是：接種酵母菌確實可改變咖啡的感官特徵，選對菌株與處理法，可增加杯測分數 5 分以上；釀酒酵母（*Saccharomyces cerevisiae*）最宜接種在厭氧去皮日曬，德爾布有孢圓酵母（*Torulaspora delbrueckii*）接種在厭氧日曬效果最優。

　　本研究在米納斯州五大阿拉比卡產區進行；Carmo de Minas 為一號產區，海拔 1,161 米；Três Pontas 為二號產區，海拔 885 米；Araxá 為三號產區，海拔 997 米；Monte Carmelo 為四號產區，海拔 963 米；Lajinha 為五號產區，海拔 470 米。除了接菌的厭氧日曬、厭氧去皮日曬外，還有末接菌的傳統日曬與傳統去皮日曬做為對照組。

　　研究結果顯示接菌咖啡的杯測分數均高於未接菌的對照組；第二與第三產區未接菌的日曬對照組，杯測分數只有 79.25 與 79.75，未達精品級標準。反觀第二產區接種 *S. cerevisiae* 的日曬豆分數達 83 分，而接種 *T. delbrueckii* 的日曬豆更高達 85 分；第三產區接菌的日曬與去皮日曬雖然同為 82.5 分，但風味各有特色。

　　研究還發現 *T. delbrueckii* 菌株對厭氧日曬的加分效果最佳，而 *S. cerevisiae* 對厭氧去皮日曬加分效果最顯著。譬如產區一與產區二接種 *T. delbrueckii* 的日曬豆杯測分數高達 87 分與 85 分；反觀產區一與產區二未接種的日曬對照組杯測分數分別只有 83.25 與 79.25 分。本研究證明控制得宜的接菌厭氧加分效果非常明顯；*S. cerevisiae* 菌株可提升去皮日曬的酸質、甜感、餘韻和咖啡體；而 *T. delbrueckii* 菌株則對日曬豆提高甜味、酸質與餘韻很有效。

　　另外，2018 年巴西的研究報告《使用不同接菌法接種酵母菌的發酵咖啡特性》（Characteristics of fermented coffee inoculated with yeast starter cultures using different inoculation methods）也有類似結果，該文獻指出 *Saccharomyces cerevisiae* 對厭氧咖啡的增分效果顯著，*Candida parapsilosis* 對直接噴在咖啡果子上的有氧發酵有加分效果，而 *Torulospora delbrueckii* 則對有氧與厭氧都有加分效果。

・酵母菌日曬法：延長發酵增風韻

　　多端多樣勇於挑戰極限是第四波後製浪潮的特色。咖啡農長久以來習於較快速的發酵與乾燥，以降低酒酵、酸敗與醬味的風險。有趣的是，第四波有一批藝高人膽大的精品咖農逆勢而為，想方設法延長發酵時間，總發酵與乾燥長達 800 多小時，竟然未出現酒精與酸敗惡味，反而煉出驚世奇香，稱之為酵母菌日曬法（Yeast Fermented Natural），目前知曉者不多，假以時日，此技法有可能吒咤咖啡江湖！

　　2019 年贏得德國杯測賽冠軍、目前在哥倫比亞托利馬省北部黎巴諾鎮

（Libano）聖路易士莊園（Finca San Luis）協助優化後製技法的佛斯特（Nikolai Fürst）開發出發酵、乾燥長達 800 多小時的酵母菌日曬，這是我所知最耗時又美味的怪招。

　　一般延長發酵的手法不外乎低溫或厭氧，但佛斯特並未接種酵母菌，他在進行將近一個月常溫長時發酵前，先日曬鮮果數天，果子成半乾燥狀態，抑制好氧壞菌的孳生後，再進行長時間發酵與熟成，得以發酵造味一個月而不壞。該莊園酵母菌日曬的參數如下：

　　鮮果置入超級氣密袋（GrainPro）厭氧發酵 36 小時，取出果子日曬 4 天，全果仍處半乾狀態即終止日曬，再將尚未完成乾燥的果子重新放入超級氣密袋進行最後的 29 天發酵。重點在於先讓果子完成半乾燥，殺死可能的害菌後二度入袋長時間發酵，才不會發霉。結束發酵後還需靜置數月熟成，風味才會好；重度發酵咖啡若未經較長時的熟成，直接烘焙沖煮，會有礙口的尖酸、澀感與藥味。

───────────── 討論 ─────────────

為何稱為酵母菌日曬法？

　　此參數在聖路易士莊園多次複製成功，德國杯測賽冠軍的佛斯特的風味評語：「喝來就像強化版的肯亞咖啡，令人驚豔！」但此技法並未接菌，為何又稱酵母菌日曬？至今查遍資料，均找不著任何解釋，這可能和此法難度高，尚未普及有關。

　　我認為有個線索可供參考，不妨先複習一下第十三章「日曬法菌相比水洗複雜」一段，提到日曬果的微生物中最不耐旱的是細菌，鮮果日曬水活性降至 0.9 以下，多數細菌無法存活，酵母菌接棒主導發酵，酵母菌亦可抑制黴菌孳生，但水活性降至 0.87，多數酵母菌陣亡，腐敗的黴菌可撐到水活性 0.8，因此果子必須乾燥到含水率降至 10-12％，此時水活性至少可降到 0.8 以下，多數黴菌不易存活，乾燥才告完成。但日曬果半乾時可能恰好是多數細菌被淘汰，改由酵母菌接棒主導發酵的水活性區間，因此國外有人稱這種半乾狀態的日曬果子再入氣密袋發酵的技法為酵

母菌日曬法。

掌握細菌、酵母菌在不同水活性的存活率，可能是此技法的關鍵，也就是水活性愈高，結合水愈低，游離水愈高就愈有利微生物繁殖，反之則愈不利微生物生存（請參第十三章註 2）。這是我唯一能想到的理由，是否如此有待日後科學文獻的印證。

有氧、無氧、溫度、濕度、酸度、糖度、水活性的改變都會影響微生物的行為、菌相與風味代謝物的種類，而後製環境的改變也會牽動種子內在代謝物的轉換，這都直接影響到熟豆的香氣與滋味。有理論根據的後製技法謂之科學，但至今仍有許多知其然不知所以然的後製技法，全憑主事者的經驗值完事，這就屬於藝術境界。咖啡後製涉及複雜的生化反應與經驗值的火候，是一門難學的科學，更是難精的藝術！

・天堂莊園集百家大成：雙重厭氧、接菌、熱衝擊水洗、無氧慢乾

2018 年哥倫比亞考卡省天堂莊園（El Paraiso）的雙重厭氧波旁贏得 CoE 第 10 名，平凡的波旁迸出濃郁草莓韻與花果香被台灣知名杯測師陳嘉峻的宸嶧國際相中，以每磅 54.1 美元搶標買下，竟比冠軍的水洗藝伎高出 10 美元。但草莓味過於妖豔未必投好所有評審，平均分 89.76 只獲第十名，然而，稀世奇香激起買家搶標。我有幸喝過這支奇葩，真不敢相信世上有如此豔麗的咖啡。直到兩年後莊主迪亞哥（Diego Bermudez）才全盤托出後製細節，濃濃紅皮水果韻來自實驗多年的複合式煉香術；集合雙重厭氧、接菌、熱衝擊水洗（Thermal Shock Washed）與無氧慢乾，堪稱特殊處理法的總其成。

步驟 1：精煉咖啡果汁

務必精挑熟透甚至有點過熟的果子，因為果肉果膠的單寧酸、多酚類、酯類、醣類和種子接觸愈久，愈易引出紅色水果風味。天堂莊園知名的紅

李子微批次（Red Plum）故意採摘較熟的鮮果，置入過濾的淨水洗滌，並打入臭氧降低果皮野生微生物數量，以便為每批次制定發酵。鮮果洗淨後置入不鏽鋼槽並灌入二氧化碳，排出槽內氧氣，在密封缺氧下以 18℃ 恆溫厭氧發酵 48 小時，可起到三大作用：（1）缺氧有助酵母菌生長並釋出酒精與有機酸等風味前體；（2）可防止酵母菌或乳酸菌的風味代謝物被氧化；（3）微生物發酵產生的氣體使槽內增壓，有助風味物滲入生豆。而發酵過程產生的汁液流入底部的容器，這是步驟一的精華液，可做為下階段特殊菌種增殖造味的培養液。

步驟 2：精選菌株組合，釀造發酵培養液

2016 年迪亞哥成立農業創新與技術發展公司 (Idestec) 為自家莊園研發有效的後製與永續農法，多年來已從天堂莊園的咖啡果分離出數種可製造酯類、醇類、醛類的菌株供發酵用。後製團隊確定好微批次所要的風味調性，即可從菌株庫中挑出最佳的菌株組合，經培養基增殖後，再和步驟 1 煉出的咖啡果汁一同置入另個不鏽鋼槽，讓菌株與果汁融混一起發酵造味，並監控槽內培養液的 pH、二氧化碳、溫度、酒精、酵母菌和乳酸菌數目，當酒精濃度開始下降，表示培養液開始產生醋酸，這是終止發酵指標之一。

步驟 3：生豆浸泡發酵培養液，二度厭氧發酵

步驟 2 的微生物發酵培養液完成後，接著將步驟一的不鏽鋼槽內已完成首輪厭氧發酵的全果取出並去掉果皮，再把帶殼豆、步驟 2 的發酵培養液以及額外的果膠一起置入另一個有攪拌功能的不鏽鋼槽進行 120 小時厭氧發酵，產生的氣體使槽內壓力升至 1.4 Bar，有助風味物滲入生豆。

步驟 4：熱衝擊水洗

生豆完成兩次厭氧發酵後，將槽內溫度升高到 40℃，使種殼與種皮的毛細孔放大，有助風味物滲進生豆，完成熱衝擊後將帶殼豆取出以 12℃ 冷水沖洗乾淨，同時冷卻豆體。

步驟 5：無氧低溫慢乾

最後取出生豆，置入特製的烘乾機進行無氧低溫慢速乾燥，機子以二氧化碳與氮氣吹乾生豆，溫度控制在 35℃，進行 34 小時低溫無氧慢乾，防止不耐熱的風味物因長時間烘乾而氧化。

天堂莊園的咖啡過於妖艷，常有人懷疑在製程加香精，但迪亞哥出面澄清並拱出以上製程細節。他指出 Red Plum 生豆經儀器檢驗，富含多種揮發性芳香物諸如芳樟醇（Linalool）、己醛（Hexanol）、二庚烯醛 (2-Heptenal)，皆在特殊發酵製程產生的，而且這些芳香化合物的市價昂貴，500 克己醛要318 歐元，不會有人笨到買來為生豆添香，做賠本生意。

｜土法煉鋼 vs 摩登煉香｜

發酵是很複雜的新陳代謝過程，涉及咖啡種子內在的萌發反應，以及外在微生物分解果膠的代謝物。發酵環境的溫度、濕度、糖分、菌相與酸度起伏，都會影響發酵的進展。過去全靠咖農累積的經驗來決定發酵停止點，但過猶不及；如果太早終止發酵，果膠未盡除，這在潮濕的產國如哥倫比亞是一大風險，因為殘留豆殼上的果膠在濕度較大的晾曬環境會繼續發酵產生醋酸的嗆鼻味。如果太晚停止發酵，過度發酵會產生丙酸、丁酸腐敗味以及不好的醬味。一個發酵槽的水洗豆動輒數百公斤，發酵不當會造成咖農不小損失。

水洗槽風雲：聲響、手感、氣味與插棒法

傳統上咖農靠著觸覺、聽覺、嗅覺、發酵時間與環境溫度，綜合判斷有水與無水發酵最佳停止點。搓揉發酵槽內的帶殼豆，如果不再黏滑又有粗糙感，台灣咖農稱為「出砂了」，而且兩手用力搓帶殼豆發出石頭撞擊聲，表示果膠完全水解，是終止發酵的時候。氣味也值得參考，有無酒精、醋

酸味、腐敗、醬味,這都是發酵過頭的氣味。但氣味不易定性,參考價值不如觸感和聽覺。

· 插棒法

傳統上還有一種簡便不失精準的插棒法在中南美廣為使用。用一支棒子插入槽內已瀝乾的帶殼豆,再拔出棒子,如果帶殼豆一下子又滑進棒子拔出所騰出的柱型洞穴,表示果膠尚未水解完成,必須繼續發酵下去;如果棒子拔出,洞穴維持一分鐘以上未崩塌,表示果膠已脫除不再黏滑可以停止發酵了,因為果膠完全水解,生豆之間會產生摩擦力,不致滑進棒洞內。

解讀水洗的摩登工具之一:椎狀發酵大師

除了上述土法外,近年各國咖農普遍使用現代化工具,更精準解讀發酵槽內的風雲。哥倫比亞 Cenicafé 的科學家培紐耶拉(Aída E. Peñuela Martínez)等人,在 2013 年推出一款椎狀多孔塑膠材質的發酵大師檢測器(Fermaestro)協助咖農掌握有水與無水發酵進程,近年已廣為各產國使用。

正瀚生技園區咖啡研究中心發酵教室的發酵大師 Fermaestro。

椎狀的發酵大師底部最寬處 88 毫米,頂端最狹處 14 毫米,長 206 毫米,容量約半公升,上下部各有一個圓環標誌。使用相當方便,先從槽內取出剛去皮的帶殼豆,裝滿發酵大師,將底部的蓋子鎖緊,再置入原發酵槽僅露出椎狀容器的頂部,並與同槽咖啡一起發酵。約莫 12 至 36 小時隨著微生物分解黏答答的果膠成為水溶性並從多孔的椎狀容器滲出,果膠去化體積縮小,試著將發酵大師取出,底部朝下並在地上輕震 3 次;如果容器內的帶

殼豆體積從原先的滿載下降到上部圓環處，即小圓環上部已騰出空間，表示發酵完成，可將槽內咖啡取出沖洗晾曬；如果帶殼豆體積高於上部圓環，表示發酵還未完成，需繼續發酵下去；如果帶殼豆體積下降到上部圓環以下，表示發酵過頭了。

哥國科學家依據果膠水解前與水解後不同的密度，以及帶膠的帶殼豆和去膠的帶殼豆體積的不同，精算出發酵大師的檢測機制，有了此檢測器更易掌握有水與無水發酵進程，減少發酵不足或過頭的損失，售價不貴每枚約 10 歐元。

解讀水洗的摩登工具之二：糖度計與酸度計

除了發酵大師外，咖農還可利用糖度計和酸度計來判讀發酵進展。發酵對咖啡而言，不僅僅去化果膠而已，更可影響味譜走向，掌控得宜的發酵可增香添醇，失控的發酵則釀出惡味。咖農過去靠著搓揉發酵槽內帶殼豆的手感、聲響、氣味、環境溫度以及發酵時間，綜合判斷發酵最佳停止點。然而，每人經驗值不同而且發酵變數亦多，難保每批品質如一。近年巴西、哥倫比亞、哥斯大黎加等產國也採用糖度計、酸度計來解讀發酵情況，確保每批品質與價值的一致性，亦能應客戶要求，釀出發酵程度不同的客製化風味。糖度計與酸度計可應用在有水與無水發酵以及密封式厭氧發酵，但不適用於不需發酵的去膠機半水洗。

以下兩個表是哥倫比亞南部娜莉妞省（Nariño）的馬里亞納大學（Universidad Mariana）與巴西帕拉納大學（Federal University of Paraná）的科學家對哥倫比亞水洗豆發酵過程，糖度、酸度、葡萄糖、果糖含量變化所做的研究。樣本取自娜莉妞海拔 1,959 米的莊園，將 10 公斤鮮果去皮後，含膠的帶殼豆置入水槽，加水 4 公升進行傳統有水發酵，直到第 48 小時，每間隔 6 小時抽取 10 毫升發酵液一式三份，以糖度計、酸度計、高效液相層析（HPLC）、氣相層析（GC）檢測。

・水洗發酵槽單醣類變化：先增後降

先看圖表〔15-3〕水洗槽單醣類（葡萄糖與果糖）變化，鮮果去皮後將帶殼豆入發酵槽，最初的果糖為 1.16g/L，葡萄糖為 0.82g/L，開始發酵至第 12 小時，槽內的果糖和葡萄糖含量明顯增加。這是因為微生物將果膠、蔗糖（雙醣）分解為葡萄糖與果糖，因此發酵初期這兩種單醣同步上升，但 12 至 18 小時，部分單醣被微生物消化後轉為能量、有機酸、酒精、醛和酯，因此單醣明顯下滑。發酵 18 至 36 小時的單醣大致持平未再下降，部分原因是發酵槽的酸度增加，淘汰一些不耐酸的微生物，僅剩下耐酸性較佳的菌種。但 36 至 42 小時單醣稍增加，因為微生物又將剩餘的蔗糖或碳水化合物分解為單醣，42 至 48 小時單醣被消耗再度下滑，最後的果糖與葡萄糖含量分別為 1.52 g/L 與 0.98 g/L。咖啡發酵和釀酒的發酵不同，釀酒可能會持續到單醣全部被微生物轉為酒精才結束發酵，但咖啡如果發酵到單醣耗盡，肯定過度發酵而產生惡味。咖啡發酵的停止點一般會選在單醣第一次下降後的持平期至第二次起伏前，約莫在第 18 小時至 36 小時以前，結束點尚需視生產者對發酵程度的偏好度以及當時的溫度而定。

〔15-3〕哥倫比亞水洗豆發酵過程，葡萄糖與果糖增減變化

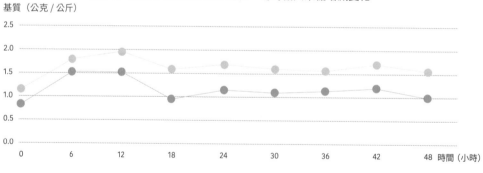

基質（公克 / 公斤）

● 葡萄糖　● 果糖

＊資料來源：《First description of bacterial and fungal communities in Colombian coffee beans fermentation analysed using Illumina-based amplicon sequencing》－ 2019 年

上述圖表的單醣變化數據是靠實驗室精密儀器測得，一般處理廠或莊園不可能有這些儀器，但仍可利用方便攜帶又不貴的糖度計來瞭解水洗槽發酵的大概情況，請參下圖〔15-4〕。

‧糖度計

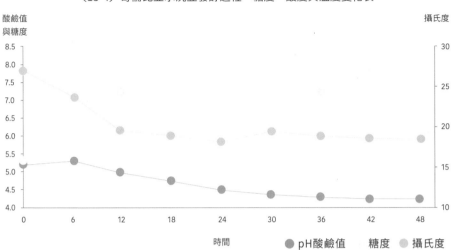

〔15-4〕哥倫比亞水洗豆發酵過程，糖度、酸度與溫度變化表

（＊資料來源：《First description of bacterial and fungal communities in Colombian coffee beans fermentation analysed using Illumina-based amplicon sequencing》－2019 年）

　　咖農通常利用糖度計來檢測果實成熟度，收穫期鮮果的糖度一般落在 15-28°Bx；1°Bx 表示 100 克水溶液含 1 克蔗糖。值得留意的是果膠除了含蔗糖外亦含果糖、半乳糖以及少量礦物質和有機酸成分，都會影響糖度計的讀數，但果糖、葡萄糖、半乳糖的物理性近似蔗糖，因此足以提供相對糖度的比較，仍有參考價值。另外，檢測時氣候狀況也會影響糖度數值，比如連續數周不雨，熟紅鮮果糖度讀數可能高達 26°Bx，如果連日下大雨或雨季，糖度因熟果含水量增加可能會降至 16°Bx，糖度計僅能約略了解檢測物的蔗糖含量。

　　圖表 [15-4] 可見，發酵初期糖度計測得的糖度亦成上升走勢，因為微生物將碳水化合物分解為單醣類，發酵液濃度上升，糖度計測得的糖度也會上升，但第 18 至 30 小時的糖度成持平狀，因為單醣被微生物消化了，不再增加。但第 30 小時後，糖度又起變化，這與微生物代謝物增加使發酵液濃度起伏有關，表示發酵進入末期了。糖度計雖只能大致了解發酵液糖度的

起伏，遠不如實驗室精密儀器準確，但糖度計的便利性，已被專門生產精品咖啡的處理廠廣泛使用。

值得留意的是，各莊園的咖啡品種、果膠厚薄、成分、含糖量、菌相不盡相同，因此糖度計不可能提供一個四海皆準的發酵停止參考點，只能輔

百勝村全果厭氧發酵桶開封後，剝開果皮取出帶殼豆以糖度計檢測糖度的降幅，從發酵前的 18° Bx 降至 12° Bx。

助咖農捉出自家莊園最佳發酵的糖度區間，換言之，各莊園終止發酵的糖度區間不會一致。另外，有水發酵與無水發酵的讀數亦有不小出入；糖度計檢測無水發酵的讀數會高於有水發酵，因為前者的濃度較高。咖農使用糖度計來判讀發酵進展，必須有耐性的記錄各項變因，譬如品種、有水或無水、發酵前糖度、每 6 小時糖度變化、氣溫等。剛開始比較辛苦，有心得後 10 多小時或 20 小時檢測一次即可了然發酵情況。若能參考糖度計、酸度計資料，再綜合帶殼豆手感、氣味、發酵時間、氣溫，以及事後的杯測評語，會更精準捉出自家莊園各品種的最佳發酵終止點。可參考本章有關各莊園糖度計與酸度計的實戰數據。

・酸度計

近年中南美咖農常利用酸度計解讀水洗與厭氧發酵情況，普及率高於糖度計。咖啡果膠的 pH 約在 5.5-6.2 左右，因地域與品種不同而有些出入。咖啡一旦摘下，微生物開始分解果膠的糖份，以最常見的無水發酵為例，日夜高低溫 17-26℃，pH 多半在 20 小時左右降至 pH4.5 附近，這已比去皮時 pH5.5 的酸度高出 10 倍。但以水下發酵一般會比無水發酵多花 4 小時以上，

酸度才會降 pH4.5 左右，因溫度與含氧量低於無水發酵，微生物分解果膠的速度較慢。換言之，無水發酵因溫度與含氧量較高，果膠分解的速度快於水下發酵。

百勝村厭氧蜜處理的發酵桶開封後，
以酸度計檢測 pH，從發酵前的 pH5.3
降至 pH4.05。

　　咖啡發酵後酸度和溫度會增加，這是因為微生物將果膠所含的蔗糖分解為葡萄糖和果糖，並釋出熱能與有機酸的代謝物所致。最常見的情況是發酵 10 小時後酸度降幅劇增，請參見圖表 [15-4]。如果環境溫度太低，微生物活動力變差，發酵速度會很緩慢，酸度降不下來可能拖 3 天還無法完成脫膠。

　　美國華盛頓大學、西雅圖大學的化學家與工程師在尼加拉瓜四座莊園的一系列無水發酵研究，於 2005 年出版論文[註5] 建議咖農採用酸度計判讀發酵是否過度或不足，參考點是酸鹼值降到 pH4.6 果膠幾乎水解，預示發酵接近完成。此結論與目前各莊園普遍採用發酵完成的酸度區間 pH4-4.5 頗為吻合。

　　以巴西栽種面積 1,523 公頃、共有 7 座莊園的 O' Coffee 為例，每批次產量很大，禁不起發酵失當的損失，有水或無水發酵時間控制在 16-25 小時，並以糖度計與酸度計的數值做為停止發酵的重要參考，即糖度不低於 8° Bx、酸度不低於 pH4.5，以維持品質的一致性。

　　但這絕非金科玉律，會因地域、品種與後製法而異，仍需視莊主或客戶對各種發酵程度的偏好而定。各地氣溫起伏、果膠成分、菌相、客戶偏好度不盡相同，都會影響發酵的停止點，酸度計雖可提供自家莊園停止發酵

的重要參考數據，仍需以帶殼豆不黏滑的手感、石頭撞擊聲、氣味、氣溫，以及客戶要求的發酵程度，綜合判斷最佳的發酵停止點。發酵一旦失控，過度發酵的惡味有一部分歸因於黴菌的增生，其代謝物不同於乳酸菌與酵母菌。

水洗羅豆難伺候：發酵脫膠時間數倍於阿拉比卡

習慣阿拉比卡的人第一次水洗羅豆都會被耗時更久的發酵時間嚇一大跳，我就是受驚者之一；20℃的環境溫度阿拉比卡水洗發酵時間約 20 多小時，而羅豆在 23-25℃ 更高溫環境，至少要 60、70 小時以上才可完成脫膠，為何差距如此大？查了資料，果然印度和印尼都有這方面的研究報告，原因出在羅布斯塔的果膠更為黏厚，微生物需耗費更多時間分解，且羅豆果膠的丹寧酸與多酚類較多，都會影響發酵速度。

〔15-5〕印度阿拉比卡與羅布斯塔無水發酵進展表

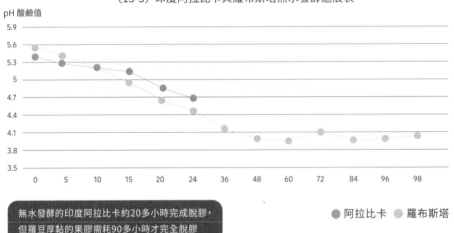

pH 酸鹼值

無水發酵的印度阿拉比卡約20多小時完成脫膠，但羅豆厚黏的果膠需耗90多小時才完全脫膠

● 阿拉比卡　● 羅布斯塔

（＊資料來源：《Impact of Natural Fermentation on Physicochemical, Microbiological and Cup Quality Characteristics of Arabica and Robusta Coffee》）

2012 年印度咖啡研究分所（CRSS）的後製實驗室針對印度阿拉比卡與羅布斯塔無水發酵的研究論文指出[註6]，在日夜高低溫 17-26℃ 環境同步進行阿拉比卡（S795）與羅布斯塔改良品種剛古斯塔（CxR）[註7] 無水發酵實驗，阿

拉比卡的果膠約 24 小時完成水解，酸度從最初的 pH5.43 降至 pH4.71。但同樣溫度羅豆果膠卻要 96 小時才能完全水解，酸度從 pH5.54 降至 pH4.05（請參圖表〔15-5〕），水洗羅豆所耗時間竟然比阿豆多 4 倍。

羅豆取巧水洗法，風味不如 96 小時全水洗

CRSS 的研究指出，羅豆的海拔較低，溫度較高且果膠更厚黏，如採水洗，工時與風險也較高，而且需更多的水洗槽來消化採收季等待水洗的鮮果，羅豆咖農為了降低成本與風險，八成以上均採日曬，水洗只占不到二成。即使羅豆採用全水洗，亦非傳統水洗，通常會添加果膠分解酶，加速發酵，約 10 多小時可完成水洗。如咖農不加分解酶，還有個方法可節省工時，在發酵到一半約 20 至 30 多小時就取出果膠尚未完全水解的帶殼豆，再用去膠機磨除殘餘果膠來節省工時與成本。印度知名的賽瑟曼莊園（Sethurman Estate）水洗羅豆 如皇家羅豆（India Kaapi Royale）以及剛古斯塔都是先無水發酵 24-36 小時，取出尚未完全脫膠的帶殼豆再以去膠機磨掉殘餘果膠後，泡水 2 小時後再晾曬，是當今口碑最佳的羅豆。

然而 CRSS 的研究發現，上述節省工時的取巧法，經杯測師鑑味發現風味遠不如耗時費工的 96 小時全水洗。該研究的結論是，如果採用傳統耗時費工的全水洗製程，羅豆風味會有更大的爆發潛力。這表示印度水洗羅豆風味還有很大的美味潛能。

註 5：《Characterization of the Coffee Mucilage Fermentation Process Using Chemical Indicators: A Field Study in Nicaragua》

註 6：《Impact of Natural Fermentation on Physicochemical, Microbiological and Cup Quality Characteristics of Arabica and Robusta Coffee》

註 7：印度著名的剛古斯塔（Congusta）是以剛果咖啡（*Coffea congensis*）與羅豆混血改良的品種（Congusta =*C. congensis* x *C. canephora* 或 CxR）剛果咖啡與羅豆的遺傳相近很容易混血，甚至有人認為剛果咖啡是羅豆的另一品系。最大差別是，*Coffea congensis* 產量低於羅豆，但風味優於羅豆，因此常用來混血改良羅豆的風味。*Coffea congensis* 原產於中非的剛果民主共和國，亦稱剛果咖啡。

　　羅豆第二大產國印尼也多半也採用日曬法，水洗羅豆占比不到二成。印尼水洗羅豆的做法比印度更取巧，在發酵槽先添加果膠分解酶，10 多小時取出帶殼豆再以去膠機磨除果膠，節省更多工時。但取巧的水洗羅豆風味已比日曬乾淨多了，成為精品羅豆的主要處理法。

|烘乾速率：細胞膜完整度是美味關鍵！|

　　曬乾與烘乾是後製最耗工費時的環節，尤其是日曬和蜜處理因含果肉果膠，脫水速度會比去皮脫膠的水洗豆慢許多。如未借助烘乾機加快脫水，一般日曬、蜜處理的乾燥需要 10-20 天才能將生豆含水率降到標準的 10-12％，水洗只需 6-10 天即可。含有果肉與果膠的日曬和蜜處理，乾燥時間長，發酵入味程度較高，如遇陰雨天或濕氣重，很容易受潮發霉產生腐敗味。因此不少咖農慣用較高溫加快全果或蜜處理的乾燥，以降低酒酵味並提高乾淨度。但乾燥速度太快又常出現風味物氧化的缺陷味諸如呆板、乏香、油耗味等。

水洗豆發芽率高於日曬豆

　　2019 年巴拿馬知名的艾利達莊園首度以慢速乾燥（Slow Dry）奪得藝伎組 BOP 冠軍，點燃各產區慢乾熱潮。艾利達的慢乾法並非標新立異的噱頭而是有科學根據。精品咖啡界赫赫有名的農藝學家兼咖啡後製專家波倫博士（Flávio Meira Borém）註8 於 2015 年 SCAA 第七屆關於咖啡年度研討會（Re;co Symposium）的專題演講「超越日曬與水洗：打破咖啡後製的陳規」（Beyond Wet and Dry: Breaking Paradigms in Coffee Processing）強調在晾曬或烘乾過程，全果內的種子（即日曬法）對熱傷害或烘乾速率過快的敏感性遠高於去皮去膠的水洗帶殼豆。

　　圖表 [15-6] 是波倫博士在巴西就日曬與水洗影響咖啡胚胎活性的研究，發現全果日曬對咖啡胚胎活性的傷害明顯大於去膠去皮的水洗法。如圖所示

水洗法的帶殼豆以陽光晾曬乾燥後，發芽率仍可高達 96％，反觀全果日曬的生豆發芽率只有 66.3％。這和全果日曬的乾燥進程較慢，拖延時日有關。

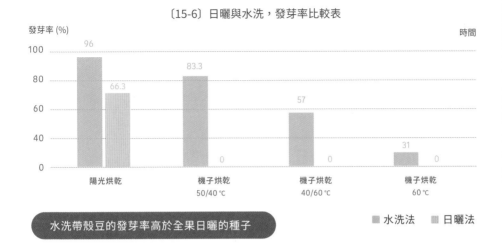

〔15-6〕日曬與水洗，發芽率比較表

高溫高速烘乾，易生油耗味

如改以機子烘乾兩者差異更大，尤其全果烘乾的溫度高於 40℃以上，果子內的種在高脫水率煎熬下發芽率是零（圖表 [15-6]），胚芽失去活性無法發芽。反觀去皮去膠的水洗豆，即使以機子烘乾仍保有可觀的發芽率，雖然發芽率隨著烘乾溫度的上升而降低。起初波倫博士質疑這項實驗結果，懷疑其中有誤，全果日曬的種子活性不可能這麼低，於是請研究生重做，經過 5 年實驗，結果都一樣，即全果日曬的種子活性遠低於水洗法，尤其是使用烘乾機更為明顯。

但這不表示全果只能在陽光下晾曬，不能用機子烘乾。該研究的結論是：

註 8：Flávio Meira Borém 目前仍在巴西米納斯州南部的聯邦拉夫拉斯大學（Universidade Federal de Lavras）任教。著作包括《Handbook of Coffee Post-Harvest Technology》以及諸多有關咖啡化學與後製的學術報告，是一位深受敬重的咖啡學者。

　　如果全程採用烘乾機為鮮果脫水，溫度最好低於 40℃且要避免在太乾燥環境烘乾，烘乾速率最好不要太快以維持細胞膜完整不破，這才是美味的關鍵！

　　波倫博士說：「經過實作與實驗印證，烘乾溫度太高或速度太快，都會破壞咖啡細胞膜的完整性，致使細胞內的風味物滲出而被氧化；在顯微鏡下可看出細胞膜受到熱傷害而破損，含有芳香物的油質大量滲出而遭氧化，造成油耗味缺香乏醇，不但有損咖啡的風味表現也會大幅縮短生豆的儲存期！」

　　波倫博士的團隊以不同溫度、烘乾速率並杯測其風味，歸納出全果日曬與去皮去膠水洗豆最佳的陽光晾曬或機子烘乾溫度應介於 35-40℃區間，最好控制在 36-38℃。全果日曬的烘乾速率不該高於每公斤每小時脫水 13 公克：

日曬與水洗最佳脫水溫度：35-40℃
全果日曬最佳烘乾速率：≦ 13gH2O kg⁻¹ h⁻¹

即每小時每公斤烘乾物脫水速度小於等於 13 公克

濕度高採較高溫烘乾，濕度低採較低溫乾燥

　　波倫博士指出，如果使用機子烘乾，脫水速率愈高表示烘爐內的熱氣流愈強、溫度愈高、相對濕度愈低，咖啡的細胞膜愈易破損，風味物愈易氧化。去膠去皮的水洗豆對乾燥速率的耐受度雖然較高，但不建議高溫高速脫水，這同樣不利水洗豆的風味。高檔精品豆均採用較溫和的烘乾溫度與脫水速率，2019 年以來，巴拿馬艾利達莊園帶動全球精品豆的慢乾熱潮，是科技理論與實務經驗的完美結合。

　　波倫博士建議烘乾的最高溫不要超過 40℃，卻和國際咖啡協會（SCA）技術長馬利歐博士（Mario Roberto Fernández Alduenda）有些出入，馬利歐博士建議水洗、日曬和蜜處理的烘乾溫度最高勿超過 45℃。我認為兩位專家的建議都有科學根據，值得參考，各國咖農的乾燥溫度多半介於 35-45℃區間。

不妨這麼理解，當相對濕度較大，可採較高溫脫水，譬如 45℃，以免回潮或拖延太久增加酒酵雜味。若相對濕度較低，可採較低溫烘乾，譬如 36-38℃，以免生豆脆弱的細胞膜在乾燥、高溫熱氣煎熬下而破損，造成風味物氧化走味。後製發酵的參數並非硬性規定亦非一成不變，需視環境變化而調整。

| 後製浪潮的結語 |

咖啡後製四大浪潮前三波盛行的日曬、水洗、半水洗、去皮日曬、蜜處理與日曬復興，旨在去除果膠與省水減污，但在發酵煉香上卻顯得相當保守；除了水下發酵是在低氧進行，其餘均在有氧環境完成。直到 2014 年哥斯大黎加密封式厭氧蜜處理首度打進 CoE 優勝榜，接著 2015 年澳洲咖啡師沙夏以二氧化碳浸漬法奪得世界盃咖啡師桂冠，2018 年更勁爆，阿姆斯特丹世界盃咖啡師大賽前六名的第一、三、四、五、六名咖啡師均採用厭氧發酵豆，一舉燃爆厭氧熱潮。各國咖農不再墨守成規，大膽創新，厭氧水洗、厭氧日曬、厭氧蜜處理、低溫厭氧、葡萄乾厭氧、有氧厭氧混合發酵、厭氧慢乾、冷發酵、熱發酵、菌種發酵、酒桶發酵、添加物浸漬……奇門秘技爭鋒鬥醇，不亞於釀酒術。

是純咖啡，還是「摻雜咖啡」？

2014 年以來的第四波後製浪潮，花招之多令人眼花，惹來自然發酵派抨擊：「近年咖啡族喝的究竟是咖啡本質風味、酵母菌乳酸菌排泄物、抑或人工添加物，該不該為咖啡發酵制定規範以免入魔？」

註9：2004 年提姆贏得世界杯咖啡師大賽冠軍、2005 年再奪世界盃杯測賽冠軍榮銜，是北歐淺焙派代表人物之一。

　　純咖啡與摻雜咖啡的定義為何，至今難有定論。事實上不可能有百分百純咖啡；在發酵或乾燥過程或多或少會沾上咖農從外地帶入的微生物、或從遠處飄入的菌種，肉眼看不到的微生物無所不在，因此我認為以微生物為發酵劑，不論是刻意添加或自然接種，只要不危害健康仍可視為於自然的贈禮。

　　記得 2015 年挪威咖啡名人提姆（Tim Wendelboe）[註9] 訪台，並在百勝村辦一場杯測講評，他坦言獨鍾水洗豆乾淨的酸甜震味譜，而日曬與蜜處理發酵程度較高，實已偏離咖啡的本質風味；他認為即使日曬豆常有迷人的草莓與奶油風味，但已超出發酵該有的風味，那是發酵過度的「俗麗雜味」。他說這是主觀意見並非市場主流看法。北歐崇尚自然與極簡，提姆獨沽淡雅的水洗味譜，是飲食文化使然，第四波的奇門煉香術肯定不是他的菜。

　　對重發酵或淺發酵的偏好，應與飲食文化有關，無關對或錯。亞洲國家偏愛日曬、蜜處理、厭氧等重發酵風味甚於歐美國家，是挺有趣現象。

　　目前專供咖啡發酵的菌株，譬如文內所述 Lalcafé 銷售的 4 款功用不同的菌株全是釀酒酵母，因為酵母可乾燥成粉末也不需冰箱冷藏，使用方便，但不表示接菌發酵無法擴大到其他菌種。我相信乳酸菌應用到咖啡發酵潛力很大，因為酵母菌的主要代謝物酒精，發酵過頭常造成酒酵味過重，而乳酸菌主要代謝物為乳酸，若能拼配乳酸菌與酵母菌為接菌配方，應可抑制酒酵味，並兼顧兩菌種製造有機酸與醛、酯類的花果韻，造出更迷人味譜。

　　哥倫比亞棕櫚樹與大嘴鳥莊園在 2018 年協同研究機構鑽研此領域，2021年推出生物創新處理法；實驗室從各莊園的水土與發酵液篩選出可增香提醇的菌株，再接種回各莊園的厭氧發酵槽，協助益菌取得發酵主導權，也就是以前衛的接菌科技彰顯精品咖啡重中之重的地域之味，為實踐「**取之莊園的菌株用之莊園的發酵**」立下典範。

　　換言之，第四波後製浪潮的地域之味，已從第三波的風土、氣候擴大到當地特有的菌株造味！

添加物不該有香氣與滋味

至於菌種以外的添加物早在 100 年前已盛行；美國擅長以菊苣、穀物、大豆混合咖啡一起炒，不但喝得出咖啡味還可降低成本；西班牙和東南亞偏好蔗糖與羅豆一起炒，提升風味。1990 年代精品咖啡第二波末期，美國盛行以香精攪拌剛出爐的熟豆，產出香草、巧克力、榛果等各種調味熟豆。千滋百味的果露糖漿也為咖啡館的拿鐵或卡布增香，添加劑早已在業界盛行不輟，也經過市場考驗，暢銷至今。

前三波是在熟豆端或飲品內加料，然而，當下的第四波卻提前一步在產地的生豆添料釀香，而且香氣與滋味又必須熬過烘焙與萃取，其難度遠甚於熟豆或飲料的加料。

密封、抽真空、接菌、注入二氧化碳、冷發酵、熱發酵，皆為第四波最潮的加工術，但這些「加工」的本身並無味道，需靠時間溫度的控制、經驗知識的累積，才能煉出有價值的味譜，我認為這些特殊發酵技法應歸類為受控制的自然發酵，值得力推。這就好比傳統的後製法是從日曬 → 水洗 → 半水洗 → 去皮日曬 → 蜜處理循序演進一樣，後製的多元化乃歷史之必然；物競天擇，適者生存，一切由市場定奪，適者存活，不適者被市場機制淘汰。

至於第四波盛行在發酵槽或乾燥過程，摻入肉桂、果汁、酵素、水果皮、檸檬酸、甘蔗汁、香精等具有強烈香氣與滋味的添加劑，不但可熬過烈火與萃取，香氣甚至殘留在咖啡渣上，可謂勝之不武，這些添加物有可能造成過敏，理應受到規範，產品履歷必須標示清楚。

台灣生豆進口商聯傑咖啡負責人黃崇適曾告訴我，他在中美洲尋豆旅程，喝到一支濃郁肉桂香的精品豆，大為驚艷，親訪該莊園，竟然發現是在發酵槽摻入肉桂，憤而拂袖不買了。足見正派咖啡人對發酵槽內添加強烈風味物的投機取巧行為有多反感！

這類非自然發酵的「調味」生豆在第四波浪潮並不少見，但不難辨識，捉一把生豆聞聞，散發濃烈花果、肉桂香氣，且熟豆沖煮後的咖啡渣仍能聞到濃香，這很可能是摻雜咖啡。接菌、厭氧、灌入二氧化碳、冷發酵、熱發酵等靠技藝與經驗的自然發酵手法，或傳統日曬、水洗、蜜處理，不可能造出如此強烈、不自然的香氣。

濃香咖啡在市場上有一定需求，但加工方式務必明白標示，讓消費者了解香氣來自香精、水果皮或自然發酵，唯有誠實以告，利人利己，才可長可久。

低海拔莊園提香神器─管控式發酵

繼 2021 年沙夏以 CM 處理法助尼加拉瓜低海拔莊園打進前三名，美國知名杯測師、尋豆師、烘豆師、後製師，集四師於一體的米蓋·梅札（Miguel Meza）以研究 3 年的菌種發酵法指導夏威夷咖農，竟然包辦 2022 年第十三屆夏威夷咖啡杯品大賽前三名。本屆大賽的亮點是冠軍藝伎海拔只有 300 米，而亞軍的 Caturra 與 Typica 混種的海拔更低僅 230 米，皆採用梅札開發的接菌發酵法，杯測分數竟優於海拔高出二至三倍的莊園。接種乳酸菌或釀酒酵母的管控式發酵，已成低海拔莊園扭轉逆勢的關鍵；任何莊園或物種只要有完善、精準的工序，都可能產出高價值的精品咖啡。

本屆大賽的第一、二、三、五、十名都用到梅札的接菌法，冠軍出自柯納產區的香檳日曬藝伎（Kona Geisha Champagne Natural），亞軍為普納產區的乳酸日曬（Puna Lactic Natural）。總括而言，前時名優勝豆只有第七與第九名採用未接菌的傳統處理法。無獨有偶，2021 年夏威夷杯品賽的前時名優勝豆，亦有高達 3/4 採用菌種發酵法，夏威夷應該是全球最熱衷接菌的產地。

〔15-7〕2022 年夏威夷咖啡杯品賽前十名金榜

名次	莊　　　園	品　　種	處理法	指定酵母	產　區
1	Geisha Kona Coffee	Geisha	日曬	有	Kona
2	Arakawa Coffee and Tea Plantation	Typica & Caturra	日曬	有	Puna
3	JN Farm	Red Bourbon	日曬	有	Ka'u
4	Maunawili Coffee LLC	Pink, Yellow & Red Bourbon	日曬	有	O'ahu
5	Uluwehi Coffee Farm	SL-34	日曬	有	Kona
6	Hula Daddy Kona Coffee LLC	SL-34	水洗	有	Kona
7	Kona RainForest Farm LLC	SL-34	日曬	無	Kona
8	Rusty's Hawaiian	Bourbon	日曬	有	Kona
9	Casablanca Farms LLC	Typica & Pacamara	日曬	無	Ka'u
10	KonaNaturals Kona Coffee	Typica	日曬	有	Kona

（＊資料來源：夏威夷咖啡協會）

　　但切勿誤解為只要接菌就一定拿高分，重點在於選對菌株的精準發酵，如何調控與解讀發酵桶內的溫度、酸鹼值、糖度、壓力、氣體等變因以及發酵時間的捏拿，技術門檻高於傳統處理法。我喝過不少標榜菌種發酵的咖啡，大多數的乾淨度與豐富度未必優於傳統處理法。當然也喝過幾支令我驚艷難忘的接菌絕品，若無紮實的學理與經驗值，不可能成就美味的菌種發酵咖啡。

　　梅札有句名言，可做為本章的結語：

　　"Specialty coffee is a process. It's not a species, nor an elevation, nor a particular growing location ！"

　　「精品咖啡是一個工序，它不是一個物種，也不是海拔高度，更不是特定的栽植地點！」

04

〔 第四部 〕

修正金杯理論與
杯測焙度值之淺見

咖啡的萃取科學遠比想像更複雜迷人，因應萃取
技法的發展日益多元，風味譜萬千變化，本書最
末篇將討論金杯萃取率的與杯測焙度值的可能
變化。台灣 2018 年已率先採用焙度值 Agtron
75±3，至今咖農風評甚佳，更有利高低海拔咖啡
的風味表現，也獲得國際咖啡達人認同，堪稱咖
啡界典範！

第十六章

金杯理想萃取率與杯測
焙度值該修正嗎？

　　本書最末篇野人獻曝，金杯理想萃取率 18-22％應予擴充，以免作繭自縛，限縮美味咖啡的可能區間。杯測焙度值亦該調淺，助力高低海拔產區多樣性發展，也符合精品咖啡趨淺焙的潮流。台灣 2018 年棄用 CQI Agtron58-63 舊規，率先採行 Agtron75±3 新規，咖啡農風評極佳，亦獲 CQI 董事 Sunalini Menon 認同，為全球精品咖啡立下革故鼎新的典範！

|金杯理論兩大支柱：濃度與萃取率|

　　金杯理論是美國麻省理工學院生化博士洛克哈特（Dr. Ernest Eral Lockhart）於 1950 至 60 年代提出，他分析咖啡熟豆的結構與成分，發現一杯黑咖啡是否美味取決於溶入多少風味物，也就是濃度，亦稱溶解固體總量（TDS），當時美國人偏好的咖啡濃度介於 1.15-1.35 %。咖啡粉有多少風味物被水萃出並溶入咖啡液關係到濃度的高低；而咖啡粉被萃出的風味物重與萃取前咖啡粉重的比值稱為萃取率。

　　洛克哈特博士經研究發現熟豆可被萃取出的風味物約占熟豆重量的30 %，其餘約 70 % 是不可溶的纖維質，但 30 % 可溶風味物不需悉數萃出，以免萃取過度產生礙口的苦澀，萃取率 18-22 % 已可盡數萃取出悅口的風味物，並將其他礙口成分留在咖啡渣內。洛克哈特博士綜合科學數據與市民試飲的問卷，定出「咖啡液濃度介於 1.15-1.35 % 且咖啡粉的萃取率介於 18-22 %」為金杯的理想區間，唯符合此二要件才可沖泡出一杯酸甜苦平衡且濃淡適口的美味咖啡，這就是金杯理論。濃度的高低與咖啡的強度有關，而萃取率的高低則與酸、甜、苦、澀的滋味與口感有關；低萃取率凸顯尖酸，高萃取率凸顯苦澀。

　　現實上，各國因飲食文化差異，對適口的咖啡濃度至今仍無共識，但對萃取率 18-22 % 的共識較高，已奉為圭臬並沿用至今，金杯理論的理想濃度與萃取率成為咖啡師必修的萃取學分。

各大機構採行的理想濃度區間

　　金杯理論的濃度公式，以及各機構的理想濃度區間如所述：

濃度（%）

＝萃出咖啡粉風味物重量 ÷ 咖啡液重量

＝從咖啡粉萃出風味物的重量與咖啡液重量的百分比值

＝溶解固體總量（Total Dissolved Solid，簡稱 TDS）

→可用咖啡屈光儀（Coffee Refractometer）測得

　　粉水比與濃度成反比，意即粉水比愈高則濃度愈低，粉水比愈低則濃度愈高。譬如 20 克咖啡粉對上 300 克水（粉水比 1：15）沖出咖啡液的濃度會低於 20 克咖啡粉對上 200 克水（粉水比 1：10）的咖啡。

　　雖然金杯理論的理想萃取率在全球統一標準為 18-22％，然而，歐美咖啡協會對適口的咖啡濃度區間至今仍無共識，數十年來 SCAA、SCAE（歐洲精品咖啡協會）、SCA（國際咖啡協會，2017 年 SCAA 與 SCAE 合併為 SCA）、NCA（挪威咖啡協會）各吹各的號，各協會對咖啡理想濃度的高低依序為：NCA ＞ SCAE ＞ SCA。

・SCAA 理想濃度

1.15-1.35％

＝ 11,500-13,500ppm

＝ 11,500-13,500 毫克／公升 ＝ 11.5-13.5 公克／公升

＝每公升黑咖啡含 11.5-13.5 公克咖啡風味物

・SCAE 理想濃度

1.2-1.45％

＝ 12,000-14,500ppm

＝ 12,000-14,500 毫克／公升 ＝ 12-14.5 公克／公升

＝每公升黑咖啡含 12-14.5 公克咖啡風味物

・SCAA 與 SCAE 合併為 SCA 理想濃度區間擴大

1.15-1.45％

＝ 11,500-14,500ppm

= 11,500-14,500 毫克／公升 = 11.5-14.5 公克／公升

= 每公升黑咖啡含 11.5-14.5 公克咖啡風味物

·NCA 濃度標準

1.3-1.55％

= 13,000-15,500 ppm

= 13,000-15,500 毫克／公升 = 13-15.5 公克／公升

= 每公升黑咖啡含 13-15.5 公克咖啡風味物

　　2017 年 SCAA 與 SCAE 合併為 SCA，並於 2019 年出版修訂的「咖啡沖泡管控表」（Coffee Brewing Control Chart 請參圖表〔16-2〕）理想濃度區間擴大到 1.15-1.45％，即介於原先 SCAA 最低標濃度 1.15％至 SCAE 最高標濃度 1.45％之間，但理想萃取率區間仍固守在原有的 18-22％。

理想萃取率的演算：烤箱烘乾 vs 摩登算法

　　接著談咖啡萃取率的演算從早期烤箱法進化到今日的摩登法，細分為滴濾式與浸泡式等不同模式。半個多世紀年前檢測咖啡濃度的屈光儀尚未問世，洛克哈特博士以土法算出咖啡粉的萃取率。他將沖煮後的濕咖啡渣置入烤箱烘乾，再以（沖煮前咖啡粉重－沖煮後烘乾咖啡渣重）÷沖煮前咖啡粉重，算出咖啡粉沖煮後的失重率，也就是咖啡粉萃入咖啡液的風味物重量與沖煮前咖啡粉重的百分比值，算出咖啡粉的萃取率。此手法在當年算是創舉，但 2021 年加州大學的研究報告[1]指出，烤箱法算出的萃取率並不等於黑咖啡的萃取率，兩者仍有出入。然而金杯理想萃取率 18-22％卻是早年洛克哈特博士以烤箱法制定並沿用遵循至今，這是學習金杯理論應先有的諒解。但瑕不掩瑜，全球咖啡人至今仍感佩洛克哈特博士揭示濃度與萃取率的觀念，助世人進一步理解咖啡萃取科學的堂奧。

早期烤箱法的咖啡萃取率（%）

＝萃出咖啡粉風味物重量 ÷ 沖煮前咖啡粉重量

＝（沖煮前咖啡粉重量－沖煮後烘乾咖啡渣重量）÷ 沖煮前咖啡粉重量

＝咖啡粉萃取後的失重率

＝萃出咖啡粉風味物重量與沖煮前咖啡粉重量的百分比值

　　烤箱法極為麻煩，一般人不可能大費周章用烤箱烘乾咖啡渣來估算咖啡萃取率。2008 年檢測咖啡濃度的屈光儀問世，只需一小滴接近室溫的咖啡液即可測出黑咖啡的濃度，再乘以黑咖啡重量即為溶入咖啡液的風味物重量，然後除以咖啡粉重量，即可算出萃取率，便捷又精確。如果不想動手計算，可花筆小錢購買 VST 咖啡工具軟體（VST Coffee Tools Software）幫助萃取率的計算與粉水比的調整。但 VST 算出的萃取率會稍高於前述的手算，該軟體很講究細節將熟豆含水量 0.4％與二氧化碳含量 1％納入演算程式，尤其是二氧化碳在沖煮時會揮發掉需從粉重扣除，即分母變小算出的萃取率略高於手算。

　　今日咖啡萃取率因不同萃取法而有不同的計算基準，滴濾式諸如美式咖啡機、手沖、Chemex 以黑咖啡飲品重量為準。而浸泡式如賽風、法壓、愛樂壓、土耳其壺、杯測，則以萃取水量為計算基準，不同萃取法的基準不同，算出的萃取率出入不小，也更符合現代多端多樣萃取法的需求。

滴濾式萃取率 vs 浸泡式萃取率

· 滴濾式萃取率（%）

＝（黑咖啡飲品重量 × 咖啡濃度）÷ 沖煮前咖啡粉重量

→ 以萃入底壺或杯內的黑咖啡成品重量為準

註 1：《An equilibrium desorption model for the strength and extraction yield of full immersion brewed coffee》

· 浸泡式萃取率（%）

＝（萃取耗水重量 × 咖啡濃度）÷ 沖煮前咖啡粉重量

→ 以萃取的耗水量為準

浸泡式耗粉較多，成本高於滴濾式

　　滴濾式是以水穿流咖啡粉層，萃出黑咖啡直接流入底壺或杯內，即咖啡粉與黑咖啡液分離，但最後會有些咖啡液殘留在咖啡渣或濾器內，咖啡粉吸液率約每公克咖啡粉吸附 2 公克咖啡液，這些殘液並未成為飲品，計算萃取率時必須扣掉。譬如 20 克咖啡粉完成手沖，約有 40 克咖啡液殘留在濾紙和粉渣內，實際萃出的黑咖啡飲品約 260 克左右，而 40 克殘液並非飲品，計算萃取率時時需予扣除，只以成品量 260 克黑咖啡為計算基準。手沖前可先秤底壺或杯子重量，沖煮後的重量再減掉沖煮前重量，即為黑咖啡飲品的重量，或沖煮前將磅秤歸零。

　　滴濾式沖煮時，咖啡液濃度隨著萃取時間而降低，粉渣殘餘液的濃度低於底壺或杯內的咖啡飲品。以手沖 2 分鐘為例，殘留在濾紙或粉渣內的咖啡液濃多半在 0.6％以上，甚至超出 1％，雖然殘餘液濃度較低，但也不會低到接近零，殘液不是飲品故不予計算。

　　浸泡式則是咖啡粉與萃取總水量融混一起，咖啡液的濃度隨著萃取時間而增強，時間到了再分開粉層與咖啡液。浸泡式的濃度隨著萃取間而增強，這恰好與滴濾式相反。浸泡式完成萃取再分離咖啡液與咖啡渣，粉渣殘餘液的濃度等同於杯內黑咖啡飲品的濃度，表示所有的水量已參與有效萃取，故浸泡式萃取率的計算應以萃取總水量為準而不是以黑咖啡飲品量為基準。

　　浸泡式以聰明濾杯來說明，20 克咖啡粉，粉水比 1：15，熱水 300 克。20克咖啡粉浸泡在濾杯內 300 克熱水 2 分鐘後，再靠上杯口萃取出黑咖啡飲品260 克，但這 260 克黑咖啡的濃度與粉渣內 40 克殘餘液一致，這 40 克殘液

雖然不是飲品但已有效參與萃取，故需予以計算，也就是說浸泡式應以萃取的耗水量為準。反觀同樣萃取參數的手沖，2分鐘萃取出260克黑咖啡成品，但粉渣殘餘40克咖啡液的濃度卻明顯低於260黑咖啡成品，計算萃取率時應予以扣除。

再從另一視角來看，浸泡式與滴濾式雖用相同的粉水比，但浸泡式實際參與有效萃取的水量卻多於滴濾式，多出的部分恰好是咖啡粉的吸液率，也就是每公克粉吸水2公克，以上例而言，聰明濾杯實際有效的萃取水量為300克，而手沖只有260克。即使兩者以相同粉水比沖煮，但浸泡式參與有效萃取的水量比滴濾式多了40克，這對浸泡式的濃度有稀釋作用。因此有些咖啡師採用浸泡式時會刻意增加些許粉量或拉低粉水比以提高濃度，要不就是增加擾流、攪拌、加壓或升高水溫以提高萃取率，但效果明顯不如增加粉量或拉低粉水比。

相較於滴濾式，浸泡式若要更好喝耗粉量就要多些，要不就是減少黑咖啡萃取量，所以浸泡式的成本會高於滴濾式。

· 最佳防呆萃取法：浸泡式杯測與聰明濾杯

另一個值得留意的現象是浸泡式尤其是聰明濾杯與杯測，粉水比與萃取率的互動關係遠不如滴濾式敏感。滴濾式手沖如果拉高粉水比會很敏感的拉高萃取率，譬如粉水比1：15手沖的萃取率會比1：12的萃取率高出2％以上。然而，浸泡式的杯測與聰明濾杯1：15粉水比的萃取率卻和1：12差不多，粉水比對拉高浸泡式杯測與聰明濾杯的萃取率，遠不如滴濾式敏感與有效。換言之，浸泡式粉水比的變動只會影響濃度，但對萃取率的波動影響有限，有助防呆與品質維穩，不失為簡單、好用又穩定的完美萃取法。

舉一個我在台北維堤咖啡與楊總做的小實驗，並使用 VST 咖啡工具軟體浸泡模式記錄聰明濾杯的沖煮參數來說明：

(i) 咖啡粉20克、粉水比1：15.05、萃取水量301克、黑咖啡飲品量256克、

濃度 1.26％、萃取率 19.49％、二氧化碳 1％、含水率 0.4％、吸水率 2.5 克、Ditting807 刻度 8.25，熱水 91℃，浸泡 2 分鐘攪拌靠上杯口。

→ 粉水比 1：15.05 雖然比下一例的 1：11.96 高很多，但萃取率只有 19.49％，只高出 0.25％，風味雲淡風輕，略帶雜味，明顯不如下例低粉水比好喝。

(ii) 咖啡粉 20 克、粉水比 1：11.96、萃取水量 239 克、黑咖啡飲品量 194 克、濃度 1.56％、萃取率 19.24％、二氧化碳 1％、含水率 0.4％、吸水率 2.5 克、Ditting807 刻度 8.25，熱水 91℃，聰明濾杯浸泡 2 分鐘攪拌靠上杯口。

→ 粉水比很低只有 1：11.96，但萃取率並不低也達 19.24％，只比上一例的萃取率低了 0.25％，但濃度更高，水果韻清晰，酸甜震與滑順口感更迷人。

討論

以上浸泡式聰明濾杯實驗，正常粉水比 1：15.05 的萃取水量雖然比低粉水比 1：11.96 多了 62 克，但正常粉水比的萃取率 19.49％只比低粉水比的萃取率 19.24％高出 0.25％，如果換做手沖粉水比落差這麼大，前者的萃取率會比後者高出 2％以上。換言之，浸泡式杯測與聰明濾杯的粉水比高低只會影響濃度，但對萃取率的波動很小，可說是單方向影響，這有助防呆與沖煮品質的穩定。反觀滴濾式的手沖，粉水比的變動會大幅拉動濃度與萃取率的雙向變化，風味較不易掌控。難怪鑑定咖啡品質均採用浸泡式的杯測或聰明濾杯，以減少人為變因，確保公平性。

很多人慣以手沖的參數套用聰明濾杯，常泡出雲淡風輕的乏味咖啡，這是因為忽略了浸泡式實際參與有效萃取的水量多於滴濾式，從而產生稀釋作用。解決之道是增加些粉量或降低粉水比，即可改變對聰明濾杯的偏見。

浸泡式是粉層與咖啡液泡在一起萃取，濃度會逐漸增強但接近飽和溶液時，高濃度擴散到低濃度的作用受到抑制，也會壓抑萃取率。最顯著的是杯測，咖啡粉浸

泡 8 分鐘但其濃度和萃取率只會比浸泡 4 分鐘微幅增加。反觀滴濾式手沖，如果沖泡時間從 1 分鐘增加到 2 分鐘，其濃度會明顯降低且萃取率會大幅揚升，因為滴濾式是以飢餓的淨水沖刷粉層的風味物入杯，因此萃取前半段的黑咖啡濃度很高，後半段因粉層的可溶風味物釋盡，入杯的多半是稀釋的水量，故濃度逐漸降低，但萃取率會逐漸增加直至風味物全數溶入杯。滴濾式與浸泡式對濃度與萃取率的波動機制大不相同，非常有趣。

| 挑戰金杯 4 種手法，讓異常萃取率亦美味 |

金杯的理想萃取率介於 18-22 ％ 之間，若低於 18 ％ 為萃取不足，風味失衡，高於 22 ％ 為萃取過度易有苦味，業界半個多世紀以來奉之為金科玉律。

然而，金杯是 60 年前的萃取理論，當時的沖煮設備、磨豆機遠不如今日先進，且沖泡手法更不如今日千變萬化與講究。今日以低於 18 ％ 或高於 22 ％ 的萃取率亦能談笑泡出美味咖啡；譬如刻意減少萃取量的 By-pass 手沖、義大利減少萃取量的 Ristretto（粉水比 1：1），兩者的萃取率常低於 18 ％；而義大利增加萃取量的 Lungo（粉水比 1：3），萃取率多半高於 22 ％。另外，在 Espresso 濾杯添加濾紙或不鏽鋼濾網，這些手法都能輕易將萃取率拉高到 22 ％ 以上，並萃出更有水果漸層的美味咖啡。2020 年代以 1960 年代公認的異常萃取率，亦能輕鬆沖泡出豐美咖啡，年久失修的金杯理論已面臨嚴峻挑戰。

金杯理論的「咖啡沖泡管控表」（請參表〔16-1〕）以不同粉水比、萃取率與濃度構建的九宮格風味區，諸如金杯理想方矩、過度萃取方矩、萃取不足方矩、過濃、太淡、苦味……等風味屬性，實已破功，無法解釋為何 By-pass、Ristretto、Lungo，甚至在 Espresso 濾杯內加濾紙亦能萃出更美味咖啡。金杯理想萃取率 18-22 ％ 已不符今日多元化的萃取技法與萬千風味譜，不加以辯證繼續墨守陳規，無異限縮美味咖啡的可能區間，這無助精品咖啡的教學與推廣。金杯的理想萃取率有必要擴充補實，以跟上時代腳步。

| 萃取率 18％未必是美味的黃金低標 |

18％是金杯萃取率的黃金低標，低於 18％為萃取不足，會產生尖酸、淡薄口感，但此教條多年來在精品咖啡界信者恆信，不信者恆不信。持平而論，萃取率過低確實會有礙口的尖酸、草本、堅果、紙板等風味，但問題是上世紀 50 至 60 年代訂出的金杯萃取率低標 18％已不宜套用在 21 世紀多端多樣的沖煮技法。譬如滴濾式手沖的萃取率低到 16％以下仍豐美悅口，尤其採用「繞道技法」（By-pass 或稱跨粉補水），也就是高濃度低萃取率的黑咖啡再補水稀釋的手法，都能印證萃取率低於 18％仍能沖出豐美、層次鮮明的好咖啡。

半世紀前的萃取率黃金低標未必是今日的黃金低標。咖啡含有千百種水溶性滋味物與揮發性氣味，科學昌明的今日仍難全盤釐清咖啡化學成分與滋味、氣味的互動性以及影響感官的複雜機制，徒以半世紀前的萃取率低標 18％做為今日咖啡萃取不足的標準，會有很大風險與挑戰。解決之道在於下修萃取率的黃金低標，擴大悅口咖啡的理想萃取率區間以符實際。到了 2020 年代仍墨守狹窄的金杯萃取率 18-22％，恐有昧理誤導之憾！

舉幾個實例說明：

例 1: 手沖巴拿馬 La Mula 莊園藝伎 20 克咖啡粉、水溫 90℃、EK43 刻度 8、萃取水量 300 克、粉水比 1：15、黑咖啡 253.5 克、濃度 1.31％。

黑咖啡萃取率 =（253.5 × 1.31％）÷ 20 = 16.6％

這是一般常用的手沖參數，黑咖啡萃取率雖只有 16.6％，低於金杯理想萃取率 18％低標，但風味甜美、豐富且平衡，典型水果炸彈，絲毫沒有萃取不足的礙口感。如果為了進入金杯的最低標萃取率 18％以上，而改採更高的粉水比 1：16 或 1：17，卻沖出淡薄甚至淡苦的過萃咖啡，無異凸顯金杯理論的尷尬！

另舉兩個 By-pass 參數說明：

例 2: 手沖巴拿馬翡翠莊園藝伎 20 克咖啡粉、粉水比 1：7.53、萃取水量 150.5 克、水溫 90°C、黑咖啡 110.5 克、濃度 2.48%、EK43 刻度 8.2。

黑咖啡萃取率 =（110.5 × 2.48％）÷ 20 = 13.7％

By-pass 補水 133 克後，黑咖啡共 243.5 克，濃度從 2.48％降到 1.13％。這杯黑咖啡萃取率只有 13.7％，濃度只有 1.13％，均低於金杯萃取率與濃度的雙低標，但風味依然豐美平衡好喝，並無萃取不足與濃度太低的淡薄口感。

例 3: 手沖印尼曼特寧 20 克咖啡粉、萃取水量 150.5 克、水溫 90°C、粉水比 1：7.53、黑咖啡 112.5 克，濃度 2.67%、EK43 刻度 8。

黑咖啡萃取率 =（112.5 × 2.67％）÷ 20 = 15.02％

By-pass 補水 136 克後，黑咖啡共 248.5 克，濃度從 2.67％降到 1.21％。黑咖啡萃取率只有 15.02％亦低於金杯低標萃取率，但風味甜美豐富，咖啡體厚實好喝，並無萃取不足與濃度太低的失衡口感。

探討 By-pass 補水量

高濃度低萃取率技法在咖啡界並不少見，譬如義大利刻意減少萃取水量以抑制萃取率並拉高濃度的 Ristretto。另有美式咖啡機、手沖為放大前段與中段較易溶出的有機酸、甜感與水果韻，避開萃取後段溶出的苦澀物而使用的 By-Pass 手法；也就是提早結束萃取，將剩餘約 30-60％的萃取熱水繞道咖啡粉，補入只完成 40-70％咖啡萃取量的原液中。這類繞過咖啡粉的補水法，萃取率均偏低，約在 13-17％之間，可隨個人喜好的濃度，補入定量熱水稀釋濃咖啡，輕易沖出一杯層次鮮明、乾淨度高、味譜繽紛豐美，甚至優於金杯理想區間的美味咖啡，無異印證低於 18％的萃取率未必是萃取不足。

By-Pass 常應用於大量沖煮的美式咖啡機，可避免過萃的苦澀，另外，對於風味平庸商業豆，亦有放大美味減少惡味的擦脂抹粉神效，但最大缺點是耗用更多咖啡增加成本。

跨粉補水技法常被基本教義派不齒，認為是偷吃步賴皮招，隨興補水稀釋並不科學，到底要補 30％ 或 60％ 熱水沒標準。其實，會質疑此技去的人才是故步自封不科學。跨粉補水可以很嚴謹很科學的執行，精準補水量公式如下。

By-Pass 精準補水量公式

跨粉補水量

＝［（原咖啡液重 × 原咖啡液濃度）÷ 稀釋後想要的濃度］－原咖啡液重

例 4: 咖啡粉 20 克手沖、刻度 EK 8.5、水溫 90℃、萃取耗水量 160 克、萃出黑咖啡原液 125 克、TDS 2.38%。

Q：請問 125 克黑咖啡原液，濃度高達 2.38％，若要調整出濃度 1.32％ 的黑咖啡，需補入多少水量？

A：補水量

＝［（125 × 2.38％）÷ 1.32％］－ 125 ＝ 100.4 克

→ 補入 100.4 克熱水即可完成一杯 225.4 克、TDS1.32％ 的美味咖啡。換言之，這杯黑咖啡有 44.5％ 來自跨粉補入的熱水以稀釋高濃度原液。

--------------------------- 討論 ---------------------------

咖啡豆是哥倫比亞 La Maria Geisha。by-pass 前的濃度高達 2.38%，味譜糾結舒展不開，尖酸是主韻，但補水 100.4 克，濃度降至 1.32%，風味猶如孔雀開屏華麗變身。若和和同支咖啡豆常態沖煮的 1：15 粉水比對照組相比，by-pass 沖法的乾淨度、酸甜震、水果韻、厚實度均更上一層樓。值得留意的是，這杯 125 克黑咖啡原液的萃取率只有 14.87％ 即（125×2.38％）÷20 ＝ 14.87％，遠低於

金杯萃取率低標 18％，但兌水後風味豐美飽滿並無萃取不足的失衡味譜。就 By-Pass 而言，濃度比萃取率重要，兌水調整到適口濃度，低萃取率不是問題，反而因此避開礙口物。

例 5: By-Pass 手沖哥倫比亞商業級 Supremo 20 克、EK43 刻度 8.5、水溫 90℃、萃取出黑咖啡 109.5 克濃度高達 2.78％。

Q：如果想跨粉補水出一杯濃度 1.2％咖啡，請問該補多少水量？

A：補水量

= ［（109.5 × 2.78％）÷ 1.2％］－ 109.5 ＝ 144.2 克

→ 補入 144.2 克熱水即可完成一杯 253.7 克、TDS1.2％的咖啡。這杯黑咖啡有 56.8％來自跨粉補入的熱水，以稀釋高濃度咖啡原液。

討論

　　商業級咖啡的雜味澀感較明顯，但經跨粉補水後，放大前半段的水果韻與甜感，規避後半段的苦澀與雜味，喝來更乾淨悅口有趣。咖啡的前味有機酸、中味甜感，在萃取量完成 60％多半已全部溶出，剩下的大部分是較不易溶解的焦苦澀成分會在後半段溶釋，因此在這些礙口成分溶出前停止萃取，改而補入熱水稀釋原液較高的濃度，可避開雜味與苦澀，泡出一杯味譜鮮明活潑更有漸層的咖啡，雖然粉水比偏低且成本較高，但有趣的口感值得推廣。要留意的是，這杯 109.5 克黑咖啡原液的萃取率只有 15.22％，即 109.5×2.78％ ÷20 ＝ 15.22％，遠低於金杯萃取率低標 18％，但補水後卻喝到商業豆罕有的酸甜震味譜，並無萃取不足的失衡風味。這些跨粉補水範例的萃取率均低於金杯低標 18％，但悅口度較之金杯標準有過之無不及。

　　以上 5 例是我在正瀚生技風味物質研究中心上百個 By-pass 手沖範例中，隨機取樣供大家參考。正瀚生技每逢大型活動或咖啡論壇現場供應的咖啡都是用上述 By-Pass 精準補水公式，大量調製品質穩定又豐美的咖啡。

好用的跨粉補水簡易技巧

上述精準補水公式相當好用，可隨心所欲調配出想要的咖啡濃度與口感。如果手邊沒有檢測咖啡濃度的屈光儀，也不想費神計算精準補水量，不妨使用以下懶人專用的簡易法。

首先，黑咖啡飲品量最好以較低的粉飲比 1：10 至 1：13 為準，譬如咖啡粉 20 克，粉飲比 1：12 即飲品量 240 克為準，確定好想要的黑咖啡飲用量，只需沖出想要黑咖啡量的 40-70％即停止萃取，再跨粉補水 60-30％即可。如果想要一杯 240 克黑咖啡，可先萃出 96-168 克黑咖啡，再跨粉補入熱水 144 至 72 克即可。我個人較偏好 40-55％的補水率，以 240 克飲用量來算，只需沖出 144-108 克黑咖啡，再補水 96-132 克，風味較甜美平衡。補水率並無標準，視各人喜好而定，原則上，原液愈少萃取率愈低、濃度愈高，則補水率愈高，反之亦然。

我不只試過藝伎也試過商業豆或重焙豆，條件不好的熟豆如以 by-pass 矯正，效果亦佳，而且粗研磨的 by-pass 效果優於細研磨。此法尤適合大型會議需大量沖煮的美式咖啡機，可避免萃取過度、咬喉又掃興的咖啡。高濃度低萃取率的沖煮法雖然耗用較多咖啡，但代價是值得的。不同濃度的咖啡原液搭配不同的水量稀釋，會有不同口感與漸層。我個人偏好補水率 40 至 55％左右，但仍需視不同豆性與焙度而定。跨粉補水會增加咖啡用量與成本，咖啡館多半不願採用，但就享樂而言，滴濾式手沖與其低濃度高萃取率，不如高濃度低萃取率更迷人有趣。

| 萃取率 22％未必是美味的黃金高標 |

討論完低萃取率以及 18％並非美味的黃金低標，接下來談高萃取率問題。沒錯，以今日的設備與技術，萃取率超出 22％亦可萃出平衡、悅口的豐美咖啡；義式咖啡圈有一批高手擅長以特殊技法將 Espresso 萃取率拉高到 22％

以上，不但不澀苦反而更甜美，已推翻 22％ 是過萃的世紀教條。藝高人膽大的高萃取率技法以更少的咖啡粉萃取出美味 Espresso，這表示可以省成本增利潤，已成為第四波方興未艾的新浪潮。

2010 年 SCAE 進行一項科學研究以查明洛克哈特博士半世紀前提出 18-22％ 理想萃取率，在邁入今日先進設備、後製、烘焙、多樣萃取法百家爭鳴的大時代是否站得住腳。2013 年 SCAE 根據此研究出版了「歐洲人對沖煮咖啡的萃取率偏好」（European Extraction Preferences in Brewed Coffee）[註2] 結果發現今日歐人在相同濃度下更偏好較高的萃取率，已從 60 年前的 18-22％ 上移到 20-24％，其中以偏好 22％ 萃取率的占比最高。嗜喝 Espresso 的義大利人尤其偏愛高萃取率的強烈風味。

無獨有偶，2020 年加大戴維斯咖啡研究中心（UC Davis Coffee Center）發表的報告《消費者對黑咖啡的偏好分布在寬廣濃度與萃取率上》（Consumer Preferences for black coffee are spread over a wide range of brew strengths and extraction yields）更對所謂的「理想」萃取率 18-22％ 提出質疑。科學家以各種不同萃取率與濃度的黑咖啡對美國消費者進行調查，發現今人對萃取率的偏好平均值上移到 19-24％，但對濃度的偏好平均值則不變，仍在 1.1-1.3％。換言之，洛克哈特博士半世紀前以理想萃取率與濃度建構的九宮格中央的黃金方矩，於今已站不住腳！

該報告還指出，平均值背後卻暗藏更複雜的偏好模式，數據顯示今日老美對濃度與萃取率的偏好，分成兩大旗鼓相當的族群；族群一偏愛濃咖啡且較能鑑賞酸香咖啡，族群二偏好淡咖啡且怕酸，兩者天壤之別。嗜淡的族群二，濃度偏好介於 0.5-1.1％、萃取率偏好介於 16-21％，此族群較接近洛克哈特博士的理想區間。然而，嗜濃的族群一，卻無固定的偏好區間而

註2：這份研究報告 SCA 官網有售。

是分散在兩個極端，其一的濃度落在 1.3-1.7％，而萃取率落在 14-18％，即偏愛高濃度低萃取率；嗜濃的另一個極端落在 TDS 1.2-1.7％，萃取率偏好介於 24-28％，即偏愛高濃度高萃取率。嗜濃的族群一風味偏好落在兩個極端區間，這不禁讓人想到著作等身的知名咖啡專家史考特·拉奧（Scott Rao）的「雙峰論」（Double Hump），每支咖啡的萃取率甜蜜點不只一個而是兩個，但會隨著更換磨豆機而變動。該報告的結論：半世紀前的理想萃取率已難套用在今日多端多樣的沖煮技法與消費者不同的偏好，金杯的「理想」區間有必要修正與擴充。

以上兩篇文獻均顯示今日歐美對濃度的偏好仍與半世紀前的差異不大，但對萃取率的偏好卻明顯上移。此現象不難理解，因為磨豆機、沖煮設備、烘豆、品種與萃取手法的精進，助使咖啡更經得起萃取，萃取率得以上揚甚至超出 22％，並不令人意外。

義式咖啡新浪潮：加濾紙或金屬濾網拉高萃取率增風韻

拉高濃縮咖啡萃取率增香添醇是義式咖啡方興未艾的風潮，美國咖啡界名人安迪·薛特（Andy Schecter）、拉奧、世界盃咖啡賽事常勝軍澳洲麥特·波爵（Matt Perger）等 3 人是拉高 Espresso 萃取率的浪頭人物。他們的做法是在濃縮咖啡粉的上層或下層加一片愛樂壓濾紙，拉高萃取率到 22％或以上，不但不會過萃苦澀，反而強化風味漸層，是近年歪打正著的新招。

始作俑者是 20 年來常在 Coffee Geek 等網路咖啡論壇發表論述的 Espresso 技術先驅薛特，2014 年他試著在濾杯底部加一片濾紙，擋掉增加膽固醇的咖啡醇以保健康，卻驚覺濃縮咖啡的流速因此變快，咖啡粉不得不磨得更細，萃取率因而突破 22％，比之前的萃取率提高 1.5％，更神奇的是風味更豐滿，漸層更清晰。

著作等身的美國知名咖啡師兼烘豆師拉奧，2019 年靈機一動除了在濾杯底層加一片愛樂壓濾紙，又在粉層上面再加一片相同的濾紙，萃取率竟高

達 24.3％，味譜更為豐美鮮明。拉奧是用淺焙的衣索匹亞生豆，烘焙後養味5 天，相關參數：在濾杯粉層的上下面各加一片濾紙、咖啡粉 18.3 克、萃出濃縮咖啡 59.7 克、濃度 7.45％、萃取率 24.3％。

在濃縮咖啡粉的上面或下面加一片濾紙，各有不同的有趣效應，一般人以為在粉層下面（濾杯底部）加濾紙會產生阻力使流速變慢，其實恰好相反，因為 Espresso 的粉層在高壓萃取時，細粉會慣性往底部竄流，很容易塞住濾杯的小孔，使得流速變慢，但在粉層下面加一片濾紙即可擋住細粉末，不致阻塞濾杯的細孔，流速反而因此加快，刻度必須調得更細，從而拉高萃取率，甚至超出 23％以上。如果改在粉層上方加一片濾紙則使熱水更均勻散布在粉層各區位，減少粉層在壓力萃取下產生通道效應，也就是水注會往較鬆軟、抗力較弱的部位竄流造成過度萃取，而其他部位則萃取不足。這好比日本冰滴咖啡在粉層上面加一片濾紙，以免水滴撞擊粉層產生凹陷的穿孔效應一樣。

拉高萃取率並非難事，難處是如何規避高萃取率的苦澀與雜味，如何使原本不易溶出的高分子苦澀物如綠原酸的降解物，不因拉高萃取率而被萃取入杯。在濾杯粉層的上端加一片愛樂壓濾紙有助均勻分水，防止通道效應發生；但在濾杯底部加濾紙可防止細粉塞住濾杯的細孔，有助拉高萃取率。濾紙加在上面或加在下面，抑或兩面都加，這 3 種做法的風味與萃取率有差異嗎？

我和維堤咖啡的楊總做了幾次實驗，粉水比 1：3，初步結論是在上面或下面加一片濾紙，確實會拉高萃取率，但水果漸層更清晰，乾淨度更高，酸甜震更豐滿迷人，而且幾無苦澀感，風味明顯優於未加濾紙的對照組。濾紙加在底部的 Espresso 酸質與乾淨度更高；濾紙加在上面則甜感更好；若在上下面各加一片濾紙也就是共加二片濾紙，流速會更慢，比加一片濾紙慢約 5 至 10 秒，萃取率雖可拉高至 24％上下，但風味與苦澀感更強烈，不如只加一片濾紙來得溫順悅口，因此加兩片濾紙的刻細度有必要調粗些，會有不錯效果。加一片濾紙或加兩片濾紙，可視流速快慢、濃度、萃取率

高低、熟豆品質與風味的偏好，再調整刻細度，萃出的 Espresso 會比不加濾紙的對照組更為剔透與豐美，亦可濾掉不利健康的咖啡醇。

為了提高萃取均勻度、降低 Espresso 通道效應並迎合拉高萃取率的新趨勢，澳洲 Normcorewares.com 推出新款金屬濾網 Puck Screen 是用 316 不鏽鋼材質製造，厚度 1.7mm，濾網大小有 51mm、53.3mm、58.5mm 這 3 種規格，其作用近似加一張濾紙，不同的是不鏽鋼濾網比濾紙厚重，方便性不如用完即丟的濾紙好用且擋掉咖啡醇的效果不如愛樂壓濾紙。

台灣冠軍咖啡師、同時也是台北名店 Gabee. 老闆林東源與我分享使用心得，他認為此金屬濾網加在上面或下面會有不同效果：「加濾網在上面，可以讓粉餅的萃取均勻性更好，萃取率也會增加，風味的飽滿性會提高，尾端的乾淨度較好；而加在下面，整體乾淨度會更好，明亮感增加，風味的層次會較清晰，但 body 會減少。另外，不鏽鋼濾網需要用更大的濾杯才能維持原本的粉量。但放在下方的濾網會因為壓力而變形為弧形。」

愛樂壓濾紙加在濃縮咖啡濾杯的上面或下面，萃取出的 Espresso 仍有厚厚的 Crema，且萃取率、乾淨度與風味漸層都會提高。（圖片提供／維堤咖啡）

整完粉的濃縮咖啡，愛樂壓濾紙加在粉層上面，再以填壓棒壓實進行萃取，可增加分水均勻度並防止通道效應，提高風味漸層與萃取率。（圖片提供／維堤咖啡）

濾紙加在濃縮咖啡濾杯底部，萃取完成後的粉餅倒立照片。濾紙加在底部可防止細粉塞住濾杯小孔，亦可提高萃取率、明亮度、風味漸層並濾掉增加膽固醇的咖啡醇。（圖片提供／維堤咖啡）

　　另外，高端磨豆機與義式咖啡配件製造商韋柏工作坊 (Weber Workshops) 的新產品 Unifilter 榮獲 2022 年波士頓精品咖啡展會（Specialty Coffee Expo）頒發配件類最佳產品獎。Unifilter 打破義式咖啡濾杯可從手把濾器拆卸的傳統，將兩者整合為一，把手濾器底部有一片不鏽鋼濾網，不需再用濾杯，不但改進萃取溫度穩定性亦方便清潔。更令玩家矚目的是該公司還推出濃縮咖啡濾紙（Espresso Paper Filter）以及不鏽鋼濾網可搭配 Unifilter 一同使用；據該公司的資料，濾紙放在濾器底部的濾網上，可拉高萃取率 1-2 %（此結果近似我在維堤實驗的數據），另外又在粉層上面加一片金屬濾片，可使濃縮咖啡更豐美。在濃縮咖啡濾器底部加濾紙或在粉層上加金屬濾片或濾紙的浪潮正在升溫中。

澳洲新產品 58.5mm 的不鏽鋼濾網，有助拉高 Espresso 萃取率與風味漸層，但性價比與方便性不如愛樂壓濾紙。

　　若要拉高濃縮咖啡萃取率接近或超出 22 %，除了加濾紙或濾網助力外，至少還需：

1. 精良磨豆機如 EK43、Ditting 等高端機子，粒徑一致性愈高，愈可減少通道效應，有助均勻萃取。如無高端磨豆機，可在磨粉後再入小罐內搖晃幾下，有助細粉與其它粉徑均勻分布，亦可降低通道效應。

2. 熟豆表面與磨粉後測得的 Agtron number 差距愈大，即熟豆內外色差（Roast Delta）愈大，愈易萃取不均，拉高萃取率愈易風味失衡。反之，內外色差愈小，愈易達到均勻萃取，拉高萃取率愈不易風味失衡。

3. 單一莊園，單一品種，大小與密度一致，這都有助均勻萃取，拉高萃取率的同時較不易出現礙口的苦澀。顯見拉高萃取率又要萃出美味咖啡的操作

難度遠高於低萃取率高濃度的沖煮法。加濾紙或濾網有助拉高萃取率，提升乾淨度與風味漸層，但加濾紙的性價比高於金屬濾網，將成為義式咖啡一股新趨勢。

就義式咖啡而言，萃取過度已無法用 22％的上限來界定，這失之草率與武斷，如果能防止通道效應發生，極性較小的苦澀物就不易溶出，萃取率即使突破 22％，最大值的萃出悅口風味物的同時亦不致溶釋苦澀物。義式咖啡是否萃取過度，需考慮通道效應是否發生，如果發生嚴重通道效應，萃取率即使低於 18％亦會出現過萃的苦澀與咬喉，若能避開通道效應，萃取率即使逾越 22％，其水果韻、酸甜震會更精彩。義式咖啡是否萃取過度有賴更嚴謹的科學與風味鑑定從新定義，半世紀前的上限萃取率 22％顯然已過時矣！

| 咖啡沖泡管控表，擴充更新中 |

1950-1960 年代，洛克哈特博士揭櫫溶解固體總量（TDS）與萃取率做為衡量咖啡品質的量化標準，並協同幾個研究機構繪製咖啡沖泡管控表（圖表〔16-1〕）這是世人首份咖啡萃取的科學研究，貢獻殊偉。洛克哈特博士經典版的沖泡管控表已成為 SCAA、SCAE、SCA、NCA 咖啡萃取、金杯理論的教科書。然而，金杯理論有些內容已跟不上 21 世紀先進設備、多變萃取技法與風味感知的進展，亟需調整與補充。2019 年 SCA 雖稍做更新並公布新版管控表（圖表〔16-2〕），但還不足以解答業界諸多質疑。近年美國加州大學戴維斯分校咖啡研究中心協同 SCA 麾下的咖啡科學基金會（The Coffee Science Foundation），以及咖啡機與廚具巨擘布雷維爾（Breville）進行諸多研究，期能早日更新擴充老朽的咖啡沖泡管控表以應實需，目前已有初步結果。

我們先比較洛克哈特博士經典版與 SCA 微調版的沖泡管控表，再進一步探索加州大學戴維斯分校咖啡研究中心等機構在更新管控表的最新進展與令人興奮的發現。

484

〔16-1〕1960 年代洛克哈特博士舊版咖啡沖泡管控表

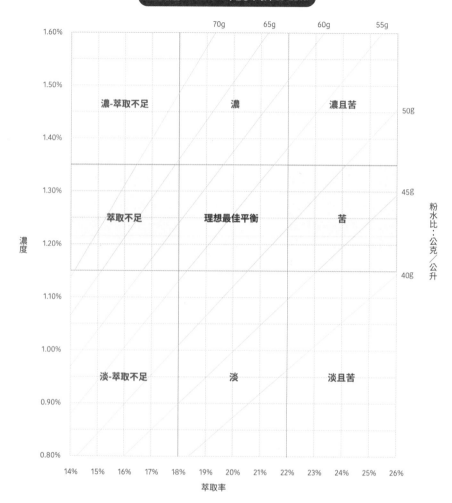

理想濃度1.15-1.35%；理想萃取率18-22%

　　舊版沖泡管控表依不同粉水比對應到不同濃度與萃取率，構建 9 個風味方矩，唯有 65-50 克咖啡粉對上 1,000 毫升水，即粉水比 1：15 至 1：20，萃出的咖啡才可進入最理想的風味平衡方矩，也就是濃度 1.15-1.35 ％、萃取率 18-22 ％，其餘粉水比均無法進入理想濃度與理想萃取率的風味平衡方矩，所沖出的咖啡不是萃取不足就是萃取過度，產生太濃、太淡、太苦的失衡風味。數十年來這張管控表被業界奉為金科玉律，協助無數咖啡從業員進

一步理解咖啡萃取的堂奧，直到 2019 年 SCA 才公布微調的修正版本（圖表〔16-2〕）。

〔16-2〕2019 年 SCA 微調版咖啡沖泡管控表

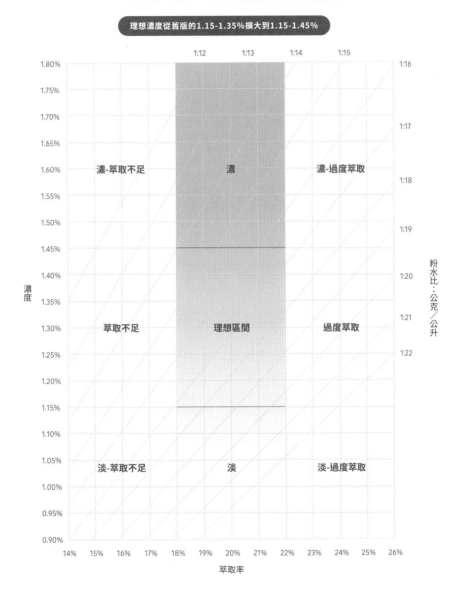

SCA 微調版咖啡沖泡管控表的理想萃取率雖然仍墨守 18-22 ％，但也首度坦承此範圍外的某些沖煮咖啡亦可能同樣美味。而且理想濃度的上限從

1.35％擴大到 1.45％，粉水比從舊版的 1：15 至 1：20 擴充到 1：14 至 1：20，理想方矩「長高」了些。新版可容忍的濃度上限從舊版的 1.6％上修到 1.8％。從中可看出管控表未來有擴大解釋的趨勢。

另外，舊版萃取率超過 22％，最右側 3 個方矩內的「苦味」被刪除，改為過萃（Overextracted），但舊版的萃取不足、濃、淡字眼，微調的新版本仍予保留。

舊版沖泡管控表三大缺陷

舊版管控表雖有助於咖啡從業員對萃取科學的理解，數十年來造福無數學子，但戴維斯分校咖啡研究中心的科學家與咖啡界意見領袖長久以來認為經典的舊版本存有三大缺陷[註3]：

1. 該表將感官描述屬性（風味像什麼？）與消費者享樂偏好（咖啡族喜歡什麼？）混為一談。其實兩者迥然有別，但該表卻假設有一種普適性、四海通用的萃取參數，也就是濃度 1.15-1.35％、萃取率 18-22％的金杯理想方矩。其餘參數皆下品，無視於有些咖啡族偏好略帶苦味或酸味的事實，甚至日本人認為苦滋味好多種，包括悅口的苦味。

2. 再者，舊版將不同濃度與萃取率分為九大風味方矩，並明白標示微小的誤差將造成感官上的巨變。事實上，即使大多數咖啡專家或感官靈敏的杯測師也無法分辨萃取率 17.9％與 18.1％的風味差異，但前者卻被打入萃取不足的方矩，後者進入理想的金杯萃取率方矩，這失之武斷。

3. 更重要是，該表忽視了咖啡的萬千風味，光是 WCR、SCA 與戴維斯分校咖啡研究中心合編的咖啡風味輪與風味詞典就收錄 105 個咖啡風味屬性。然

註 3：SCA 25 Magazine, Issue 13《Towards a New Brewing Chart》, December11, 2020

而，管控表的九大風味方矩只在過度萃取方矩標示苦味，過度萃取只有苦味嗎？萃取不足的味譜是什麼？低濃度全是礙口風味嗎？高濃度全是苦味嗎？低萃取率高濃度的咖啡都是下品嗎？金杯理想方矩之外就沒有美味的可能嗎？

令人興奮的新發現

即使 2019 年 SCA 微調的新版本亦無法回答這些問題。幾年前戴維斯分校咖啡研究中心、SCA、布雷維爾針這些問題進行研究，著手修正、擴充咖啡沖泡管控表。這是件大工程，研究人員以風味乾淨的宏都拉斯水洗豆為實驗豆，並以淺中深 3 種焙度、同焙度用同水溫萃取、同焙度用 3 種水溫沖煮、以不同粉水比檢測九大風味方矩 30 種咖啡風味屬性的強弱、由 12 位受嚴格訓練的杯測師鑑味、共收集 58,000 感官描述資料。如何解讀這龐大的風味數據並揭示一個明確趨勢，是最大挑戰。以下是令人振奮的初步結果：

澀感、苦味、焦木、碳燒、橡膠、土腥：常出現在高濃度高萃取率↗

澀感、苦味確實如同舊版管控表所述，其強度隨著濃度與萃取率增加而增強，最大值常出現在管控表九宮格最右上的方矩。另外，礙口的碳燒、橡膠和土腥亦和濃度與萃取率成正相關走勢，但強度不如澀感和苦味。請參圖〔16-3〕，縱軸為濃度、橫軸為萃取率，本組不討好的風味強度走向是往右上方揚升。

酸味、柑橘韻水果乾：常出現在高濃度低萃取率↖

酸味與柑橘韻的強度常隨著濃度增加而增強，但隨著萃取率的增加而減弱，這也吻合萃取不足的高濃度咖啡易凸顯尖酸味。其最大值常出現在管控表九宮格最左上的方矩，即高濃度低萃取率區塊。

茶感、花韻、巧克力味：常出現在低濃度高萃取率↘

茶感、花韻與巧克力味的最大值常出現在低濃度與高萃取率的方矩，義

式咖啡的 Lungo 很容易出現這些風味，也就是九宮格的最右下角方矩。

甜味：常出現在較低的濃度與較低萃取率 ↙

最令研究人員驚訝的是，精品咖啡最可貴的甜味常隨著濃度與萃取率的降低而增強，甜味峰值常出現在管控表九宮格左下的低濃度與低萃取率的方矩而非中間的理想方矩。

這項最新研究發現茶感、花韻、巧克力味、甜味均在低濃度的感知最強烈，然而舊版或新版管控表九宮格上半部的高濃度方矩標示「濃」（Strong），下半部低濃度的方矩標示「淡」（Weak），恐有誤導之嫌。因為研究發現甜味、花韻、茶感和巧克力等悅口風味全在低濃度時的感知最強烈，反而在高濃度時的感知最為雲淡風輕，這恰好與舊版或新版沖泡管控表的陳述相反。

〔16-3〕濃度、萃取率與風味的互動關係圖

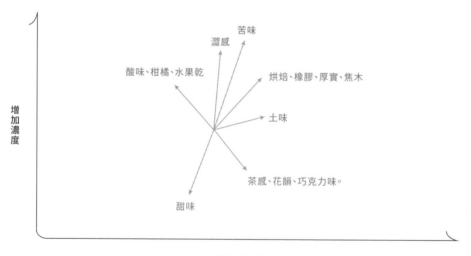

｜迷霧般的甜味感知｜

雖然咖啡萃取管控表的更新與擴充刻不容緩，但咖啡是千百種風味物的總匯表現，仍有很多謎團待解。為何甜味感知在低濃度時最為強烈？此謎

題折騰不少咖啡學者，其中暗藏諸多貓膩。

2020 年美國加州大學戴維斯分校咖啡研究中心發表的報告《滴濾式按時間分段接取咖啡液的感官與單醣分析》（Sensory and monosaccharide analysis of drip brew coffee fractions versus brewing time）為咖啡甜味在低濃度時的感知最強烈提出部分解答，原來人類的味覺有可能被嗅覺誘騙了。

該咖啡中心以哥倫比亞薇拉產區水洗豆焙度值 Agtron#54，以美式咖啡機沖煮 4 分鐘，每 30 秒換接一瓶，分開接取 8 瓶濃度不同的咖啡，咖啡濃度最高的是萃取 30 秒的第一瓶 TDS 3.2%，濃度次高的是 31 至 60 秒的第二瓶 TDS 2.3%，以此類推，濃度最低的是 3:31-4:00 的第八瓶 TDS 0.4%，並以液相層析質譜儀（Liquid Chromatograph/Mass Spectrometer）檢測每瓶咖啡液的總單醣[註4]濃度，請參圖表〔16-4〕。

〔16-4〕分段接取 8 瓶滴濾式咖啡液，每瓶的總單醣含量皆遠低於甜味感知閾值

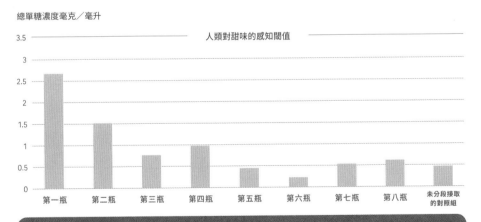

總單糖濃度毫克／毫升

檢測分段接取咖啡液的總單醣濃度，第一瓶濃度最高達2.7毫克/毫升，第二瓶降至1.5毫克/毫升。總單醣濃度大致依序遞減。另外還有一瓶未分段接取，完成全程四分鐘沖煮的對照組，總單醣濃度低於0.5毫克/毫升。即便第一瓶的總單醣濃度最高，亦遠低於人類對甜味感知的閾值3.5毫克/毫升。換言之，人類的味覺無法感知黑咖啡的水溶性甜滋味，是被鼻後嗅覺的香氣蒙騙了，誤以為喝到甜滋味。

＊資料來源：Sensory and monosaccharide analysis of drip brew coffee fractions versus brewing time

註 4：總單醣是指果糖、葡萄糖、甘露糖、鼠李糖、木糖、阿拉伯糖等，其中甜味感知最強的是果糖和葡萄糖。

　　該中心刻意不按照濃度排序出杯,請12位經受過嚴格訓練的杯測師就酸、甜、苦、鹹、澀、煙燻味以及花果韻的強度評分。

〔16-5〕甜味、茶感和花韻的感知隨濃度遞減而增強;酸苦澀和焦味隨濃度遞減而劇減

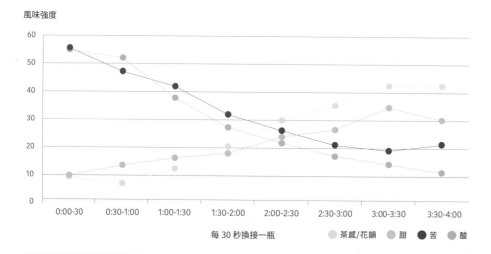

風味強度

0:00-30　0:30-1:00　1:00-1:30　1:30-2:00　2:00-2:30　2:30-3:00　3:00-3:30　3:30-4:00

每 30 秒換接一瓶　　　　茶感/花韻　　甜　　苦　　酸

美式咖啡機沖煮4分鐘,每30秒換接1瓶,共8瓶濃度遞減的咖啡,從杯測師風味描述歸納出明顯的趨勢:酸苦鹹澀的感知隨著濃度遞減而降低,有趣的是甜味、茶感與花韻隨濃度遞減而增強。

(＊資料來源:Sensory and monosaccharide analysis of drip brew coffee fractions versus brewing time)

　　其中對酸、苦、鹹、澀與煙燻味的感知一如所料,會隨著濃度的降低而遞減。然而,出乎意料的是杯測師的評分表,花韻、茶感與甜味亦步亦趨,竟與酸苦鹹澀背向而行,隨著濃度遞減而增強,即甜味、茶感與花韻更容易在低濃度顯現(圖表〔16-5〕)。可能的推論是咖啡的單醣不易萃出,要到中後段才會溶出最大值,因此甜味強度至萃取的後半段到達最高,也就是 3:00-3:30 第 7 瓶和 3:30-4:00 第 8 瓶在評分表的甜味最強。

　　但此推論在科學上卻不成立,因為該中心以液相層析質譜儀檢測每瓶的總單醣濃度,第一瓶濃度最高 2.7 毫克／毫升(TDS 0.27%),而各瓶的總單醣濃度大致上隨著萃取時間而遞減,最低的後 3 瓶濃度也就是第 6、7、8 瓶的總單醣濃度介於 0.2-0.6 毫克／毫升之間,竟然是評分表中甜味最強的

三瓶。但總單醣濃度最高的第一瓶 2.7 毫克／毫升在杯測師評分表是甜味最低的一瓶。更令人不解的是這 8 瓶的總單醣濃度均低於人類感知總單醣甜味的閾值 3.5 毫克／毫升（TDS 0.35%）（圖表〔16-4〕）。

該研究還指出，所有單醣中甜味最強的是果糖與葡萄糖，即便受過訓練的杯測師對這兩種單糖的敏銳度高於常人，文獻中杯測師對果糖感知的最低閾值紀錄為 0.108 毫克／毫升，對葡萄糖為 0.18 毫克／毫升，但滴濾咖啡分段接取實驗中，總單醣濃度最高第一瓶，其中果糖濃度也只有 0.015 毫克／毫升，葡萄糖濃度只有 0.095 毫克／毫升，均遠低於最敏銳杯測師對兩種游離單糖的感知閾值。

換言之，配合本研究 12 位精挑細選的杯測師所感知的甜味，並非來自碳水化合物的醣類，而是另有其他因素或其他成分造成的。

本研究的幾位教授推論這可能是「掩飾」造成的效應；沖煮初期濃度較高，即分段接取前幾瓶的有機酸、咖啡因、綠原酸等造成酸苦澀的風味物大量溶出，矇蔽對甜味的感知，但分接到最後幾瓶，酸苦澀成分已留在前幾瓶，隨著濃度降低、干擾因素減少，甜味就更容易被感知。但此推論亦不成立，如前所述即使第一瓶的單醣濃度最高，亦遠低於人類對甜味的感知閾值。

教授們認為還有另一個「掩飾」與「聯覺」效應可能性較大；因為咖啡有些香氣會讓人誤以為是甜味，但香氣與甜味是完全不同的感官機制，香氣是靠鼻前嗅覺與鼻後嗅覺感知，而甜味是水溶性滋味由舌頭味覺呈現。咖啡富含揮發性的呋喃化合物，聞起來像焦糖，很容易讓人聯想到甜味，但卻不是味覺感知的水溶性甜滋味。無獨有偶，2015 年另一篇文獻證明有些香氣的出現，即使沒有醣類的刺激，亦會增加人類對甜味的感知[註5]。另外，

註 5：《Multisensory Flavor Perception》by Charles Spencer, 2015

咖啡亦含有糖醇（包括木糖醇、山梨糖醇、甘露醇、甘油、麥芽糖醇等）雖然不是糖，但也具有某些糖的屬性，也會產生味覺的甜滋味。

萃取率高低也會影響甜味的感知

加州大學戴維斯分校咖啡研究中心分段接取咖啡液並檢測濃度與總單醣的報告（圖表〔16-4〕、〔16-5〕）仍留下一團迷霧，這表示進一步的化學分析有其必要；因為上述實驗尚無法提供萃取末段低濃度高萃取率時還有那些非揮發與揮發性風味物被萃出的證據，這也有可能是分段接取到最後幾瓶濃度降低但甜味、茶感與花韻浮現的要因。咖啡萃取率隨流量的變化也是一個有趣領域，若能再接再厲從物理、化學和感官的角度進一步探索流量如何根據不同的粉水接觸時間而萃取出不同的風味物質，補上這方面的資料，將有助揭開甜味為何在較低濃度與萃取率的感知最強烈，而茶感與花韻在低濃度高萃取率的感官最為強烈的世紀之謎。

近年不少咖啡研究文獻[註6] 指出熟豆中帶有甜味、花香、香草與水果味的癒創木酚（Guaiacol）、4- 烯丙基癒創木酚（4-allylguaiacol）、乙醯乙酸乙酯（Ethyl acetoacetate）、乙醯氧基 -2- 丙酮（亦稱丙酮醇乙酸酯 2-oxopropyl acetate）會在萃取末段即萃取率較高的階段釋出，這些風味物的香氣會增加甜滋味的感知。另外，研究還發現極性高的風味物較容易萃取出來，會在沖煮初期溶出；比如奶油風味的 2,3- 丁二酮（2,3-butanedione）的極性較高，往往在萃取率較低的沖煮初期溶出，而極性較低且帶有玫瑰花與蜂蜜味的 β - 大馬士酮（β -damascenone）會在萃取率較高的沖煮末段才會溶出。換言之，當熱水不斷流過咖啡粉層，礙口與悅口的風味物不斷萃取溶釋而出，

註6：《The kinetics of coffee aroma extraction》、《Extraction kinetics of coffee aroma compounds using a semi-automatic machine: on-line analysis by PTR-ToF-MS.》

彼此的平衡與消長會隨著萃取率與濃度不停變動。咖啡的萃取科學比想像更為複雜。

　　該咖啡研究中心下一步將針對萃取率高低與風味物的釋出如何影響感官進行深入研究，再整合濃度與萃取率的研究結果，預料濃度與萃取率的理想區間將會放寬與擴充，以免作繭自縛限縮美味咖啡的可能。期盼更精準的萃取管控表以及金杯理論修正工程早日完成，讓學子對咖啡萃取有更宏觀的視野。

| 台灣搶第一！修正杯測焙度值 |

　　20 年多來 SCAA、SCA、CQI 的杯測焙度值（艾格壯）堅守在 Agtron 58（豆表）、Agtron 63（磨粉）的狹窄區間，咖啡風味評價遵循統一焙度值無可厚非。問題是為何定在 Agtron 58 ／ 63，SCA 至今仍提不出相關的研究文獻，在科學昌明的今日，強迫實務經驗豐富的咖啡人墨守密室教條，已面臨諸多質疑與挑戰。台灣杯測師、烘豆師與咖啡師率先起義，經過多次會議討論，2018 年採多數決，投票通過拋棄 Agtron 58 ／ 63 陋規，統一為更淺的焙度 Agtron 75 ± 3，這是一個適合高海拔與低海拔咖啡展現酸甜震、花果韻的區間，亦符合精品咖啡度趨淺焙的時代潮流，為全球立下開第一槍的典範。

　　2013 年以來我有幸參與台灣各產區的咖啡評鑑，起初仍嚴守 SCAA Agtron 58 ／ 63 的規範，卻發現窒礙難行，不少低海拔咖啡即使烘到近二爆仍無法達到此焙度值，可能原因是低海拔咖啡含醣較少，梅納反應不易上色，如果硬烘進二爆或延長烘焙，焦苦味很重，恐毀了咖農一年的心血。但高海拔咖啡就無此問題，難道 Agtron 58 ／ 63 旨在圖利高海拔咖啡，借著中焙稍深的焙度值，殺人不見血淘汰低海拔豆？我相信 SCAA 心機沒那麼深，應該是當年制定此規範的「大咖」喝慣高海拔豆，欠缺烘焙低海拔咖啡的實務經驗，草率將事徒留後患。

　　咖啡評鑑的焙度值理應定在一個有利於高、中、低海拔咖啡發揮特色的焙度區間，公平性才站得住腳。雖然目前尚無文獻證明最有利咖啡風味表現的焙度區間值，但有經驗的咖啡師、烘豆師、杯測師多數認同最大公約數落在 Agtron 70 至 80 之間。巧合的是，另外兩個咖啡評鑑與教學系統 CoE 與永續咖啡學會（Sustainable Coffee Institute，簡稱 SCI）的杯測焙度值不約而同定在 Agtron 70 上下，這遠比 SCA 的 58／63 更令有人信服。基本上 CoE 並未將比賽的焙度值鎖死，是由主審在賽前試烘試飲當地咖啡的特性，開會決定賽豆的焙度區間，也就是採較開放的因地制宜，有趣的是 CoE 賽事的焙度值多半落在磨粉 Agtron 70 ± 3 至 70 ± 5 的區間。而 SCI 對杯測焙度的彈性更大，定在豆表 Agtron 75+5-10（65-80）。這兩機構的焙度標準更切合實需與公平性。台灣新制定的磨粉 Agtron 75 ± 3 亦落在此二機構的範圍內，可謂英雄所見略同。

　　三年前炬點咖啡（Torch Coffee）共同創辦人馬丁（Martin Pollack）來台教杯測認證課程，我告訴他台灣已更改杯測焙度值，他大表贊同，並說之前曾多次建議 SCA 有必要更改不合時宜的焙度值，內部也有人同意更動，但卡在 SCAA 創辦人之一的泰德爺爺（Ted Lingle）不同意而作罷。原因是如果更動焙度值，分數也會變動，即無法和過去的評分比對。這理由過於牽強與推諉，2020 年代的評分去跟 2000 年代相比，已無意義。光是台灣咖啡評鑑的同款豆寄到美國請 SCA 杯測師評分，雙方均採 58／63 的焙度值，SCA 的評分往往比台灣評分高出 1 至 2 分，這並不奇怪，因為地域、文化、人種、偏好不同都會影響到評分，想要做到四海一致的給分並不實際。與其墨守成規自限於過去的小框架不如敞開心胸，調整評分機制跟上大時代變動的腳步，更令人佩服。

　　台灣採用 Agtron 75 ± 3 至今，咖農風評甚佳，更有利高、低海拔咖啡的風味表現。至於要不要更動粉水比，這可以討論。SCA Agtron 58／63 的粉水比為 1：18.18，而台灣改用更輕淺焙的 Agtron 75 ± 3，理論上淺焙咖啡較不易萃取，濃度會低於中焙或深焙，因此 Agtron 75 ± 3 有可能要調降粉水

比以提高濃度。2019 年 5 月正瀚生技風味物質研究中心舉辦的兩岸盃 30 強精品咖啡邀請賽，印度咖啡品管大師同時也是 CQI 董事的蘇拉麗妮（Sunalini Menon）出任主審，也同意採用新制 Agtron 75 ± 3 做為賽事的焙度值，但粉水比經過試飲，仍採用 1：18.18，並未調降。她也覺得杯測焙度值調淺是挺好的改革方向。

記得 2015 年挪威冠軍咖啡師提姆（Tim Wendelboe）來台講習，並在百勝村辦一場杯測會，與南投咖啡農一同杯測台灣咖啡與他帶來的北歐風肯亞與衣索匹亞咖啡。杯測會仍用 SCAA 制式杯測表格，但咖啡豆的烘焙度並未按照 SCAA 或 CQI 規範的 Agtron 58 － 63，而是更淺的焙度 Agtron 70 － 80，以利咖啡花果韻的表現。各國杯測鑑味棄用 CQI 的 Agtron 58 － 63 標準，而改用更淺的焙度值，實已醞釀多年。

就有利高、中、低海拔咖啡展現風華，友善咖啡農而言，採用較淺的焙度值 Agtron70 至 80 是進步的做法，沒有最好，只有更好，時時檢討，及時修正，才是精品咖啡產業進步最大動能！

第四波精品咖啡學

新產區、新品種、新沖煮法，最全面的咖啡潮流聖經

作者	韓懷宗
設計	犬良設計
主編	莊樹穎
行銷企劃	洪于茹、周國渝
出版者	寫樂文化有限公司
創辦人	韓嵩齡、詹仁雄
發行人兼總編輯	韓嵩齡
發行業務	蕭星貞
發行地址	106 台北市大安區光復南路202號10樓之5
電話	(02) 6617-5759
傳真	(02) 2772-2651
劃撥帳號	50281463
讀者服務信箱	soulerbook@gmail.com
總經銷	時報文化出版企業股份有限公司
公司地址	台北市和平西路三段240號5樓
電話	(02) 2306-6600

第一版第一刷 2022年7月1日
第一版第五刷 2023年4月12日
ISBN 978-986-98996-6-6(平裝).
ISBN 978-986-98996-7-3(精裝)

國家圖書館出版品預行編目（CIP）資料

第四波精品咖啡學/韓懷宗. -- 第一版. -- 臺北市：
寫樂文化有限公司, 2022.07
　　面；　公分

ISBN 978-986-98996-6-6(平裝).
ISBN 978-986-98996-7-3(精裝)
1.咖啡

427.42　　　　　　　　　110005824